普通高等院校"新工科"创新教育精品课程系列教材

普通高等院校能源与动力类"十四五"规划教材

大型发电机组自动化

主　编　杨　涛

副主编　王　刚　李阳海

主　审　高　伟

华中科技大学出版社

中国·武汉

内 容 简 介

本书主要介绍了大型火力发电机组热工自动调节的基本理论和对应的自动化系统。全书共分十五章，第1至第6章介绍了分散控制系统的结构、软硬件构成和可靠性；第7章介绍了热工自动调节对象的特性和控制参数整定方法；第8至第14章论述了大型发电机组的协调控制、蒸汽温度控制、给水控制、旁路控制和锅炉炉膛安全监控系统的特点、组成和工作原理。第15章对顺序控制系统进行了简单介绍。

本书可以作为高等院校热能与动力工程专业的本科教材，也可供高职高专和成人高校学生使用，同时可作为从事热工自动化工作的技术人员的参考书。

图书在版编目(CIP)数据

大型发电机组自动化/杨涛主编. —武汉：华中科技大学出版社，2019.12
普通高等院校"新工科"创新教育精品课程系列教材　普通高等院校能源与动力类"十四五"规划教材
ISBN 978-7-5680-5816-2

Ⅰ.①大… Ⅱ.①杨… Ⅲ.①发电机-机组自动化-高等学校-教材 Ⅳ.①TM301.2

中国版本图书馆 CIP 数据核字(2019)第 292934 号

大型发电机组自动化
Daxing Fadian Jizu Zidonghua

杨　涛　主编

策划编辑：余伯仲
责任编辑：程　青
封面设计：廖亚萍
责任监印：周治超
出版发行：华中科技大学出版社(中国·武汉)　　电话：(027)81321913
　　　　　武汉市东湖新技术开发区华工科技园　　邮编：430223
录　　排：武汉三月禾传播有限公司
印　　刷：武汉市籍缘印刷厂
开　　本：787mm×1092mm　1/16
印　　张：27.75
字　　数：704千字
版　　次：2019 年 12 月第 1 版第 1 次印刷
定　　价：79.80 元

前　言

随着国民经济的不断发展,公众生产生活对电力的需求越来越高。作为电力供应的绝对主力,火力发电机组日益向大容量、高参数、高效率方向发展。目前,我国在运的采用二次再热超超临界火电机组的最大单机容量已超过百万千瓦,与此同时,大型发电机组的自动化程度也越来越高。熟练掌握大型火力发电机组热工自动调节的基本理论和对应的自动控制系统对保障机组安全经济运行具有十分重要的意义。

本书根据热能与动力工程专业热工自动化方向专业课程的教学需求,以当今国际上先进的计算机分散控制系统为实例,结合近年来热工自动化技术的发展和专业教学实践编写而成,主要涉及大型火力发电机组分散控制系统软硬件结构、热工自动调节原理及控制系统两部分。全书共分十五章,分别介绍了分散控制系统的结构、软硬件构成和可靠性,热工自动调节对象的特性和控制参数整定方法,大型发电机组的协调控制、蒸汽温度控制、给水控制、旁路控制、锅炉炉膛安全监控以及顺序控制系统等的特点、组成和工作原理。

在编写过程中,编者力求理论联系实际,循序渐进、深入浅出地论述了计算机分散控制系统的基本概念、基本原理、基本功能、基本技术、应用与方法等;在阐述热工自动调节系统时,既介绍了亚临界机组的应用也介绍了超超临界机组的工程实例,有助于读者对大型发电机组分散控制系统知识的学习和掌握。

本书由华中科技大学杨涛副教授担任主编,国家电力投资集团河南电力有限公司沁阳发电分公司王刚高级工程师和国网湖北省电力有限公司电力科学研究院的李阳海高级工程师任副主编。其中,前言、第1至第4章和第7章由杨涛编写,第5章、第8至第11章由王刚编写,第6章、第12至第15章由李阳海编写。全书由华中科技大学高伟教授主审,他认真审阅了全书并提出许多宝贵的意见和建议。

在本书的编写过程中,得到了华中科技大学能源与动力工程学院热能与动力工程系全体教师、国家电力投资集团河南电力有限公司技术信息中心和国网湖北省电力有限公司电力科学研究院有关同志的大力支持。在此,对在本书编写过程中给予帮助的所有单位和同志表示最诚挚的感谢和深深的敬意。

由于编者水平有限,书中疏漏之处在所难免,衷心欢迎读者批评指正。

编者

2019 年 11 月

目　　录

第1章 火电厂计算机控制系统概论

电力是现代生产与生活中的主要动力。它是促进工农业生产、推动科学技术发展、实现国防现代化的重要物质基础,也是提高和改善人们物质文化生活的重要条件。当今,电力的生产和耗费已成为衡量一个国家技术和经济发展水平高低的重要标志之一。因此,电力工业是先行工业,它在整个国民经济领域中占据着极其重要的地位。

在电力工业中,火力发电是现代电力生产中的一种主要生产形式,随着全球能源形势的发展,煤电的基础地位越来越重要,对煤电生产的节能、环保要求也越来越高。对火力发电厂实行有效的控制,是电力工业生产过程中的一项基本任务,也是节能、环保的迫切要求。

1.1 火电厂生产过程的特点与控制要求

火电厂实质上是一个能源转换工厂,它把一次能源(煤、油、天然气等)转化为通用性广、效率高、传输和使用方便的二次能源(电能)。电力工业是一个过程工业,这一过程工业所具有的特点及其相应的过程控制要求反映在以下几个方面。

(1) 电厂的产品(电能)现阶段尚不能大量地贮存。发电厂任一时刻所发出的功率和用户所需求的功率(包括厂用电和各种功率损耗在内)始终维持着平衡,即发电、送电和用电的过程是同时完成的。倘若电厂生产出现故障或中止,将即刻影响各电力用户的正常用电,或造成设备、人身伤亡事故,或使产品报废,严重的会导致全电网的瓦解,给国民经济带来巨大的损失。因此,电厂的生产不能随意中断,且应随时适应用户的电能需求。这就要求:火电厂的生产过程必须是连续的,应对负荷的变化具有很强的适应能力。电力生产不同于其他工业,其生产的连续性和负荷的适应性要求极为严格,必须通过有效的控制手段予以保证。

(2) 火电厂是一个能源转换大户。火电生产中要消耗大量的一次能源,需经化学能——热能——内能——动能——机械能——电能的多层次能量转换,完成其生产过程。在各层次的能量转换过程中,能量的损耗是不可避免的。因此,在努力降低厂用电和电网能损的同时,尽量减少生产过程中的能损,降低单位电量的一次能源消耗,是节约能源、降低发电成本、提高电力生产经济性的根本途径,是电力生产中一项十分重要的任务。这就要求:火电厂的各生产设备必须具有较高的运行效率。实践证明,火电机组的运行效率不仅与单台机组的容量、参数,以及输电电压等级有关,而且很大程度上取决于机组运行的自动化水平。因此,在增大机组容量、提高机组参数、采用超高压输电的同时,采用先进的自动化装置,构成功能齐全的自动化系统,充分发挥计算机在机组运行监测、控制和管理上的作用,控制发电机组及其辅助设备在优良的状态下运行,是最大限度地发挥机组设计效率,提高电力生产经济性的必然趋势。

(3) 火电厂的热力设备众多,热力系统庞大,生产过程复杂。发电机组(特别是单元制机组)的各生产环节之间有着密切的联系,各局部生产过程之间的状态相互影响较大,而且各主要生产设备的动态特性之间存在着很大的差异,它们对负荷请求指令的响应速度是不一致的,在这样的条件下,保证各生产设备在运行中有机结合、协调工作、可靠运转显得尤为重要。这就要求:发电机组的运行状态控制,必须具备协调不同运行设备工作的功能。因此,现代火电厂中,协调控制是不可缺少的一项自动化内容。

(4)火电厂的大多数生产设备长期处于高温、高压、高速、易燃、易爆或易损等恶劣的工作条件或在某种极限状态下运行,一旦设备运行有误,很容易引起人身、设备事故,同时会影响机组的发电能力,导致供电不足或中断,直接影响国民经济各部门的正常运转和人民群众的正常生活。因此,火电厂生产的安全性和发供电的可靠性是非常重要的。这就要求:对火电厂的各运行设备必须进行经常性的在线状态监测;而且火电厂的自动化系统应具备一定的故障预测、判断、保护、处理、追忆与分析等功能。除此之外,严格执行规章制度,提高操作人员的运行水平;经常对运行设备进行预防性的试验和检修,保证设备始终处于完好的运行状态;迅速分析事故原因和妥善处理已发生的事故,防止事故的扩大和再发生也是保证安全生产的必要措施。只有安全生产,才能保证可靠地发供电。

1.2 计算机控制系统概述

1.2.1 计算机控制系统的基本要求

鉴于火电生产的复杂性、特殊性,所应用的计算机自动控制系统除了要求具备卓越的数据处理能力、强大的功能和富有竞争力的性价比外,还应满足以下几点基本要求。

1. 可靠性要求高

计算机控制系统的可靠性是保证火电机组安全运行的基础。在火电生产中,计算机控制系统与生产过程有密切的联系,计算机控制系统发生任何故障都会对生产过程产生严重影响,影响机组的正常运行或造成运行事故,给电力生产和电力用户带来严重的后果。因此,火电厂计算机控制系统应具有较高的可靠性,能在长时间连续运行的情况下不出故障,计算机控制系统的可靠性应高于被控机组的可靠性,通常要求电厂计算机控制系统的可用率指标在99.6%以上。提高计算机自身的可靠性,采用分散结构的计算机控制系统,对系统的关键部件采取冗余措施,增强系统的容错能力和诊断能力,加强对系统的设计、选型、安装、调试、维护等各环节的把关,都是提高和保证计算机控制系统可靠性的有效措施。

2. 实时性要求好

所谓实时性是指计算机系统完成生产过程指定任务的及时性。任一生产过程和计算机都有其自身的运动规律,火电生产严格要求计算机控制系统的采样、运算和操作速度必须与它所控制的生产过程的实际运行速度相适应,能及时察觉生产过程的微小变化,及时进行计算和控制,以保证系统良好的实时性。系统的实时性依赖于系统的硬件和软件两个方面,系统的实时时钟和时钟管理程序、中断优先级处理电路和中断处理程序、实时操作系统等,皆是实时性的基本保证。

电厂控制系统对实时性要求非常高,特别是直接数字控制系统担负着过程调节的功能,关系到过渡过程的品质。此外,实时性作为监控系统的一个重要指标,在发生事故的情况下,也要求其事件记录的分辨率能够达到5 ms以下。为了满足实时性的要求,计算机必须有足够高的时钟频率、品质优良的操作系统和丰富的指令、多级的优先中断、合理的控制系统布局等。对系统实时性要求一般如下。

（1）状态和报警点采集周期：1 s 或 2 s；

（2）模拟点采集周期：电量 1 s 或 2 s，非电量 1～30 s；

（3）事件顺序记录（SOE）点分辨率：1 级＜20 ms，2 级＜10 ms，3 级＜5 ms；

（4）现地控制单元级装置接收控制命令到开始执行的时间应小于 1 s；

（5）供事件顺序记录使用的时钟同步精度应高于所要求的事件分辨率；

（6）电站级的响应能力应该满足系统数据采集、人机接口、控制功能和系统通信的时间要求。

3. 适应性要求强

工业过程计算机控制系统的工作环境一般不如科学研究所用的计算机工作环境那样完善，在不同程度上处于高温、潮湿、粉尘、震动、腐蚀、磁场等不利条件下，因此，要求所采用的计算机控制系统能切实适应现场环境，并在环境条件有所恶化的情况下能正常运行，要求计算机控制系统具有很强的抗干扰能力。另外，计算机控制系统应具备与过程设备连接的良好接口、强大的功能和可扩展性，能适应构成各种实用系统的需要。当然，火电厂也应按《火力发电厂热工自动化系统检修运行维护规程》和其他有关规程的要求，满足分散控制系统对外部环境的要求，以确保分散控制系统的正常工作。

4. 人机联系要求完善

在以屏幕显示为中心的监控模式下，人机对话显得十分重要。火电生产要求计算机控制系统必须具备完善的人机接口和人机界面，能及时有效地进行参数监控，进行运行操作、系统组态以及异常情况下的故障诊断和处理等，而且要求人机联系方式简单、直观、明确、方便、快捷、规范、安全。

5. 软件配备要求齐全

计算机控制系统除应具备驱动计算机系统各组成部分正常运转的常规系统软件外，还应具备完善的实时操作系统、数据库管理系统、文件管理系统软件，以及满足大型工业生产过程控制需要的各种应用软件，例如控制策略和控制算法软件、系统的组态软件、通信软件、图形显示软件、历史数据记录软件、图符库软件、用户操作键定义软件，等等。性能优良的计算机控制系统需要功能齐全的软件系统支持，这要求计算机控制系统厂商能根据实际过程控制的需要配套提供丰富的软件，用户在系统选型时对此应予以高度重视。同时，用户也应重视有关应用软件的开发与完善。

6. 使用维护要求方便

火电厂计算机控制系统庞大复杂，对其使用和维护方便性的要求应很高。如构成系统的设备及线路应标准化和通用化；应具有模件化结构和便利的软件组态功能；系统的工作原理应易于理解和掌握，系统的状态应易于监视，系统参数应易于整定；应具有故障诊断功能，易于判别故障部位；应具有专用的校验装置简化校验工作；而且，系统的备品备件种类少；模件在系统运行时可带电拔插；控制盘、台、柜的结构应便于接线和检修。

1.2.2　计算机控制系统的基本组成

典型的计算机控制系统结构如图 1-1 所示，由硬件和软件两大部分组成，其中硬件部分主要由被控对象、主机、过程通道、外部设备、通信设备、总线、接口和工作站组成,软件部分由应用软件、支持软件和系统软件组成。

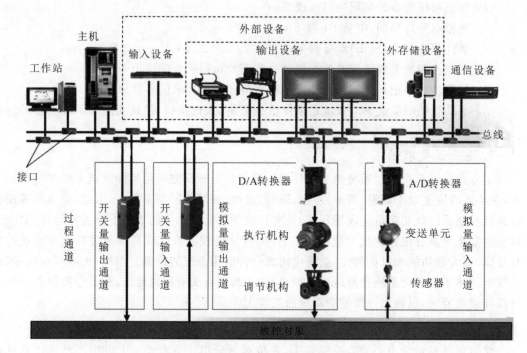

图 1-1 典型计算机控制系统结构

硬件组成包括以下几部分。

(1)被控对象:它是被控制的生产设备或生产过程,是控制系统的必备客体。实际存在的被控对象是多种多样的,按照输入输出的个数分类,有单输入单输出对象、多输入单输出对象、多输入多输出对象。

(2)主机:它是系统的核心,由 CPU、RAM、ROM、I/O 电路、时钟电路和其他支持电路等组成。主机根据生产过程的各种实时信息,按照预定的存放在 ROM 的程序和一定的控制规律,自动地进行数据采集、数据处理、逻辑判断、越限报警、控制运算等,并产生所需要的控制作用,向被控对象发送控制指令。

(3)工作站:它是操作人员与系统之间实现信息交换的各类设备,常称为人机联系设备、人机接口设备。一般由显示器、触摸屏、通用或(和)专用键盘、鼠标或轨迹球、指示灯、声讯器,以及专用的操作显示面板等组成。实现对系统运行的有关操作、操作结果显示、生产过程的状态监视和报警。根据使用人员、职责范围的不同,操作站可分为系统员站、工程师站、操作员站。

(4)外部设备:它指除主机和操作员站所用的输入输出设备之外,计算机系统的其他必备支撑设备。外部设备是为扩大主机的功能而配置的,按其功能可分成三类:输入设备、输出设备、外存储设备。

(5)系统总线:它是主机与系统其他设备进行信息交换的某种统一数据格式的公共通路,是一组信号线的集合。总线一般有单总线、双总线和多总线之分,也有内部总线和外部总线之分。

(6)接口:接口是外部设备、过程通道、操作员站等与系统总线之间的挂接部件,用来进行数据格式或电平的转换、信息的传输或缓冲。通常有串行接口、并行接口、管理接口、脉冲接口之分,也有专用和标准之别。

(7)过程通道:它是计算机和生产过程之间信息传递和变换的桥梁和纽带。按照传送信号的形式可分为模拟量通道、开关量通道、数字量通道、脉冲量通道;按照信号的传送方向可分为输入通道和输出通道。

(8)通信设备:它是实现不同的功能、不同地理位置的计算机(或有关设备)之间进行信息交换的设备。例如计算机通信网络、网络适配器、外部通信接口、通信媒体,等等。

软件组成包括三大类。

(1)应用软件:它是根据用户所要解决的生产和管理实际问题,借助支持软件而编制的具有一定针对性的计算机程序。这些程序决定了信息在计算机内的处理方式和算法。一般包括过程输入程序、数据处理程序、过程控制程序、过程输出程序等。

(2)支持软件:它是基于系统软件之上,用于开发应用软件的服务性程序,包括程序编制语言(汇编语言、高级语言、面向过程语言)、编译程序、编辑程序、调试程序、诊断程序等。

(3)系统软件:它是运行和管理计算机系统的基本程序,是计算机操作运行的基本条件之一,它一般包括管理计算机资源的实时多任务操作系统、数据库管理系统、网络管理系统、引导程序、调度执行程序、监控程序等。

其中,系统软件和支持软件一般由计算机专业设计人员研制,由计算机厂商提供。用户只需对其有一定程度的了解,并会使用支持软件,以更好地编制应用软件。而对于应用软件,除掌握计算机应用技术外,还应了解被控对象的运行方式、动态特性以及控制要求,才有可能合理开发应用软件。

1.2.3　计算机控制系统的基本类型

计算机控制系统的分类方法很多,可按系统的功能、控制规律、结构、控制方式等进行不同的分类。

1. 按系统的功能分类

1)数据采集与处理系统(data acquisition system,DAS)

DAS 并不直接控制生产过程,不属于严格意义上的计算机控制系统范畴,但任何计算机控制系统都离不开数据的采集和处理,因此,DAS 是计算机控制系统的基础和先决条件,其基本结构如图 1-2 所示。

DAS 对电能生产过程中的各种参数进行收集、巡回检测,并将所测参数经过输入通道输入计算机。然后,计算机根据预定的要求对输入信息进行判断、处理和运算,需要时以易于接受的形式在运行人员屏幕上显示出来或打印出各种数据和图表。当发现异常工况时,系统可发出声光报警信号,运行人员可据此对设备运行情况进行集中监视,并根据计算机提供的信息调整和控制生产过程。系统还具备大量参数的存储积累和实时分析功能,可保存有关运行的历史资料,通过研究各种不同情况下的生产过程,还可以建立或改善电能生产过程的数学模型。

DAS 的一个优点是比较灵活和安全,它使运行人员能随时了解电厂生产过程的状态,并可根据自己的判断有选择地采纳计算机系统提供的操作信息,对保证生产过程的安全、经济运行,简化仪表系统的设计与布置,减轻运行人员的劳动强度等有着重要的指导意义,其

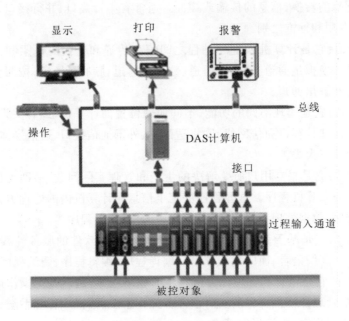

图 1-2　DAS 基本结构

应用极为广泛。

2）直接数字控制（direct digital control，DDC）系统

与模拟控制系统相比，直接数字控制系统是由计算机或数字控制器取代常规模拟控制器，直接对生产过程进行闭环控制的系统。其典型结构如图 1-3 所示。

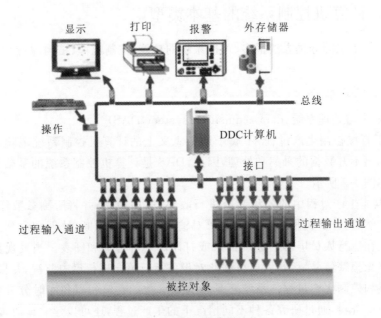

图 1-3　DDC 系统典型结构

在 DDC 系统中，计算机不仅可完全取代模拟控制器，实现对生产过程的控制，还可以实现最优化控制和多回路的 PID 调节，并具有结构简单的优点，而且不需要改变硬件，只需改变软件就可以有效地实现较复杂的控制算法。一般的 DDC 系统有一个功能齐全的运行操

作台,给定显示、报警等集中在此操作台上。为了充分发挥计算机的利用率,DDC 系统中通常用计算机代替多台模拟控制器,控制几个或几十个控制回路。但是,计算机系统一旦发生故障,将影响所有控制回路的正常工作,会给生产带来严重后果。因此,这种系统要求计算机不仅要具有良好的实时性、适应性,而且还应有很高的可靠性。随着微处理器技术的高速发展及其性价比的大幅度提高,用一个微处理器控制一个被控回路已成为现实,这使得 DDC 系统的危险性得到了分散,系统的可靠性大大提高,促进了 DDC 系统的广泛应用。

　　3) 操作指导控制系统(operational information system,OIS)

　　操作指导控制系统又称计算机开环监督控制系统。它实时采集生产过程的有关数据,并根据一定的数学模型、控制规律和管理方法,计算各控制回路合适(或最优)的设定值等,再由操作人员根据计算结果手动修正各控制回路的有关参数,调整系统运行状态。其原理框图如图 1-4 所示。

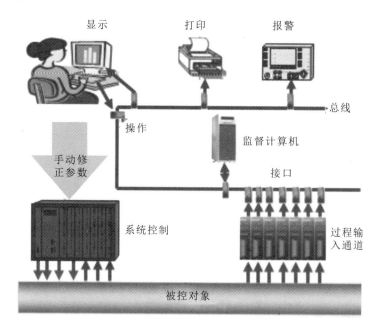

图 1-4　操作指导控制系统原理框图

　　操作指导控制系统是一个开环监督系统,包括 DAS 的基本功能、参数优化计算功能和过程控制的操作指导功能。

　　4) 监督控制(supervisory computer control,SCC)系统

　　监督控制系统是在 DDC 系统和 OIS 基础上发展起来的两级计算机闭环控制系统,它融合了二者的功能,原理框图如图 1-5 所示。

　　监督控制系统的基本功能包括 DAS 的基本功能、运行过程的计算机监督功能、控制参数(给定值)优化计算功能、控制过程自动指导(给定值修正)功能、计算机多回路直接闭环控制功能。SCC 系统主要实现生产过程的最优化。要使生产过程达到最优控制,常常要求某些过程变量的设定值在一定范围内改变或使生产过程在给定的约束条件下从某一状态过渡到另一新状态的时间最短。SCC 系统控制效果主要取决于数学模型的精度。

　　5) 分级控制系统(hierarchical control system,HCS)

　　HCS 是一个集控制和管理为一体的工程大系统,它采用纵向分层、横向分散的处理方法,突出体现了系统工程中"分散"与"协调"的概念,能有效地解决大型工业生产过程全局总

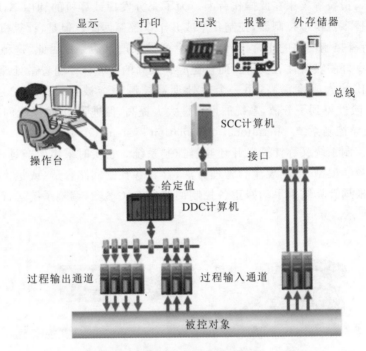

图 1-5 监督控制系统原理框图

目标和总任务的控制、管理及优化的问题。其原理框图如图 1-6 所示。

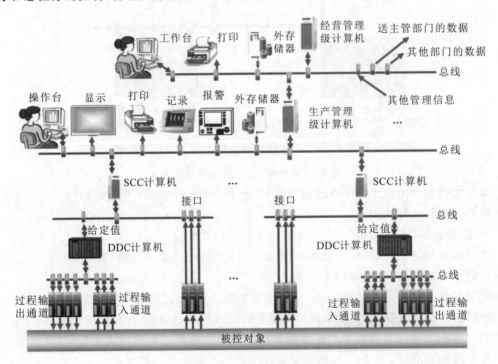

图 1-6 分级控制系统原理框图

图 1-6 所示分级控制系统由四级计算机系统组成,各级采用不同类型、不同功能的计算机,构成具有一定相对独立性的子系统,承担指定的任务,各系统之间使用高速通信线路向上连接,相互沟通信息,协调一致地工作。直接控制级是分级控制系统的最低层次,一般由

DDC 系统实现,也可由模拟控制器实现。它与被控生产过程直接相连,可对生产过程实现数据采集、过程控制(如 PID、比值、前馈、串级等控制)、设备监测、系统测试和诊断、报警及冗余切换等功能。监督控制级除完成各生产过程的优化控制计算和最佳设定值的设定外,还负责各直接控制级工作的协调管理,以及与上位生产管理级计算机的联系,同时还可实现综合显示、操作指导、集中操作、历史数据存储、定时报表打印、控制回路组态和参数修改、故障报告和处理等功能。在火力发电厂的控制中,监督控制级往往对应着某一单元机组或某一主要热力设备。生产管理级负责全厂的生产协调、指挥和控制生产的全局。包括制订生产计划、实现生产调度、协调生产运行、安排设备检修、组织备品备件、收集生产信息、监督生产工况、调整生产策略、分析生产数据、进行生产评估等。它还可以与上一级控制层相互传递数据,接受上级生产指令,报告全厂生产状况。经营管理级负责企业的经营方向和决策,它全面收集来自各方面、各部门以及用户、市场和相关企业的经营信息和技术、管理要求,按照经济规律、组织原则、整体优化和全面协调的要求以及实际具备的能力,进行全方位大范围的综合决策,并及时将决策结果通知给它的上一级管理计算机,必要时也可向上级主管部门传输有关信息。经营管理级涉及范围很广,它包括工程技术、生产、经济、资源、商务、质量、后勤、人事、教育、档案、环境等许多方面,是企业的最高管理层次。

应当指出,多功能分级控制系统的最优化目标函数包括产量最高、品质最好、原料和能耗最少、成本最低、设备状况最佳、可靠性最高、环境污染最小等各项指标,它体现了技术、经济、环境等多方面的要求。分级控制系统各级的功能与任务不同,它并非统一固定模式,它的层数以及各层的功能,是根据生产实际需要和实际条件而设置的。

2. 按系统的结构分类

1) 集中型计算机控制系统

集中型计算机控制系统把几十甚至上百个控制回路以及上千个过程变量的控制、显示、操作等集中在一台计算机上,实现数据采集、数据处理、数据存储、过程监视、过程控制、参数报警、故障检测、生产调度、生产协调、生产管理等诸多功能,其原理框图如图 1-7 所示。这种系统在计算机控制的早期阶段应用较多,目前大型工业过程已基本不采用这类结构的控制系统了,但鉴于其具有的优点,小型生产过程或生产设备的控制仍可应用这类系统。

2) 分散型计算机控制系统(distributed control system,DCS)

DCS 是由以微处理器为核心的基本控制单元和数据采集站、高速数据通道、上位监控和管理计算机,以及显示操作站等组成的,其原理框图如图 1-8 所示。

DCS 的基本控制单元是直接控制生产过程的硬件和软件的有机结合体。基本控制单元用来实现闭环(单回路或多回路)数字控制和(或)顺序控制、梯形逻辑控制等,完成常规模拟仪表控制系统所能完成的一切控制功能。数据采集站主要用来采集各种数据,以满足系统监测、控制以及生产管理与决策计算的需要。高速数据通道是信息交换的物理媒介,它把分散在不同物理位置上执行不同任务的各基本控制单元、数据采集站、上位计算机、显示操作站等连接起来,形成一个信息共享的控制和管理系统。上位计算机主要用于生产过程的管理和监督控制,协调各基本控制单元的工作,实现生产过程优化控制,并在大容量存储器中建立数据库。有的 DCS 并未设置上位计算机,而将其功能分散到系统其他工作站点中,建立分散数据库为整个系统所共用,各个工作站可透明地访问它。显示操作站是用户与系统进行信息交换的设备,它以屏幕窗口的形式或文件表格的形式提供人与过程、人与系统的界面,可以实现操作指令输入、各种画面显示、控制系统组态、系统仿真等功能。网间连接器是

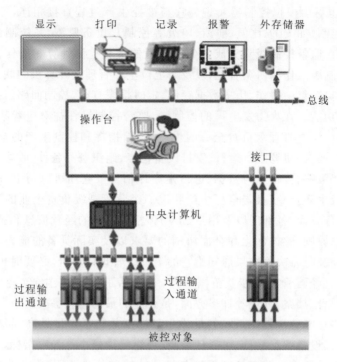

图 1-7　集中型计算机控制系统原理框图

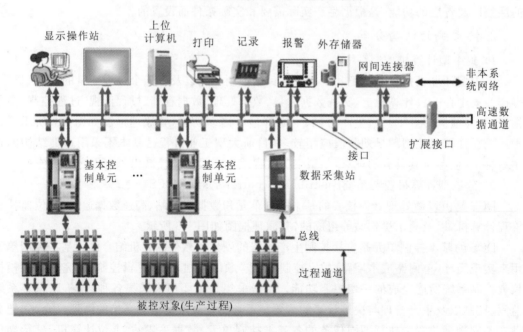

图 1-8　分散型计算机控制系统原理框图

系统网络与其他标准的网络系统进行通信联系的接口。它可以把其他一些计算机系统纳入本系统中来,使得本系统更具有开放性。

　　DCS采用的是多微处理器分散化的控制结构,每台微处理器只控制某一局部过程,一台微处理器发生故障将不会影响整个生产过程,从而使危险性分散,整个系统的可靠性提高。DCS硬件采用标准的模件结构,很容易根据需要扩大和缩小系统的规模,系统结构灵活,应用范围广泛。

应当指出：上述分散控制系统的模式并非最终模式，它还处在不断发展和完善的过程中，新的思想和新兴技术将不断渗透和体现到系统的设计之中。

3. 按控制规律分类

按控制规律可分为计算机比例积分微分（简称 PID）控制系统、计算机程序（顺序）控制系统、计算机复杂规律控制系统、计算机智能控制系统。

4. 按控制方式分类

按控制方式可分为开环计算机控制系统、闭环计算机控制系统。

1.3　火电厂生产自动化的历史概况

在火电厂建设的初始阶段，由于机组容量都很小，其生产过程的控制和一切操作几乎全部由运行人员手动实现。直至 1920 年前后，火电厂开始普遍采用链条炉，同时出现煤粉炉，机组容量逐渐增大到 60 MW 左右，此时，人工控制火电厂生产过程已是极为困难或不可能的事了。为减轻人们的劳动强度，提高机组的安全性和运行效率，保证产品质量，火电厂陆续开始采用各种自动调节装置，实现部分生产过程的自动控制。从那时至今，火电厂生产过程自动化的发展过程，大体经历了以下几个阶段。

1. 常规仪表就地控制阶段

在 20 世纪 20 年代至 40 年代间，火力发电机组的容量还不是很大，生产过程对自动控制的要求以及当时所具备的技术条件有限，仅能对发电机组实现简单的自动控制，例如锅炉蒸汽压力、汽包水位、汽轮机转速等。所有控制系统基本上分散在各控制对象所在的车间就地安装，各控制系统间相互独立，没有任何联系，运行人员在就地设置的控制表盘上进行监视和操作。国外 20 世纪 40 年代以前和我国 50 年代建设的火电厂基本上处于这一水平，其特点是火电厂生产过程的控制功能分散、管理操作分散。那时期所应用的控制设备大都是大尺寸、就地安装、单点监视、单回路调节的基地式仪表。

2. 常规仪表集中控制阶段

1）机炉集中控制

20 世纪 40 年代初期，由于中间再热式机组的出现，锅炉与汽轮机之间的关系更加紧密，为了协调机、炉间的运行，加强机组的操作管理和事故处理，满足负荷变化对各热力设备的要求，维持运行参数的稳定等，要求对锅炉和汽轮机实现集中控制，即把锅炉和汽轮机的控制系统的表盘相对集中地安装在一起，由运行人员同时监视和控制。国外 40 年代至 50 年代和我国 60 年代至 70 年代初期建设的火电厂大都采用这种控制方式。

当时所采用的控制设备主要是单元组合仪表，即通过改进控制仪表系统的结构设计，将控制仪表分成若干基本功能单元，各单元采用统一、标准的传输信号，各单元之间的连接与组合更加方便，可根据工程需要灵活组成实际应用的各种监控系统。单元组合仪表根据其采用的驱动能源又分气动单元组合仪表和电动单元组合仪表。

2）机炉电集中控制

进入 20 世纪 50 年代后，随着火电机组容量的增大，机组在正常运行、启停、调峰调频、事故处理等过程中，机、炉、电三者的关系更为密切，生产迫切需要对机、炉、电三者实现集中控制与管理。同时,仪表和控制设备的尺寸缩小,新型巡回检测仪表和局部程控装置的出现,使得将整个机组的监视和控制表盘集中在一个控制室内成为现实。国外50年代至60年代以及我国70年代至80年代建设的火电厂大都采用的是这种机炉电集中控制的方式。

此时采用的控制设备有单元组合仪表、组件组装式仪表、数字式单回路调节器。组件组装式仪表将控制仪表的功能进一步分散,并将功能部件做成统一尺寸、统一接口的模件,通过总线将所选用的模件有效地连接起来,构成适合工程需要的监控系统。组件组装式仪表使控制设备更为模件化、标准化。组件组装式仪表又分模拟组件组装式仪表和数字组件组装式仪表。数字组件组装式仪表采用微处理技术,将信号的处理由硬件改为软件来实现,它与数字式单回路调节器是自动控制系统从常规控制走向分散控制的过渡产品,在火电厂自动化中的应用时间不长即被淘汰,但它为数字技术在自动控制领域中的应用和普及起到了推进作用。

所谓常规仪表集中控制主要是指生产过程自动控制的操作与管理是集中的,从实质上讲,这一阶段的特点是控制功能分散、管理操作集中。

3.计算机集中控制阶段

随着火力发电机组向着高参数、大容量的方向发展,生产设备走向大型化,生产系统日趋复杂。系统的耦合性、时变性、非线性等特点显得更加突出;生产过程中需要监控的内容愈来愈多,过程控制的任务愈来愈重,机组的运行与操作要求更为严格;世界范围内的能源危机和剧烈的市场竞争,对节约能源和减少燃料消耗的要求不断提高;以及环境保护和提高生产文明程度的需要等,这些都反映出以往的生产自动化方式已逐渐不能适应时代的发展,火电厂自动化面临着实际生产发展的严重挑战。另一方面,计算机的发展与普及、现代控制理论的产生与应用,以及二者相结合的计算机控制技术的形成与工业渗透,为进一步提高工业自动化水平创造了有利条件,提供了十分重要的物质、理论基础和技术手段。

计算机控制技术在电厂的应用,始于50年代末60年代初,1958年9月,美国Sterling电厂安装了第一个电厂计算机安全监测系统。1962年,美国小吉普赛电厂进行了第一次电厂计算机控制的尝试,从那时起,火电厂开始步入了计算机应用的发展进程。

在火电厂计算机控制技术应用的初始阶段,由于当时技术条件的限制,普遍采用的是集中型计算机控制方式,即用一台价格昂贵的中、小型计算机实现几十甚至几百个控制回路和若干过程变量的控制、显示、操作、管理等所有自动化功能。显然,集中型计算机控制的特点是控制功能集中、管理操作集中。

与常规的模拟仪表控制系统相比,集中型计算机控制系统的优越性体现在以下几个方面:

(1)功能齐全,而且可实现先进的、复杂的控制规律和联锁功能;

(2)可通过修改软件增删控制回路、改变控制方案、调整系统参数,应用灵活;

(3)信息集中管理,便于分析和综合,为实现整个生产系统的优化控制创造了条件;

(4)CRT显示替代了大量的模拟仪表,改善了人机接口,缩小了监视面。

但是,集中型计算机控制系统也存在着严重的不足,反映在:

(1)由于当时的计算机硬件可靠性还不够高,由单台计算机承担所有的控制和监视任务,使得系统危险高度集中,一旦计算机发生故障,后果不堪设想;

(2)单机软件庞大复杂,开发的难度大、周期长;

(3)单台计算机所承受的工作负荷过大,在计算机速度和容量有限的情况下,影响系统工作的实时性与正确性。

历史条件的限制和集中型计算机控制系统存在的缺陷,促使计算机控制系统向着分散化方向发展。

4. 计算机分散控制阶段

20 世纪 70 年代初,大规模集成电路的制造成功和微处理器的问世,使得计算机的可靠性和运算速度大为提高、功能增强、体积缩小,而价格大幅度下降。计算机技术的发展与日益成熟的分散化计算机控制思想相结合,促使火电厂自动化技术进入了计算机分散控制的新时代。

所谓计算机分散控制,是指控制过程所采用的是一种采用计算机网络连接的、执行不同任务、分布于不同位置的多个微处理器的自动控制设备,可分层实现自动化系统的各种功能。即面向生产过程的控制器,可完成信息的采集与处理、控制算法运算、控制输出;面向运行人员的显示操作站,可实现对过程控制的集中管理;面向系统维护的工程师站,可进行控制系统的组态和控制参数的修改;面向分析处理的上位计算机,可利用过程的实时数据进行企业级的决策;面向通信的计算机网络,可实现系统内的信息充分共享。实现计算机分散控制的自动化设备常称为分散控制系统,该系统能兼顾复杂生产过程的局部自治与整体协调。

计算机分散控制阶段的特点是控制功能分散,操作管理集中,管理控制一体化。自 1975 年,美国 Honeywell 公司基于数字控制技术、通信技术和人机接口技术的应用,首先向市场推出了以微处理器为基础的 TDC-2000 分散控制系统以来,世界各国的一些主要仪表厂家也相继研制出各具特色的分散控制系统。分散控制系统一经问世,就以其功能强、可靠性高、灵活性好、维护和使用方便,以及良好的性价比等优点,深受工业界的青睐。国外 80 年代初和我国 80 年代中期开始在火电机组上应用分散控制系统。如今,国内 300 MW 以上的机组全部采用分散控制系统。

分散控制系统的应用及其自身的不断完善与发展,加速了火电厂自动化的进程。目前,分散控制系统的应用方兴未艾,在此基础上,火电厂正向着更加完善、更高层次的综合自动化方向发展。

5. 计算机综合自动化阶段

综合自动化是一种集过程控制、企业管理、经营决策为一体的全局自动化模式。它是在对各局部生产过程实现自动控制的基础上,从全局最优的观点出发,把火电厂的所有运作环节视为一个整体,在新的管理模式和工艺指导下,综合运用现代科学技术与手段,将各自独立的局部自动化子系统有机地综合成一个较完整的大系统,对生产过程的物质流、管理过程的信息流、决策过程的决策流等进行有效控制和协调,实现企业的全局自动化,以适应生产和管理过程在社会发展的新形势下提出的高质量、高速度、高效率、高性能、高灵活性和低成本的综合要求。

开放型分散控制系统的应用,为综合自动化的实现奠定了良好的基础。如在分散控制系统之上构建厂级监控信息系统(supervisory information system,SIS)、厂级信息管理系统(management information system,MIS)。目前,综合自动化的研究和应用正向纵深发展,已成为火电厂自动化的重要发展方向。

1.4 现代大型火电机组自动化功能

1.4.1 热工自动化及系统的概念

火力发电厂的自动化通常称为"热工自动化",简称为"热控",它是指采用检测与控制系统对火电厂的热力生产过程进行生产作业,以代替人工直接操作的措施。在欧美及日本等地区和国家中称为仪表与控制(instrument & control,I&C)。

热工自动化系统,是指与控制对象的客观条件和运行要求相适应的一套集成有参数检测(monitor)、报警(alarm)、控制(control)、联锁保护(protection)等功能的自动化装置。即需要对锅炉,汽轮发电机组,热力系统,燃烧及煤粉制备系统,除尘、脱硫、除灰、除渣、供水、水处理、燃油供应、火警检测、消防联动、环境监测等系统所需的仪表和控制设备做统一的配置、布置安装、连接接线。

根据我国现行的火力发电厂有关规程、规范的要求,大型火力发电厂的热工自动化系统的设计所遵循的原则是安全可靠、经济适用、符合国情。实用的热工自动化系统,是针对实际机组的特点进行细化设计和配置的——既能实现对机组运行过程的自动监测与控制,又能满足机组正常启停和运行过程的稳定性、安全性、经济性、环保性等要求,而且系统配置的设备和元件质量好、可靠性高、维护便利、整体技术先进、投资合理。

热工自动化专业是火力发电厂各专业中技术发展最快的专业之一。计算机(computer)技术、控制(control)技术、通信(communication)技术、阴极射线管(CRT)显示技术,即"4C"技术的深入发展,不断地促进火力发电厂自动化控制水平和运行管理水平的提高。目前,火电厂在已实现单元机组和辅助车间计算机数字化实时控制系统的基础上,正朝着数字化、综合化、智能化的目标迈进。

1.4.2 大机组控制的新特点

当前,600 MW 以上的大型火力发电机组的装机数量日益增多,我国电力业已逐步形成大电网、大机组、大容量、高参数、高自动化的发展格局。在大机组控制方面,呈现的新特点为:

(1) 监视点众多(一台 600 MW 机组 I/O 量大于 7000 点);

(2) 参数变化速度快;

(3) 控制对象数量大;

(4) 各个控制对象之间关联性强。

所以,传统的炉、机、电分别监控方式已不能适应大型单元机组运行要求,必须采用高度自动化的单元值班长的运行模式。

1.4.3 大机组控制的基本功能要求

(1) 在机组正常运行过程中,自动化系统能根据机组运行要求,自动地将运行参数维持在要求值内,以期获得较高的效率(如热效率)和较低的消耗(如耗煤、厂用电率等)。例如,一台 300 MW 机组计算机分散控制系统后的运行经济效果评审表明,每年可节约标准煤

8000 余吨,可见其经济效益显著。

(2) 在机组运行工况出现异常(如参数越限、辅机跳闸)时,自动化设备除及时报警外,还能迅速、及时地按预定的规律进行处理,既能保证机组设备的安全,又能保证机组尽快恢复正常运行,减少机组的停运次数。例如,自动快速减负荷(run back)、强增负荷(run up)、强减负荷(run down)、负荷快速切回(fast cut back,FCB)等。

(3) 当机组从运行异常发展到可能危及设备安全或人身安全时,自动化设备能适时采取果断措施进行处理,以保证设备及人身安全。例如,主燃料跳闸(master fuel trip,MFT)、汽轮机安全监视系统(汽轮机监视仪表)(TSI)、汽轮机紧急跳闸系统(ETS)动作等。

(4) 在机组启停过程中,自动化设备能根据机组启动时的热状态进行相应的控制,以避免机组产生不允许的热应力而影响机组的运行寿命,延长机组的服役期。例如,汽轮机的应力估算和寿命管理系统一般都包含在汽轮机自启停控制(ATC)系统中。

(5) 可实现自动发电控制(automatic generation control,AGC)。

随着电网的发展,对自动发电控制的要求日趋严格。自动发电控制是现代电网控制中心的一项基本且重要的功能,是电网现代化管理的需要,也是电网商业化运营的需要。而要实现自动发电控制,单元机组必须有较高的自动化水平,单元机组协调控制系统必须能投入稳定运行。大型火电机组具有大容量、高参数的特点,要有相应先进的自动化功能与之相适应。特别是对于超临界压力机组,其直流锅炉的启动特性、大范围的变压运行,更需要与之相适应的控制策略来进行控制。

1.4.4　大机组控制的主要应用系统

大机组控制的主要系统大致包含以下内容:

(1) 单元机组的协调控制系统(coordination control system,CCS);

(2) 锅炉炉膛安全监控系统(furnace safeguard supervisory system,FSSS)或称燃烧器管理系统(burner management system,BMS);

(3) 顺序控制系统(sequence control system,SCS),包括机组辅机顺序控制系统和发电机-变压器组及厂用电源顺序控制系统;

(4) 数据采集系统(data acquisition system,DAS);

(5) 汽轮机数字电液(digital electric hydraulic,DEH)控制系统;

(6) 汽动给水泵汽轮机电液(micro-electro-hydraulic,MEH)控制系统;

(7) 旁路控制(bypass control,BPC)系统;

(8) 汽轮机自启停控制系统;

(9) 汽轮机监视仪表;

(10) 汽轮机紧急跳闸系统;

(11) 全厂闭路工业电视系统;

(12) 辅助生产系统网络化集中监控系统。

上述控制系统在当前的大型火电机组上都有体现,集中反映了机组的自动化水平。应当指出:自动化系统毕竟只能按照人们预先制定的规律工作,而机组运行过程中的情况却是复杂的、随机的,因此,在特定的情况下要求人工提示或协调。无人值班的火电厂或火电机组虽曾尝试,却迄今未获成功,也就是说高度自动化的火电机组并非不需要人的干预,而是需要人的更高层的干预。由此可见,自动化水平高的机组,要求运行人员也具有更高的技术和文化水平。

1.5 现代大型单元机组集控概况

1.5.1 单元机组控制室

1. 控制室的位置

目前,大型单元机组通常两台机组合建一个集中控制楼并布置在两炉之间,有时还在除氧煤仓间内,单元控制室设置在集中控制楼的运转层。当有特殊要求时,经过论证,也可多台机组共用一个集中控制楼,单元控制室布置在独立的集中控制楼内;此外,单元控制室也可布置在除氧间或煤仓间的运转层或其他合适的位置。在单元控制室附近还需要布置工程师工作间、热控电子设备间和电源设备间、电气继电器室以及交接班室等房间。

2. 控制室的安全要求

单元控制室两侧应有通往锅炉房和汽轮机房的通道,出入口不少于两个。单元控制室、工程师工作间、电子设备间、电气继电器室等房间内应有良好的空调、照明、隔热、防尘、防火(室内装饰应采用不燃烧材料)、防水、防振和防噪声等措施。单元控制室、电子设备间、工程师工作间及其电缆夹层内应设置火灾报警和气体灭火装置,并严禁汽水及油路管道穿越。

3. 控制室内的规划

单元控制室内的布置和运行监控方式是随着机组容量的增大、自动化程度的提高和成熟而日益简化的。例如,我国安徽平圩电厂最早的 600 MW 机组,还设有大量的常规操作开关和监视仪表,计算机数据采集系统只替代了部分监视仪表,炉、机、电分别监控;又如,上海石洞口第二电厂20 世纪 90 年代初引进了我国首台 600 MW 超临界机组,以较高的要求实现了以 DCS、CRT 和键盘为中心的单元值班长运行模式,但是它在控制盘上仍保留着较多的调节回路的数字操作站和其他硬件操作设备。早期单元机组控制室布置如图 1-9 所示。

图 1-9 早期单元机组控制室布置

随着控制技术的发展,近年来设计的火电机组控制系统已取消了绝大部分后备操作设备和显示仪表,仅在操作台上配有少量的紧急停机操作设备,在单元机组控制室的立屏上,设置大屏幕显示器,非常简洁,如图 1-10 所示。

图 1-10　现代化大型单元机组控制室布置

1.5.2　集控室基本配置

1. 后备操作设备

后备操作设备的配置原则是:当 DCS 发生全局性或重大故障(如 DCS 电源消失、通信中断、全部操作员站失去功能、重要控制站失去控制和保护功能等)时,应能依靠后备操作设备确保机组紧急安全停机。在操作员台上设置的独立于 DCS 的后备操作手段有:① 锅炉总燃料跳闸;② 汽轮机跳闸;③ 发电机-变压器组跳闸;④ 汽包事故放水门;⑤ 锅炉安全门(机械式除外);⑥ 直流润滑油泵;⑦ 汽轮机真空破坏门;⑧ 交流润滑油泵;⑨ 发电机灭磁开关;⑩ 柴油发电机启动。

目前,顺序控制系统和模拟量控制系统已不再配置后备操作设备。控制屏上方不宜再配置常规光字牌报警装置,当确有必要时,每单元机组可设置不超过 20 个光字牌报警窗口,其报警内容如下:

(1) 最主要参数偏离正常值;

(2) 单元机组主要保护跳闸;

(3) 重要控制装置如 DCS、ETS 等故障或电源故障。

2. 显示器

每台单元机组配 5~7 台 21 英寸(1 in≈2.54 cm)操作员显示器,为运行人员提供机组监控界面,解决单元机组监控在安全性和可靠性等方面的问题;大屏幕显示器能完成操作员显示器上所有的显示和操作功能,改善操作员显示器小幅面显示的不足;与操作员显示器配合使用,缓解操作员长时间监视造成的视觉疲劳。

随着多媒体技术的发展,在大屏幕显示器上还可实现工业电视的显示功能,例如:将炉膛火焰和汽包水位工业电视甚至全厂闭路工业电视纳入 DCS,在大屏幕显示器上显示;将声光报警系统纳入 DCS,在大屏幕显示器上实现声光报警,且可兼有语音效果等。大屏幕的应用前景很好,但目前应用不够理想。主要问题如下:

(1) 价格较昂贵,一套大屏幕装置一般都需要数十万元;

(2) 质量不稳定,灯泡寿命短,维护费用高,有的亮度不均匀或亮度低看不清楚,额定亮度下运行时,一般每年需要换一次;

(3) 实用性不高,运行人员基本以普通显示器监控为主,大屏只显示一些趋势图或几幅主模拟图,大多不作为操作员站使用。

目前建设的大型火电机组大多配备了大屏幕,需改善和提高它的应用效果。

3. 全厂闭路工业电视监视器

近年来建设的大型火电机组都配有全厂闭路工业电视系统,除相对集中的辅助车间设置监视屏外(如输煤系统的工业电视一般设在输煤控制室内),其他要求在单元控制室集中监视。监视方式:有的分散在各个单元机组设置的大屏幕上;有的集中在控制室中间位置设独立的大屏幕(或等离子电视墙)。全厂集中监视方式可监视各单元机组监视点和全厂范围内有关辅助车间、厂区场景。

4. 电气网控

新建机组的电气网控一般设在单元控制室内,其网控操作员站在控制室中间(或值长台上)。扩建工程时视具体情况,设在单元控制室或老厂电气主控室。

5. 值长台

值长是运行值班的组织者、管理者,在单元控制室内都设置有值长值班台,一般配置有 DCS 的值长终端站、SIS 终端站及调度通信设备。

6. 运行人员配置

实现单元机组一体化控制和全能值班(现不设司机、司炉和电气值班员),一台机组配备专业素质较高的 1 名主值班员(机组长)和 2 名副值班员,负责对整台机组实施全面监控。

1.5.3　集控室布置实例

下面以石洞口第二电厂 600 MW 机组为例,详细介绍该厂集控室布置的情况。

石洞口第二电厂 600 MW 机组集控室布置如图 1-11 所示。两台机组控制台布置在一个主控室内,两台机组的控制台对称布置。每台机组配置 1 个具有 3 个终端的操作员控制台,1 个高 2.5 m、长 11 m 的模拟控制盘。按照锅炉、汽轮机、发电机的生产工艺要求,模拟控制盘上的配置有热工仪表 68 只、数控手动/自动站 46 只、电气仪表 14 只、模拟式插入控制面板 5 台、记录仪表 15 只、炉膛监视工业电视 1 台、趋势记录仪表 6 只、吹灰监视工业电视 1 台、吹灰器顺控插入面板、炉管泄漏检测装置插入面板。重要辅机、阀门的启停按钮和开关约 80 只,发电机功率、频率数字显示仪 1 套,时、分、秒计时数字显示仪 1 套,报警区 10 个(每个报警区有 16 个报警窗,每个报警窗最多有 4 个报警光字牌。按报警等级的不同,可采用全窗口、1/2 窗口、1/4 窗口方式报警)。机组的操作员控制台由 2 套 Network-90(N-

90)的模拟量控制系统(MCS)组成,互为冗余。每套 MCS 配有 3 台冗余的操作员 CRT/键盘、2 台打印机和 1 台彩色硬拷贝设备。在控制台上布置有 6 台操作员站、22 只手操开关,如紧急停机开关、报警确认开关等。DEH 系统 DCS 之间用硬接线连接,因此在主控室内的 Network-90 的 CRT 上能完成 DEH 系统的监视。

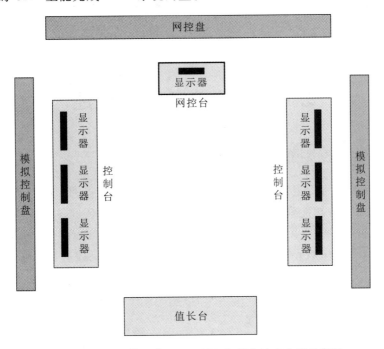

图 1-11   石洞口第二电厂 600 MW 机组集控室布置示意图

第2章 分散控制系统的结构与特点

2.1 分散控制系统概述

2.1.1 分散控制系统的名称

"分散控制系统"一词,是根据外国公司的产品名称意译而得的。由于产品生产厂家众多,系统设计不尽相同,功能和特点各具千秋,所以,产品的命名也各显特色。国内在翻译时,也有不同的称呼,最为常见的有分散控制系统(distributed control system,DCS)、集散控制系统(total distributed control system,TDCS)、分布式计算机控制系统(distributed computer control system,DCCS)。

名称的不同只是命名意图和翻译上的差异,其系统本质基本相同,内在含义是一致的。我国电力行业习惯称为分散控制系统。

2.1.2 分散控制系统的含义

分散控制系统的含义着重体现在"分散"上,而"分散"的含义包括几个方面。

(1)配置分散:各被控设备的地理位置分散,相应的系统控制设备也分散配置,多台以微处理器为基础的分散控制单元分别承担不同的控制任务。

(2)功能分散:分散控制系统所具有的功能并非集中于中央控制器中,而是分布在各个分散的控制单元中;而且控制系统的数据采集、过程控制、运行显示、监控操作、自整定等功能也是分散和相对独立的。

(3)显示分散:分散控制系统的显示功能不仅可以在中央操作站上集中体现,而且可以分散到本地操作站上。中央操作站具有显示全系统任何一个分散过程点全部信息的能力,而且可以在不同显示终端上分散显示;本地操作站不仅可通过现场控制单元随时显示现场信息,而且第三、四代分散控制系统可以在任一本地操作站调用其他本地操作站或中央操作站信息,进行分散显示。

(4)数据库分散:现代分散控制系统多采用分布式的数据库系统,现场控制单元和控制站设有本地数据库,并为全系统共享。

(5)通信分散:分散控制系统采用局域网络的通信技术,网络中的各个过程单元具有平等的通信控制权,可以实现分散通信。

(6)供电分散:分散控制系统为不同控制单元提供了独立的供配电装置,使系统的供电得以分散,提高了系统的可靠性。

(7)负荷分散:分散控制系统中的整体任务合理地分散到各控制单元,一个控制单元仅承担数个局部控制回路或子系统的控制任务,整个系统的工作负荷是分散的,且各控制单元的负荷基本均匀。

(8) 危险分散:上述"分散"的实现意味着整个系统的危险性分散。

概括地说,分散控制系统是一个多重物理资源和逻辑资源(多计算机或处理单元、多数据源、多指令源和程序)分布,采用某种互联网络或通信网络进行资源互连,具有高度的局部资源自治能力、资源间的相互配合能力和资源的整体协调与控制能力,可实现分布资源的动态管理和分配、分布程序的并行运行、功能分散的计算机网络控制系统。

2.1.3　分散控制系统的产生与发展

分散控制系统是在现代大型工业生产复杂的过程控制需求推动下,在总结和吸取常规模拟仪表控制和早期计算机控制的优点基础上,综合应用现代科技成果而发展形成的。

20 世纪 70 年代初期,微电子技术的重大突破,大规模集成电路的发展,微型计算机和微处理器的涌现,为数字控制提供了体积小、功能强、可靠性高、价格低廉的各类半导体芯片和计算机系统,为发展分散控制系统奠定了坚实的物质基础。另外,CRT 显示技术和数字通信技术的进一步发展,也为分散控制系统的研究提供了更加完备的条件。在控制论、信息论、系统工程等理论的指导下,以综合自动化为目标,按照分解自治和综合协调的设计原则,经过数年努力,美国 Honeywell 公司于 1975 年率先研制出世界上第一套计算机分散控制系统 TDC-2000。分散控制系统的产生,是"4C"技术的结晶,是多门类学科互相渗透、互相促进、综合发展的产物,是第三次工业革命(计算机发展)的又一成果。

自 TDC-2000 问世以来,相继,各种分散控制系统如雨后春笋不断涌现,并以惊人的速度向纵深发展,其发展过程大致分为以下几个阶段。

1. 20 世纪 70 年代中期

这一时期的典型产品除美国 Honeywell 公司的 TDC-2000 外,还有美国 Foxboro 公司的 Spectrum 系统,贝利(Bailey)公司的 Network-90 系统,Taylor 公司的 MOD Ⅲ 系统,德国西门子(SIEMENS)公司的 Teleperm-M 系统,日本北辰公司的 900/TX 系统,横河公司的 CENTUM 系统,日立公司的 UNITROLB ∑ 系统,东芝公司的 TOSDIC 系统,英国 Kent 公司的 P4000 系统,等等。这些系统一般由五大主要部分组成,它们是:

(1) 具有数据处理能力的数据采集装置(或称过程接口单元);

(2) 具有较强运算能力和各种控制规律,可自主完成回路控制任务、实现分散控制的现场控制站(或称过程控制单元);

(3) 具有集中显示、集中操作功能的 CRT 操作站;

(4) 具有专用通信协议的数据高速通路;

(5) 具有大规模的复杂运算能力、多输入多输出控制功能、管理全系统所有信息和实现全系统优化的监控计算机。

第一代分散控制系统的基本结构如图 2-1 所示。这一时期的产品具有集中型计算机控制系统的优点,系统的控制单元得到了有效的分散,CRT 操作站具有更丰富的画面,具有覆盖全系统的报警、诊断功能,以及先进的管理功能。但是,控制单元的管理、全系统的信息处理及显示和操作管理等功能还相当集中于监控计算机;系统尚采用 8 位或 16 位微处理器;通信所采用的是初级工业控制局部网络;系统专用的通信协议限制了其他系统的加盟;有的系统还不具备顺序控制等功能;在技术上尚存在一定的局限性。

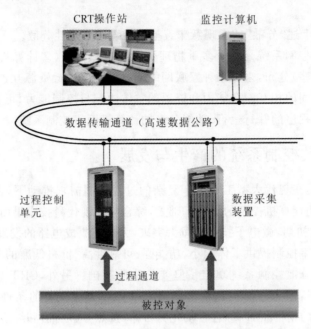

图 2-1　第一代分散控制系统基本结构

2. 20 世纪 80 年代初、中期

20 世纪 80 年代,超大规模集成电路集成度的提高,微处理器运算能力的增强,计算机网络技术的进步以及市场需求的推进,给分散控制系统的发展带来了新的生机,分散控制系统的第二代产品替代第一代产品正是这一成长阶段的具体表征。

第二代分散控制系统,有的是新设计开发的,有的是在第一代产品的基础上引进新技术、扩展新功能、提高可靠性而升级形成的。代表产品有:Honeywell 公司的 TDC-3000,Taylor 公司的 MOD300,日立公司的 HIACS-3000,西屋公司的 WDPF,横河公司的 YEWT-TORIA,L & N 公司的 MAX-1,西门子公司的 Teleperm-ME,等等。第二代分散控制系统的基本结构如图 2-2 所示,一般由以下几个主要部分组成。

(1)局域网络。它较一般工业控制网络的传输速率大,传输差错率低,扩展能力强,可靠性、有效性和可恢复性高,是分散控制系统各组成部分的纽带和主动脉。

(2)多功能现场控制站。它是在第一代产品的基础上采用更先进的 16 位微处理器,更大存储容量的 ROM、RAM 或 EPROM 芯片,增加更丰富的控制功能(顺序控制、批量控制、监督控制、数据采集与处理等)而形成的过程控制单元。

(3)增强型操作站。它采用 32 位微处理器,大大加强了系统集中监视操作、工艺流程显示、任意格式的报表打印、信息调度和管理等功能,为用户提供了更加完善和友好的人机界面,使得运行人员、维护人员以及工程技术人员可更为简单和明确地了解生产过程和系统状态,操作更为方便。

(4)主计算机(或称管理计算机)。它是实现高级过程控制、决策计算、优化运行、信息存储、系统协调等的综合管理核心。

(5)系统管理站(或称系统管理模件)。为克服主计算机和增强型操作站的某些局限性,加强整个分散控制系统的管理功能,提高管理过程的响应能力,第二代分散控制系统采

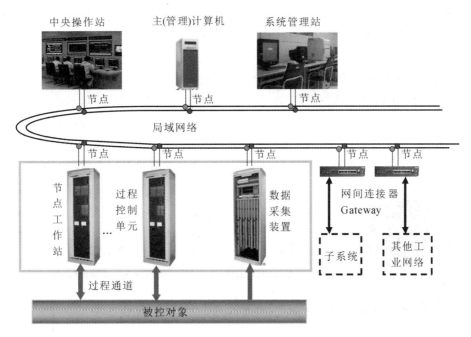

图 2-2　第二代分散控制系统基本结构

用了专用的硬件模块组成系统管理站。系统管理站包括应用单元模件、计算单元模件、历史单元模件、系统优化模件等。

（6）网间连接器（或称网关）。它是局域网络与系统子网络或其他工业网络的接口，起着通信协议翻译、通信系统转接、系统扩展的作用，加强了分散控制系统的开放程度。

第二代分散控制系统的特点是：以局部网络来统领整个分散控制系统，系统中各单元都被看作网络的节点或工作站。局部网络通过挂接桥可与同类型网络相连接，通过网间接口可与不同类型的网络相连接，亦可接入由 PLC（可编程控制器）组成的子系统。网络协议逐渐统一于 MAP（manufacture automation protocol）标准协议或与 MAP 兼容。数据通信的能力大大加强并向着标准化的方向发展；产品设计走向标准化、模块化、工作单元结构化；控制功能更加完善，用户界面更加友好；采用系统管理站，或在主计算机上强化管理软件，达到加强分散控制系统的全系统管理功能的目的。管理功能得到分散，可靠性进一步提高，系统的适应性及其扩充的灵活性增强。

3. 20 世纪 80 年代中后期

这一阶段的推动力来自多个方面：为了克服第二代分散控制系统专利性局部网络给企业多种分散控制系统互联带来不便的主要缺点，需开发和推出具有开放性局部网络的分散控制系统产品；生产过程自动化迅猛发展对分散控制系统提出了更多更高的要求，分散控制系统制造厂商为了满足这一要求，必须不断扩展自己分散控制系统产品的功能，提高性能和进行升级；随着更新周期的日益缩短，各个分散控制系统制造厂商不得不为此付出巨大的开发投资；计算机公司为了扩展自己的市场，研制和开发了各式各样的适应生产过程自动化要求的通用工作站、过程站、I/O 站以及通信网络，不断推出强有力的系统软件和支持软件。

由于分散控制系统是通用性产品，市场大、开发投资效益率好，因此产品更新和升级异常迅速。在上述背景下，分散控制系统公司和计算机公司的产业分工开始发生变化。主要表现在以下方面：分散控制系统公司开始尽量应用计算机公司提供的硬件和软件平台，形成自己的分散控制系统,这种动向首先表现在几乎大部分分散控制系统公司的产品均改用通用工作站,在高性能的硬件和丰富的软件平台基础上构成分散控制系统中的人机接口系统,如操作员站、工程师站等;通信网络大都采用通用的以太网,甚至分散控制系统局域网也如此;开发更深层次的管理信息系统,加强各类信息的管理。

代表产品有:MAX 公司的 MAX-1000＋PLUS、西门子公司的 Teleperm-XP、Bailey 公司的 INFI-90、西屋公司的 WDPF Ⅲ、ABB 公司的 Procontrol-P、Honeywell 公司的 TDC-3000/PM 等。

第三代分散控制系统的基本结构如图 2-3 所示,这代系统具有以下特点:

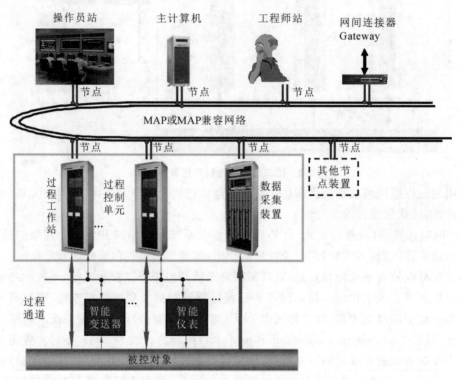

图 2-3　第三代分散控制系统基本结构

（1）为适应信息社会发展的需要,提高企业综合管理水平和整体经济效益,分散控制系统加强了信息管理功能,具有高一层次的信息管理系统。

（2）实现了开放式的系统通信。系统广泛采用标准通信网络协议,例如 MAP、IEEE、Ethernet 和现场总线,解决了不同厂家生产的不同设备的互连问题,系统向上能与 MAP 和 Ethernet 接口,便于与其他网络系统联系,以构成综合管理系统;向下支持现场总线,使现场控制设备之间实现了可靠的实时数据通信。

（3）32 位微处理器、智能 I/O 和数字信号处理器应用于现场控制站,使分散控制系统的功能更强,速度更快,算法更丰富,控制策略更先进。

（4）操作站功能进一步增强,引入了三维图形显示技术、多窗口显示技术、触摸屏技术、多媒体技术,使其操作更简便,操作响应更快捷。

（5）专用集成电路和表面安装技术用于分散控制系统的硬件设计中,使板件上的元件减少,板件体积更小,可靠性更高。

（6）提供了把个人计算机和可编程控制器接入分散控制系统的硬件接口和应用软件,

提高了应用系统构成的选择性和灵活性,同时为建立低成本的分散控制系统开辟了新途径。

（7）过程控制组态采用了 CAD 方法,使其更为直观方便。

（8）采用实时分散数据库,引入专家系统和人工智能,实现自整定、自诊断等功能。

4.20 世纪 90 年代以来

随着信息技术、网络通信技术、计算机硬件技术、嵌入式系统技术、现场总线技术、各种组态软件技术、数据库技术的发展和用户对先进的控制功能与管理功能需求的提高,各分散控制系统厂商纷纷提升分散控制系统的技术水平,并不断地丰富其内容。以 Honeywell 公司最新推出的 Experion PKS（过程知识系统）、Emerson 公司的 PlantWeb（Emerson Process Management）、Foxboro 公司的 A2、横河公司的 R3（工厂资源管理系统,plant resourse manager,PRM）和 ABB 公司的 Industrial IT 系统为标志的第四代分散控制系统已经形成。第四代分散控制系统的最主要标志是 information（信息）和 integration（集成）。

第四代分散控制系统的体系结构主要分为四层:企业管理层包含企业的生产与经营管理系统等;工厂（车间）层包含若干台单元机组的生产监控与信息管理系统等;单元（机组）监控层包含单元机组操作员站、工程师站、主计算机等;现场控制仪表层包含数据采集、过程控制、过程通道（传感器、执行器、智能变送器、智能仪表）等,其基本结构如图 2-4 所示。

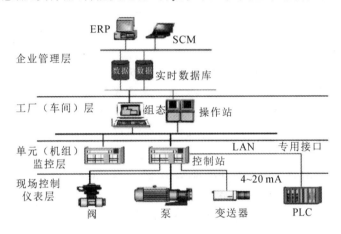

图 2-4　第四代分散控制系统基本结构

一般分散控制系统厂商主要提供现场控制仪表层、单元（机组）监控层、工厂（车间）层所有的控制和管理功能,而最上层的企业管理层则通过提供开放的数据库接口连接第三方的管理软件平台,可集成全企业的信息管理功能。第四代分散控制系统的主要特点如下。

1）增强信息化

第四代分散控制系统的信息化体现在:各分散控制系统已经不是一个以控制功能为主的控制系统,而是一个充分发挥信息管理功能的综合平台系统。分散控制系统提供了从现场到设备,从设备到车间,从车间到工厂,从工厂到企业集团的整个信息通道。这些信息充分体现了全面性、准确性、实时性和系统性。第四代分散控制系统的信息化功能突出表现在以下几方面:

（1）具有 SCADA 功能。SCADA 功能包括通过各种通信协议实现数据采集;对各种实时数据、历史数据、报警信息、事故记录等进行存储、分类、综合;采用屏幕显示、远程浏览显示、无线终端显示等实现各种信息显示和传送。几乎所有的第四代分散控制系统都提供了比较全面的 SCADA 功能。例如 Experion PKS 中,通过 digital video manager 可以实现图像的传输和显示,通过 DSA(distributed system architecture)可以实现全球联网,通过 HMI Web Technology 可以方便地实现任何位置的人机界面的组态,通过 eServer 可以安全随机地访问过程信息。此外,该系统还有支持远程监控、无线终端等功能。

(2)具有设备管理和智能维修功能。过去电站机组每隔一段时间就必须进行一次整体停机大修,大修时间一般在一个月左右。在此期间所有生产过程停止,每年企业大约 10% 的生产效率就白白浪费了。第四代分散控制系统提供的设备管理和智能化维修功能,可大大减少这样的浪费。第四代分散控制系统不仅采取了冗余措施,使关键部件发生故障时报警并自动切换到冗余备件上,以保证设备与系统的正常工作。而且还通过智能化现场信号处理模块的自诊断功能实时对分散控制系统本身的部件进行自动诊断;通过现场总线技术对现场仪表的运行状态进行自动诊断,并实现自动校正,确保各变送器和执行器正常工作。例如,Emerson 公司的 PlantWeb 系统、Honeywell 公司的 AssetManager PKS 系统等都提供了这样的功能。

(3)具有能源管理、批处理和配方管理、支持开放的数据库接口和多种流行标准网络接口等功能。

2)体现集成化

第四代分散控制系统的集成化体现在两个方面:功能的集成和产品的集成。过去的分散控制系统厂商基本上以自主开发为主,提供有自己个性的系统,现今,分散控制系统厂商更重视系统集成性和方案能力。如:

(1)第四代分散控制系统除保留传统分散控制系统所实现的过程控制功能之外,还集成了 PLC、RTU、FCS 等各种多回路调节器、各种智能采集或控制单元等。

(2)分散控制系统厂商不再把开发组态软件或制造各种硬件单元视为核心技术,而是纷纷对分散控制系统的各个组成部分采用第三方产品的集成方式或 OEM 方式。

在国外,多数分散控制系统厂商不再自己开发组态软件平台,而采用其他公司的软件平台或其他公司提供的软件平台。如 Foxboro 以 Wonderware 软件平台为基础,Emerson 以 Intellution 的软件平台为基础;有的分散控制系统厂商的 I/O 组件采用 OEM 方式,如 Foxboro 采用 Eurotherm 的 I/O 模块,横河的 CS3000-R3 采用富士电机的 Processio 作为 I/O 单元,Honeywell 公司的 PKS 系统则采用 Rockwell 公司的 PLC 单元作为现场控制站。

在国内,和利时公司也改变过去全部自己开发的技术路线,利用自己的核心技术与国外专业化公司合作开发出 HOLLiAS。例如,与德国公司联合开发出完全满足 IEC 61131-3 标准全部功能的控制组态软件。和利时公司的 HMI 既可以采用和利时自主知识产权的 FOCS 软件平台,也可以采用通用的如 CITEC 等软件平台。系统的硬件除了 I/O 单元由和利时公司自己开发制造外,其他 PLC、RTU、FCS 接口,无线通信,变电站数据采集与保护装置等,以及各种智能装置均采用集成方式。在一套监控系统中集成的各种智能设备可多达几十种。

3)划分模糊化

根据被控对象的特点,在实施控制时有过程控制和逻辑控制之分,过去分散控制系统主要用于过程控制,PLC 主要用于逻辑控制,有着明显的划分。而第四代分散控制系统为适应用户真正的控制需求,已经将这种划分模糊化了,具体表现在:

(1)几乎所有的第四代分散控制系统都包含了过程控制、逻辑控制和批处理控制,可实现混合控制;

(2)第四代分散控制系统几乎全部采用原为 PLC 语言设计而制定的 IEC 61131-3 标准

进行组态软件设计。

（3）多数的第四代分散控制系统都可以集成中小型 PLC 作为底层控制单元,一些分散控制系统(例如 Honeywell 公司的 PKS 系统)直接采用成熟的 PLC 作为控制站。如今,小型和微型 PLC 不仅具备了过去大型 PLC 所有的基本逻辑运算功能,而且能实现高级运算、通信、控制等功能。

由于多数的工业企业的控制需求绝不可能简单地划分为单一的过程控制或逻辑控制,而是由以过程控制为主或逻辑控制为主的多种控制组成的,例如发电过程控制是由连续调节控制和逻辑联锁控制构成的。要实现整个生产过程的优化,提高整个工厂的效率,就必须把整个生产过程纳入统一的分布式集成信息系统,因此,控制对象划分由模糊化走向统一化是必然的。

4）再度分散化

现场总线控制系统(FCS)作为一种双向串行多节点的数字通信系统,有很多分散控制系统无法比拟的优点。如今,第四代分散控制系统采用将现场总线控制系统集成于分散控制系统的思想,融入各种形式的现场总线接口,以支持多种标准的现场总线仪表和执行机构等,从而改变了原来分散控制系统机柜架式相对集中安装 I/O 模件的控制站结构,而采用进一步分散的 I/O 模块(导轨安装)或小型化的 I/O 组件(可以现场安装)或中小型的 PLC。具体地讲,就是将分散控制系统现场控制站中的 I/O 模件从控制柜中分离出来,以模块形式安装到现场来完成数据采集和数据输出功能,而控制和运算功能则由现场 I/O 模块或控制站来完成,I/O 模块挂接到现场总线上通过现场总线接口与控制站进行通信。这种处理方案既充分发挥了分散控制系统的高可靠性优点,又具有现场总线技术,其实质是对分散控制系统中的现场控制站做了进一步的分散处理,使得 I/O 能现场就地安装,使得控制站与 I/O 的通信从 PC 并行总线转变为现场串行总线。图 2-5 所示为两种方案的比较。

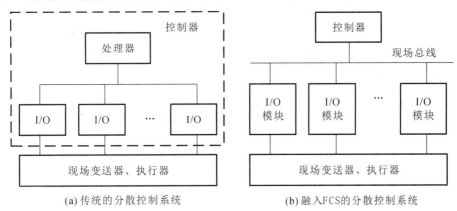

(a) 传统的分散控制系统　　　　(b) 融入FCS的分散控制系统

图 2-5　传统的分散控制系统和融入 FCS 的分散控制系统比较

第四代分散控制系统的现场处理部件具有以下共同特点:

（1）结构小型化。随着微处理器技术,低功耗、高集成度电子芯片技术的发展,第四代分散控制系统现场控制站向着小型化或微型化结构转化,以替代过去包含电源系统、主控制器、机架、I/O 模块、接线端子在内的大柜式机架安装结构的现场控制站,改变了以往由于经济条件限制分散控制系统一般不适合用于小型系统的状况。例如:Experion PKS 的 C200 控制器组件和横河公司的 CS3000-R3 系统,采用小 4U 架式模块结构,可以挂式安装,而 Foxboro 的 A2 系统、Emerson 的 DeltaV 系统和 ABB 的 Industrial IT 系统则采用更分散、更小型的 I/O 控制器结构。

（2）应用灵活化。第四代分散控制系统的控制器有很强的处理功能,有些把双冗余主控模块与 I/O 模块并排安装在一起,有的则将主控制器模块单独安装,应用标准的串行总线（以太网、Profibus、Modbus 等）与 I/O 模块连接。无论哪种模式,这些控制器和 I/O 模块都提供标准的串行总线通信。所以它们既可以是单独的产品,又可以是分散控制系统的现场测控单元,可灵活组成各种实际应用系统。

（3）成本低廉化。以前,分散控制系统属于技术含量高、应用相对复杂、价格相当昂贵的工业控制系统。随着应用的普及和信息技术的发展,如今,分散控制系统已经成为工业界熟悉的、价格合理的常规控制产品,而且其灵活的规模配置和小型化结构,大大降低了系统的成本。可以说,现在采用先进的分散控制系统实现工业自动化控制,比原来采用常规的仪器仪表进行简单控制,用户投资增加不多,但是实现的功能却大大加强。

5) 系统开放化

多年来,工业自动化界都十分关注分散控制系统的开放性,过去由于通信技术的相对落后,系统的开放性是困扰用户的一个重要问题。如今,网络技术、数据库技术、软件技术、现场总线技术的发展,为开放系统提供了基础。另外分散控制系统生产厂家竞争的加剧也促进了分散控制系统开发的细化、分工与合作。各生产厂家放弃了原来自己独立开发的工作模式,转为采用集成与合作的开发模式,进一步促进了分散控制系统开放性的发展。

所有第四代分散控制系统都支持某种程度的开放性。分散控制系统的开放性体现在三个不同层面,与第三方产品相互连接。在企业管理层,支持各种管理软件平台的连接;在工厂（车间）层,支持第三方先进控制产品、SCADA 平台、MES 产品、BATCH 处理软件,同时支持多种网络协议（以以太网为主）;在单元（机组）监控层,支持多种分散控制系统单元（系统）、PLC、RTU 等各种智能控制单元,以及各种标准的现场总线仪表与执行机构。

值得注意的是,开放性的确有很多好处,但是在考虑开放性的同时首先要充分考虑系统的安全性和可靠性。因为生产过程的故障停车或事故造成的损失,可能比追求开放性产品所节省的成本要高得多。同时在选择系统设备时,先要确定系统的需求,然后根据需求选择必要的设备,尽量不要装备一些不必要的功能。

6) 服务专业化

随着开放系统和平台技术的发展,产品的选择更加灵活,软件组态功能越来越强大且灵活,但是每一个特定的应用都需要一个独特的解决方案,所以专业化的应用知识和经验是当今工业自动化厂商或系统集成商成功的关键因素。各分散控制系统厂商在努力宣传各自分散控制系统技术优势的同时更努力宣传自己的行业方案设计与实施能力。为不同的用户提供专业化的解决方案,实施专业化的服务,已成为各分散控制系统生产厂商和系统集成商竞争的焦点,也是各厂商盈利的主要来源。第四代分散控制系统厂商在提高分散控制系统平台集成化的同时,都强调自己在各自应用行业的专业化服务能力。分散控制系统厂商不仅注重系统本身的技术,而且更加注重如何满足用户的应用需求,并将满足不同行业应用需求作为自己系统的最关键的技术。这是第四代分散控制系统的又一重要特点。

2.1.4　分散控制系统的应用

分散控制系统一经问世,就相继在化工、石油、冶金、电力、轻工等工业领域得到了广泛的应用,且正在向其他领域渗透。它以良好的技术效果和经济效果,显示出强大的竞争力,被公认为当今最为先进的一种过程控制系统。

1986 年以来,我国一批新建的大型火电机组开始陆续采用分散控制系统,这些系统的应用,在不同程度上提高了单元火电机组的数据采集与处理、生产过程控制、逻辑控制、监视报警、联锁保护、操作、管理的能力和水平,加速了我国火电生产自动化的发展。随后,众多火电机组的控制系统改造时也都采用了分散控制系统。经过多年的实践、摸索与研究,分散控制系统生产厂家和应用厂家都在系统的设计、制造、选型、安装、调试、运行、维护和管理等方面积累了不少经验,为其推广应用打下了良好的基础。目前,国内所有新建的大型火电机组都无一例外地采用分散控制系统,以适应我国电力工业发展和大型火电机组控制的需要。随着火电机组单机容量的增大、参数的提高,热力系统变得更加复杂,在运行中必须监视的信息量和用于控制的指令量迅速增加,例如:1 台 600 MW 机组的信息量和指令量总和达到4000～8000 个,如表 2-1 所示。

表 2-1　大机组信息量和指令量汇总

电厂名	机组容量/MW	模拟量输入信息量/个	开关量输入信息量/个	总信息量/个	模拟量输出指令量/个	开关量输出指令量/个	总指令量/个	总计/个
镇江电厂	600	1757	4350	6107	252	2094	2346	8453
沁北电厂	600	1712	3038	4750	143	1251	1394	6144
北仑电厂	600	1506	2680	4186	60	106	166	4352
石洞口第二电厂	600	1455	3047	4502	137	1166	1303	5805
扬州第二电厂一期	600	1728	3529	5257	288	1260	1548	6805

对于如此大量的信息量和指令量,采用常规仪表、独立工作的控制装置和控制开关是很难胜任的,不仅要用很多、很长的监控仪表盘(台)和多人监控,且很难完成复杂的控制任务(如机组的协调控制),也很难保证机组的安全、经济运行。

鉴于分散控制系统的诸多优势,从 20 世纪 90 年代中期开始,全国火电机组展开了大规模的控制系统技术改造,125 MW 及以上机组都基本实现了分散控制系统控制。新建机组则几乎无一例外地采用了分散控制系统。同时,分散控制系统还向辅助车间控制延伸,如应用于补给水系统、脱硫系统等。分散控制系统在我国 600 MW 及以上容量机组上的部分应用情况如表 2-2 所示。

表 2-2　分散控制系统的部分应用情况

电厂名	机组编号	容量/MW	功能范围	型号	供货单位	投产日期（计划）	备注
石洞口第二电厂	1、2	600	DAS、CCS、SCS、FSSS	Network-90	加拿大贝利	1990、1991	DEH、MEH、Procontrol-P
哈尔滨第三发电厂	3	600	DAS、CCS、SCS、FSSS	INFI-90	英国贝利	1994、1995	北京贝利分包
沁北电厂	1、2	600	DAS、CCS、SCS、FSSS	Symphony	北京 ABB	2005	—
外高桥电厂	5、6	900	DAS、CCS、SCS、FSSS	HIACS-5000M	日立	2004	—
常熟第二发电厂	1、2、3	600	DAS、CCS、SCS、FSSS	HIACS-5000M	北京日立	2005	—

电厂名	机组编号	容量/MW	功能范围	型号	供货单位	投产日期（计划）	备注
扬州第二电厂	1、2	600	DAS、CCS、SCS、FSSS	Teleperm-XP	德国西门子	1998、1999	南京西门子分包
邯峰电厂	1、2	660	DAS、CCS、SCS、FSSS	Teleperm-XP	德国西门子	1999	南京西门子分包
北仑电厂	1、2	600	DAS、CCS、SCS	Ovation	艾默生-西屋	2004、2005	技术改造
镇江电厂	5、6	600	DAS、SCS、MCS、FSSS	I/A	上海 Foxboro	2005	—

过去,火电厂分散控制系统的设备主要从国外进口,现在,国内也涌现出一批颇具实力的分散控制系统生产厂商,如北京和利时、上海新华、浙大中控、国电智深等公司,其产品在火电行业不乏应用,其市场占有份额逐年扩大。

随着我国改革开放的不断深入,众多全球著名的分散控制系统生产商的国际新品牌不断涌入我国市场,如 Honeywell 的 Experion PKS 系统、ABB 的 Industrial IT 系统、Emerson 公司的 PlantWeb 系统等。国内分散控制系统产品也显示出较强的竞争力,在技术上形成了初步与国外产品相抗衡的局面,部分产品已经走出国门,进入国际市场。但在一些特大型的项目上,国外产品还占有一定优势。就目前的应用而言,ABB、西门子、Emerson、Invensys、上海新华、国电智深以及北京和利时 7 家供应商大约占据了整个电力行业 90% 以上的市场份额。

在国际市场众多的品种中,选择那些具有先进性、可靠性、适用性,具有火电控制经验和实绩,具有国内合作实体与技术后盾,利于国产化,性/价比占据优势,符合应用需求的分散控制系统,将有利于我国电力工业自动化的健康发展。

2.2　典型分散控制系统的结构

本节主要介绍国内外不同制造厂家、不同时期推出的,在火电厂应用较多的典型分散控制系统。通过对这些系统的结构进行了解和比较,可宏观掌握分散控制系统的基本构成框架和组成系统的基本设备,以及不同分散控制系统组成结构的共性。

2.2.1　XDPS 系统的结构

XDPS 是上海新华控制技术(集团)有限公司分布处理系统(Xinhua distributed processing system)的缩写,是一个集计算机、网络、数据库、信息技术和自动控制技术为一体的工业信息技术系列产品。XDPS-400 是新华公司在吸取了许多国家分散控制系统产品的优点,并在其 DAS100、DAS300 和 DEH Ⅲ 等产品的基础上推出的一套高可靠性和高可利用率的分散控制系统。XDPS 具有开放式结构、模块化设计技术、合理的软硬件功能配置和易于扩展的特点;并含有虚拟 DPU、免编译图形组态等多项独创技术,已广泛用于电站的分散控制、电厂调度、管理信息系统、变电站监控、电网自动化、钢铁企业的高炉监控、化工企业的过程自动化和造纸厂过程自动化。图 2-6 所示为 XDPS-400 典型应用示意图。

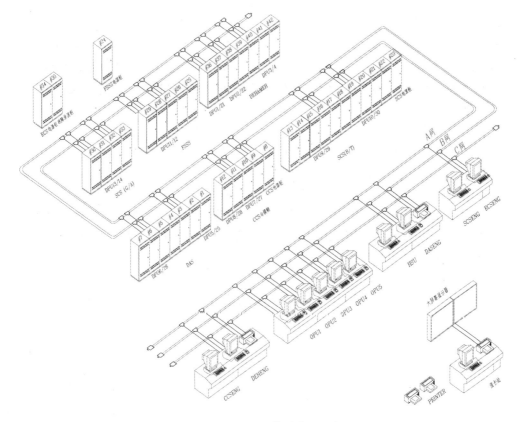

图 2-6　XDPS-400 典型应用示意图

作为国产品牌,新华公司的产品(DEH、DCS、ECS、NCS、SIS)在火力发电厂上的应用具有相当可观的业绩,特别是 XDPS 系列产品在 300 MW、600 MW 等新建机组和老机组的改造项目中,已得到广大用户的认可。

XDPS-400 系统的结构如图 2-7 所示。XDPS 的主要硬件设备由三个基本的子系统组成:过程控制系统、操作管理系统和网络系统。

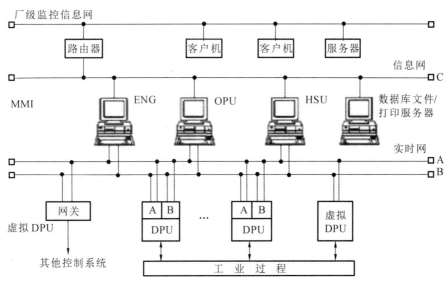

图 2-7　XDPS-400 系统的结构

1.过程控制系统

XDPS-400 的过程控制系统是由若干分散处理单元(也称为过程控制站(DPU))构成的,它们直接与现场信号相连,采集和处理现场数据,实施对现场设备的控制,并通过通信接口挂接在主干通信网络上,可与系统中的其他设备通信。XDPS-400 的过程控制系统一般由过程控制站(DPS)、现场控制站(FCU)、通信接口站(PIU)等三部分组成。

过程控制站(DPU):它具有数据采集、数据处理、回路控制、顺序控制、高级控制、专家系统、系统信息和控制策略存储,以及用户特殊功能要求定制等基本功能,是信息自动处理和控制的基本单元。一般放置在远离现场设备的集控室机房内。它通过实时网与人机操作接口(MMI)站各节点以及其他 DPU 连接,通过 I/O 网络与 I/O 站节点连接。

现场控制站(FCU):又叫作远程站,它具有与过程控制站基本相同的功能,通常采用现场控制柜,放置在离集控室较远的运行设备现场,通过光缆或屏蔽双绞线与分散控制系统主干实时网络相连,实现对现场设备的监控。这种设备可以节约大量的信号电缆。

通信接口站(PIU):是过程控制系统与其他系统通信的接口站。通信电缆直接与过程控制站的各分散处理单元相连接,外部测点被映射为过程控制站的内部 I/O 测点,包括地址(站号-卡号-通道号)、类型等信息。采用通信接口站,可以使现场多个不同的系统方便地接入分散控制系统,便于实现对现场设备的集中监控。

2.操作管理系统

XDPS-400 的操作管理系统,又称人机操作接口(man machine interface,MMI)站,是面向操作人员与管理人员的对系统进行操作与管理的人机接口,通过该系统,用户可以直接、实时地获得生产过程的实时运行数据,安全有效地对整个生产过程进行监视、操作与管理。

XDPS-400 的操作管理子系统包括以下内容:

(1)工程师站(engineer station,ENG):是控制系统工程师与控制系统间的人机接口,用于控制系统的组态、调试、维护与监测。

(2)操作员站(operation processing unit,OPU):是系统运行操作人员与控制系统间的人机接口,用于显示实时数据、相关系统画面、报警信息,监视系统运行状态,打印运行报表,输入操作员的指令等。

(3)历史数据站(historical unit,HSU):用于历史数据的收集、存储,及报表的生成与输出。

(4)性能计算站(CAC):计算机组、子系统、设备的效率和功耗,用以指导优化生产。

3.网络系统

XDPS-400 的网络系统用于连接 XDPS 的各节点,实现系统的网络通信。XDPS 系统的通信网络是建立在国际标准化组织(ISO)提出的开放系统互连(OSI)标准基础上的,符合 IEEE 规范和 TCP/IP 协议。

XDPS-400 的网络系统由以下几个部分组成:

(1)厂级监控信息网:XDPS-400 的厂级监控信息网向下连接各底层的实时控制系统 DCS 和高层的 MMI,如值长站、计算站、负荷分配站、通信网关、Web 服务器等。厂级监控信息网采用以太网和 IEEE 802.3 的通信协议,通信速率为 100 Mbps,通信介质采用光纤。

(2)机组级主干网(实时网 RTFNET):XDPS-400 的实时网用于连接过程控制系统和

操作管理系统中的各个站(节)点(分散处理单元、操作员站、工程师站、历史数据站等),高速传递实时数据、组态信息和控制指令等。它采用的是快速的 1∶1 冗余容错的交换式环形以太网,在工程图纸中通常被标注为 A/B 网。在 1∶1 冗余通信接口卡上,设计了传输出错检测技术,任何一个网络出现故障都不会影响通信,增强了系统的安全性与可靠性。通信协议为 IEEE 802.3 广播方式。通信速率为 10 Mbps/100 Mbps。通信介质为无源同轴电缆、双绞线或光纤。该网支持 250 个站(节)点,最大分布距离为 40 km,全局实时数据库容量无限制。

(3) 机组级信息网(INFNET):XDPS-400 的信息网络用于连接操作管理系统中的各站点(操作员站、工程师站、历史数据站等),为各个站点提供快速高效的信息传输通道,传输非实时数据、管理指令、文件及实现打印共享。信息网在工程的设计图纸中通常被标注为 C 网。该网络采用单以太网配置,通信协议为 TCP/IP。通信速率为 10 Mbps/100 Mbps。该网络通过路由器与高层厂级监控信息网或外部网络连接。

(4) 过程控制网:XDPS-400 的过程控制网络用于连接过程控制层和现场设备,传递现场实时信息和控制指令。该网络采用工业以太网技术实现。

(5) 远程 I/O 网:XDPS-400 的远程 I/O 站采用 XDPS 的同一系列 I/O 卡件,配以符合 IP56 防护等级的机柜,构成远程控制柜并就近布置于现场,应用环境温度为 −20～60 ℃,组成远程 I/O 系统,远程 I/O 网络用于远程 I/O 站与冗余 DPU 的连接,如图 2-8 所示。

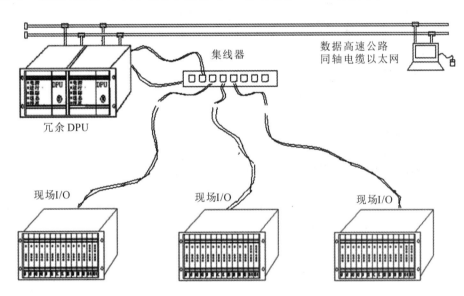

图 2-8　XDPS-400 远程 I/O 网络

该网络采用 1∶1 冗余的以太网结构、TCP/IP 网络协议,最大分布距离为 40 km,通信速率为 10 Mbps。通信介质可为同轴电缆、光缆或双绞线。

在 XDPS-400 的网络中还配置了网关接口站,以实现与其他控制系统的连接。

由上面的介绍可知,XDPS-400 的厂级监控信息网、机组级主干网(实时网 RTFNET)、机组级信息网(INFNET)、过程控制网、远程 I/O 网皆采用以太网,从而使 XDPS-400 成为采用全以太网结构的系统平台。

2.2.2 INFI-90 系统的结构

INFI-90 系统是 Bailey 公司继 1980 年推出 Network 系统后,于 1988 年推出的第二代分散控制系统。"INFI"代表"无限发展(INFINITE)"的含义,"90"表示该系统是在该公司 1980 年推出的 Network-90 系统基础上发展起来的,且二者有着很好的兼容性。INFI-90 系统又称过程决策管理系统(strategic process management system),其系统的结构如图 2-9 所示。INFI-90 的主要设备包括:① 过程控制单元(PCU);② 过程控制观察(PCV)站;③ 操作员接口站;④ 工程师工作站(EWS);⑤ 计算机接口单元(CIU);⑥ 通信网络等。

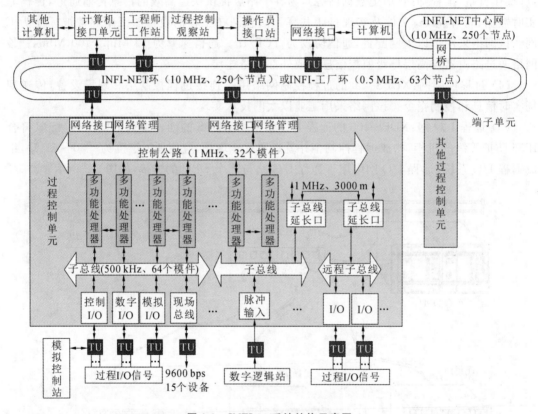

图 2-9 INFI-90 系统结构示意图

2.2.3 Industrial IT Symphony 系统的结构

Industrial IT Symphony 系统是结合了 ABB 成熟的工业控制技术和最新的信息技术开发的一个新产品。它是融合了 IT 技术和专业知识的一套开放式控制系统,向下兼容 Symphony 系列系统,可在统一平台上集成 ABB 多种控制系统,结构如图 2-10 所示。

Symphony 系统分散化的子系统可以灵活地连接成为功能强大的整体,满足企业的控制和管理方面的各种需要。由 Symphony 系统中的控制网络 C-Net 连接起来的各种类型的节点上配置着完成所有控制与管理任务的设备,从各个方面为用户创造价值。每个控制网络环路可以挂接 250 个节点,用户也可从节点上连接子环路,从而这个节点再支持 250 个节点。由此用户可根据实际应用的需要从小到大选择分散控制系统中的各种资源,组成不同规模的分散控制系统。

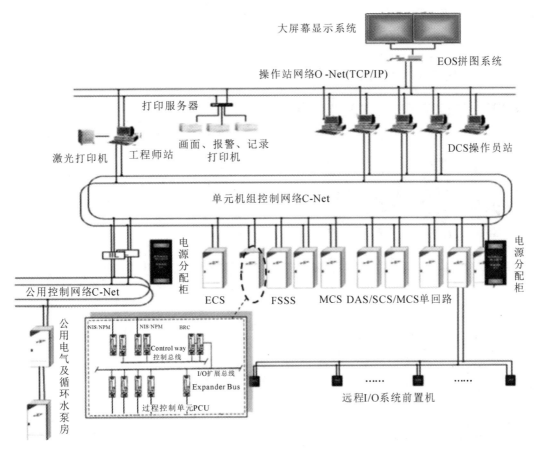

图 2-10　Industrial IT Symphony **系统结构**

Symphony 有以下的主要节点类型。

（1）过程控制单元：包括完成过程控制所必需的所有硬件，如控制器、I/O 模块、端子单元和电源系统。

（2）人-系统接口：提供运行人员与分散控制系统之间的图形交流界面。

（3）工程师工作站：分散控制系统设计、组态、调试与维护管理的系统。

（4）计算机接口单元：为分散控制系统和外部计算机之间的通信提供接口。

（5）网络桥：提供多个控制网络环路间的接口。

2.2.4　WDPF Ⅱ 系统的结构

美国西屋电气公司过程控制部于 1982 年 10 月推出分散处理系统 WDPF，在此基础上，90 年代初又推出 WEStation 工作站，以此形成 WDPF Ⅱ 系统，为 WDPF 的升级产品。WDPF Ⅱ 系统反映了当时分散控制系统的发展水平。

WDPF Ⅱ 系统的结构如图 2-11 所示，构成 WDPF Ⅱ 系统的主要设备有：

① 数据高速公路（data highway）；

② 信息高速公路（information highway）；

③ 分布式处理单元（distributed processing unit，DPU）；

④ 完全控制单元（total control unit，TCU）；

⑤ 通用可编程控制器接口(universal programmable controller interface,UPCI);

⑥ 站接口单元(station interface unit,SIU);

⑦ WEStation 工作站;

⑧ 计算机接口和中心遥控单元(central telemetry unit,CTU)

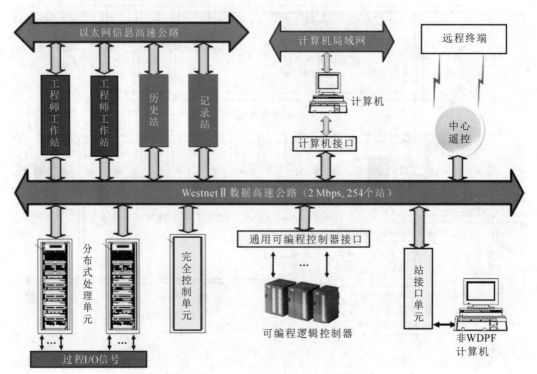

图 2-11 WDPFⅡ系统结构示意图

2.2.5 Ovation 系统的结构

Ovation 系统是艾默生过程控制有限公司公用事业部(PWS)(原西屋电气公司过程控制部)于 1997 年推出的新一代分散控制系统,是 WDPFⅡ系统的升级换代产品。Ovation 系统的结构示意图如图 2-12 所示,基本组成分为 Ovation 网络和各个站点。

Ovation 系统网络采用 Fast Ethernet 网,并采用冗余方式工作。网络硬件目前采用交换机作为网络的通信设备。

站点可以分为人机接口装置和生产接口装置。人机接口装置分为操作员站、工程师站、历史数据站、智能设备管理站等。根据连接的生产设备不同,生产接口装置可以连接分散处理单元(DPU)和现场总线控制系统。分散处理单元支持 HART 协议,其 I/O 模块共分 2 组,最多 16 个。现场总线控制系统采用冗余现场总线以太网交换器,网关最多 16 个,每个网关支持 2 个卡件,每个卡件支持 2 个网段。

Ovation 系统还可以和其他的控制系统以及信息系统进行标准化的、开放的连接。

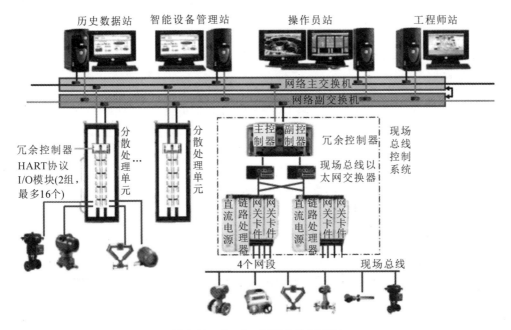

图 2-12 Ovation 系统结构示意图

2.2.6 I/A Series 系统的结构

I/A Series 是 1987 年美国 Foxboro 公司推出的新一代计算机-智能/自动化分散控制系统,是该公司 Spectrum 系统的升级换代产品,且具有兼容性。

I/A Series 的硬件、软件和通信设计都采用国际标准,为工业自动化提供了开放性、完整性、灵活性、安全性很强的控制系统,其系统结构为全厂信息集成、综合管理和过程自动化奠定了良好的基础。I/A Series 的基本结构如图 2-13 所示。

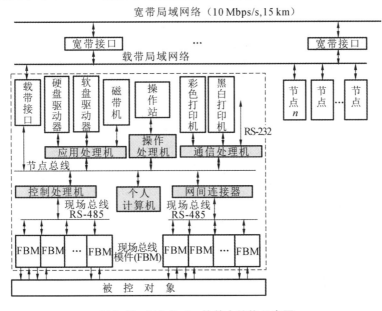

图 2-13 I/A Series 的基本结构示意图

I/A Series 系统的主要硬件设备有:现场总线模件(FBM)、控制处理机、操作处理机、应用处理机、通信处理机、个人计算机、宽带接口和载带接口、网间连接器、通信网络等。

2.2.7 MAX 系统的结构

MAX 系统早期由美国利兹-诺斯拉普（Leeds & Northrup）公司系统部——MAX Control Systems 于 1980 年推出，取名为 MAX1。随后，1992 年推出升级产品 MAX 1000，1998 年推出升级产品 MAX 1000＋Plus。2000 年 10 月，Neles Automation 公司收购 MAX Control Systems，并于 2001 年 1 月更名为美卓自动化（Metso Automation）公司，推出升级产品 maxDNA 系统。MAX 系统的每代升级产品都增添了更多的功能和更强的性能，但系统结构没有多少差异。MAX 1000 系统的结构如图 2-14 所示。

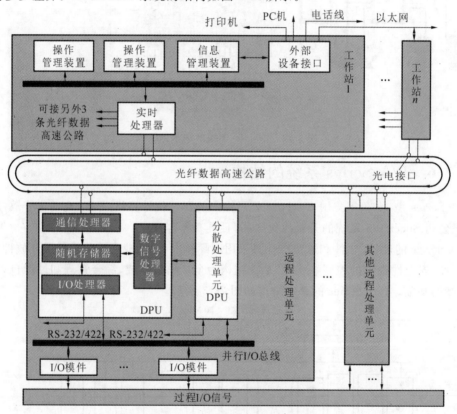

图 2-14 MAX 1000 系统结构示意图

系统组成设备有三类：① 远程处理单元（remote processing unit，RPU）；② 工作站（work station，WS）；③ 通信网络。

新版的 Max 1000＋Plus 的网络结构做了一些改进，与以往传统的分散控制系统网络结构不同，新版的 Max 1000＋Plus 取消了过程级控制和监督级控制之间的区分，把两者的控制组建在了同一层网络拓扑中，称为 MaxNet 通信网络。MaxNet 通信网络采用符合 IEEE 802.3 的双层以太网介质物理星形，逻辑环型拓扑，具有通信冗余功能。

2.2.8 Teleperm 系统的结构

Teleperm 系统是德国西门子公司推出的分散控制系统产品，先后推出的有 Teleperm-C、Teleperm-E、Teleperm-ME、Teleperm-XP 等，其中，Teleperm-ME（简称 T-ME）电站过

程控制系统于 1980 年推出,它是 Teleperm-C 系统的改进型和 Teleperm-M 系统的增强型产品。T-ME 系统由一系列功能强大的系统组件组成,满足电厂分散控制、分层管理的需求,能提供电厂所需的安全、经济运行的所有功能。T-ME 系统的基本结构如图 2-15 所示。

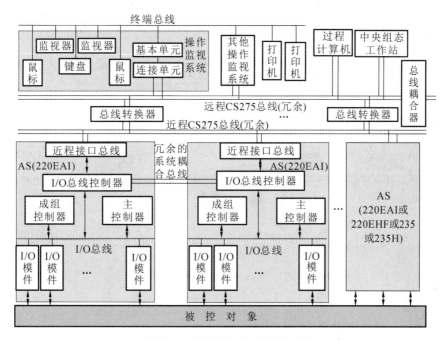

图 2-15　T-ME 系统结构示意图

T-ME 系统构成主体:① 自动子系统;② 操作监视系统;③ 过程计算机;④ 中央组态工作站;⑤ 通信网络和接口。Teleperm-XP(简称 T-XP)系统是 T-ME 系统的升级产品,其基本结构如图 2-16 所示。

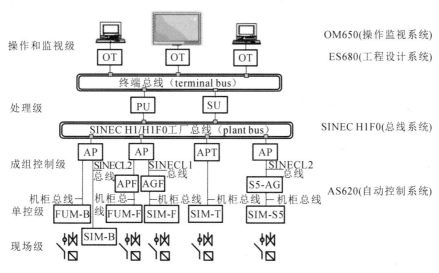

图 2-16　T-XP 系统基本结构图

2.2.9　SPPA-T3000 系统的结构

SPPA-T3000 系统也是西门子公司于 21 世纪初推出的一款分散控制系统产品。西门子 SPPA-T3000 控制系统网络为两层网络结构,上下两层均为环网,上层为应用层,下层为自动化层,AP 自动控制服务器挂在自动化总线上,工程师站和操作员站挂在应用总线上,两层总线之间为应用服务器。DCS 总线由 OSM 62 模件组成,每个 OSM 62 模件有 6 个双绞线口和 2 个光纤口。每个环形网络均由 OSM 62 模件通过光纤连接而成,各种服务器、操作员站、工程师站通过双绞线连接到 OSM 62 模件上。网络结构示意图如图 2-17 所示。

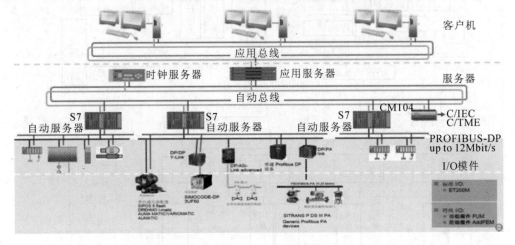

图 2-17 SPPA-T3000 系统结构示意图

2.2.10 HIACS 系统的结构

HIACS 系统是日本日立公司基于对电厂过程的认识,考虑火电厂工艺过程的热能发生、蒸汽产生、发电及辅助等四个主要环节,明确地按照受控物理过程及信息流动过程划分系统,突出了自治分层、提高分散度、增强总体可靠性的思想所开发的分散控制系统。

日立公司先后推出的产品有 HIACS-1000、HIACS-2000、HIACS-3000、HIACS-4000、HIACS-5000 和 HIACS-5000M 等分散控制系统。HIACS-5000M 系统的结构如图 2-18 所示。

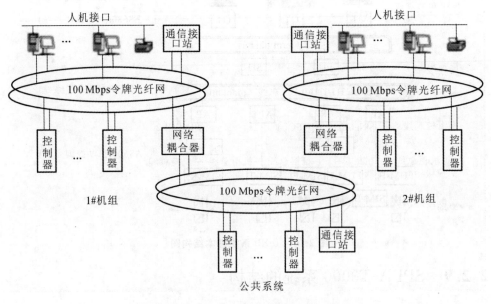

图 2-18 HIACS-5000M 系统的结构示意图

HIACS-5000M 系统采用冗余配置的高速环形网光纤通信网络,连接了全部基本控制器及人机界面系统;基本控制器为 R600 系列控制器,承担受控装置闭环、开环控制任务,同时也承担了联锁保护任务,是 HIACS-5000M 系统中完成控制保护任务的基本计算单元;操作员工作站、工程师工作站、历史数据站、通信接口站等挂于高速光纤网络上,构成机组级人机界面系统。公共系统上可配置操作员站,也可不配操作员站,由单元机组上的操作员站对公共系统实施控制,但不允许同时操作,因此系统设计了两种操作方式:人为干预方式和自动切换方式。

2.2.11　Experion 过程知识系统的结构

Experion 过程知识系统(PKS)是 Honeywell 公司推出的一个集先进自动化平台和创新应用软件为一体的过程自动化系统。它集成遍布全厂的各类数据,使人员、过程、经营、资产管理高度融合。其主要特点为集成了所有过程控制和安全管理系统的自动化软件;提供了基于知识获取和共享的经营决策应用软件;提供了防止异常状况发生的协同决策支持工具;提供了一个单一的全厂范围的操作界面;提供了具有移动处理功能的无线解决方案;完全兼容本公司前期产品和其他商家的自动化系统;能集成各种最新的现场设备;可与众多现场总线集成,有助于现有资产优化。Experion 过程知识系统的结构如图 2-19 所示。

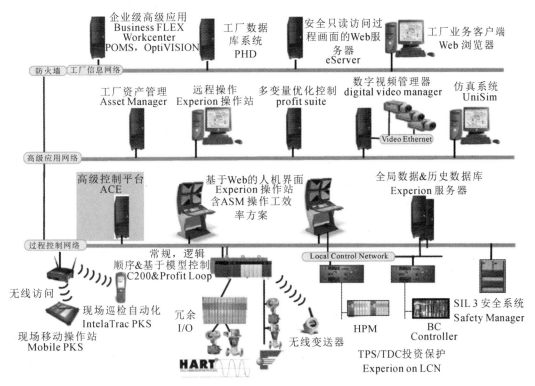

图 2-19　Experion 过程知识系统的结构示意图

2.2.12　EDPF-NT 系统的结构

EDPF-NT 系统是中国北京国电智深控制技术有限公司研发的适用于大型发电厂的自动化成套控制系统,可构成全厂一体化整体自动化解决方案。该系统的特点:以分散控制系统为核心,实现单元机组控制和辅控车间的分散控制系统一体化控制;并优化了控制策略;

采用统一的软、硬件运行环境,在分散控制系统基础上扩展了厂级监控信息系统(SIS)和全激励仿真(SIM)系统;采用现场总线技术和智能化仪表,并考虑各类仪表等现场设备的集成;采用分层的网络结构,逻辑上划分为多个"域",采用分布式数据库,无服务器。系统的结构如图2-20所示。

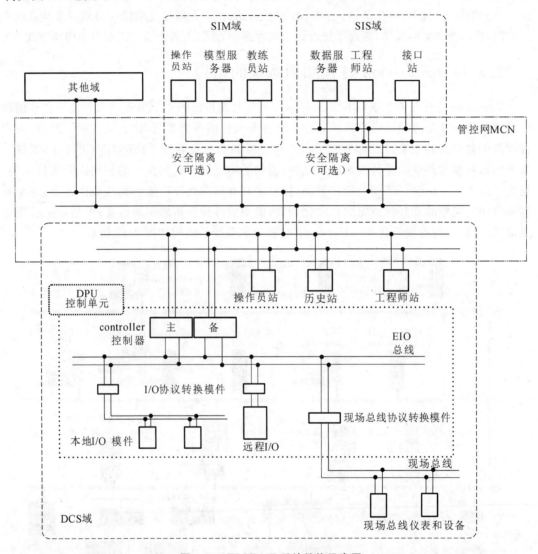

图 2-20　EDPF-NT 系统结构示意图

该系统具有以下关键技术和系统:先进的网络结构及多点交叉容错冗余环网技术(MCN);基于分布式计算环境(DCE)的多域网络环境;高性能实时分布式数据库;仿真、控制一体化工作平台;基于扩展 I/O 总线(EIO)的现场总线技术。

2.3　公用系统控制的实现方法

2.3.1　公用及辅助系统控制设计方案

随着国内外 DCS 技术的日益成熟,机组 DCS 的控制范围越来越广,许多电厂一般把

FSSS、SCS、MCS、DEH、MEH、BPS、ECS、吹灰控制等纳入一个 DCS,实现机组的整体控制。由于全厂公用及辅助系统与机组的仪表控制、联锁保护没有紧密联系,如果把公用及辅助系统的控制纳入机组 DCS,会增加机组 DCS 的网络通信容量,进而增加机组的信息传输量,给运行人员培训带来一定的困难,因此,在单元机组的 DCS 中不包含公用及辅助系统的控制。目前,公用及辅助系统有以下几种控制方案。

第一种方案:把公用及辅助系统分为公用控制系统和水、煤、灰辅助车间控制系统。电站公用系统一般包括燃油系统、空压机系统、集中空调系统、厂用电公用部分等。有些扩建工程,如果老厂燃油系统、空压机系统能提供给新厂足够的介质,可以不用增加新的控制设备,可节省扩建费用。空压机控制方式可根据电站的仪用气系统特点,选择最佳控制方案。公用系统控制装置一般采用与机组 DCS 相同的设备,如果采用两机一室控制,公用 DCS 可通过网桥与两台单元机组 DCS 相连,运行人员可通过任一台机组 DCS 对公用系统设备进行监控、操作。公用系统设有相应的闭锁措施,确保只能接收一台机组的 DCS 发出的操作指令。辅助车间控制系统可设置化水、输煤和灰渣三个集中控制点,控制装置可采用 PLC。化水集中控制点一般包括锅炉补给水处理控制系统、循环水处理控制系统、消防水控制系统、污水处理控制系统、脱硫污水处理控制系统(如采用湿法脱硫)、制氢站控制系统、凝结水除盐系统。输煤集中控制点包括输煤控制系统。灰渣集中控制点一般包括除灰控制系统、除渣控制系统、静电除尘器控制系统。化水、输煤、灰渣集中控制点有以下三种控制方式。

(1) 如果新建机组为扩建工程,可以把水、煤、灰辅助系统控制装置分别设置在水、煤、灰就地设备处,并在水、煤、灰就地控制装置处设置一台工程师站,通过网络把信号远传至老厂水、煤、灰控制室,并设置一台或二台操作员站,供老厂运行人员集中监视(输煤车间闭路工业电视监视系统可放置在老厂输煤控制室)。这种方式减少了运行人员值班室,节省了工程造价。每个控制点应留有与 DCS、SIS 的接口,以便向上层网络传递数据信息。

(2) 如果为新建电站,可设置三个各自独立的水、煤、灰集中控制室,并配置相应的运行操作人员。每个控制点都留有与 DCS、SIS 的接口,以便向上层网络传递数据信息。

(3) 不论新建或扩建工程,可参照国内有些发电厂的布置方案,设置辅助车间集中控制网。辅助车间集中控制网以化水或灰渣(或输煤)集中控制点作为中心点,配置冗余的数据高速公路和控制器,其他两个集中控制点通过数据高速公路与中心控制点相连接。在中心控制点控制室设置 LCD,在集控室也设置 LCD,作为全厂辅助车间集控操作员站,以实现在机组集控室对全厂辅助车间工艺系统进行监控。

第二种方案:把公用及辅助系统分为公用控制系统和辅助车间控制系统。公用控制系统采用第一种方案的公用控制系统控制方式,辅助车间控制系统采用小型 DCS,将所有辅助系统控制组成一个辅助 DCS 系统,辅助设备的控制装置作为系统的基本控制单元,通过数据通信总线将所有辅助系统的数据信息传输到主控机,信号再通过主控机传送到集控室,在集控室设置独立的辅助系统操作员站,以实现在主控室对机组的辅助系统进行统一监控。辅助系统网络留有与 DCS、SIS 的通信接口,以便向上层网络传输数据信息。

第三种方案:把两台机组的公用系统及辅助系统组成一个公用及辅助系统 DCS 网络,公用及辅助系统 DCS 网络采用与 DCS 相同的设备,如采用两机一室,公用及辅助系统 DCS 可通过网桥与两台单元机组 DCS 相连,运行人员可通过任一台机组的 DCS 的操作员站对公用及辅助系统设备进行监控、操作。公用及辅助系统 DCS 应设有相应的闭锁措施,确保只能接收一台机组的 DCS 发出的操作指令。所有公用及辅助系统就地设置现场控制装置,现场控制装置的生产厂家最好与 DCS 的厂家相同,通过数据高速公路挂在公用及辅助系统网络上。

2.3.2 公用控制系统的控制方法

在工程设计实际应用过程中,依照 DCS 的特点可以采用以下两种典型的方法来实现对公用系统的控制。

(1) 在 DCS 的配置中,两台机组配置相同的硬件和软件,通过切换开关来实现操作权的转换。外部设备的信号通过冗余配置(模拟量)或扩展转换(开关量)分别送入两套 DCS 系统。同时,为保证不出现误操作事故,还增加了相当部分的判据条件和 I/O 测点。这种方式的优点是当一台机组停运或检修时,可以较方便地对 DCS 进行检查,同时也增大了控制的可靠性,缺点是增加了外部设备的数量,增加了费用。此外,增加一个环节也就意味着增加了发生故障的可能性。

(2) 公用系统的控制全部通过公用环 DCS 配置来实现,通过与公用系统的 DCS 通信来实现对两台单元机组的两套 DCS 的控制,这样可较好地解决耦合问题。这种控制方式的优点是配置较少,外部设备也不用增加,有效地利用了信息资源,缺点是公用环的设备不能停电检修,除非两台机组均停机检修。这加重了设备运行安全性的要求。这种方式的运行原理如图 2-21 所示。

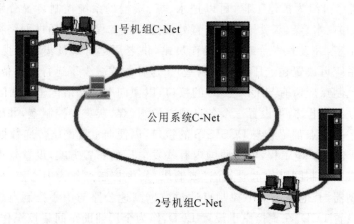

图 2-21　公用系统原理图

这种方式配置较少,有效地利用了信息资源。目前,高参数大容量机组一般都采用图 2-21所示的公用系统配置方式。

2.3.3 公用控制系统的控制要求

对于两台机组的公用系统,如厂用公用及备用电源系统等,其与热工控制系统一样,DCS 配置时,应能够实现机组停机时,另一台机组的运行人员能对公用系统进行监控,并且要求采用可靠的措施,确保其控制命令的唯一性,即在同一时间只允许一套 DCS 系统对公用设备起控制作用。不能因为公用系统的存在,而使两台机组的 DCS 耦合在一起。对这部分系统的控制要求如下。

(1) 控制上的独立。公用系统是否运行不是受控于某个具体的机组,而是根据全厂的机组或设备的运行状况而定的。有的公用系统长时间运行以维持机组的运行,如公用电气系统,有的系统可能长时间处于备用状态。这就要求相应的控制系统不应与每台机组的 DCS 使用控制系统的相同部分,如控制器、电源、通信,等等。

(2) 高可靠性。因为公用系统的停机往往意味着全厂的停运,因此应充分考虑公用系统的备用控制手段。

(3) 公用系统是过程控制系统,而不是过程管理系统,即公用系统与其他系统在控制上是一样的。

2.4　分散控制系统的结构分析

分散控制系统是一个技术先进、功能全面、应用广泛、结构复杂的现代化计算机控制系统。不同厂商推出的不同分散控制系统产品,其系统结构往往有所不同。对不同分散控制系统的认识和分析,可以从不同的侧重点入手。

(1) 从构成系统的物理角度看,分散控制系统不外乎由硬件系统和软件系统组成。硬件系统是其躯体,包括构成系统的所有物理元器件、应用模件、功能单元、设备和设施;软件系统是其灵魂,包括操作系统、数据库系统、功能软件、工具软件、系统管理软件、应用和开发软件等等。

(2) 从构成系统的仪表角度看,分散控制系统是继模拟式组件组装仪表之后的新一代数字式仪表控制系统。构成系统的基本部件是一系列承担指定任务的数字化功能组件,其中包括以微处理器为核心的控制与信息处理模件、I/O 模件、电源模件、通信接口模件等等。分散控制系统是若干数字化功能组件按应用需求和一定格局有机组合,并与其他相关部件(如显示器、键盘、打印机等)配合而成的新型控制系统。

(3) 从系统的设备主体角度看,分散控制系统是由过程控制设备、操作管理设备、系统通信设备三大类主要设备组成的。

(4) 从系统的网络角度看,分散控制系统是一个分支树结构的系统。虽然不同厂家的系统网络形式有所不同,有总线型、环型或二者兼有,但在整体逻辑上,系统的最上层网络是分支树的主干,由此向下多支点、多层次进行分支。这种系统结构与工业生产和行政管理的结构相一致。

(5) 从系统的信息处理角度看,分散控制系统是由一系列实现不同功能,完成不同的信息采集、信息加工、信息处理、信息管理、信息传输的站所组成的。各站之间通过信息网络连接,相互进行信息的交流。信息网络上分布的各站的信息地位平等,网络上的信息各站点共享。分散的具有一定自治能力的站在系统中增强了信息加工和处理速度,而高速的信息传输和处理速度有利于信息沟通和信息综合管理。

(6) 从系统的功能角度看,分散控制系统是多功能分级控制的结构体系,按功能可以划分为经营管理、生产管理、过程管理(监督控制)、直接控制等四个层次级别。其结构如图 2-22 所示。

对于火电企业,分散控制系统是一个集控制和管理为一体的工程大系统。它要解决的不仅是局部过程控制的优化问题,而且有全局总目标和总任务的优化问题。最优化的目标包括产量最高、品质最好、原料和能耗最少、成本最低、设备状况最佳、可靠性最高、环境污染最小等,它体现了技术、经济、环境等多方面的要求。分散控制系统采用纵向分层、横向分散的处理方法,体现了系统工程中"分散"与"协调"的概念,能有效地解决大型工业生产过程的

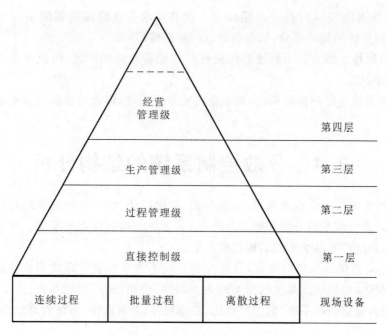

图 2-22 分散控制系统功能结构

控制、管理及其优化的问题。在上述四个层次中,每级都是具有一定相对独立性的子系统,承担指定的任务,各系统之间使用高速通信线路连接,相互沟通信息,协调一致地工作。

直接控制级是分散控制系统的最低层次,它与被控生产过程直接相连(如给水泵的调速机构、送风挡板的执行机构等),可实现生产过程的数据采集、过程控制(如 PID、比值、前馈、串级等控制)、设备监测、系统测试和诊断、报警以及冗余切换等功能。

过程管理级除完成各生产过程的优化控制计算和最佳设定值的设定外,还负责各直接控制级工作的协调管理,以及与生产管理级计算机的联系。同时还可实现综合显示、操作指导、集中操作、历史数据存储、定时报表打印、控制回路组态和参数修改、故障报告和处理等功能。在火电厂的控制中,过程管理级往往对应某一单元机组或某一主要热力设备。

生产管理级负责全厂的生产协调,指挥和控制生产的全局。主要任务包括制订生产计划,实现生产调度,协调生产运行;安排设备检修,组织备品备件;收集生产信息,监督生产工况,调整生产策略;分析生产数据,进行生产评估等等。它还可以与上一级控制层相互传递数据,接收上级生产指令,报告全厂生产状况。

经营管理级负责确定企业的经营方向和决策,它全面收集来自各方面、各部门以及用户、市场和相关企业的经济信息和技术、管理要求,按照经济规律、组织原则、整体优化和全面协调的要求以及实际具备的能力,进行全方位大范围的综合决策,并及时将决策结果通知给它的下一级管理计算机,必要时也可向上级主管部门传输有关信息。经营管理级涉及范围很广,它包括工程技术、生产、经济、资源、商务、质量、后勤、人事、教育、档案、环境等众多方面,是企业的最高管理层次。

应当指出,现代先进的分散控制系统皆可实现上述各层的功能,但对某一具体的应用系统来说,其并非具有全部的上述四层功能,其功能是根据生产实际需要和实际条件而设置的。大多数应用系统,目前只配置和发挥第一层和第二层功能,少数应用系统使用了第三层功能,只有大规模的综合控制系统才应用了全部四层功能。

分散控制系统的层次结构是其功能的垂直分解的结果,反映了系统功能的纵向分散,意味着不同层次所对应的设备有着不同的功能、不同的任务和不同的控制范围。对于每一层次,又可将其划分成若干个子集,即进行水平分解。水平分解反映了系统功能的横向分散,它意味着某一功能的实现,是由若干个功能子集和子系统自主工作、相互支持、共同完成的。分散控制系统这种金字塔式的分级递阶结构,体现了大系统理论的分解与综合的思想,将分散控制、集中管理有机地统一起来。

(7) 从系统的应用角度看,分散控制系统可以在众多领域构成实际应用系统,就火电厂自动化而言,它的应用系统可由数据采集系统(DAS)、协调控制系统(CCS)、燃烧器管理系统(BMS)、顺序控制系统(SCS)、汽轮发电机数字电液控制(DEH)系统等局部控制系统和集中管理系统组成。

无论从哪个角度来看分散控制系统的结构,它都着重体现了系统的"分散",在分散的基础上集中操作与管理。

2.5　分散控制系统的特点

分散控制系统融合了先进的"4C"技术,采用了标准化、模块化、系列化的设计和全方位(纵向、横向)分散的结构体系,与常规的模拟控制系统和集中式计算机控制系统相比,它具有自身的特点,以下从几个侧面来说明。

1. 控制分散、信息集中

分散控制系统运用了大系统递阶控制的思想,将系统功能垂直分解,将生产过程水平分解,采用了全方位高度分散的系统结构。生产过程的控制通过只负责少量控制回路、功能强大、具有一定自治能力、以微处理器为核心的一系列标准化模件来实现,它既能代替常规模拟仪表完成规定的控制任务,又能实现更为高级、复杂的控制规律。而且,相对于集中式计算机控制,分散控制结构不仅提高了各功能模件的相对独立性和自主性,还能保证系统局部故障时不危及整个系统。控制上的分散带来了危险的分散,大大提高了系统的可靠性。利用系统的通信网络、存储设备和软件系统等,可将整个系统的监视和操作集中起来,以及实现综合信息的集中,有利于全面了解和有效操纵生产过程以及系统的运行。

2. 控制功能齐全、控制算法丰富

分散控制系统充分利用和发挥了计算机的优势,可以实现满足生产过程需求的各种控制功能。它不仅集连续控制、顺序控制和批量控制于一体,还可以通过软件的开发在原来已有的各种控制算法的基础上,方便地吸纳和积累许多新颖实用的控制算法,不断地丰富与完善,而且可以实现串级、前馈、复合、解耦等复杂的系统控制和自适应、预报、最优、智能化等更高级更先进的控制。分散控制系统灵活的组态功能,能使其丰富的控制功能得以充分的体现和在应用中实现,从而提高了系统的可控性。计算机所具有的强大的存储和逻辑判断能力,使得分散控制系统可根据生产环境和条件的变化,及时做出判断,选择最为合理的控制对策,以达到理想的控制效果。这些是常规模拟调节器不可比拟的。除上述功能之外,分散控制系统还可以实现对生产过程的各级管理。如生产过程的平衡计算与性能计算、寿命管理、经济核算、生产计划与调度等,为实现全厂综合自动化提供了物质基础和技术条件。

3. 人机界面友好、操作使用简便

分散控制系统具有比常规模拟控制系统更先进的人机联系手段,其中最重要的一点是采用了屏幕(如普通的 CRT 显示器、触摸显示器、墙挂式大屏幕)彩色画面显示和便捷的操作工具(如键盘、鼠标或轨迹球、触摸屏),使人机联系得到很大的改善。通过人机联系,运行人员可以随时调用所关心的显示画面,及时获取生产过程的有关信息,了解生产过程的状况。同时,也可利用操作工具向系统输入各种操作命令,干预生产过程,改变运行状况或进行事故处理。分散控制系统运用交互图形显示和复合窗口技术,提供了各种直观实用的画面,如全貌综观、菜单引导、流程图、回路一览、历史数据、趋势曲线、实时参数、设备状态、计量图表、操作指导等等;另外,以键盘为主的操作使许多操作过程得到了统一,如增减、开闭可在选项的前提下得到统一。丰富的画面、集中的显示、简便的操作,使得人机交互十分友好,既减轻了运行人员的工作强度,又减少了误操作的可能性。

4. 灵活性好、适应性强

分散控制系统的硬件和软件都采用标准化、模块化和开放式的设计。硬件系统采用积木组装结构,它可通过选择不同数量、不同功能或类型的插接式模件(如 I/O 模件、控制模件、通信模件、显示模件等)组成不同规模和不同要求的硬件环境,以适应不同用户的需要。系统规模若要缩小或扩大,只需减少或增加相应的模件,而不影响系统其他硬件的功能发挥。同时,系统的应用软件也采用模块化结构,用户只需借助系统的组态软件,用回答问题或填写表格等方式,可方便地将所选择的硬件与相应的软件模块联系起来,构成所需功能的控制系统。硬件和软件的模块化便于系统的组态,提高了系统配置的灵活性,有利于系统的扩展与升级,适用于各种生产过程控制和管理。而且,良好的硬件特性使之可适应许多恶劣环境。

5. 实时性好、协调性强

分散控制系统采用了现代通信网络和先进的微处理器,可实现各模块或工作单元间的信息高速传输、信息共享以及信息管理。在优良的实时操作系统(如 UNIX 等)、实时时钟和中断处理系统的支持下,所有信息的采集、处理、显示以及控制都具有良好的实时性,能及时观察生产过程的微小变化,及时对生产过程进行控制操作。由于微处理器具有非凡的逻辑功能和计算能力,能综合分析和协调处理各种信息,并能通过通信网络将各工作单元的工作协调起来,因此,分散控制系统既能协调系统内部的工作,又能对生产过程进行协调控制,可实现系统的总体优化。

6. 技术先进、可靠性高

可靠性是分散控制系统应用成败的关键,生产过程控制对控制系统的可靠性要求极高,火电机组的控制更为如此,因此,各生产厂家采用了各种措施来提高产品的可靠性。这些以先进技术为基础的措施表现在以下几个方面。

(1) 采用功能分散的系统结构,使得危险分散,保证在某个局部出现故障时,系统其他部分仍正常工作而不影响全局,从而提高系统的可靠性。

(2) 采用先进的高质量的大规模或超大规模集成电路,在确保选用的元器件质量可靠的基础上,大幅度减少元器件数量,应用表面安装技术,提高硬件设计和制造的可靠性,最大限度地降低硬件故障率。

(3) 采用硬件冗余和软件容错技术,使系统的关键硬件(如通信网络、操作监视站、电

源、主要模件等等)双重化配置,使系统的软件具有故障检测、诊断、处理和程序卷回、指令复执等功能。在系统出现差异时,可实现自动报警、故障部件自动隔离、热备用的冗余部件自动投入、故障部件热机插拔等在线处理,以及手动后援。

(4) 采用电磁兼容性设计,即通过接地、屏蔽、隔离等技术手段,使系统的抗干扰能力与系统内外的干扰相适应,并留有充分的裕度,以保证系统的可靠性。

7. 在线性好、可用性高

分散控制系统除可在线完成数据实时采集、分析、记录监视、操作、控制等基本任务外,还可实现许多在线功能,如性能计算、寿命计算与管理、系统的组态及修改、系统内部故障诊断与维护等。这也是常规模拟控制系统所不能实现的。分散控制系统良好的在线性能和在线工作能力,大大提高了系统的可用性。

8. 安装简单、调试方便

分散控制系统大量应用积木式模件结构,并采用多芯电缆、标准化接插头、规格化端子接线板,使得仪表连线减少,安装简单,联调和考核方便。据有关资料介绍,分散控制系统与常规模拟仪表控制系统相比,安装工作量减少 1/2～2/3,调试时间缩短 1/2 左右。

第3章　分散控制系统的硬件

目前,世界上生产分散控制系统的厂家众多,推出的产品琳琅满目,各具特色。不同的系统具有不同的设计思想,其硬件也有着很大的差别。对于一个具体的分散控制系统,其硬件涉及的技术甚广,构造也十分复杂。本章限于篇幅,不可能详细介绍硬件系统的各个部分、各个细节,故从过程控制设备、人机接口设备、系统通信设备三个方面着手,对分散控制系统的主要硬件及其结构与功能做一个简要介绍。

3.1　过程控制设备

3.1.1　过程控制设备的功能

在分散控制系统中,过程控制设备是最基层(直接控制级)的自动化设备。它接收来自现场的各种检测仪表(如各种传感器和变送器)送来的过程信号,进行实时数据采集、噪声滤除、补偿运算、非线性校正、标度变换等处理,并按要求进行累积量的计算、上下限报警以及向通信网络传输测量值和报警值。同时,它也接收上层通信网络传来的控制指令,并根据过程控制的组态进行控制运算,输出驱动现场执行机构的各种控制信号,实现对生产过程的直接数字控制,满足生产中连续控制、逻辑控制、顺序控制等的需要。过程控制的设备还具有接收各种手动操作信号,实现手动操作的功能。

3.1.2　过程控制设备的种类

在分散控制系统中,用于过程控制级的设备有两种:一是分散控制系统自身的现场控制单元,或称为过程控制单元、分散处理单元;二是可在分散控制系统中应用的相对独立的产品——可编程调节器、可编程逻辑控制器、现场总线控制系统等。

1. 现场控制单元

所谓"现场控制单元",是指分散控制系统中与现场关系最密切,对生产现场实施直接数字控制的装置。不同的分散控制系统生产厂家,其系统中的过程控制设备有不同的名称,如基本控制器(basic controller)、多功能控制器(multifunction controller)等。表3-1列出了几个典型系统的过程控制设备,其名称都不相同,为叙述方便,下面将统称为"现场控制单元"。

不同厂家的现场控制单元所采用的结构形式大致相同。概括地说,现场控制单元是一个以微处理器为核心、按应用要求组合而成的各种不同功能的电子模块的集合体,并配以机柜、电源和通信设施等形成的一个相对独立的自动控制装置。

表 3-1　典型系统的过程控制设备

厂　　商	系 统 名 称	过程控制设备名称
ABB	Industrial IT Symphony	harmony control unit(过程控制单元)
Emerson	Ovation	distributed processing unit(分布式处理单元)
SIEMENS	Teleperm-ME	automation subsystem(自动子系统)
Foxboro	I/A Series	control processor(控制处理机)
HITACH	HIACS-5000	R600CH(自治型过程控制器)
上海新华	XDPS-400	distributed processing unit(分布式处理单元)

2. 可编程调节器

可编程调节器是由微处理器、RAM、ROM、模拟量和数字量 I/O 通道、电源等基本部分组成的,外形类似一般盘装仪表的一个时间分享的微机控制装置。这种调节器的生产厂家和品种较多,仅就控制回路而言,有单回路、双回路、四回路、八回路等区别。可编程调节器一般具有 PID 控制运算、信号选择控制、按预定曲线控制等功能,可实现前馈、串级、单回路、多回路控制,并可进行故障检测、报警、手动操作等。它还设有异步通信接口(RS-232 或 RS-422),使之可与 DCS 或其他上位机联网通信。

3. 可编程逻辑控制器

可编程逻辑控制器是一种以微处理器为核心,配以 RAM、ROM、模拟量和数字量 I/O 通道、电源等组成的具有存储记忆功能的数字化自动控制装置,是一个时间分享的微型计算机系统。它的最大特点是不仅提供了开关量输入、输出通道,可以通过预先编制好的程序来实现时间顺序控制或逻辑顺序控制,以取代以往复杂的继电器控制装置,而且还提供了模拟量输入、输出通道和 PID 等控制算法,可以实现连续过程的控制,并可进行故障检测、报警、手动操作等。这种集模拟量控制和开关量控制为一体的可编程逻辑控制器,通常也称为可编程控制器(programmable controller,PC)。

可编程逻辑控制器一般设有异步通信接口(RS-232 或 RS-422),它既可作为一个独立的控制站直接与分散控制系统的操作站交换信息,也可以连接到分散控制系统的现场总线上,作为过程控制站的某个局部,还可以通过网间连接器与分散控制系统的上层通信网络连接和通信。目前,各厂家生产的可编程逻辑控制器均已标准化、模块化、系列化。可编程逻辑控制器中的一个 I/O 模块通常可输入或输出 16~64 个点。用户可根据需要灵活选配模块构成不同规模的可编程逻辑控制器。

可编程逻辑控制器以它不断增强的功能和自身的高可靠性,在分散控制系统的过程控制中得到了日益广泛的应用。它的应用可使整个控制系统的功能和结构进一步得到分散,使分散控制系统更具有活力。

4. 现场总线控制系统

现场总线控制系统是新一代分散型计算机控制系统,与分散控制系统的结构模式不同,分散控制系统的结构模式为工作站-现场控制单元-检测仪表三层结构。而现场总线控制系统采用的是工作站-现场总线智能仪表二层结构模式。

在融入现场总线控制技术的第四代分散控制系统中,现场总线智能仪表中带有智能芯片,能够实现现场数据采集与处理、基本的控制运算以及输入/输出等功能,可承担某些局部的信息收集与控制任务,从而把分散控制系统过程控制单元的功能进一步分散到现场智能仪表上,而工作站可灵活选用各种控制功能对所采用的智能仪表统一组态。现场总线控制系统的结构如图 3-1 所示。

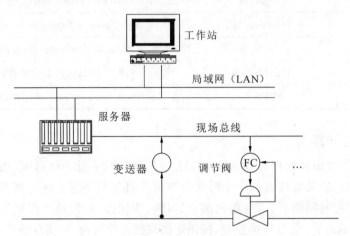

图 3-1　现场总线控制系统结构示意图

图 3-1 所示系统中的变送器和调节阀皆为智能仪表,变送器含有数据采集和输入处理功能,调节阀含有控制算法功能和输出处理功能,由此可构成一个基本的控制回路。

现场总线控制系统用两层结构完成了分散控制系统中三层结构的功能,不仅降低了系统成本,而且使控制系统实现了彻底分散,进一步提高了系统的可靠性。在统一的国际标准下,现场总线控制系统可真正实现系统的开放互连,随着技术的发展,智能仪表将成为过程控制设备的重要组成部分。

3.1.3　现场控制单元

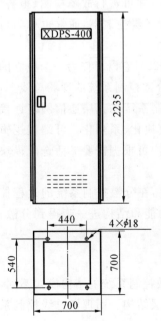

图 3-2　机柜的外观图

现场控制单元是面向生产过程、可独立运行的计算机测控设备。尽管不同厂家生产的过程控制单元在结构尺寸、输入和输出的点数、控制回路数目、采用的微处理器、设计的模件、实现的控制算法等诸方面有所不同,但它们均是由机柜、电源、I/O通道、以微处理器为核心的功能模件等几部分组成的。

1. 机柜

现场控制单元的机柜一般是由金属材料(如钢板)制成的立式柜,如图 3-2 所示。柜内装有多层机架,供安装电源和各种模件之用,电源通常放在最上层(如 WDPFⅠ系统)或最下层(如 Teleperm-ME 系统),柜内的其他层可用来横向排列所配置的各种模件,随系统而异,柜内纵向一般分 6～8 层,横向可插 4～12 个模件。

为保证柜内电子设备良好的电磁屏蔽,柜与柜门之间采用电气连接,而且机柜接地。接地电阻小于 4 Ω,以保证设备的正常工作和人身安全。

为使柜内电子设备有效地散热降温,机柜中一般装有强制性通风冷却的风扇,使柜内外的空气可进行交换。大多数机柜内还设有温度自动检测装置,当柜内温度超过正常工作范围时可报警。过程控制单元的工作环境温度允许范围一般为 $-20 \sim 60$ ℃。

为防止灰尘进入柜内,机柜通常装有空气过滤网。对于那些用于潮湿、有腐蚀性气体等恶劣环境下的现场控制单元,厂家可提供密封式机柜,柜内设有专用的自动空调装置或在柜壳上增设散热叶片,以保证密封柜内的温度正常。

为适应防火需要,柜内所有的电缆走线槽、接线槽、电缆夹头、端子排均采用阻燃型材料制造。而且,柜内留有充足的接线、汇线和布线空间,能方便用户安装调试。机柜在使用时,应保留一定数量(10%～15%)的模件插槽和相应的硬件设施,以备今后扩展时插入模件便可使用。

2. 电源

1) 交流电源

现场控制单元的供电来自 220 V 或 120 V 交流电源,这个交流电源一般是由分散控制系统的总电源装置分配提供的。交流电源经过程控制单元内的电源开关、配电箱(盘)给直流稳压电源及系统供电。

为保证交流供电的安全、稳定和系统的正常工作,分散控制系统通常采取了一些可靠性措施。

(1) 每一个过程控制单元均采用两路单相交流电源供电,两路互为冗余,即一路工作时另一路处于热备用状态。机柜内配置的冗余电源切换装置负责自动切换。

(2) 采用交流电子调压器,防止电压波动,保证提供的交流电源有稳定的电压。

(3) 供电系统采取正确、合理的接地方式,避免产生环路电流,引起电噪声,防止共模电压干扰以及影响信号幅值。通常将供电系统的接地线与金属机柜相接后一并接地,以保证现场控制单元有良好的屏蔽效果。

(4) 过程控制单元尽量远离经常开关的大功率用电设备。在不可避免的情况下,供电系统中应考虑采用超级隔离变压器,这种特殊结构的变压器在初级、次级线圈间有额外的屏蔽层,将其屏蔽层可靠接地,能有效隔离电源共模干扰。

(5) 在控制过程的连续性要求较高的应用场合,采用不间断电源(UPS),使过程控制单元的两路供电电源中的一路经过 UPS 后再与现场控制单元相接。UPS 包括蓄电池、充电器、直流-交流逆变器。在交流电源正常工作时,逆变器不工作,交流电源直接向负载供电和向蓄电池充电,在交流电源停电时,电能由蓄电池提供,经逆变器将直流电逆变成交流电后供给负载。这是一种后备式 UPS。还有一种在线式 UPS,它不仅在停电时将直流电逆变成交流电输出。在正常供电的情况下,也进行着交流→直流→交流的工作过程。在线式 UPS 具有良好的抗交流噪声的能力,且在交流电源停电时不需要转换时间,但它工作效率较低,价格较贵。在 UPS 选型上,用户应根据电网条件和供电要求选择后备式 UPS 或在线式 UPS,根据负载的用电量和对 UPS 最长供电时间的要求,确定蓄电池的容量。

2) 直流电源

不同厂家生产的过程控制单元内部各模件的供电均采用直流电源,但对直流电源的等级要求不一,常见的有 +5 V、+12 V、-12 V、+15 V、-15 V、+24 V,也有更高直流电压要求的情况。因此,过程控制单元内必须具备直流稳压电源,将送来的交流电转换为适应内部各种模件需要的直流电。设备生产厂家不同,实现直流稳压电源的方式也不同,一般有以下几种直流稳压电源方案。

（1）采用集中的直流稳压器，将交流电转换成一定电压的直流电，经柜内直流母线送至各层机架的每个用电模件，即每个模件所要求的输入电压是相同的。这种直流稳压电源一般采用 1∶1 冗余配置，两个电源一个为主电源一个为后备电源，主电源或后备电源的选用由模件上的仲裁电路决定。

（2）采用主、从直流稳压电源，主电源单元负责将交流电转换成一定电压的直流电。设在各层机架内的从电源单元，将柜内直流母线上主电源输出的直流电再度转换成本层机架内用电模件所需的各种不同电压的直流电。一般主电源采用 1∶1 冗余配置，从电源采用 1∶1 或 N∶1 冗余配置。

（3）采用分立的直流稳压电源，这种电源可以模件的形式插入机柜内各层的模件槽位中。交流电经机柜内的电源引入盘直接送到这些电源模件上，由此转换成所需的直流电供其他模件使用，这种电源模件可按机柜内用电模件的数目和电压要求，进行一定数目和规格的选配，并可分散（也可集中）地插放在柜内的任意模件槽位上，电源模件的体积小、效率高、配置灵活，可采用 N∶1 冗余配置方式。

除上述三种直流供电方案外，还有其他形式的直流供电方式。各种直流供电形式是设计者根据分散控制系统的整体需求而设计的。

3. I/O 模件

I/O 模件是为分散控制系统的各种输入/输出信号提供信息通道的专用模件。实际生产过程中需要监视和控制的物理量、化学量（输入/输出信号）非常多，如温度、压力、流量、液位、压差、应力、转速、加速度、位移、振动、状态、浓度、pH 值、成分、电压、电流等，所有这些物理量、化学量随时间变化而变化的规律都可以用模拟量、开关量、脉冲量中的某一种形式表现出来，如图 3-3 所示。

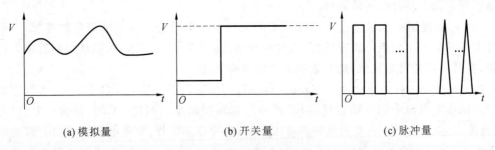

(a) 模拟量   (b) 开关量   (c) 脉冲量

图 3-3   几种典型信号形式

模拟量是指随时间连续变化的量，如压力、温度等。开关量是指只具有两个状态的过程量，如开关的闭合与断开、设备的投入与退出，参数的正常与越限、信号的有与无等。脉冲量是指随时间推移周期性重复出现的短暂起伏的过程量，如转速测量变送器输出的信号即为某一频率的脉冲量。

I/O 模件是分散控制系统中种类最多、使用数量最多的一类模件。它的基本作用是对生产现场的模拟量信号、开关量信号、脉冲量信号进行采样、转化，将其处理成微处理控制器能接收的标准数字信号，或将微处理器的运算输出结果（二进制码）进行转换，还原成模拟量或开关量信号，去控制现场执行机构。为适应各种不同信号的输入输出的需要，分散控制系统配备了众多不同型号的 I/O 模件。

1）模拟量输入（AI）模件

根据生产厂家和用途不同，每个 AI 模件可接收 4～64 路模拟信号不等。这些模拟信号一般是传感器对现场物理量或化学量进行检测,并由变送器对检测信号进行转换而得的相应的电信号。通常,AI 输入的模拟量电信号有以下几种。

(1) 电流信号:来自各种温度、压力、位移等变送器。一般采用 4～20 mA 标准电流,也可采用 0～10 mA(针对老式的 DDZ-Ⅱ型变送器)或 0～20 mA(如 Teleperm-ME 系统的 AI 模件)等电流范围。

(2) 毫伏级电压信号:来自热电偶、热电阻或应变式传感器。AI 模件能直接接收毫伏级电压信号,可省去变送器。例如,INFI-90 系统中的通用 AI 模件可接收－100～＋100 mV 的电压;Teleperm-ME 系统为毫伏级电压信号设计的专用 AI 模件可接收－12～＋80 mV 的电压。

(3) 常规直流电压信号:来自一切可输出直流电压的各种过程设备。AI 模件可接收的电压范围一般为 0～5 V 或 0～10 V 或－10～＋10 V。

AI 模件的基本功能是:对多路输入的各种模拟电信号进行采样、滤波、放大、隔离,进行输入开路检测、误差补偿及必要的修正(如热电偶冷端补偿、电路性能漂移校正等),进行模拟量/数字量转换等,以提供准确可靠的数字量。

在 AI 模件的设计上,各厂家的思路并非一致。有的厂家有针对性地设计各种 AI 模件。如西屋公司的 WDPF Ⅱ 系统,其 AI 模件是按信号(电流、毫伏电压、常规直流电压)分类,每类又按信号量程分不同规格进行设计的。各种不同规格的 AI 模件有 20 余种,视应用需要选配。有的厂家则设计了适用于各种模拟电信号和不同量程的通用 AI 模件,如 Bailey 公司的 INFI-90 系统就采用这种 AI 模件;也有厂家按采集信号的点数来分类设计。总的来说,各种分散控制系统所提供的 AI 模件,一般都有多个品种,即使具有通用 AI 模件的系统,为适应应用需要也配有某些特别的 AI 模件。例如:综合了控制运算和模拟控制输出的 AI 模件,连接智能变送器或其他特殊变送器的 AI 模件,具有某些特殊功能(如线性化、开方、多项式调整、报警等)的 AI 模件,能接收、处理多路(多达 64 路)模拟信号的 AI 模件。

AI 通道上的硬件一般由信号端子板、信号调理器、A/D 转换器等主要部分组成。在结构设计上,有的厂家将这些组成部分统一在 1 个模件上,有的厂家则分为 2～3 个模件加以实现。但无论怎样组成 AI 通道上的模件,其基本组成部分和基本功能大同小异,典型的 AI 模件如图 3-4 所示。AI 通道各组成部分及其作用如下。

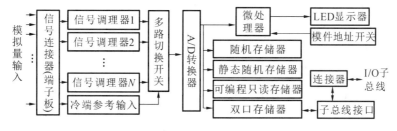

图 3-4　典型的 AI 模件示意图

(1) 信号连接器(端子板):主要作用是连接输送现场模拟信号的电缆。对于每一路模拟信号,端子板提供＋、－两极和屏蔽层接地共三个接线端子。在端子板上一般还设有用于热电阻输入的冷端补偿热敏电阻、系统电源的短路电流保护电路,有的厂家的端子板上还设有电流/电压转换电路,把输入的毫安电流信号转换成统一的标准电压信号。

(2) 信号调理器:对每路模拟输入信号进行滤波、放大、隔离、开路检测等综合处理,为A/D 转换提供可靠的、统一的、与模拟输入信号相对应的电压信号。为使 AI 模件具有良好的抗干扰能力,适应较强的环境噪声,每个信号通道上都串接了多级有源和(或)无源滤波电路,且采用差动、隔离放大器,使现场信号源与分散控制系统内的各路信号有良好的绝缘(一般耐压在 500 V 以上)。信号调理器中的开路检测电路,可用来识别信号是否接入,检查热电偶等传感器是否故障。目前,各厂家的信号调理器都具有较高的共模抑制比,一般为 90~130 dB,而对于 50 Hz 工频信号,串模抑制比一般为 40~80 dB。

(3)多路切换开关:按照 CPU 的指令选择某一路信号输入,对每路调理后的模拟输入信号进行分时选择,为 A/D 转换器提供当前处理的信息。

(4)A/D 转换器:用来接收信号调理器送来的各路模拟信号和某些参考输入(如冷端参考输入等),它由多路切换开关按照 CPU 的指令选择某一路信号输入,并将该路模拟输入信号转换成数字量信号送给 CPU。A/D 转换器的分辨率不断提高,有 8 位、10 位、12 位、16 位的 A/D 转换器。在已经投入使用的分散控制系统中,多数采用的是 12 位分辨率的 A/D 转换器,其精度在偏差的 0.05% 左右,转换时间一般在 100 μs 左右。目前,有些厂家的 A/D 转换器的分辨率已提高到 18 位、20 位、22 位、24 位。为进一步提高系统的抗干扰能力,A/D 转换器与输入信号之间通常采用隔离放大器或光电耦合器进行电气上的隔离;也有产品将 A/D 转换电路放置在一金属罩中,以加强屏蔽效果。

在产品制造上,有的将端子板与信号调理器集中在 1 个模件上;有的把信号调理器和 A/D 转换器集中在 1 个模件上;有的把信号调理器的功能分解到端子板和 A/D 转换板 2 个模件上;有的则只用 1 个模件实现全部功能;方法不一。若采用 2 个(或更多)模件实现 AI 通道功能,则模件之间多采用抗干扰的双绞多芯屏蔽电缆连接。

(5)微处理器:目前,新型的 AI 模件采用了微处理器,使其功能得到扩展。这种 AI 模件可通过便携式编程器调整其运行软件去适应现场的各种测量条件,也可进行开平方运算等来进行非线性补偿,使 AI 模件应用的灵活性和广泛性得以提高,备品的种类与数量大幅度减小。有的系统采用模拟主模件和子模件的结构方式,将 AI 模件的输入路数进一步扩展。I/O 模件微处理器的主要功能为:选择隔离放大的参考输入,选择 A/D 转换的通道及其冷端参考输入,设置各输入通道的类型和分辨率,读取 A/D 转换的结果并给予必要的补偿或修正,驱动红/绿 LED 指示灯反映模件运行状态,通过 8 位双列拨码开关确定模件在子总线上的地址,通过双口存储器随时进行系统子总线数据的读写,进行模件的安全性、完整性检查和 A/D 转换器的校验。

2)模拟量输出(AO)模件

AO 模件的主要功能是:把计算机输出的数字量信号转换成外部过程控制仪表或装置可接收的模拟量信号,用来驱动各种执行机构,控制生产过程;或为模拟式控制器提供给定值;或为记录仪表和显示仪表提供模拟信号。

AO 模件的输出信号,严格地说,并不是在时间上、幅度上都真正连续的模拟量信号。这是因为在时间上,计算机(或微处理器)是分时工作的,它只能按照程序所规定的时间间隔去刷新某一个输出量;在幅度上,计算机是按有限的字长进行运算处理的,它只能在一定的分辨率范围内提供输出量。因此,AO 模件的输出实际上是一个信号范围有限的、不连续的阶梯模拟量信号。

AO 模件输出的模拟信号有电压和电流两种形式。电压输出的特点是速度快、精度高。通常输出的直流电压有 0~+5 V、0~+10 V、−5~+5 V、−10~+10 V 等几种。电流信号适宜远距离传输,目前采用最多的直流输出电流标准为 4~20 mA、0~20 mA,也有采用 0

～10 mA、1～5 mA 电流标准的。针对不同输出要求的应用,有的系统提供了各种不同输出信号的 AO 模件供选用,有的系统则提供了通用型 AO 模件,以适应各种不同应用的需要。

一个 AO 模件一般可提供 4～8 路模拟信号输出。D/A 转换的分辨率通常有 8 位、10 位、12 位几种。各厂家 AO 模件的输出负载能力是不一致的,表 3-2 列出了几种分散控制系统中 AO 模件的输出负载能力的有关参数,它们具有一定的代表性。

表 3-2　典型 AO 模件的输出负载能力

系统	AO 模件	电流负载	电压负载
INFI-90	NAOM01	0～600 Ω	1 kΩ
WDPF Ⅱ	QAO	0～1 kΩ	>500 Ω
Teleperm-ME	6DS1702-8AA	0～750 Ω	500 Ω

AO 模件一般由输出端子板、输出驱动器、D/A 转换器、多路切换开关、数据保持寄存器、输出控制器等硬件组成。其典型结构有两种,如图 3-5 所示。

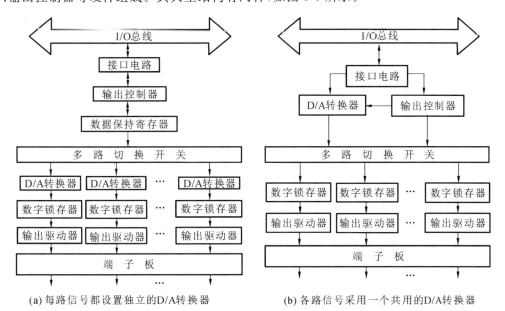

(a) 每路信号都设置独立的D/A转换器　　　(b) 各路信号采用一个共用的D/A转换器

图 3-5　AO 模件的典型结构

AO 模件一般具有输出短路保护功能,而且,模件与 I/O 总线(现场总线)之间以及电源之间通常采取了电气隔离措施,以提高系统的抗干扰能力。

3) 开关量输入(SI)模件

在实际生产过程中,计算机控制系统除了要处理模拟量信号之外,常常还要对大量的开关量信号进行处理。SI 模件的基本功能是:根据监测和控制的需要,把生产过程中的某些只有两种状态的开关量信号(如各种限位开关、电磁阀门联动触点、继电器、电动机等的开/关状态)转换成计算机可识别的信号形式。

SI 模件所接收的开关量输入信号一般为电压信号,它可以是交流电压,也可以是直流电压。最常见的有 5 V、12 V、24 V、48 V、125 V 直流和 120 V 交流等几种规格的输入,允许输入误差在±10% 左右。

为适应不同电压的开关量输入,有的分散控制系统提供了各种不同规格的 SI 模件,由用户根据需要选配;有的系统则采用具有一定通用性的 SI 模件,通过模件上的跳线器设置,来适应不同电压等级的开关量输入。

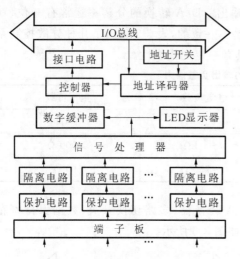

图 3-6　典型的 SI 模件示意图

SI 模件的开关量输入数目,随模件型号的不同而异,一般为 8～64 路不等,最常见的为 16 和 32 路。模件对输入信号的响应时间一般在0.1～17 ms。有的模件的响应时间为某一固定值,有的则可调整,以适应不同的输入。

典型的 SI 模件如图 3-6 所示,一般由端子板、保护电路、隔离电路、信号处理器、数字缓冲器、控制器、地址开关与地址译码器等组成。

4）开关量输出(SO)模件

SO 模件的基本功能是:把计算机输出的二进制代码所表示的开关量信息,转换成能对生产过程进行控制或状态显示的开关量信号,以控制现场有关电动机的启/停、继电器的闭/断、电磁阀门的开/关、指示灯的亮/灭,以及报警系统等

的开关状态,可实现局部功能组甚至整个机组自动启停的控制。

SO 模件输出的开关量信号,随模件的生产厂家和型号的不同而异,通常有 20 V(10 mA,16 mA)、24 V(250 mA)、60 V(300 mA)等直流电压等级的输出。当然,也存在其他电压(电流)等级的 SO 模件,它们决定了输出通道的负载能力。

1 个 SO 模件的开关量输出数目,随模件型号的不同而异,目前最常见的为 16 路输出。每路输出具有相互独立的通道,各通道的隔离电路一般采用光电隔离方式。典型的 SO 模件如图 3-7 所示,一般由端子板、输出电路、输出寄存器、控制器、地址开关与地址译码器、LED 显示器等基本部分组成。

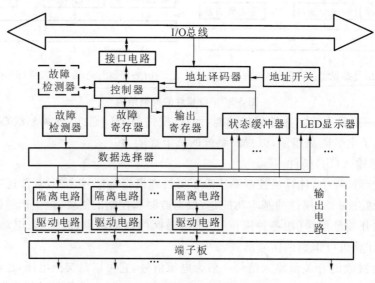

图 3-7　典型的 SO 模件示意图

SO 模件的输出可直接控制直流电路中设备的开/关,也可以通过双向可控硅(或固态继电器)控制交流电路中设备的开/关,还可以通过小型继电器控制交、直流电路设备的开/关。

5）脉冲量输入(PI)模件

在生产过程中,有许多测量信号为脉冲信号。例如:转速计、罗茨流量计、涡街流量计、涡轮流量计、计数装置等的输出。PI 模件的基本功能是:将输入的脉冲量转换成与之对应的且计算机可识别的数字量。

各种 PI 模件的结构各异,但模件的基本结构可由图 3-8 表示。

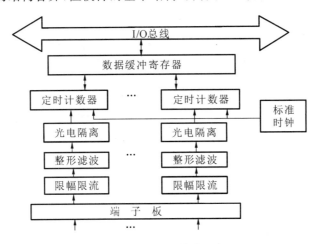

图 3-8　典型的 PI 模件示意图

1 个 PI 模件可接收 1 路、4 路或 8 路脉冲输入信号,每路输入信号经限幅限流、整形滤波、光电隔离后送入各自的可编程定时计数器。定时计数器根据编程的要求,周期性地测量某一定时间间隔内信号的脉冲数量,并及时将脉冲的计数值和相关的时间信息送至数据缓冲寄存器。模件中的定时计数器和数据缓冲寄存器所需的时间信息由标准时钟电路提供。与 PI 模件相连的微处理器可通过总线读取数据缓冲寄存器中各输入通道的数字信息,根据这些信息和用户定义,计算出每个输入通道对应的某一工程量的数字值,如转速值、流量累积值、速率值、脉冲间隔时间、频率等。

除上述基本功能外,有的 PI 模件还具有更多的功能,如模件状态自检、超时复位、数据有效检验、数据丢失处理等。

分散控制系统的 I/O 模件有很多,此处仅介绍了部分常用的 I/O 模件,对于其他特殊的 I/O 模件,读者可针对具体的分散控制系统查阅厂商提供的技术资料或相关文献。

当前,I/O 模件正向着进一步智能化的方向发展,即在 I/O 模件上应用微处理器,使其成为一个功能更强、可独立运行的智能化模件,可以实现各路输入信号的自动巡回检测、非线性校正和补偿运算,输入与输出通道共一个模件,数据采集、运算处理、控制输出等集成为一体,对若干回路进行监测和控制,等等。这使得上一级微处理器承担的工作得到进一步分散,从而大大节省了上一级微处理器的机时,使系统的工作速度进一步提高,或使上一级微处理器有更多的时间处理更为先进、复杂的控制问题。这种功能上的进一步分散会使系统的可靠性进一步提高。

4. 控制功能模件

控制功能模件是过程控制单元的核心模件,是 I/O 模件的上一级智能化模件。它向上与分散控制系统的实时主干网络相连,向下通过过程控制单元内部的 I/O 总线与各种 I/O 模件进行信息交换,实现现场的数据采集、存储、运算、控制等功能。控制功能模件一般由中央处理单元(CPU)、只读存储器(ROM)、随机存储器(RAM)、总线等部分组成,如图3-9所示。

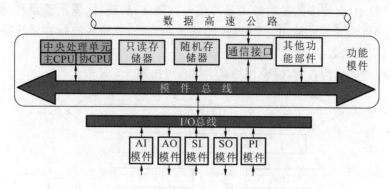

图3-9 控制功能模块的基本组成

CPU是控制功能模块的处理指挥中心,采用高性能微处理器1:1冗余配置。它在晶振时钟基准、内部定时器、存储器、中断控制器的配合下,负责过程控制单元的总体运行和控制。即按预定的周期、程序和条件对相应的信号进行运算、处理,对控制功能模块和其他相关模块进行操作控制和故障诊断。为了提高控制功能模块的数据处理能力,缩短工作周期,很多系统的控制功能模块还配有浮点运算处理器(协CPU),直接执行许多复杂的计算和先进的控制算法,协助主CPU完成诸如自整定、预测控制、模糊控制,以及阶梯逻辑等的解算任务,以提高主CPU的工作效率。

只读存储器为控制功能模块的程序存储器,用来存放I/O驱动程序、数据采集程序、控制算法程序、时钟控制程序、引导程序、系统组态程序、模件测试和自诊断程序等支持系统运行的固定程序。固化在ROM中的程序保证了系统一旦通电,CPU就能投入正常有序的工作之中。

随机存储器为控制功能模块的工作存储器,用来存放采集的数据、设定值、中间运算结果、最后运算结果、报警限值、手动操作值、整定参数、控制指令等可在线修改的参数,为程序运行提供存储实时数据和计算中间变量的必要空间。一些较先进的分散控制系统,为用户提供了在线修改组态的功能,显然这一部分用户组态应用程序必须存放在RAM中。因此,RAM的一部分也可作为程序工作区。RAM为易失性存储器,缺点是断电后内部信息全部丢失。为此,工程上相应采取以下措施使存储器内容既可随时改写,又在掉电时不丢失。

(1)应用电可擦可编程只读存储器(EEPROM)。

(2)应用非易失性随机存储器(NOVRAM)。

(3)应用磁介质存储器。

(4)应用具有后备电池的随机存储器(SRAM)。

模件总线是控制功能模块所有数据、地址、控制等信息的传输通道。它将模件上的各个部分以及模件外的相关部件连接在一起,在CPU的控制和协调下使模件构成一个具有设定功能的有机整体。目前应用的模件总线有Intel公司的多总线Multibus、Eurocard标准的VME总线、PC总线(ISA总线)和STD总线。

通信接口用来实现控制功能模块与系统数据高速公路、冗余功能模块等的连接。由于数据高速公路上的信息以位串行方式传送,控制功能模块内总线上的信息以并行方式传送。因此,通信接口具有并行数据串行化与发送、串行数据接收与并行化、信息的编制(插入和删除)及信息的奇偶校验和检错等功能。通信接口与控制功能模块内部的数据传送一般采用直接存储器存取(direct memory access,DMA)传送方式,该方式是指RAM与外设直接进行并行数据和串行数据传送,无须 CPU 介入。该方法可快速交换大量数据,但它受到存储器的存储速度的限制。典型 DMA 通信接口基本结构如图 3-10 所示。

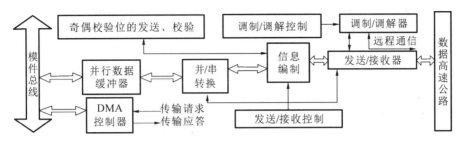

图 3-10　典型 DMA 通信接口基本结构示意图

该通信接口的基本工作步骤如下:

(1) DMA 控制器向 CPU 发出"传输请求"信号;

(2) CPU 收到请求信号后,向 DMA 发出"总线响应"信号;

(3) CPU 将模件总线的使用权让出,移交给 DMA 控制器管理;

(4) DMA 控制器向提出请求的外设发出"传输应答",允许进行数据传输;

(5) 在 DMA 控制器的控制下,外设通过发送/接收器、模件总线等与 RAM 直接进行数据传输;

(6) 设定的字节数传送完毕,DMA 控制器撤销向 CPU 的"传输请求"信号,再由 CPU 重新管理模件总线,进入正常工作。

不同厂家生产的分散控制系统,对过程控制单元中的控制功能模件有着不同的称谓,例如,在 INFI-90 系统中称为多功能处理模件(multi-function processor,MFP),在 HIACS-3000 系统中称为 H04-M 控制器,在 WDPF Ⅱ 系统中称为功能处理机,在 MAX-1000 系统中称为数字处理器(DSP),在 I/A Series 系统中称为控制处理主模件(CP),在 Teleperm-ME 系统中称为智能(或功能)模件,在 XDPS 系统中称为分布式处理单元(DPU)。

3.2　人机接口设备

人机接口(man machine interface,MMI)设备是人机操作接口站中实现人与系统互通信息、交互作用的设备。在生产过程高度自动化的今天,仍需要运行(操作)人员对生产过程、设备状态进行监视、判断、分析、决策和某些干预,特别是生产过程发生故障时更是如此。运行人员的决策依赖于生产过程的大量信息,运行人员的干预又是通过控制信息的传递作用于生产过程的。人机接口设备正是承担这种信息相互传递任务的装置。

人机接口设备包括输入设备和输出设备。输入设备用来接收运行人员的各种操作控制命令,输出设备用来向运行、管理人员提供生产过程和设备状态的有关信息。

分散控制系统的人机接口设备一般有两种形式:一种是以 LED(LCD)为基础的显示操作站,根据它的功能又可划分为操作员接口站、工程师工作站,有的分散控制系统还配有专门的历史数据站(HSU)和性能计算站(CAC)等;另一类是具有显示操作功能的功能仪表。

3.2.1　操作员接口站(OIS)

OIS 是一个集中的操作员工作台,它设置在机组的集控室内,是运行操作人员与生产过程之间的一个交互窗口。在现代化的生产过程中,需要监视和收集的信息很多,要求控制的对象众多。为了能使运行操作人员方便地了解各种工况下的运行参数,及时掌握设备操作信息和系统故障信息,准确无误地做出操作决策,提供一种现代化的监控工具是十分必要的。为此,火电厂分散控制系统普遍设立了以 LED(LCD)为基础的操作员接口站,用于显示实时数据、相关系统画面、报警信息,监视系统运行状态,打印运行报表,输入操作员的指令等。它把系统的绝大多数显示和操作内容集中在 LED(LCD)的不同画面和操作键盘上,从而使运行操作人员的控制台盘体积、人工监视面大大减少,且系统的操作也更为便利。

OIS 在标准画面和用户组态画面上,汇集和显示有关运行信息,是运行操作人员用来监视和干预分散控制系统的有关设备。在火电机组的自动化过程中,它主要用来完成各种设备的启动、停止(或开、闭)操作,物质或能量的增、减操作以及生产过程的监视等任务。OIS 的基本功能包括:

(1) 收集各现场控制单元的过程信息,建立数据库;

(2) 自动监测和控制整个系统的工作状态;

(3) 在 LED(LCD)上进行各种显示,如总貌、分组、回路、细目、报警、趋势、报表、系统状态、过程状态、生产状态、模拟流程、特殊数据、历史数据、统计结果等各种参数和画面的显示以及用户自定义显示;

(4) 进行生产记录、统计报表、操作信息、状态信息、报警信息、历史数据、过程趋势等的表格打印或曲线打印以及 LED(LCD)的屏幕复制;

(5) 可进行在线变量计算、控制方式切换,实现直接数字控制、逻辑控制和设定值指导控制等;

(6) 利用在线数据库进行生产效率、能源消耗、设备寿命、成本核算等的综合计算,实现生产过程管理;

(7) 具有磁盘操作、数据库组织、显示格式编辑、程序诊断处理等在线辅助功能。

3.2.2　工程师工作站(EWS)

在一个自动化系统的设计、安装、调试过程中,系统工程师们要做大量的工作。如:系统所有组件的选型与订购;组件的安装与接线;系统的试验与检查;系统故障的分析与处理;文档(图纸、表格等)的编制与修改;等等。这些工作以前全靠手工来完成。计算机分散控制系统的出现,在很大程度上简化了控制系统的实现过程,原因如下:

(1) 采用了以微处理器为基础的通用模件,减少了控制系统中的一些专用硬件;

(2) 采用了通信网络交换信息,减少了模件之间的硬接线;

(3) 采用了功能块组态图或面向问题的语言描述控制系统的连接关系,减少了硬件接线图的绘制工作;

(4) 采用了以 LED(LCD)为基础的控制操作台,减少了监视、记录、报警和操作仪表的工作,简化了控制盘面。

所有这些都显著减少了实现控制系统的工作量。尽管如此,一个分散控制系统从现场安装到投入运行,仍有不少工作要做。为了方便工程师们的工作,设计人员为分散控制系统研究出了一种专用设备——工程师工作站(EWS)。

EWS 是一个硬件和软件一体化的设备,是控制系统工程师与控制系统间的人机接口,是专门用于系统设计、开发、组态、调试、维护和监视的工具,是系统工程师的中心工作站。

EWS 的主要功能如下。

（1）系统组态功能：用来实现控制系统的功能的组态，即确定系统中每一个输入、输出点的地址；建立（或修改）测点的编号及说明字，标明每一个测点在系统中的唯一身份；确定系统中每一个输入测点和某些输出的信号处理方式；进行系统设计，实现控制系统各环节的控制逻辑的在线或离线组态；选择控制算法，调整控制参数，设置报警限值，定义某些测点的辅助功能；建立系统中各个设备之间的通信联系，实现控制方案中的数据传输、网络通信、系统调试以及将组态或应用软件下载到各个目标站点上去等。

（2）OIS 组态功能：用来确定系统运行时操作员接口所使用的设备和装置；建立操作员接口与其相关设备（包括现场控制设备）之间的对应关系；对监视、记录等所需的数据库、LED（LCD）监控图形和显示画面进行设计与组态。

（3）在线监控功能：EWS 在线工作时，作为一个独立的网络节点，能够与网络互换信息，它能像 OIS 一样，在线监视和了解机组当前的运行情况；能利用存储设备内的数据，在 LED（LCD）上进行趋势在线显示；能在线显示应用程序及其当前的参数和状态；能在线调整功能，使 EWS 具有及时调整生产过程的能力。

（4）文件编制功能：工业过程控制系统的硬件组态图、功能逻辑图的编制，是一项艰巨、复杂、费力费时、耗资巨大的工作。EWS 具有支持表格数据和图形数据两种格式的文件系统（数据格式是可变的，以满足用户的不同要求）；具有支持工程设计文件建立和修改的文件处理功能；具有 LED（LCD）拷贝和支持文件编制的硬件设备（例如打印机、彩色拷贝机），可以输出所需的文档资料。

（5）故障诊断功能：自动识别系统中包括电源、模件、传感器、通信设备在内的任意一个设备的故障；确定某设备的局部故障，以及故障的类型和故障的严重性；在系统启动前检查或在线运行时，能快速处理差错信息。该功能为及时发现控制系统故障，准确确定故障位置和类型，以便寻找最好的解决方法、迅速排除控制系统故障提供了有力的工具。

目前在不同的分散控制系统中，工程师工作站的配置各具特点，所包含的功能也有一些差别，结构上也有所不同。一般说来，EWS 有两种基本形式。

一种是 EWS 与 OIS 合为一个整体。即在 OIS 的基础上增设 EWS 所需的硬件（工程师键盘）和软件（用于开发和维护应用软件的面向工程问题的语言），并根据 EWS 的功能要求更换微处理器模件上板载 EPROM 中的工作程序。通过 OIS 操作员键盘上的钥匙式切换开关或授权，实现工程师工作模式与操作员工作模式的切换。

另一种是 EWS 相对独立。即 EWS 一般是在个人计算机基础上形成的专用工具性设备，因此，它具有普及面广、便于掌握、使用灵活等许多个人计算机的优点。其早期产品是普通微机加装图形控制卡形成的专用微机，而最新一代产品则采用的是通用型微机，它的硬件结构无任何变化，仅需装载特定的软件包即可。

除上述操作员接口站、工程师工作站外，有的分散控制系统还配有专门的历史数据站、性能计算站（如新华公司的 XDPS 系统）等。历史数据站主要用于历史数据的收集、存储，及报表的生成与输出；性能计算站主要用于计算机组、子系统、设备的效率和功耗等，以利于机组的运行管理和优化生产指导。

3.2.3　人机接口设备的结构

操作员接口站、工程师工作站、历史数据站、性能计算站等人机接口设备实际上是一个集当代先进的计算机技术、LED(LCD)图形显示技术、内部通信技术为一体的适应过程控制需要的专用计算机子系统。它们皆以高档微机为基础,根据不同站的应用需要,配以不同的外围设备而构成。组成部分主要包括:高档微处理器(CPU)、信息存储设备(RAM、ROM、硬磁盘、软磁盘、光盘等)、LED(LCD)显示器、操作键盘、记录设备(打印机、拷贝机)、鼠标或轨迹球、通信接口,以及支撑和固定这些设备的台架(操作台)等。

人机接口站的基本结构如图 3-11 所示。

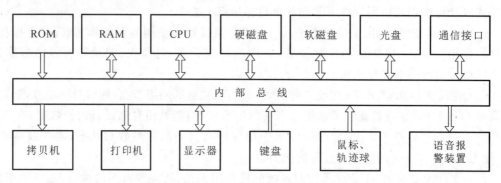

图 3-11　人机接口站的基本结构

1. 操作台

操作员接口站是运行操作人员时刻进行生产过程监视和运行操作的设备。其操作台既是固定和保护计算机和各种外围设备的设施,又是运行操作人员进行日常工作的台面。因此,操作台的设计既要满足设备固定和保护的要求,又必须为操作人员提供便利和舒适的工作条件,其高度和倾斜尺寸应适合操作人员的长期工作;另一方面,由于该操作台置于电厂的集控室中,其外观设计应美观、大方,以保持工作环境的优雅。

分散控制系统的操作台形式多样,主要可分为两类:一类为桌式操作台,该操作台呈桌子式样,台面上放置显示器、操作键盘、鼠标等,而微处理器系统及电源系统置于桌面下方机柜内;另一类为集成式操作台,该操作台将 LED(LCD)显示器、微处理器系统及电源系统等集成为一体,其整体感强,如图 3-12 所示。通常,操作台由金属骨架和板材制成。

(a) 桌式操作台

(b) 集成式操作台

图 3-12　操作台示意图

操作台一般没有设置打印机、拷贝机等外设的位置,这基于控制室的整体布局和利于操作管理的设计思想,将打印机、拷贝机等有关外设置于专用的台架上,这些外设通过电缆与操作台交换信息。除上述形式的操作台外,实际应用中也不乏其他形式的操作台,如具有两个 LED(LCD)的双屏操作台等。

现代分散控制系统的控制部件广泛采用模块结构,组态十分灵活,可根据不同的用户要求选用不同的电子模件安装在操作台内,并配置相应的外设,构成实现不同功能的操作员接口站。每个操作员接口站在系统通信网络中都是一个节点,而每个节点上可配置一个或几个LED(LCD)显示器和操作键盘,这样,一个操作员接口站可能有几个操作台;另外,用户可在基本硬件配置的基础上,随着系统规模的扩大而增选所需的硬件,使操作员接口站能适应新的功能要求;在适当的组态下,一个操作员接口站可以包含另一个操作员接口站的全部功能,火电厂通常利用这一特点实现操作员接口站的冗余组态,以提高分散控制系统的可靠性。

目前,在一台大型火电机组的分散控制系统中,操作员接口站一般采用 5～7 个操作台,集中布置在控制室的操作员工作区域内。

2.微处理器系统

人机接口站是分散控制系统中的一个复杂子系统,生产过程控制要求它具有很强的处理能力、很快的运算速度、很大的数据存储量。因此,对其微处理器系统有很高的要求。目前,一般操作员接口站大都使用当代先进的微处理器,其位数、主频、内存容量、外存设备皆在不断升级。

对于操作员接口站,由于大量的实时信息处理和图形显示的需要,许多分散控制系统常采用多处理器结构形式。如 MAX-1000 系统中采用了图形处理器、应用处理器和实时处理器;I/A Series 系统的 WP30 操作员接口站采用了主处理器、数字处理器和图形处理器;有的系统的操作员接口站则采用了专用的浮点协处理器(如 HIACS-3000 系统)和图形协处理器,以实现功能的进一步分散和保证信息处理速度达到规定的要求。

3.显示处理设备

早期火电机组的监视过程由许多模拟仪表组成的大型仪表盘实现,随后,运行人员的监视操作终端由分散控制系统所采用的 CRT 显示器代替。目前,随着显示技术的发展,CRT显示设备已被 LED(LCD)显示器取而代之,现在,在终端上多采用 LED 液晶显示器,除此之外,大型分散控制系统还配备有墙面式大屏幕显示装置,如图 3-13 所示。

图 3-13　大型分散控制系统的显示设备

4.输入设备

目前,人机接口站常用的输入设备有键盘、鼠标或轨迹球、触摸屏等,其中键盘是最主要的输入设备。

键盘:运行操作人员进行各种操作的主要设备。人机接口站一般配有计算机的标准键盘,操作员接口站还配有专用的操作键盘,分散控制系统操作员典型专用键盘如图 3-14 所示。不同的分散控制系统根据系统操作的实际需要,其专用操作键盘设计风格不同。键盘上按键的多少、按键的功能和按键的排列各有差异,但通常具有数字和字母输入键、光标控制键、显示操作键、报警确认和消音键、运行控制键、专用或自定义功能键等几类基本按键,并且,这些按键在键盘上一般是按功能相似的方法分组排列的。专用操作键盘多采用表面覆盖聚酯、有防水防尘能力、有明确图案或字符标志的工程化、触摸式、平面薄膜键盘。这种键盘是一种非机械式键盘,内部采用薄膜式开关,没有机械触点,其可靠性高,可以正常工作100万次以上。

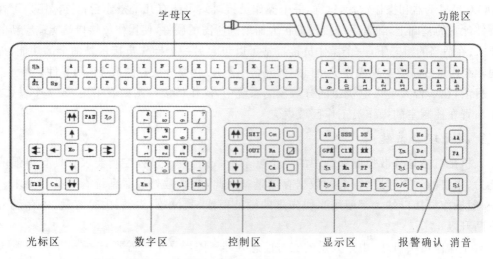

图 3-14　分散控制系统操作员典型专用键盘

触摸屏:根据用户的需要,有些分散控制系统厂家将触摸屏显示技术应用引入人机接口站。触摸屏是安装在显示器屏幕表面的一个细网络状敏感区(敏感区一般采用透明接触线、红外线发射/接收器、薄膜导体或电容敏感元件),它与相应的外围电路(触摸屏控制卡)配合,可以识别运行操作人员的手指接触屏幕的位置。其可以看作装在显示器屏幕上的一个"透明键盘"。运行操作人员只要用手指接触该屏幕上的某一区域,就可以达到操作该区域显示内容的目的。触摸屏是键盘的一种新的补充形式,它提供了一种新的显示操作方法,其显著特点是把操作与画面显示统一起来,使操作更为直观。

鼠标或轨迹球:系统的输入设备之一,尽管在输入键盘上设有光标移动键,但应用鼠标或轨迹球移动光标更为便捷。所以,操作员接口站一般都配备这种输入设备。鼠标或轨迹球是计算机的光标定位装置。由于不需要对按键进行敲击,因此,采用鼠标或轨迹球的方式对光标进行定位已成为目前广泛使用的光标定位方法。

5. 外部存储设备

通常,计算机控制系统中有大量的信息需要记录和保存,外部存储设备(简称外存)作为主机内存(ROM、RAM)的补充,是人机接口站的一个重要组成部分。这是因为内存受CPU寻址范围的限制,其容量不是很大,而且RAM在断电时又会丢失其存储的信息。因此,人机接口站与其他计算机系统一样,需要有外存的支持才能具备完善的存储功能。目前,在分散控制系统中应用的外存主要有硬磁盘、软磁盘、磁带、光盘等。

任何一种形式的外存大都由三部分组成,如图3-15所示。

图 3-15　外部存储设备组成

存储控制器是主机 CPU 与驱动器之间的接口,它用来接收和解释 CPU 的指令,检测系统状态,向驱动器发出控制读/写的信号。驱动器是使信息检测传输元件(如磁头)和存储介质运行的驱动机构,用以确定数据信息读或写的物理位置,实现状态检测、数据读/写的操作。存储介质是数据信息的载体,它在存储控制器和驱动器的控制下实现数据信息的加载或卸载。

6. 打印/拷贝输出设备

为了提供永久性的、供多数人阅读的信息记录,人机接口站都配置了打印机,有的还配置了专用的彩色视频拷贝机。打印机用于输出生产记录及报表、报警和突发事件记录。彩色视频拷贝机用于记录视频画面,能将显示器上的全部瞬时信息及时地记录下来。拷贝机是目前最为理想的视频图像输出设备,它已在不少分散控制系统中得到应用。

7. 通信接口

人机接口站与其外界网络的联系,是利用专用的电子模件——通信接口实现的。通信接口是操作员接口站的必备硬件,尽管不同的分散控制系统有着不同结构的通信接口,但它们最基本的作用是一致的,即沟通人机接口站与现场控制单元之间的信息交流,沟通人机接口站与外界网络上的其他工作单元之间的信息交流,从而获取系统控制过程和设备状态的实时数据,并对生产过程进行必要的控制。

某系统操作员接口站的通信接口如图 3-16 所示。

图 3-16　某系统操作员接口站通信接口示意图

硬件系统一定的人机接口站,如果所采用的操作系统、软件工具、专用软件包等不同,它将有不同的面貌、不同的特点、不同的功能和不同的系统设计(组态)方式。因此,不可忽视:除硬件系统的作用外,人机接口站的功能建立与发挥在很大程度上取决于所配置的软件系统。

3.2.4　功能仪表

在一些分散控制系统中,除上述操作员接口站和工程师工作站外,还具有实现某些特定功能的另一类人机接口设备。这类人机接口设备主要是为方便现场组态、参数调整、专项监视和实现手动直接控制等设置的。这些装置包括以下几种。

1. 组态调整装置

组态调整装置是分散控制系统工程设计和维护的一种终端设备,是对分散控制系统进行控制策略更改、控制回路组态、控制参数调整和系统故障诊断的就地工具,是一种低层工程式接口。组态调整装置是以微处理器为核心的智能终端,一般由微处理器、存储器、显示器及其接口、键盘及其接口、通信接口、外设接口等组成。但是,对于不同的分散控制系统,组态调整装置所采用的结构形式不同,可以是便携式的,也可以是模件式的,如图 3-17 所示。模件式组态调整装置安装在机柜的一个槽位上,其通信接口通过槽位上的插接部件与总线以及目标单元(被组态的控制单元或输入/输出装置)连接;便携式组态调整装置的通信接口则通过专用的电缆、插头直接或间接(通过组态接口模件)与总线以及目标单元连接,实现双向通信。无论何种形式的组态调整装置均可在目标单元带电工作时接入和拔除。

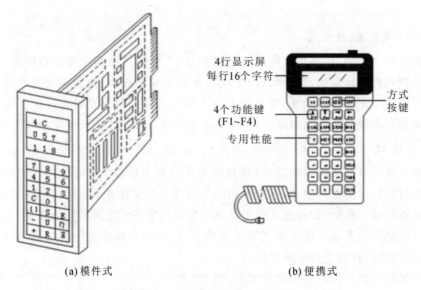

4行显示屏
每行16个字符

4个功能键
(F1~F4)

专用性能

方式
按键

(a) 模件式 (b) 便携式

图 3-17 组态调整装置结构示意图

应该指出:并不是所有的分散控制系统都提供上述组态调整装置,许多系统的所有工程师人机联系功能均由工程师工作站实现。

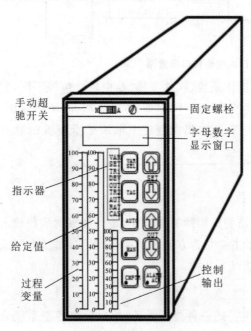

手动超
驰开关

指示器

给定值

过程
变量

固定螺栓

字母数字
显示窗口

控制
输出

图 3-18 典型模拟量控制站结构示意图

2. 模拟量控制站

在常规控制系统中,设置有许多由模拟量控制的自动/手动切换操作器,当模拟量自动控制设备出现故障时,可以通过这些操作器手动控制生产过程。而在分散控制系统中,这一功能是由模拟量控制站来实现的,可作为系统的后备控制手段。不同的分散控制系统,模拟量控制站的实现手段、硬件结构、功能及特点有所不同。其中,比较常见是一种结构上与过程控制单元分开的独立式控制站,如图 3-18 所示。独立式模拟量控制站实际上是一个模件式装置,通常安装在火电厂控制室的操作台或立盘上,它与外部的所有联系均通过其尾部连接器实现。正常情况下,它通过预制电缆时刻与现场控制单元中的功能模件保持着联系,此时模拟量控制站上的操作均经过通信模件进入功能模件,再由功能模件的内部组态予以实施。一旦模拟量控制站失去与现场控制单元的联系,模拟量控制站可自动切换到旁路工作方式——不经过现场控制单元直接指挥执行机构动作。

典型模拟量控制站具有以下功能：

（1）对模拟量控制站的运行方式进行选择；

（2）对模拟量控制回路进行自动/手动方式无扰切换,给定值设置和远程手动控制；

（3）对模拟量过程变量、给定值、控制输出以及模拟量控制站运行方式等进行监控；

（4）对模拟量参数超限、通信故障等进行报警。

3．数字逻辑站

数字逻辑站是一个开关量操作站,是可以对逻辑系统进行操作的带按钮和指示器的逻辑控制器。数字逻辑站与过程控制单元中的功能模件、逻辑主模件通过通信网络连接。数字逻辑站的主要作用为：① 控制开关量系统的启停（如控制单个油喷燃器）；② 作为顺序控制系统的输入指令或确认信号；③ 作为系统中重要开关量的手动后备操作工具。数字逻辑站可实现分散控制系统的部分数字逻辑功能。

典型的数字逻辑站如图 3-19 所示。它由 1 个本站故障指示灯、8 个操作按钮开关和 16 个输出状态 LED 指示灯构成。

4．数字指示站

数字指示站是一个模件式盘装仪表,它只能显示确定的接入信息,但不能干预生产过程,其作用相当于常规控制系统中的显示仪表。在分散控制系统中,数字指示站用来监控一些与闭环控制回路无关的过程变量、进行报警显示和故障显示。在火电机组的应用中,数字指示站一般作为分散控制系统操作员接口站的后备显示装置,也可直接用于无操作员接口站控制系统的参数显示。一种典型的数字指示站如图 3-20 所示。

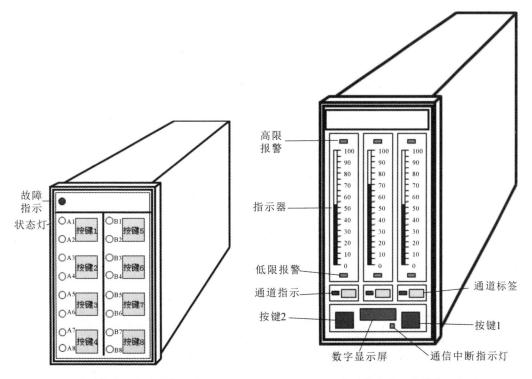

图 3-19 典型数字逻辑站结构示意图　　图 3-20 典型数字指示站结构示意图

3.3 系统通信设备

数据通信系统是分散控制系统的重要组成部分之一,是将生产过程的检测、监视、控制、操作、管理等各种功能有机地组成一个完整实体的必要纽带。在分散控制系统中,数据通信必须满足过程控制可靠性、实时性和广泛的适用性等基本要求。所有这些皆是借助通信设备来实现的。

3.3.1 通信接口设备

分散控制系统的网络是实现网络中各个节点数据交换的物质基础,也是分散控制系统的核心部分。分散控制系统各节点(现场控制单元、操作员接口站、工程师工作站、计算机等)之间的连接与联系主要是依靠通信接口通过本系统网络来实现的。通信接口提供各节点对网络的访问功能,通过通信接口各节点可以从网络中获取所需的信息,也可向网络发送自己的信息,实现与网络的信息交换。

通信接口是各种分散控制系统必备的基本硬件,系统不同,通信接口的类型和实现方法有所不同,但满足系统中各种类型节点与网络连接的要求、达到互通信息的目的是一致的。随着分散控制系统开放性要求不断增大,采用通用的网络和网络接口设备已经成为发展趋势。现今网络通信接口设备主要有路由器、网关、交换机和集线器等。

新华 XDPS 系统在大型火电机组分散控制系统的应用中,采用光纤虚拟环网。该系统的通信接口设备及其在网络中的连接如图 3-21 所示。

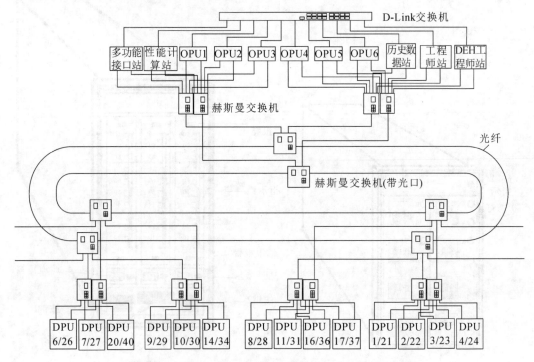

图 3-21 XDPS 系统通信接口设备在网络中的连接示意图

新华 XDPS 系统提供的通信接口设备主要如下。

1. 实时主干网(RTFNET)交换机

实时主干网(RTFNET)交换机是整个系统重要的网络通信设备,它用以实现过程控制单元、人机操作接口站等节点与实时主干网(RTFNET)的通信。网络中的以太网交换机与过程控制单元、人机操作接口站等节点中的网络接口卡分别组成各自的通信接口,使各节点可与网络进行信息交换,以实现系统设定的功能。

实时主干网(RTFNET)交换机选用了德国赫斯曼(HIRSCHMANN)公司符合 IEEE 802.3 通信协议的 10 Mbps/100 Mbps 自适应 RS2-FX/FX 以太网光纤交换机。赫斯曼公司推出的产品提供了环形网络冗余管理器的功能。当某一段光纤或某一个交换机发生故障时,环形网在物理上退化为总线型网络,但逻辑总线特征并未发生变化,网络中的各个节点如通常的总线型或星形网络一样正常工作,整个网络的容错能力得到了大大的加强,解决了单个传输介质或传输设备故障后引发的网络连通问题,从而大大提高了网络的可靠性。

赫斯曼 RS2-FX/FX 交换机带有 5 个 10 Mbps/100 Mbps 的 RJ-45 口(1、2、3、4、5)和 2 个 100 Mbps 的 SC 多模光纤口(7、8)。交换机面板上安装有 2 路 24 V 电源输入端子(共地)和故障输出触点(状态正常时闭合),如图 3-22 所示。

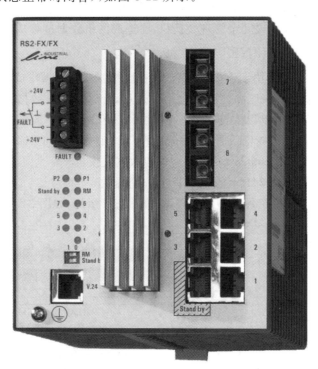

图 3-22 RS2-FX/FX 交换机面板示意图

赫斯曼 RS2-FX/FX 交换机的设计定位为工业以太网交换机,因此其设计具有很多适应工业应用的特征,如:

(1) 采用 2 路 24 V 直流电源输入,直流电源在其内部可无扰切换;

(2) 具有完善的报警机制,当任一路电源发生故障或相关网络接口发生故障时,输出报警信息;

(3) 体积小,可以安装在标准 DIN 导轨上;

(4) 电源通过散热片自然通风散热,无风扇等易损机械部件。

赫斯曼 RS2-FX/FX 交换机采用逻辑断点技术组成环形以太网,在实际应用中应特别注意交换机的设置。交换机面板上有 RM、Stand by 两个 DIP 开关,其设置如下。RM 开关置为 1 时,激活交换机的冗余管理器(redundancy manager)功能。在采用光纤环网运行方式时,必须将光纤环网中的某一交换机的 RM 开关置为 1,且只能将一台交换机的 RM 开关置为 1。Stand by 开关用于两个网段之间的冗余连接。在 XDPS 系统配置中,不常用此功能。

面板上设有指示各个端口和交换机运行状态的 LED 指示灯,其功能如下。

(1) FAULT 指示灯:故障状态显示。当单路电源故障或通信端口连接故障报警时红灯亮。

(2) P1 指示灯:第一路 24 V 电源显示。电源正常时绿灯亮。

(3) P2 指示灯:第二路 24 V 电源显示。电源正常时绿灯亮。

(4) RM 指示灯:RM 状态显示。RM 开关置为 1 时绿灯亮。

(5) Stand by:Stand by 状态显示。Stand by 开关置为 1 时绿灯亮。

(6) 1、2、3、4、5、6、7 指示灯:端口工作状态显示。电缆或光缆连接正常时绿灯亮,有数据交换时黄灯亮。

特别注意:赫斯曼 RS2-FX/FX 交换机应用中,在一个环网中只能存在一个冗余管理交换机,若在环形网络中未设置冗余管理交换机,将造成网络数据过载从而导致网络瘫痪。

2.机组级信息网(INFNET)交换机

XDPS-400 的信息网络用于连接操作管理系统中的各站点(操作员站、工程师站、历史数据站等),为各个站点提供快速高效的信息传输通道,传输非实时数据、管理指令、文件及实现打印共享。该网络采用单以太网配置,通信协议为 TCP/IP。通信速率为 10 Mbps/100 Mbps。机组级信息网(INFNET)采用 D-Link 的 DES-1016R+和 DES-1024R+两款分别为 16 口和 24 口的 10 Mbps/100 Mbps 自适应的以太网交换机。

DES-1016R+/DES-1024R+的前面板上分别提供了 16 口/24 口 10 Mbps/100 Mbps MDI-Ⅱ/MDI-X 端口、1 个扩展插槽和一些 LED 状态指示灯,如图 3-23 所示。

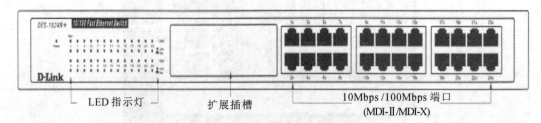

图 3-23 DES-1024R+前视示意图

在 DES-1016R+/DES-1024R+的前面板上都提供了一些 LED 状态指示灯,用于显示交换机的实时工作状态和故障发生情况。图 3-24 所示为 DES-1024R+的前面板左侧的 LED 指示灯示意图。

Power(电源指示):当 D-Link 加电正常时,此指示灯显示为亮(绿色)。否则,此指示灯灭。如果接电后,此指示灯不亮,请检查交换机后面板上的电源线是否接好,电源插座的供电是否正常。

100M(速率指示):当端口上接连的是 100 Mbps 的网络设备时,对应的指示灯将亮(绿色),而当该端口上连接的是 10 Mbps 的网络设备时,对应的指示灯不亮。

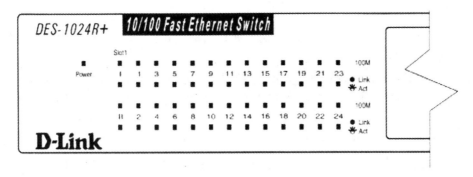

图 3-24　DES-1024R＋的前面板左侧的指示灯示意图

Link/Act(连接/活动状态)：当端口上建立起稳定的网络连接后,对应的指示灯亮(绿色)；而当端口正在进行数据发送或接收时,对应的指示灯将会闪烁(绿色)。

Slot(插槽状态指示)：当扩展插槽中插的双口 100Base-TX 模块上的端口已经建立起稳定的网络连接时(每个模块设有Ⅰ和Ⅱ端口状态指示灯),该指示灯将亮(绿色)。

D-Link 的 DES-1016R＋和 DES-1024R＋交换机具有如下主要特征：

(1) 符合 IEEE 802.3 10Base-T 和 IEEE 802.3u 100Base-TX 标准。

(2) 提供 16 口或 24 口 10 Mbps/100 Mbps 速率和全/半双工模式自适应的 RJ-45 端口。

(3) 所有端口都支持 MDI/MDIX 自动适应,所以,用户不必再使用交叉双绞线或者专业的级联端口。

(4) 每一个端口都有自动检测并纠正极性的能力。

(5) 采用存储转发的交换机制。

(6) 具有线速的数据转发速率和数据过滤速率。

(7) 所有端口都支持在全双工下的 IEEE 802.3x 流量控制功能,在半双工下的背压流控制功能。

(8) 所有端口都支持 4 KB 的 MAC 地址表,可以自学习并建立所连接设备的 MAC 地址表。

(9) 每 8 个端口具有 256 KB 的存储缓冲区。

(10) 前面板上提供一个双口光纤模块(SC 型)扩展槽,以便进行远距离连接。

D-Link 交换机也可用于星形网络,在星形网络中的作用与集线器相当。

3.节点的以太网卡

以太网卡是实现网络中的节点与网络通信的设备,在 XDPS 系统中,人机操作接口站、过程控制单元中皆配备有以太网卡,通过以太网卡实现人机操作接口站、过程控制单元、I/O 之间的通信。

XDPS 系统人机操作接口站的网卡配置的是符合 IEEE 802.3、IEEE 802.4、IEEE 802.5协议的 100 Mbps 网卡,如 D-Link DE-220。若人机操作接口站仅与过程控制单元通信,则需 2 块以太网卡,分别用于与 RTFNET 网络的 A 网和 B 网连接；若人机操作接口站要与其他人机操作接口站通信,则需第 3 块以太网卡,用于人机操作接口站与 INFNET 网络(即 C 网)的连接。

4.I/O站的网卡

I/O站网卡是实现I/O站与过程控制单元通信的接口。在XDPS系统中,I/O站与过程控制单元之间的通信有以下方式:

(1)采用位总线(BITBUS)通信方式,过程控制单元计算机与I/O模件箱通过一根位总线电缆连接;BITBUS通信方式需配置PDEX344,以实现I/O站与过程控制单元的通信;

(2)采用以太网通信方式,过程控制单元计算机与I/O模件箱通过一根RJ-45的网络线连接,该网络规范满足IEEE 802.3通信协议。若I/O站与过程控制单元采用以太网通信方式,则需在过程控制单元内再增加1块(第4块)符合IEEE 802.3通信协议的以太网卡,完成I/O站与过程控制单元的数据通信。

5.网关

在大型的火力发电厂中,通常有多台机组,每台机组配有独立的分散控制系统。随着自动化水平的提高,在全厂范围内实现负荷分配及公用系统控制,要求把单台机组的独立的控制系统有机地连接起来,XDPS的网关是实现以上功能的网络基础。网关站也是XDPS系统的一个人机操作接口站。

网关可以在两台机组分散控制系统网络之间完成以下功能:共享测点信息、传递操作指令、确认公共报警信息。根据公用系统是否独立于单元机组,网关的配置分为以下两种类型。

(1)单网关配置:若公用系统不独立,属于单元机组1(系统1),网关站设于系统1(即Netwin的网关配置和机组1分散控制系统网段一致),单元机组2(系统2)的运行人员可以通过网关站对系统1的公用系统进行监视或控制。单网关站的连接方式如图3-25所示。

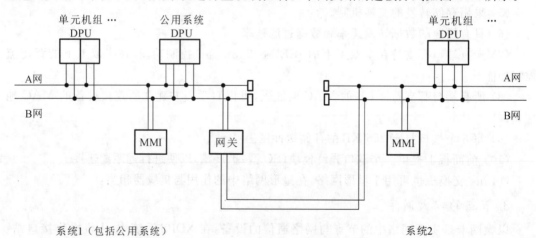

图 3-25 单网关配置示意图

该网关站上至少配置4块网卡,其中2块与本系统交换机相连,另外2块与系统2的交换机相连。两台机组的IP地址网段应分别设置,系统1的A网IP地址可以设置为222.222.221.×××,B网IP地址可以设置为222.222.222.×××;系统2的A网IP地址可设置为222.222.225.×××,B网IP地址可以设置为222.222.226.×××。如果该网关站需要连接C网则需第5块网卡。

(2)双网关配置:如果电厂内公用系统独立,且有独立的分散控制系统网络(通常不独立配操作员站),两个单元机组的运行人员都要对公用系统进行实时监视或控制,则可以采用双网关站配置方案。双网关的连接方式如图 3-26 所示。

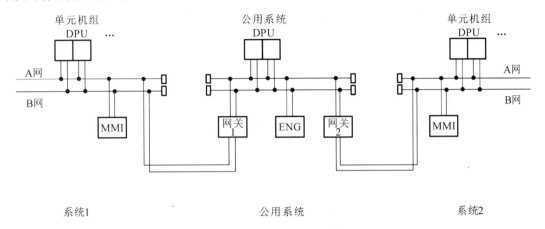

图 3-26　双网关配置示意图

每台网关站上至少配置 4 块网卡,其中 2 块与本系统 A 网、B 网的交换机相连,另外 2 块与另外机组 A 网、B 网的交换机相连。两台单元机组的 IP 地址网段可以相同,但公用系统的 IP 网段不能与两台单元机组的 IP 网段相同:系统 1 的 A 网 IP 地址可设置为 222.222. 221.×××,B 网 IP 地址可设置为 222.222.222.×××;系统 2 的 A 网 IP 地址可设置为 222.222.221.×××,B 网 IP 地址可设置为 222.222.222.×××;公用系统 A 网 IP 地址可设置为 222.222.225.×××,B 网 IP 地址可设置为 222.222.226.×××。如果网关站需要连接 C 网则需第 5 块网卡。

单元机组的分散控制系统与其他系统是通过 I/O 驱动方式和网关软件方式实现通信的。其中 I/O 驱动方式是将外部系统的实时数据点映射为 XDPS 的 I/O 地址(站号-板号-通道号),外部系统好像是 XDPS 自己的模件一样,形成虚拟的过程控制单元,并可直接利用图形软件对此进行组态。这种映射的方式由 XDPS 提供的 I/O 驱动软件决定。网关软件方式则面向 XDPS 的分布式全局实时数据库,对实时数据库直接进行译写。网关软件一般只能运行在人机操作接口节点上。

分散控制系统追求的是开放式系统。这种开放式系统的主要特性之一是它在通信技术上采用开放式结构,使之可与早期的、已应用的、其他公司的、不同系列的分散控制系统产品或各种控制设备进行通信。开放式结构能将多种控制设备集成为一体化的控制系统和形成统一的管理数据库,为实现全厂控制、管理的综合自动化和有效的目标管理奠定物质基础。

开放式的分散控制系统一般提供了专用的通信接口,用于把非本系统的控制设备(如 PC 机、单回路数字调节器、PLC 等)和其他控制子系统连接到本系统中来,并实现相互之间的有效通信。这种专用的通信接口是实现系统开放的主要通信设备之一,现代分散控制系统大都配备这类硬件。例如,INFI-90 系统拥有与 PC 机或 PLC 连接的通信接口,提供了向非 INFI-90 系统开放的通信性能;又如,I/A Series 系统也拥有与符合 X.25 通信标准的非 I/A Series 系统计算机、Spectrum 系统、Modicon 和 Allen Bradley 程控装置等连接的通信接口,提供了向非 I/A Series 开放的通信性能;XDPS 系统则采用网关方式实现系统的开放性。

3.3.2　通信介质

通信介质是连接系统各个站点的物理信号通道。分散控制系统对通信介质有着较高的要求,即通信介质的频带宽,信号传输的时间迟延小,能满足高速传输的需要,能避免信息在传输过程中因共模和串模干扰所引起的信号混叠或丢失,等等。分散控制系统中的数据通信普遍采用以下专用的通信介质。

1. 双绞线

双绞线是由两个绝缘导体扭制在一起而形成的线对。其中一根为信号线,另一根为地线,导线通常由高纯度的铜制成,每根导线外包有绝缘层。两根导线有规则地扭绞在一起可减小外部电磁干扰对传输信号的影响。将一对或多对双绞线封装在金属屏蔽护套内,可构成一条电缆,同时也加强了抗干扰和噪声的能力,如图 3-27 所示。

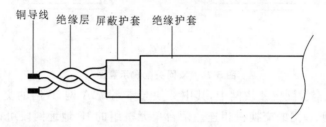

铜导线　绝缘层　屏蔽护套　绝缘护套

图 3-27　双绞线示意图

双绞线分为屏蔽双绞线与非屏蔽双绞线(unshielded twisted pair,UTP)。屏蔽双绞线在双绞线与外层绝缘护套之间有一个金属屏蔽层。屏蔽双绞线分为 STP 和 FTP(foil twisted pair)。STP 指每条线都有各自的屏蔽层,而 FTP 指整个电缆有屏蔽装置,并且两端都正确接地时才起作用。所以要求整个系统是屏蔽器件,包括电缆、信息点、水晶头和配线架等,同时需要建筑物有良好的接地系统。屏蔽层可减少辐射,防止信息被窃听,也可阻止外部电磁干扰的进入,使屏蔽双绞线比同类的非屏蔽双绞线具有更高的传输速率。非屏蔽双绞线是一种数据传输线,由四对不同颜色的传输线组成,广泛用于以太网路和电话线中。非屏蔽双绞线电缆最早在 1881 年被用于贝尔发明的电话系统中。1900 年,美国的电话线网络主要由 UTP 组成,由电话公司所拥有。

按照带宽和传输速率,双绞线可以分为以下几种。

(1) 一类线(CAT1):电缆最高频率带宽是 750 kHz,用于报警系统,或只适用于语音传输(一类线主要用于 20 世纪 80 年代初之前的电话电缆),不用于数据传输。

(2) 二类线(CAT2):电缆最高频率带宽是 1 MHz,用于语音传输和最高传输速率为 4 Mbps 的数据传输,常见于使用 4 Mbps 规范令牌传递协议的旧的令牌网。

(3) 三类线(CAT3):指目前在 ANSI 和 EIA/TIA568 标准中指定的电缆,该电缆的传输频率为 16 MHz,最高传输速率为 10 Mbps(10 Mbit/s),主要应用于语音、10 Mbit/s 以太网(10 Base-T)和 4 Mbit/s 令牌网,最大网段长度为 100 m,采用 RJ 形式的连接器,目前已淡出市场。

(4) 四类线(CAT4):该类电缆的传输频率为 20 MHz,用于语音传输和最高传输速率为 16 Mbps(指的是 16 Mbit/s 令牌网)的数据传输,主要用于基于令牌的局域网和 10 Base-T/100 Base-T,最大网段长度为 100 m,采用 RJ 形式的连接器,未被广泛采用。

(5) 五类线(CAT5):该类电缆增加了绕线密度,外套一种高质量的绝缘材料,电缆最高频率带宽为 100 MHz,最高传输速率为 100 Mbps,用于语音传输和最高传输速率为 100 Mbps 的数据传输,最大网段长度为 100 m,采用 RJ 形式的连接器。这是最常用的以太网电缆。

（6）超五类线（CAT5E）：超五类线具有衰减小、串扰少的特点，并且具有更高的衰减串扰比（ACR）和信噪比（SNR）、更小的时延误差，性能得到很大提高。超五类线主要用于千兆位以太网（1000 Mbps）。

（7）六类线（CAT6）：该类电缆的传输频率为 1 MHz～250 MHz，六类线系统在 200 MHz 时综合衰减串扰比（PS-ACR）应该有较大的余量，它的带宽是超五类线的带宽的 2 倍。六类线的传输性能远远高于超五类线，最适用于传输速率高于 1 Gbps 的应用。六类线与超五类线的一个重要的不同点在于六类线改善了在串扰以及回波损耗方面的性能。六类线中取消了基本链路模型，布线采用星形的拓扑结构。要求的布线距离为：永久链路的长度不能超过 90 m，信道长度不能超过 100 m。

（8）超六类或 6A（CAT6A）：传输带宽介于六类线和七类线之间，传输频率为 500 MHz，传输速率为 10 Gbps，标准外径为 6 mm。目前和七类线一样，国家还没有出台正式的检测标准，只是行业中有此类产品，各厂家提供一个测试值。

（9）七类线（CAT7）：传输频率为 600 MHz，传输速率为 10 Gbps，单线标准外径为 8 mm，多芯线标准外径为 6 mm，可能用于今后的 10 GB 以太网。

通常，计算机网络使用的是三类线和五类线，其中 10 Base-T 使用的是三类线，100 Base-T 使用的是五类线。

2. 同轴电缆

同轴电缆在分散控制系统中的应用比较普遍，它是由内导体、中间支撑绝缘体、外屏蔽导体和外绝缘层构成的，如图 3-28 所示。

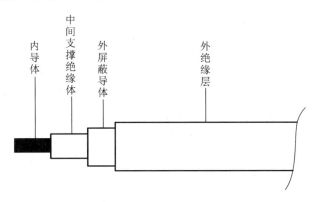

图 3-28　同轴电缆示意图

一般，内导体是直径为 1.2 mm 的优质硬铜线，外导体是内径为 4.4 mm 的筒状铜网，内外导体之间由聚乙烯绝缘材料支撑，电缆的最外边是绝缘层。有时，为增加电缆的力学强度，外导体外还加上了两层对绕的钢带。

同轴电缆大致可分为两类：一类是基带同轴电缆（如 50 Ω 同轴电缆），另一类为宽带同轴电缆（如公用天线电视系统中使用的 75 Ω 同轴电缆）。基带同轴电缆专门用于数字传输，其传输速率可达 10 Mbps。宽带同轴电缆既可用于模拟传输（如视频信号传输），也可用于数字传输，当用于数字传输时，其传输速率可达 50 Mbps。

同轴电缆根据其直径大小还可以分为粗同轴电缆与细同轴电缆。粗同轴电缆适用于比较大型的局部网络，它的标准距离长，可靠性高，由于安装时不需要切断电缆，因此可以根据需要灵活调整计算机的入网位置，但粗同轴电缆网络必须安装收发器电缆，安装难度大，总体造价高。相反,细同轴电缆安装则比较简单,造价低,但由于安装过程要切断电缆,两头须装上基本网络连接头(BNC),然后接在 T 形连接器两端,所以当接头多时容易产生不良隐患。

同轴电缆的优点是可以在相对长的无中继器的线路上支持高带宽通信,而其缺点也是显而易见的:一是体积大,细同轴电缆的直径有 3/8 英寸(1 in＝2.54 cm),要占用电缆管道的大量空间;二是不能承受缠结、压力和严重的弯曲,这些都会损坏电缆结构,阻止信号的传输;三是成本高。而所有这些缺点正是双绞线能克服的,因此在现在的局域网环境中,同轴电缆基本已被双绞线取代。

3. 光缆

光缆是一种由光导纤维组成的可进行光信号传输的新型通信介质,它以光的"有"和"无"形成的"1"和"0"二进制信息取代常规的电信号,以光脉冲形式进行信息传输。

光缆是基于"光线从高折射率物质射向低折射率物质时在这两个物质的界面发生全折射"的原理而形成的,其结构如图 3-29 所示。

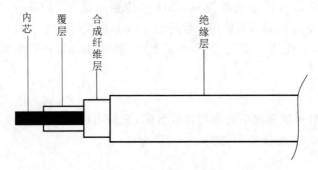

图 3-29　光缆结构示意图

光缆的内芯是由二氧化硅拉制而成的具有高折射率的光导纤维,内芯外敷设一层由聚丙烯或玻璃材料制成的低折射率的覆层,由于内芯与覆层的折射率不同,当光线以一定角度进入内芯时,能通过覆层几乎无损失地折射回去,使之沿着内芯向前转播;覆层外敷设一层合成纤维以增加光缆的机械强度,它可使直径为 100 μm 的光纤承受 300 N 的抗拉力。

由于光缆中的信息是以光的形式传输的,因此,电磁干扰对它几乎毫无影响,光缆的这种良好的抗干扰性能对于具有强电磁干扰的电厂环境来说尤为重要。同时,光缆具有优良的信息传输特性,与双绞线和同轴电缆相比,可以在更大的传输距离上获得更高的传输速率。光缆的数据传输速率可高达几百 Mbps,在不用转发器的情况下,光缆可在几公里范围内传输信息。显然,光缆具有明显的优越性,是一种应用前景广泛的通信介质。

为方便对比分析,表 3-3 示出了以上三种通信介质的传输特性和特点。

表 3-3　三种通信介质的特点

项目	介质		
	双绞线	同轴电缆	光缆
传输介质价格	较低	较高	较高
连接件价格	低	较低	高
标准化程度	高	较高	低
连接	简单	需专用连接器	需较复杂的连接器件和连接工艺

续表

项目	介质		
	双绞线	同轴电缆	光缆
敷设	简单	稍复杂	简单
抗干扰能力	较好	很好	特别好
环境的适应性	较好	较好	特别好
适用的网络类型	总线型或环形网	总线型或环形网	目前多用于环形网

3.4　大型火电机组分散控制系统的硬件配置实例

3.4.1　600 MW 亚临界火电机组分散控制系统的硬件配置实例

1. 被控对象概况

某电厂 2×600 MW 级单元机组,采用上海锅炉厂有限公司设计生产的燃煤、亚临界、汽包锅炉,东方汽轮机有限公司设计生产的亚临界、一次中间再热、凝汽式 600 MW 汽轮机。

2. DCS 的应用与配置

应用国产 XDPS-400＋系统实现该机组的分散控制系统。其分散控制系统的硬件配置,根据电厂机组的工程情况分为两个单元机组和一个公用系统,共三个系统,各系统 I/O 点配置情况如表 3-4 和表 3-5 所示。

表 3-4　单元机组 I/O 点数(5645 点)

位置	点数						
	AI(RTD)(热电阻接线端子)	AI(TC)(热电偶接线端子)	AI(mA)	AO	DI	DO	PI
汽轮机侧	148	126	262	49	1175	507	0
锅炉侧	103	92	382	132	1379	581	0
电气	0	0	69	0	524	108	8
总计	251	218	713	181	3078	1196	8

表 3-5　公用系统 I/O 点数(589 点)

位置	点数						
	AI(RTD)(热电阻接线端子)	AI(TC)(热电偶接线端子)	AI(mA)	AO	DI	DO	PI
电气	0	0	24	0	177	66	3
循泵房	44	0	22	0	97	60	0
空压站	3	0	10	0	51	32	0
总计	47	0	56	0	325	158	3

XDPS-400＋系统实现的分散控制系统在功能上覆盖了数据采集系统（DAS）、模拟量控制系统（MCS）、顺序控制系统（SCS）、锅炉炉膛安全监控系统（FSSS）、汽轮机旁路控制（TBC）系统、电气控制系统（ECS）等的功能，同时还与电厂大部分子系统通信，以达到在分散控制系统上实现监控全厂运行的目的。子系统有汽轮机数字电液控制系统、给水泵汽轮机数字电液控制系统、锅炉吹灰控制系统、炉管泄漏系统、锅炉 IDAS、汽轮机 IDAS、烟气监测系统、380 V 电气监控系统、6 kV 电气监控系统等。该分散控制系统的应用实例如图 3-30 所示。

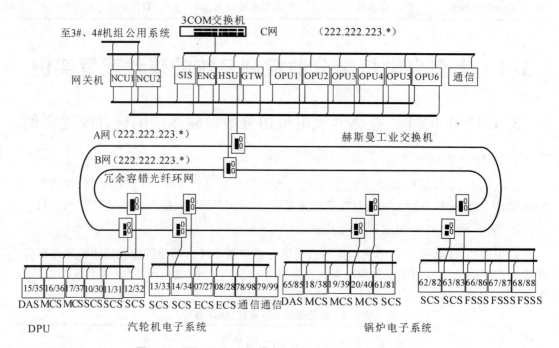

图 3-30　XDPS-400＋系统在 600 MW 机组上的应用实例

该分散控制系统主要由人机接口站（包括操作员站、工程师站、历史数据站、网关接口站、打印机等）、机柜（包括 DPU、相关控制柜、端子柜及电源柜、交换机柜等）两大部分组成。每台单元机组 DCS 的配置如表 3-6 和表 3-7 所示。

表 3-6　单元机组 DCS 硬件配置

硬件	人机接口站部分					机柜部分					
	OPU	ENG，HSU	GTW	PRT	大屏幕	控制 DPU	通信 DPU	控制柜	端子柜	电源柜	网络柜
数量	5	2	2	6	2	20	2	20	21	2	2

表 3-7　公用系统 DCS 硬件配置

硬件	人机接口站部分			机柜部分				
	ENG，HSU	GTW		控制 DPU	控制柜	端子柜	电源柜	网络柜
数量	1	4		3	2	2	1	1

过程控制单元:共配置 20 对 DPU,每对互为冗余备用。按电厂控制室设计要求,DPU

的控制柜按系统分为锅炉电子间和汽轮机电子间两部分分散布置，锅炉电子间和汽轮机电子间之间用光缆连接。为满足高速冗余通信的要求，单独为电气系统提供 2 对专用通信 DPU。

人机接口站：每台单元机组共配置 6 台操作员站，其中，1 台用于大屏幕。所有操作员站均为全能值班配置，可以实现对单元机组机、炉、电以及公用系统设备的监视及操作。每台单元机组配置工程师站、历史数据站 2 台，调试时作为工程师站，运行时可作为冗余的历史数据站。另外，配置 1 台多功能站 GTW 完成与其他系统的非冗余通信。单设 1 台接口站专门用于和厂级 SIS 系统的大数据量通信连接。

公用系统：公用系统涵盖了公用电气系统、空压机系统和循环水泵房系统等，共配置 3 对 DPU。其中，循环水泵房系统设远程控制站。其控制机柜布置在就地设备间，采用光缆连接到公用系统的网络上。就地提供两路独立 220 V 交流电源，为增加系统电源的可靠性，其中一路电源通过不间断电源接入机柜。公用系统不设操作员站，设备的操作在单元机组上进行，但在每台机组的操作员画面上设有公用系统操作权切换按钮，当较高级别的操作员提供登录密码后，可以利用此按钮将公用系统的操作权切换到当前机组。任何时候仅有 1 台机组有公用系统的操作权限，公用系统的数据可同时在两台机组上显示。为方便调试和机组运行时的日常维护，公用系统设 1 台多功能站，可同时作为公用系统的工程师站和与其他系统的通信接口。

DCS 网络：机组实时数据网 A 网、B 网由赫斯曼工业交换机和光纤网络构成，A、B 网互为冗余热备用，如图 3-30 所示。非实时 C 网采用高性能的 3COM 交换机，完成常规文件传输及历史数据共享等功能。公用系统通过冗余的专用网关机 NCU 分别和两台机组的实时网相连。

3.4.2　600 MW 超临界火电机组分散控制系统的硬件配置实例

1. 被控对象概况

某电厂 600 MW 级单元机组，锅炉为东方电气集团东方锅炉股份有限公司生产的超临界参数、变压、单炉膛、直流式 1900 t/h 锅炉。汽轮机为哈尔滨汽轮机厂有限责任公司生产的超临界、一次中间再热、三缸四排汽、单轴、双背压、凝汽式、600MW 汽轮机。发电机采用哈尔滨电机厂有限责任公司生产的三相、同步、转子及定子铁芯氢冷、定子绕组水冷、静态励磁、600 MW 发电机。

2. 分散控制系统的应用与配置

应用一套完整的 ABB 公司 Symphony 电厂自动化控制系统，实现该机组的 DCS，具有以下功能：数据采集、模拟量调节、炉机辅机顺序控制、锅炉炉膛安全监控、发变组/厂用电系统顺序控制。该系统具有 DCS 公用网络以及远程 I/O、大屏幕。汽轮机控制装置、给水泵汽轮机控制装置由汽轮机制造厂商成套供货，作为 DCS 的功能站挂在 DCS 通信网上。系统拓扑结构如图 3-31 所示，硬件配置情况如表 3-8 和表 3-9 所示。

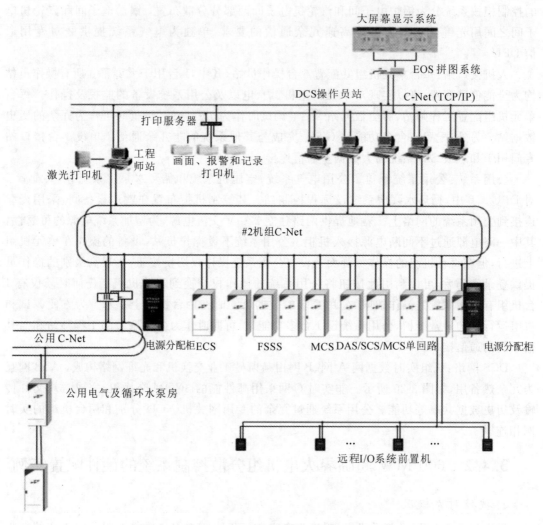

图 3-31 600 MW 火电机组 DCS 的硬件配置示意图

表 3-8 单元机组过程控制器配置

功能子系统	控制器数量
DAS/SCS/MCS 单回路	10 对
MCS	8 对
FSSS	7 对
SCS(G/A)	2 对

表 3-9 公用系统过程控制器配置

功能子系统	控制器数量
DAS/SCS	1 对
SCS(G/A)公用系统	1 对

3.4.3　1000 MW 超超临界火电机组分散控制系统的硬件配置实例

1. 被控对象概况

上海外高桥第三发电厂 2×1000 MW 超超临界机组锅炉为 2955 t/h 变压运行螺旋管圈直流炉,炉膛塔式布置、四角切向燃烧、摆动喷嘴调温、平衡通风、全钢架悬吊结构、露天布置、采用机械刮板捞渣机固态排渣的锅炉。汽轮机为单轴、四缸四排汽、反动式、双背压、凝汽式汽轮机。

2. 分散控制系统的应用与配置

分散控制系统采用德国西门子公司的 SPPA-TXP3000(以下简称 T3000)系统,完成 2×1000 MW 机组主体设备的控制、监视、报警、数据记录和追忆。分散控制系统可实现模拟量控制、锅炉炉膛安全监控、顺序控制和数字电液控制、汽轮机跳闸保护、电气控制等功能,满足各种运行工况的要求,确保机组安全高效运行。公用控制系统同样采用 T3000 系统,完成厂用电公用部分辅汽系统氨区控制系统的监控。

外高桥第三发电厂的总体配置方案如图 3-32 所示。机柜配置如图 3-33 所示。分散控制系统通过 CM104 组件与外系统进行通信,可采用 Modbus、TCP/IP 协议以 RS-485 或以太网接口实现,如表 3-10 所示。

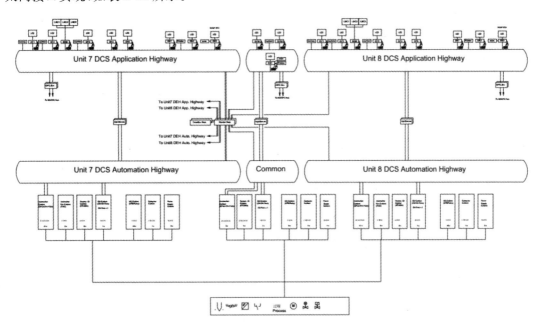

图 3-32　外高桥第三发电厂分散控制系统总体方案拓扑结构示意图

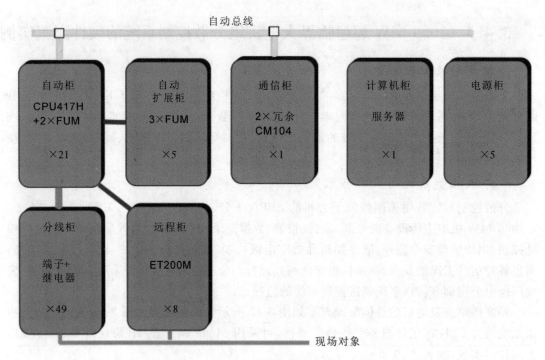

图 3-33　机柜配置示意图

表 3-10　分散控制系统与外系统的接口

机组号	外系统	CM 接口号	通信协议	冗余	接口形式	通信量
7(8)	MEH(＋METS)	CM1-1	Modbus(RTU 格式)	是	RS-485	150
7(8)	水力吹灰控制系统	CM1-2	Modbus(RTU 格式)	是	RS-485	150
7(8)	SIS 系统	CM1-3	Modbus(RTU 格式)	是	RS-485	50
7(8)	备用	CM1-4				
7(8)	空气预热器间隙调整装置	CM2-1	Modbus(RTU 格式)	是	RS-485	50
7(8)	AVR	CM2-2	Modbus(RTU 格式)	是	RS-485	100
7(8)	备用	CM2-3				
7(8)	备用	CM2-4				
公用	烟气脱硫控制系统	COM CM1-1	Modbus on TCP/IP(RTU 格式)	是	以太网	2000

第4章　分散控制系统的软件

4.1　概　　述

分散控制系统是由彼此独立的工作站点(现场控制单元、操作员接口站、工程师工作站等)和数据通信网络组成的。其控制功能是在组成系统的硬件的基础上,由软件实现的。因此,分散控制系统的功能和实现这些功能的软件,也分散在各个工作站点上,分散在各工作站点上的软件由通信软件彼此相连,组成完整的控制软件系统。图4-1所示为分散控制系统的软件示意图。

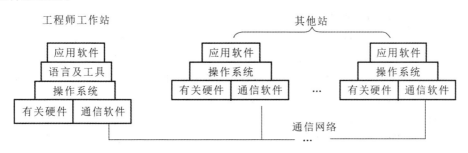

图4-1　分散控制系统的软件示意图

4.1.1　分散控制系统的软件分类

分散控制系统的软件是一个庞大而复杂的系统。它可根据需要按以下几种方式分类。

1.按软件的设计目的分类

1) 系统软件(又称计算机系统软件)

系统软件是由计算机系统设计者提供的、与应用对象无关的、面向计算机或面向应用服务的、专门用来使用和管理计算机(例如应用程序的开发、生成、调试、运行,应用软件的维护以及计算机硬件的诊断等)的、具有通用性的计算机程序。系统软件有如下几种。

(1) 各种传统的高级语言(如 Fortran、Pascal、C 语言)以及这些语言的汇编、解释及编译程序。

(2) 操作系统、计算机本身的监控管理程序、库函数程序、连接程序、调试程序、故障诊断程序等。

(3) 应用服务软件:它包括各种组态(图形显示、实时数据库、过程控制、记录、成组显示、历史数据记录等)软件、算法库软件、图符库软件、用户操作键定义软件,等等。应用服务软件面向应用,面向多种工业控制系统,运用这些软件可以方便地生成各种控制应用软件。

2）应用软件（又称过程控制软件）

它是面向用户、在操作系统下在线运行、并直接控制或参与生产工艺流程的程序。这类程序都是根据用户需要自行编制或由计算机厂商根据火电厂控制系统的要求进行编写、供用户使用的。

在分散控制系统中，应用软件分散在各工作站点中，例如：过程控制站中的现场信号的采集和处理软件、模拟控制软件、顺序控制软件；操作员站中的图形显示软件、实时数据库修改软件、历史数据的曲线显示软件、报警显示软件等；记录站的定时制表打印和数据收集软件、历史数据收集和存储软件等。

分散控制系统的应用软件应具备下列基本要求。

（1）可靠性：在分散控制系统中可靠性至关重要。只有系统的可靠性高，才能保证系统的正常运行。这不仅要求系统硬件具有较高的可靠性，而且要求系统的软件也具有较高的可靠性。为此，通常将已调试好的应用程序模块固化于 EPROM 中，除此之外，还可设计一个诊断程序和故障处理程序，对系统的硬件和软件及时进行检查，一旦发现故障就进行处理。

（2）实时性：大多数工业生产过程都要求实时控制，因此分散控制系统的应用软件应具备实时性，即能够在对象允许的时间间隔里对系统的参数进行采集、计算、处理和控制。特别是对于火电厂中具有多个回路的控制系统，实时性尤其重要。为了提高系统的实时性，常利用汇编语言的程序执行速度快的特点，用汇编语言编写应用程序。另外，对于多个处理任务，可实行中断嵌套或者采用多重中断的办法，来提高系统的实时性，以满足一机多能的需要。

（3）灵活性、通用性和多种控制算法：分散控制系统的应用软件应该能够适应系统规模的变化，以及不同的控制要求和各种特定的功能需要。因此就要求应用软件必须具有较好的灵活性、通用性和多种控制算法。为了满足上述要求，程序的设计多采用模块化结构，把一些共用的程序和常用算法以及特定功能编写成可以任意调用的子程序，即模块程序。然后通过主程序以一定方式的组合，对它们进行调用，完成指定的功能，这样可以大大简化程序的设计步骤，缩短时间。

分散控制系统对应用软件的上述要求，使得在进行软件设计和组织时必须采取合理的结构和相应的方法，以使程序易读、便于连接、调试维护方便。

2. 按软件对应的硬件分类

1）现场控制软件

现场控制软件对应于分散控制系统的现场控制单元和可编程控制器（PLC）。这部分软件主要包括过程数据采集和处理、控制运算、控制输出、数据表示（实时数据库）等软件。这类软件的实现有两种方法。

（1）采用高级语言编制程序，这要求应用人员熟悉系统硬件，且具有一定的程序设计能力。

（2）采用梯形逻辑语言（ladder logic programming）、选择功能码（selected function code）或功能顺序表（function sequence table）的方法来编制控制程序。这种方法简单易行，不要求应用人员具有软件编程能力，只要了解工艺过程和熟悉继电器控制逻辑以及生产过程的调节方法就能够方便地实现现场控制单元的功能。

2）工作站软件

工作站软件指对应于操作员接口站、工程师工作站、观察站、历史数据站、记录站等上位操作管理计算机系统。这部分软件主要包括：

（1）实时多任务操作系统；

（2）系统通用软件（如编辑程序、连接装配程序、运行程序）；

（3）各种高级语言软件（如 BASIC、Fortran、Pascal、C 语言等编写的软件）；

（4）历史数据存储、过程画面显示和管理、报警信息管理、生产记录报表管理和打印、参数列表显示、人机接口控制、实时数据处理等软件；

（5）诊断软件、系统组态软件等等。

3）网络通信软件

这类软件对应于计算机的通信接口、控制设备的通信接口、网络匹配器和通信线路等。这部分的软件配置主要是网络软件，由于各公司的分散控制系统产品设计各不相同，通信设备也各不同，有的称为高速通道（high way）或高速门（high gate），有的称为工厂通信环路（plant communication loop），相应的网络通信软件也有差异。

不同的分散控制系统产品，其软件配置及结构体系大都相同，在实际应用中，也有不同的分类方式。

4.1.2　软件的设计方法

常见的软件设计方法有三种。

1.模块设计法

通常把总体任务划分成若干部分，各部分具有一定功能，且对应一段可独立运行的程序（称为一个"模块"）。将单独建立的模块通过适当的接口和组织连成一个整体程序的设计方法，称为"模块设计法"。其优点为：

（1）各模块可进行并行设计；

（2）模块程序编制、调试、检查修改容易；

（3）模块可以共享。

模块的划分应遵循下列原则：

（1）每个模块的程序不宜太长或太短，通常一个模块的程序在 50 行左右；

（2）各模块在逻辑上互相独立且界限分明；

（3）多种判断逻辑尽量在一个模块内实现；

（4）常用的程序模块均可采用成熟的标准程序；

（5）简单的任务不必要求模块化。

2.分层设计法

分层设计法以各程序模块为基础，根据总体任务的要求，把不同功能的模块分为若干层，层次之间只能单向依赖，整个软件的正确性由各层的正确性来保证。分层设计的结构如图 4-2 所示。

仅携带单用户单任务操作系统（DOS）的计算机不能满足生产过程的多任务实时性要求。通常是以 DOS 为基础层，采用分层设计方法把它扩展成为多任务的实时操作系统，再辅以应用程序，从而构成一个完整的过程监控的应用程序包。

图 4-2　DCS 软件分层设计结构

实现分层设计一般有两种方法：由里向外和由外及里。前者从 DOS 开始,层层扩展功能,最终形成一个完整的功能程序包。后者从最外层的目标层向里推进到计算机的 DOS 基础层,通过中间层形成一个有机的整体。

实际的过程监控应用软件如何分层,各层功能如何安排,要视具体情况而定,但应以保证系统的可靠性和提高已有资源的利用率为原则。

3. 结构化程序设计

任何复杂的算法,都可以由顺序结构、选择(分支)结构和循环结构三种基本结构组成。在构造算法时,也可仅以这三种结构作为基本单元,同时规定基本结构之间可以并列和互相包含,不允许交叉和从一个结构直接转到另一个结构的内部去。这种方法设计的程序结构清晰,易于进行正确性验证和纠正程序中的错误,这种方法就是结构化方法,遵循这种方法的程序设计,就是结构化程序设计。遵循这种结构的程序只有一个输入口和一个输出口。

结构化程序的概念首先是针对以往编程过程中无限制地使用转移语句而提出的。转移语句可以使程序的控制流程强制性地转向程序的任一处,在传统流程图中,常用"很随意"的流程线来描述转移功能。如果一个程序中多处出现这种转移情况,将会导致程序流程无序可循,程序结构杂乱无章,这样的程序是令人难以理解和接受的,并且容易出错。尤其是在实际的软件产品的开发中,更多地追求软件的可读性和可修改性,这种结构和风格的程序是不允许出现的。为此程序设计人员提出了程序的三种基本逻辑结构,如图 4-3 所示。

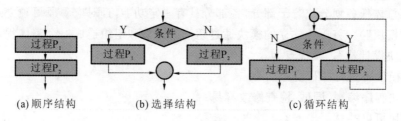

(a) 顺序结构　　　　　(b) 选择结构　　　　　(c) 循环结构

图 4-3　程序的三种基本逻辑结构

结构化程序设计的要点是："自顶而下、逐步求精"的设计思想,"独立功能,单出入口"的模块结构,仅用三种(顺序、选择、循环)基本控制结构的编码原则。"自顶而下"的出发点是从问题的总体目标开始,使低层的细节抽象化,先专心构造高层的结构,再一层一层地分解和细化。这使设计者能把握主题,高屋建瓴,避免一开始就陷入复杂的细节中,使复杂的设计过程变得简单明了,过程的结果也容易做到正确可靠。"独立功能,单出入口"的模块结构减少了模块间的相互联系,使模块可作为插件或积木使用,降低程序的复杂性,提高可靠性。程序编写时,所有模块的功能通过相应的子程序(函数或过程)的代码来实现。程序的主体是子程序层次库,它与功能模块的抽象层次相对应,编码原则使得程序简洁、清晰、可读性好。

结构化程序相比于非结构化程序有较好的可靠性、易验证性和可修改性;结构化设计方法的设计思想清晰,符合人们处理问题的习惯,易学易用,模块层次分明,便于分工开发和调试,程序可读性强。

4.2　现场控制单元软件系统

在分散控制系统的应用中,用于过程控制级的设备有两类:一是分散控制系统自身的过程控制单元;二是可纳入分散控制系统中应用的相对独立产品——可编程逻辑控制器(PLC)。

现场控制单元是分散控制系统中的主要工作站点之一。不同的分散控制系统产品以及不同的应用,其现场控制单元在组成和功能上有着较大的差异。有的分散控制系统,采用 32 位处理机组成功能很强的现场控制单元,它可实现几百(甚至上千)个现场测点(模拟量、开关量、脉冲量等测点)的数据采集和处理,以及几十或上百个控制回路(模拟控制回路、顺序控制回路)的计算和控制输出,甚至可实现一些诸如自适应控制、专家系统等高级控制功能。而有的分散控制系统则采用简单的单片机组成现场控制单元,它仅能实现十几个到几十个测点的数据采集和处理,以及几个控制回路的计算和控制输出。在一个分散控制系统中,一般有几个或十几个现场控制单元,其中有的现场控制单元只具有数据采集和处理功能而无控制功能,这样的现场控制单元只能称为数据采集单元。

以微处理器为基础的现场控制单元,一般具有现场各种测点的数据采集和处理、控制运算、控制输出以及网络通信等功能,这些功能的实现必须依靠一套完整的、与之适应的软件系统。

4.2.1　现场控制单元的软件结构

多数现场控制单元的软件采用模块化结构设计,如图 4-4 所示。

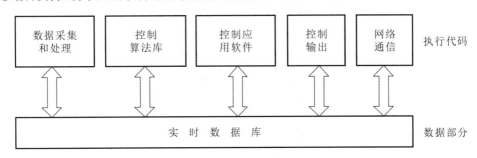

图 4-4　现场控制单元软件结构

现场控制单元的软件一般不采用磁盘操作系统,其软件系统一般由执行代码部分和数据部分两部分组成。

(1)执行代码部分。它包括数据采集和处理、控制算法库、控制应用软件、控制输出和网络通信等模块,它们一般固化在 EPROM 之中。执行代码又可分为周期性执行代码和随机性执行代码。周期性执行代码完成的是周期性的功能。例如:周期性的数据采集、转换处理、越限检查,周期性的控制运算,周期性的网络数据通信,周期性的系统状态检测等。周期性执行过程一般由硬件时钟定时激活。随机性执行代码完成的是实时处理功能。例如:文件顺序信号处理,实时网络数据的接收,系统故障信号处理(如电源掉电等)等。这类信号发生的时间不定,一旦发生就应及时处理。随机性执行过程一般由硬件中断激活。

(2)数据部分。现场控制单元软件系统的数据部分是指实时数据库,它通常保留在 RAM 存储器之中,系统复位或开机时这些数据的初始值从网络上装入,运行时由实时数据刷新。

4.2.2　周期性软件的执行过程

典型的现场控制单元周期性软件的执行过程如图 4-5 所示。

执行过程中,系统首先根据实时数据库中各测点的先后次序和测点对应的硬件地址,启动数据采集的硬件使之工作,并把采集到的代码取过来;然后将代码按数据库中测点对应的数据转换系数进行数据转换,使之成为工程单位数值,并根据数据库中测点对应的报警限值进行比较判断,以做出相应的处理;接着将处理好的测点数值与状态等写入数据库,刷新原来的数据库信息;最后根据应用软件设计时所确定的次序,逐个进行模拟控制回路或顺序控制回路的控制运算,并直接输出运算结果,以控制现场生产设备的运行。在周期性软件运行的间歇时间内,在线诊断软件运行,以检查硬件和软件是否正常。

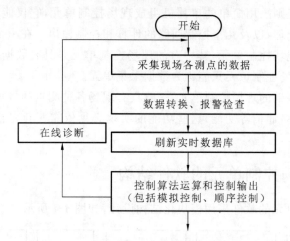

图 4-5　现场控制单元周期性软件执行过程

应当说明,对于不同的工程项目,由于控制的工艺流程或设计要求不同,对控制算法运算的要求也将不同。在软件执行过程中,控制算法运算规律取决于控制应用软件,而控制应用软件通常是根据控制工艺流程的要求,把控制算法库中的有关算法按一定规律连接起来,并对其中参数赋值所形成的。

4.2.3　现场控制单元软件的基本要求

现场控制单元是分散控制系统最基础的控制设备,它直接与生产设备的运行状况相关,因此,其软件系统占有极为重要的地位,一般有如下要求。

1. 应具有高可靠性和实时性

现场控制单元的高可靠性和实时性是由硬件和软件两方面决定的。因此,除切合实际地选择高可靠性的结构与器件、较高档的处理器、较强中断处理能力的硬件外,还应保证现场控制单元所用的软件具有高可靠性、实时性以及较强的抗干扰能力和容错能力。

2. 应具有较强的自治性

现场控制单元在运行过程中一般不设人机接口,不能及时由运行人员发现和处理软件故障。因此,它的软件系统必须有较强的自治能力,应能避免死机现象的发生。

3. 应具有通用性

现场控制单元应能适用于不同的控制对象,这样才具有推广和应用的价值。因此,它的软件系统应具有较广泛的通用性。通常,在现场控制单元的软件设计中,应使数据采集和处理、控制算法库、控制输出、网络数据通信的执行代码与控制对象无关,即这些执行代码在不同的工程项目应用中是不变的;对于不同的应用对象,只是控制应用软件的设计不同和存在于 RAM 中的数据有所不同,使现场控制单元具备广泛的通用性。

4.2.4 数据结构和实时数据库的一般概念

1. 数据结构的概念

数据结构和实时数据库是分散控制系统中必备的软件技术,是现场控制单元的一个重要组成部分。为了便于数据的查找和修改,计算机必须按照一定的规则来组织数据使之彼此相关,这种数据之间存在的逻辑关系称为数据结构。常用的数据结构如图 4-6 所示。

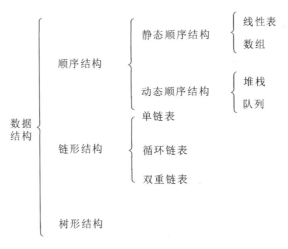

图 4-6 数据结构的类型

2. 实时数据库的概念

数据结构与相关数据信息的集合,称为数据库,若数据库中的数据信息为实时数据信息,则该数据库称为实时数据库。实时数据库一般具有以下重要特征。

(1)相关性:数据库中由数据构成的各文件、记录之间是有联系的,它真实地反映了客观事物及其之间的联系,这种联系在数据库中通过数据模型(层次模型、网络模型或关系模型)建立。用户可根据数据模型访问数据库的数据,而不必关心数据在数据库中存储的物理位置。

(2)组织性:数据库把系统中的各种数据集中起来,有组织地存放在存储设备上进行统一管理和控制,并建立数据模型与物理存储位置之间的对照表,数据库系统能按用户的访问请求,找到被访问数据的实际位置,便于用户有效地使用数据。

(3)共享性:数据库中的数据可以供多个用户使用,每个用户仅涉及数据库中的部分数据,且多个用户并行使用同一数据时不破坏数据库的一致性。

(4)独立性:数据库把用户数据和物理数据分开,使数据的存储和组织与使用这些数据的各种应用程序完全无关,即用户的应用程序并不依赖物理数据。即使物理数据库发生改变,用户所关心的用户数据库也不会改变,可以照常使用;反之,如果用户要求改变,则应修改用户数据库,而不必修改物理数据库。由此可见,数据库的数据具有完全的独立性。

(5)安全性:数据库保护由数据采集程序输入、由控制算法程序使用的数据;保护来自数据库不同部分的相关数据,特别是历史数据;禁止某些应用程序修改现有数据;当系统发生故障时,数据库能及时恢复。

(6)保密性:对于有保密要求的某些数据种类和数据单元,数据库禁止非法访问,只有有特殊授权的程序才能使用。

（7）统一性：数据库采用统一的数据控制和访问方法，它不因使用数据库的程序不同而改变。

（8）可维护性：数据库提供了某些现成的插入、修改手段和用于分析、汇总数据的工具软件等，便于用户对数据库进行维护。

实时数据库在运行过程中，其中的数据在不断地刷新，其内容直接反映了系统当前的运行状况。可以说，实时数据库相当于一个运载工具，它将与之相关的各软件模块的信息按需求进行相互传递，也可以说，实时数据库是一个信息仓库，从不同渠道（如各采集通道、数据网络运算的中间结果）来的数据，都存放在实时数据库中，当任一相关软件模块需要数据时，可直接从实时数据库中获取，而不必到硬件上去提取。实时数据库具有共享性，如果有多个软件模块需要同一个数据，可直接从实时数据库中获取。

4.2.5　现场控制单元实时数据库的数据结构

通用系统的实时数据库，应包括系统中的各采集点及其点的各种标识与处理信息，即点

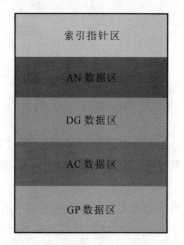

图 4-7　实时数据库数据结构示意图

的索引号、点的字符名称（仪表号）、点的说明信息、点的报警管理信息、点的显示用信息、点的转换用信息、点的计算用信息等构成一条"点记录"。由于系统中不同性质的点对应的信息不同，信息长度也不同。为了节省内存，通常在实时数据库中定义几种不同的数据结构。

一个典型的现场控制单元定义的数据结构可以由模拟量输入和输出数据结构（AN 结构）、开关量输入和输出数据结构（DG 结构）、计算量（模拟计算量）数据结构（AC 结构）和开关量点组合结构（GP 结构）构成。对应的实时数据库可设计成图 4-7 所示的结构。其中，索引指针区用来存储数据库位置和极限信息，如四种数据区的起始地址和各种点的最大点数目。下面介绍不同数据区的数据结构。

1. 模拟量点的数据结构——AN 结构

表 4-1 给出了一个模拟量信号的典型数据结构，表中所示模拟量点数据记录项的说明如下。

表 4-1　模拟量信号的典型数据结构

序号	记录项	项长度（字节数）	偏移量	说明	数据性质
1	SN	1	0	站号	点索引信息
	ID	2	1	点索引号	点索引信息
2	AS	2	3	点状态字	点当前信息值和状态
3	AV	4	5	模拟量点值	
4	RT	1	9	记录类型	采样或输出控制
5	CM	2	10	命令字	
6	SC	2	12	采样周期	

续表

序号	记录项	项长度(字节数)	偏移量	说明	数据性质
7	PN	8	14	点名	显示信息
8	CN	20	22	说明项	
9	EU	6	42	工程单位	
10	IV	4	48	初始值	初始信息
11	PV	4	52	前周期的值	
12	AP	1	56	报警等级	
13	AMM	1	57	报警时间(月)	
	AD	1	58	报警时间(日)	
	AH	1	59	报警时间(时)	
	AM	1	60	报警时间(分)	
	TS	1	61	报警时间(秒)	
14	HL	4	62	报警上限	报警管理信息
	LL	4	66	报警下限	
15	IL	4	70	报警增量	
16	DB	4	74	报警死区	
17	HS	4	78	传感器上限	通道关联数据
	LS	4	82	传感器下限	
18	IP	2	86	输入二进制码	
19	HA	2	88	通道地址	
20	SG	1	90	信号转换等级	转换计算用信息
21	ST	1	91	信号转换类型	
	VC	4	92	转换电压	
	TC	4	96	转换系数 1	
	BS	4	100	转换系数 2	
	BS2	4	104	转换偏移量	
22	CJ	1	108	冷端索引号	

（1）ID（点索引号）：系统为每一点设立一个索引号，每类点记录的索引号按顺序排列，根据点索引号可以快速准确地查找（计算）某一点在数据库中的确切位置。如果整个分散控制系统采用一种统一的数据记录方法排号，则在 ID 中还可以指定几位用来确定站号索引，如图 4-8 所示。

（2）AS（点状态字）：保存该点当前所处的状态，其中每位可表示一种状态。其具体结构如图 4-9 所示。

（3）AV（模拟量点值）：模拟量点的实际数据，对于输出来说，它表示的是由操作员输入

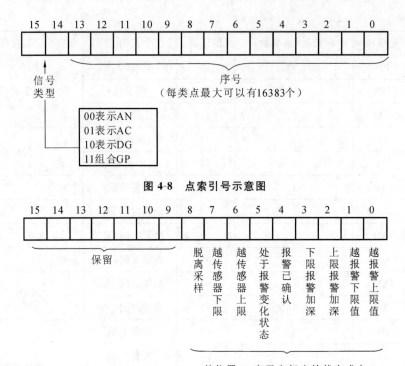

图 4-8　点索引号示意图

图 4-9　点状态字具体结构示意图

或由计算公式算出来的输出值。它一般可用单精度的浮点数表示，如图 4-10 所示。

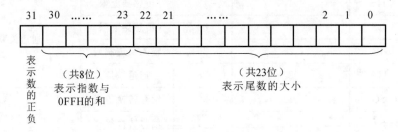

图 4-10　模拟量点值具体结构示意图

（4）RT（记录类型）：用 8 位二进制数表示系统中定义的数据点的类型。每一位的含义如下。

RT＝00000001，表示模拟量输入记录；

RT＝00000010，表示模拟量输出记录；

RT＝00000011，表示开关量输入记录；

RT＝00000100，表示开关量输出记录；

RT＝00000101，表示计算量类型；

RT＝00000110，表示设定值类型；

RT＝00000111，表示脉冲累积量类型；

RT＝00001000，表示中断型量；

RT＝00001001，保留；

　　　　⋮

RT＝11111111，保留。

(5) CM(命令字):標志操作員對參數採集任務發出的命令,以通知系統改變對某些點的處理方式。其中第 0 位表示該點採樣,第 1 位表示脫離採樣,第 2 位表示報警檢查,第 3 位表示脫離報警檢查,第 4 位表示確認報警。第 5~15 位一般保留,由系統設計者自定義命令,具體結構如圖 4-11 所示。

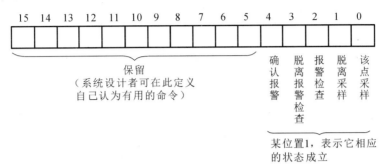

圖 4-11　命令字結構示意圖

(6) SC(採樣周期):定義該點的採樣周期。

(7) PN(點名):用 8 個字節存儲該點所對應的信號名稱,用於顯示和打印。

(8) CN(說明項):用 20 個字節存放該點的說明信息,最多可有 10 個漢字或 20 個英文字符。

(9) EU(工程單位):用 6 個字節存放該點所對應的物理量工程單位(如℃、Pa 或 MPa、t/h 或 kg/m^3 等),供顯示和打印記錄用。

(10) IV(初始值):存放用戶在初始化數據庫時輸入的一個浮點數值。它代表該點在採樣之前的一個值。

(11) PV(前周期的值):模擬量點值 AV 被刷新之前,先把 AV 的值存放在 PV 中,該值可以用來計算該點值的變化率。

(12) AP(報警等級):此字節的值用來表示該點的越限報警的重要程度。

(13) AMM/AD/AH/AM/TS(報警時間):這五項用來記錄該點越限的時間。

(14) HL/LL(報警上/下限):這兩項(各 4 個字節)分別用來存放該點的報警上、下限的值。

(15) IL(報警增量):存放兩級報警值之間的增量值。該點越過一級報警後,再超越該增量值就達到第二級報警。

(16) DB(報警死區):存放反映該點報警死區大小的值。

(17) HS/LS(傳感器上/下限):這兩項(各 4 個字節)分別存放該點傳感器的上、下限值,可用來判別通道的故障。

(18) IP(輸入二進制碼):存放 A/D 轉換器直接輸入的二進制碼,也用來存放輸出時要送往 D/A 轉換器的值。

(19) HA(通道地址):存放該點模擬量輸入(或輸出)所對應的硬件板上地址。

(20) SG(信號轉換等級):表示該點輸入(或輸出)信號的類型等級。可定義若干類型等級表示系統所有不同的信號,如表 4-2 所示。在表 4-2 中,信號類型等級是由具體的應用對象決定的,不同等級代表着不同的信號調理水平。

表 4-2 模拟量信号类型等级

SG	I/O	范围	单位	SG	I/O	范围	单位
1	Input	$-20\sim+20$	mV	11	Input	$-20\sim+20$	V
2	Input	$-50\sim+50$	mV	12	Input	$-20\sim+20$	V
3	Input	$-100\sim+100$	mV	13	Input	$-20\sim+20$	V
4	Input	$-100\sim+100$	mV	14	Input	$-20\sim+20$	mA
5	Input	$-1\sim+1$	V	15	Input	$-20\sim+20$	V
6	Input	$-10\sim+10$	V	16	Output	$-20\sim+20$	mA
7	Input	$0\sim+20$	mA	17	Output	$-20\sim+20$	mA
8	Input	$0\sim+10$	mA	18	Output	$-20\sim+20$	V
9	Input	$0\sim+50$	mV	19	Output	$-20\sim+20$	V
10	Input	$0\sim+200$	mV				

（21）ST（信号转换类型）：表示输入或输出信号的转换类型，不同类型对应不同的物理量换算公式，如表 4-3 所示。

表 4-3 模拟量信号转换类型对应换算公式

ST	类型	转换表达式	备注
=1	线性输入	$AV=TC\times VC+BS$	包括压力、液位、变送器信号，以及温度半导体集成传感器的输出
=2	第一类非线性输入	$AV=\sqrt{TC\times VC+BS}$	常见的是流量输入信号
=3	第二类非线性输入	$AV=\sqrt{TC\times VC+BS+BS2}$	——
=4	模拟量输出	$VC=\dfrac{AV-BS}{TC}$	——
=5 ～9	E、S、T、K、J型热电偶输入	——	——
=10	气体流量计算	——	——

注：AV——模拟量点值；VC——电压值；TC、BS——转换系数。

（22）CJ（冷端索引号）：系统中若存在多个热电偶冷端检测传感器，则用 CJ 来表示热电偶冷端信号的索引号。

2. 计算量和设定量的数据结构——AC 结构

在分散控制系统中，有许多计算量和设定量。对这类数据可定义 AC 数据结构，如表 4-4 所示。在 AC 数据结构中，一般没有硬件和信号转换信息，且报警也很简单。

表 4-4 计算量和设定量的数据结构

序号	记录项	项长度（字节数）	偏移量	说明	数据性质
1	ID	2	0	点索引号	点索引信息
2	AS	2	2	点状态字	点当前信息值和状态
3	AV	4	4	模拟量点值	

序号	记录项	项长度（字节数）	偏移量	说明	数据性质
4	RT	1	8	记录类型	采样或输出控制
5	PN	8	9	点名	显示信息
6	CN	20	17	说明项	
7	EU	6	37	工程单位	
8	IV	4	43	初始值	初始信息
9	HL	4	47	报警上限	报警管理信息
10	LL	4	51	报警下限	

3. 开关量点的数据结构——DG 结构

在分散控制系统中，有许多开关量输入或输出信号，这类数据的性质和信息长度不同于模拟量、计算量、设定量。因此，开关量点的数据结构 DG 组成内容也有所不同。表 4-5 列出了一个开关信号的典型数据结构。

表 4-5　开关信号的典型数据结构

记录项	项长度（字节数）	偏移量	说明	数据性质
ID	2	0	点索引号	点索引信息
DS	2	2	点状态字	采样或输出控制
RT	1	4	记录类型	
CM	2	5	命令字	
SC	2	7	采样周期	
PN	8	9	点名	显示信息
CN	20	17	说明项	
SD	6	37	置"1"说明	
RD	6	43	置"0"说明	
AP	1	49	报警等级	报警管理信息
AMM	1	50	报警时间（月）	
AD	1	51	报警时间（日）	
AH	1	52	报警时间（时）	
AM	1	53	报警时间（分）	
TS	1	54	报警时间（秒）	
MS	2	55	SOE 时间（ms）	事件顺序记录信息
HA	2	57	通道地址	通道关联数据
BP	1	59	位号	
ST	1	60	信号类型	

表 4-5 中的内容有些与模拟量的数据结构中的相似(如 ID、RT、SC、PN、CN、AP、AMM、AD、AH、AM、TS 和 HA 等)。但有些项是有区别的,以下分别予以说明。

(1) DS(开关量点状态字):存放开关量的状态,由 16 位状态字组成。其中第 0 位至第 5 位分别表示当前开关量状态、前周期开关量的值、处于报警状态、脱离采样、报警已确认和脱离报警检查,而第 6 位到第 15 位由系统保留,如图 4-12 所示。

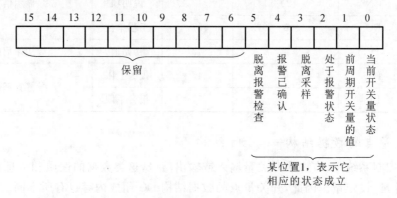

图 4-12 开关量点状态字结构示意图

(2) CM(开关量的命令字):标志操作员对该点开关量发出的命令,以通知它改变对某些点的处理方式。其定义与模拟量命令字有所不同,如图 4-13 所示。

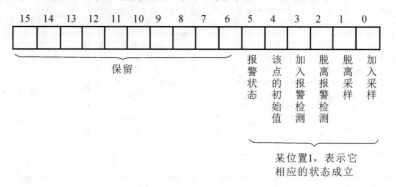

图 4-13 开关量的命令字结构示意图

(3) RD/SD(置"0"说明/置"1"说明):表示所描述的该开关量在置"0"或置"1"时所代表的实际意义,作为显示信息。

(4) MS(SOE(sequence of event)时间):记录该点发生跳变的时间(毫秒),以处理快速事件。

(5) BP(位号):表示该点开关量在硬件通道对应的一组(8 位或 16 位)地址中所处的位号。

(6) ST(信号类型):说明开关量信号的类型,即开关输入量(ST=10H)、开关输出量(ST=11H)、SOE 量(ST=12H)。

以上为几种常用信号的数据结构。在实际工业控制应用中往往还会遇到许多别的信号,例如脉冲累积量、算法记录量等。软件设计者可参照上述方法,自行定义任务和设计所需要的数据结构。

4.2.6　过程控制软件

1.过程控制软件的组成

现场控制单元是对生产过程实现直接数字控制的设备。因此,它一般装有一套功能较为完善的控制算法库,各种控制算法以模块形式提供给用户。有些分散控制系统(如 INFI-90、XDPS)将控制模块按某一顺序编码,这种编码称为"功能码",在应用中可用不同的功能码代表不同的控制模块。分散控制系统的控制功能由相应的组态工具软件生成,即用户根据生产过程控制的要求,利用控制算法库所提供的控制模块,在工程师工作站用组态工具软件生成自己所需的控制规律(对若干控制模块进行有机结合),然后将生成的控制规律下装到现场控制单元作为过程控制的应用软件。

目前,控制算法的组态生成在软件上有两种流行的实现方式。

(1) 宏模块方式:即一个控制模块对应一个宏命令(子程序),在组态生成时,每用到一个控制模块,就将该宏对应的算法换入组态生成所产生的执行文件中。例如在 HIACS-3000 系统中就采用这种实现方式。

(2) 功能模块方式:即一个控制模块对应一个基本控制功能,各功能模块相互独立,且可反复调用。每一模块对应一个数据结构,它定义了对应控制算法所需的各个参数。组态生成时,调用所需的功能模块,并确定所需的参数,控制规律就可生成。例如 WDPF Ⅱ 系统、INFI-90 系统、XDPS 系统就采用这种实现方式。

不同厂家的分散控制系统,控制算法模块除在模块数目、模块表达形式等方面有所差异外,其基本内容大致相同,都是针对满足工业生产过程控制的客观需求和系统的灵活应用而设计的。

2.XDPS 系统的过程控制软件

XDPS 的软件功能分为 DPU 和 MMI。MMI 又包括 OPU、ENG、HSU 等,DPU 又分为 VDPU、专用 GTW 等。从 C/S 观点来看,VDPU、专用 GTW、HSU 等是服务器,其他为客户。所有软件功能可分解在不同的节点上实现。

XDPS 的数据采集、报警检测、闭环控制、计算等必须在 DPU 上完成。DPU 的计算控制可由工程师组态、修改和调试。XDPS 提供了符合 IEC 1131-3 标准的控制算法语言,特别强化了其中的以功能块为基本的图形组态和调试语言,使组态和调试非常直观方便。

XDPS 提供了各种常用的功能块,用户只需从这些功能块中选出所需的,相互连接,就可实现 DPU 的图形组态,而无须了解编程语言。用户还可用 XDPS 的工具生成自己特殊的功能块。

功能块是 XDPS 中能被组态修改的最小对象。几乎所有功能都需用功能块来实现。

功能块用户定义中包括三项内容:输出、输入、参数。功能块实例化后,还应包含功能块位号(即名称)、执行序号、状态、计算中间量。XDPS 以对象的方式将所有数据封装在一起。

功能块之间传递的数据有三种类型:布尔量(1 字节)、浮点数(IEEE 标准 4 字节)和长整型(4 字节)。但参数、中间量、状态等不受此限。浮点数与长整型统称为模拟量,它们可以相互转递,功能块会自动转换,但用户需注意转换引起的精度损失。布尔量只能传递给布尔变量。

功能块在计算时,输出量、状态、中间量都会更新,其他功能块可以取得输出量的值,通过特殊功能块 TQ 也可间接取得其状态(转为 n 个布尔量),但不能取得其中间量的值。输出量、状态、中间量的值不能被其他功能块改变,只能在功能块自身计算时改变。

输出量可以为浮点数、长整型、布尔量中的任何一种。状态为一个字长(WORD),其中记录了本功能块处于 Enable 状态还是 Disable 状态(Disable 状态时功能块不能计算),本功能块的输入是否有坏点而使本功能块输出变成不可信,本功能块接收的点是否超时(用于网络和 I/O 模块)。中间量可以是任何软件都允许的类型,与用户无关,它记录了功能块的计算状态。

每个功能块都有一个状态字,描述了本功能块在运行中的状态。功能块的状态可按用户定义的方式传递。除一些特殊的功能块之外,所有的功能块都可定义为不传递、OR 传递、AND 传递。如一个功能块有 3 个输入,则这 3 个输入所属功能块的品质会以用户定义的方式传递到这个功能块的品质上,而且空脚不参与品质传递。传递方式定义在方式字中,0 表示不传递,1 表示 OR 传递,2 表示 AND 传递,缺省为不传递。

在功能块被初始化时,输出量、状态、中间量都会设置初值。其中输出量的初值是可用户定义的。

参数定义了功能块行为的方式或范围。参数可以为多种数据类型。在用户组态和在线修改时,用户可定义修改参数值。参数设置后就不会改变,也就是说参数是用户设置的,不会被功能块本身改变。

功能块的输入定义可以是一个指针,也可以是一个立即常数。说它是一种定义,表明是用户设置的,计算时不会被改变。如定义为一个指针,指向其他或本功能块的输出,以功能块号 B 和该功能块的某脚输出 I 表示。指向的数据只能为浮点、长整型、布尔型三种类型。布尔型的输出只能连到布尔型的输入上,浮点或长整型输出只能连到浮点或长整型的输入上。同页内用 B.I 指针表示,P 隐含为本页。B.I 为全 1 时为 NULL 指针,表示本输入点无可取数据。页间引用必须通过特定的功能块实现,它们是 PgAI 和 PgDI,被引用的必须为 PgAO、PgDO 或其他 I/O 模块。

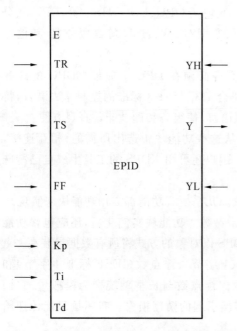

输入也可被定义为一个立即常数,立即常数也必须为浮点、长整型、布尔型数据中的一种。这样 XDPS 任何一个功能块的输入可被连接到常数上,使变量变为参数。这个功能有很大灵活性,可变限的功能块都可用此特性实现。

简单地说,输入可以是指针、NULL(空指针)、立即常数。

下面以 PID 运算功能块 EPID 为例说明功能块的属性设置。

PID 运算功能模块 EPID(ID=38)是一个标准的偏差输入 PID 控制运算模块,在控制系统中被大量采用。其基本的控制算法是 PID 运算算法,同时,在控制器输出增加了前馈控制信号的输入端,可连接前馈控制的输出,用于组成前馈-反馈控制系统。其示意图如图 4-14 所示。

图 4-14 PID 运算功能模块 EPID(ID=38)示意图

PID 运算功能模块 EPID 的输入输出标记描述如表 4-6 所示。

表 4-6　PID 运算功能模块 EPID 的输入输出标记描述

内容	标记名	数据类型	缺省值	描述
输出	Y	float	0.0	PID 输出
输入	E	float	0.0	偏差输入
输入	YH	float	100.0	输出的上限
输入	YL	float	0.0	输出的下限
输入	TR	float	0.0	被跟踪变量
输入	TS	bool	0	跟踪切换开关
输入	FF	float	0.0	前馈变量
输入	Kp	float	1.0	比例放大系数，Kp＝0.0 时无比例项
输入	Ti	float	0.0	积分时间，单位为 s，Ti＝0.0 时无积分项
输入	Td	float	0.0	微分时间，单位为 s，Td＝0.0 时无微分项
参数	Kd	float	0.0	微分器放大系数
参数	Edb	float	0.0	积分器停止积分时的偏差值，如输入偏差 E＞Edb＞0，停止积分
参数	Dk	float	0.0	积分器停止积分时 Kp 的修正值，修正后 Kp＝原 Kp＋Dk

根据各功能块的功能，软件工程师可根据工艺过程要求所提供的逻辑关系，利用 DPU 组态软件对功能块进行组态，可以方便地生成各种应用功能的控制规律。

功能块可以分为上下网 I/O 模块、硬件 I/O 模块、页间 I/O 模块、模拟函数、选择比较器、控制算法、逻辑运算、逻辑控制算法、操作器等。限于篇幅，在此不可能一一介绍，各功能块的详细描述参见 XDPS 提供的相关资料。

3.基本控制算法

火电机组的控制系统是一个相当复杂的系统，所涉及的控制算法很多。在设计控制算法模块时，为了保证应用的通用性和灵活性，通常将其设计成组态方便、算法单一的各种功能性模块（如＋、－、×、÷、$\sqrt{\quad}$ 等模块），通过这些模块的有机组合来实现现场所需的复杂控制功能。这里不可能介绍所有模块的控制算法，重点论述控制过程中普遍应用的 PID 算法。

1）理想的 PID 算法

PID 调节器是在连续调节系统中发展起来的，某一个单回路控制系统如图 4-15 所示。

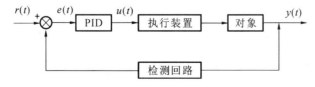

图 4-15　单回路控制系统

图 4-15 中：$r(t)$ 为给定量；$y(t)$ 为被控量；$e(t)$ 为给定量与被控量的差值；$u(t)$ 为 PID 调

节器输出。有

$$e(t) = r(t) - y(t) \tag{4-1}$$

理想的 PID 控制算法为

$$u(t) = K_p\Big[e(t) + \frac{1}{T_i}\int_0^t e(\tau)\,\mathrm{d}\tau + T_d\frac{\mathrm{d}e(t)}{\mathrm{d}t}\Big] \tag{4-2}$$

式中：K_p 为调节器的比例放大系数；T_i 为积分时间（决定积分作用强弱，如果 $T_i = \infty$，则积分作用消失，PID 调节器变成 PD 调节器）；T_d 为微分时间（决定微分作用的强弱，如果 $T_d = 0$，则微分作用消失，PID 调节器变成 PI 调节器）。式（4-2）通过拉氏变换，得到下列传递函数：

$$\frac{U(s)}{E(s)} = K_p\Big(1 + \frac{1}{T_i s} + T_d s\Big) \tag{4-3}$$

PID 调节器的比例作用可及时对给定量与被控量的偏差做出反应；积分作用主要用来消除静差，提高控制精度，改善系统的静态特性，但积分作用过强会导致系统的稳定性下降；微分作用主要目的是减小超调，使系统快速趋于稳定，改善系统的动态特性。通过整定三个参数 K_p、T_i、T_d，使三种作用配合恰当，可以使系统调节快速、平稳、准确，获得满意的控制效果。

2）数字式 PID 算法

计算机控制系统能直接处理的是数字信号，因此现场控制单元的 PID 算法也应是数字式的。故需将连续 PID 算法转换为数字式 PID 算法。

（1）位置式 PID 算法。设 PID 调节回路的控制周期和采样周期为 θ，则 $t = k\theta$ 时，$e(t)$、$u(t)$ 可以近似地用 $e(k\theta)$、$u(k\theta)$ 代替，且有

$$\int_0^t e(\tau)\,\mathrm{d}\tau = \sum_{i=0}^k e(i)\cdot\theta \tag{4-4}$$

$$\frac{\mathrm{d}e(t)}{\mathrm{d}t} = \frac{e(k\theta) - e[(k-1)\theta]}{\theta} \tag{4-5}$$

为了简单起见，用 k 代替 $k\theta$，将上述各值代入式（4-2）可得

$$u(k) = K_p\Big\{e(k) + \frac{\theta}{T_i}\sum_{i=0}^k e(i) + \frac{T_d}{\theta}[e(k) - e(k-1)]\Big\} \tag{4-6}$$

或

$$u(k) = K_p e(k) + K_i\sum_{i=0}^k e(i) + K_d[e(k) - e(k-1)] \tag{4-7}$$

式中：K_i 为积分常数，$K_i = K_p\theta/T_i$；K_d 为微分常数，$K_d = K_p T_d/\theta$。

式（4-6）和式（4-7）为理想的数字式 PID 算法。由于该两式计算所得的控制输出值直接代表的是执行机构的位置，所以它们也称为位置式 PID 算法。

（2）增量式 PID 算法。将式（4-7）中的 $u(k)$ 减去 $u(k-1)$ 则有

$$\begin{aligned}
\Delta u(k) &= u(k) - u(k-1) \\
&= K_p e(k) + K_i\sum_{i=0}^k e(i) + K_d[e(k) - e(k-1)] - K_p e(k-1) \\
&\quad - K_i\sum_{i=0}^{k-1} e(i) - K_d[e(k-1) - e(k-2)] \\
&= K_p[e(k) - e(k-1)] + K_i e(k) + K_d[e(k) - 2e(k-1) + e(k-2)] \\
&= K_p\Delta e(k) + K_i e(k) + K_d[\Delta e(k) - \Delta e(k-1)]
\end{aligned} \tag{4-8}$$

式中：

$$\Delta e(k) = e(k) - e(k-1) \tag{4-9}$$

由于式(4-8)计算所得的输出值，是在上一个周期的输出值基础上需改变的量。因此，式(4-8)又称增量式 PID 算法。

（3）速度式 PID 算法。将增量式 PID 算法除以 T 即得速度式 PID 算法：

$$\Delta \dot{u}(k) = \frac{\Delta u(k)}{T}$$

$$= \frac{K_p}{T}\{[e(k) - e(k-1)] + \frac{1}{T_i}e(k) + \frac{T_d}{T^2}[e(k) - 2e(k-1) + e(k-2)]\}$$

即该式计算所得的调节器输出值 $\Delta \dot{u}(k)$，代表执行机构动作的速度，故该算法称为速度式 PID 算法。速度式 PID 算法与增量式、位置式 PID 算法无本质区别，它适合用于执行机构具有积分特性的场合。

3）数字式 PID 算法的改进

上述数字式 PID 算法在实际应用中，针对不同的应用对象有时会体现出这样或那样的不足。因此，往往需结合工程实际对数字式 PID 算法做适当的改进。下面介绍几种常见的数字式 PID 改进算法。

（1）积分分离 PID 算法。系统引入积分作用的主要目的是消除稳态误差，但积分作用会导致系统的稳定性下降，使超调量增大，振荡次数增多，特别是当输入偏差变化较大时，这种影响更为明显。其主要原因是在动态过程的初始阶段，积分作用有一定的负面影响。采用计算机实现数字式 PID 算法的一个很重要的特点，是它很容易实现判断和逻辑切换功能。因此，很多应用场合在 PID 算法中加入一个"控制开关"，控制积分作用的投入与切除，实现积分分离 PID 算法，以保证积分作用有效消除稳态误差的功能，也可减少超调量和振荡次数，使控制特性得到改善。

积分分离 PID 算法的设计思想是：设置一个分离值 E_0，当 $|e(k)| \leqslant E_0$，也即偏差值 $|e(k)|$ 比较小时，采用 PID 控制算法，以保证系统的控制精度；而当 $|e(k)| > E_0$，也即偏差值 $|e(k)|$ 较大时，取消积分作用，采用 PD 控制算法，以降低超调量的幅度。积分分离 PID 算法可表示为

$$u(k) = K_p e(k) + K \cdot K_i \sum_{j=0}^{k} e(j) + K_d[e(k) - e(k-1)] \tag{4-10}$$

式中：K 为逻辑系数，

$$K = \begin{cases} 1, & |e(k)| \leqslant E_0 \text{ 时} \\ 0, & |e(k)| > E_0 \text{ 时} \end{cases}$$

现场控制单元可以采用两种方法实现上述算法：一种是直接设计一个带积分分离的 PID 算法功能块；另一种是利用理想的 PID 算法功能块与其他算法块的组合。

（2）抗积分饱和算法。若系统存在一个方向的偏差，PID 控制器的输出会由于积分作用的不断累加而加大，从而导致 $u(k)$ 达到极限位置。此后即使控制器输出继续增大，$u(k)$ 也不会再增大，即系统输出超出正常运行范围而进入了饱和区。一旦出现反向偏差，$u(k)$ 将逐渐从饱和区退出，进入饱和区愈深则退出饱和区的时间愈长。此段时间内，系统就像失去控制。这种现象称为积分饱和现象或积分失控现象。

抗积分饱和算法的思路是,在计算 $u(k)$ 时,首先判断上一时刻的控制量 $u(k-1)$ 是否已超出限制范围。若超出,则只累加负偏差;若未超出,则按普通 PID 算法进行调节。这种算法可以避免控制量长时间停留在饱和区。

(3) 不完全微分 PID 算法。实际计算机控制系统的采样通道中都可能存在高频干扰作用,因此,几乎所有的数字控制输入回路都设置了一级低通滤波器,用来限制高频干扰的影响。低通滤波器的传递函数为

$$G_{\mathrm{F}}(s) = \frac{1}{T_{\mathrm{F}}s + 1} \tag{4-11}$$

所以低通滤波器和理想 PID 算法相结合的传递函数为

$$\frac{U(s)}{E(s)} = \frac{K_{\mathrm{p}}}{T_{\mathrm{F}} + 1}\left(1 + \frac{1}{T_{\mathrm{i}}s} + T_{\mathrm{d}}s\right) \tag{4-12}$$

设 $T_{\mathrm{F}} = rT_2$,可得如下实际 PID 算法:

$$\frac{U(s)}{E(s)} = \frac{K_1(T_1s+1)(T_2s+1)}{T_1s(rT_2s+1)} = \frac{T_2s+1}{rT_2s+1} \cdot K_1\left(1 + \frac{1}{T_1s}\right) \tag{4-13}$$

式中:$U(s)$ 为控制算法输出(至执行机构);$E(s)$ 为偏差值,$E(s) = R(s) - Y(s)$;T_1 为实际积分时间;T_2 为实际微分时间;r 为微分放大系数;K_1 为放大系数。

且存在下列关系式:

$$\begin{cases} K_{\mathrm{p}} = K_1 \dfrac{T_1 + T_2}{T_1} \\ T_{\mathrm{i}} = T_1 + T_2 \\ T_{\mathrm{d}} = T_1 T_2 / (T_1 + T_2) \end{cases} \tag{4-14}$$

将式(4-13)用方框图来表示,如图 4-16 所示。

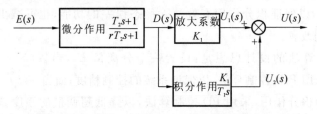

图 4-16　不完全微分 PID 算法方框图

图 4-16 中的各方框表示的算法均可用软件块分别实现。由图可知,加入滤波作用的 PID 算法可分解成两部分:一部分由 $U(s)/D(s)$ 描述,它实际上是一个 PI 算法;另一部分由 $D(s)/E(s)$ 描述,它实际上是一个不完全微分(D)算法。因此,式(4-13)被称为不完全微分 PID 算法。不完全微分 PID 算法在计算机中实现时,需要将其离散化,下面对此做简要分析。

① 对于图 4-16 中的不完全微分部分,有

$$\frac{D(s)}{E(s)} = \frac{T_2s+1}{rT_2s+1} \tag{4-15}$$

它对应的微分方程为

$$rT_2 \frac{\mathrm{d}}{\mathrm{d}t}[d(t)] + d(t) = T_2 \frac{\mathrm{d}}{\mathrm{d}t}[e(t)] + e(t) \tag{4-16}$$

将式(4-16)离散化得

$$rT_2 \frac{d(k) - d(k-1)}{\theta} + d(k) = T_2 \frac{e(k) - e(k-1)}{\theta} + e(k) \tag{4-17}$$

或

$$d(k) = \frac{rT_2}{rT_2 + \theta} d(k-1) + \left(\frac{T_2}{rT_2 + \theta}\right) \cdot [e(k) - e(k-1)] + \frac{\theta}{rT_2 + \theta} e(k)$$

$$= \frac{rT_2}{rT_2 + \theta} d(k-1) + \frac{T_2 + \theta}{rT_2 + \theta} e(k) - \frac{T_2}{rT_2 + \theta} e(k-1) \tag{4-18}$$

② 对于图 4-16 中的积分部分,其传递函数为

$$\frac{U_2(s)}{D(s)} = \frac{K_1}{T_1 s} \tag{4-19}$$

对应的微分方程为

$$\frac{\mathrm{d}}{\mathrm{d}t} u_2(t) = \frac{K_1}{T_1} d(t) \tag{4-20}$$

将式(4-20)离散化得

$$u_2(k) = u_2(k-1) + K_1 \frac{\theta}{T_1} d(k) \tag{4-21}$$

③ 对于图 4-16 中的放大部分,其离散化方程为

$$u_1(k) = K_1 d(k) \tag{4-22}$$

由于图 4-16 中的输出 $u = u_1 + u_2$,将式(4-22)、式(4-21)及式(4-18)代入 $u = u_1 + u_2$,即得

$$u(k) = u_1(k) + u_2(k) = K_1 d(k) + u_2(k-1) + K_1 \frac{\theta}{T_1} d(k)$$

$$= u_2(k-1) + K_1 \left(1 + \frac{\theta}{T_1}\right) d(k)$$

$$= u_2(k-1) + K_1 \left(1 + \frac{\theta}{T_1}\right) \left[\frac{rT_2}{rT_2 + \theta} d(k-1) + \frac{T_2 + \theta}{rT_2 + \theta} e(k) - \frac{T_2}{rT_2 + \theta} e(k-1)\right]$$

$$\tag{4-23}$$

式(4-23)为数字位置式不完全微分 PID 算法。当然,用 $\Delta u(k) = u(k) - u(k-1)$ 也可以得到数字增量式不完全微分 PID 算法(有兴趣的读者可以推导一下)。

不完全微分 PID 算法和理想微分 PID 算法两者的动态响应有着明显的区别,这主要是由于采用的微分规律不同所致。对于具有传递函数 $U(s)/E(s) = T_d s$ 的理想微分算法,其对应的离散化方程为

$$u(k) = \frac{T_d}{\theta} [e(k) - e(k-1)] \tag{4-24}$$

如果设输入偏差为阶跃序列 $e(k) = a, k = 0, 1, 2, \cdots$,则式(4-24)的响应为

$$\begin{cases} u(0) = \frac{T_d}{\theta} a \\ u(1) = u(2) = \cdots = 0 \end{cases} \tag{4-25}$$

通常,$T_d \gg \theta$,所以有 $u(0) \gg a$。

由式(4-25)可知,理想数字式 PID 算法中的微分作用并不能按照输入偏差的变化趋势在整个算法过程中起作用,而只在第一个采样周期内起作用,且作用很强,容易导致输出溢出。它在单位阶跃输入下的响应如图 4-17(a)所示。

由于不完全微分 PID 算法是在理想微分 PID 算法的基础上串联一低通滤波器($1/(T_\mathrm{F}s$ $+1)$)形成的,故不完全微分 PID 算法的传递函数为

$$U(s) = \frac{T_\mathrm{d}s}{T_\mathrm{F}s+1}E(s) \tag{4-26}$$

对应的离散化方程为

$$u(k) = \frac{T_\mathrm{F}}{\theta+T_\mathrm{F}}u(k-1) + \frac{T_\mathrm{d}}{\theta+T_\mathrm{F}}[e(k)-e(k-1)] \tag{4-27}$$

同样,在阶跃输入($e(k)=a,k=0,1,2,\cdots$)作用下,式(4-27)的响应为

$$\begin{cases} u(0) = \dfrac{T_\mathrm{d}}{\theta+T_\mathrm{F}}a \\[2mm] u(1) = \dfrac{T_\mathrm{F}T_\mathrm{d}}{(\theta+T_\mathrm{F})^2}a \\[2mm] u(2) = \dfrac{T_\mathrm{F}^2 T_\mathrm{d}}{(\theta+T_\mathrm{F})^3}a \\[2mm] \cdots \end{cases} \tag{4-28}$$

显然,$u(k)\neq0,k=1,2,\cdots$,由于 $T_\mathrm{F}\gg\theta$,有

$$u(0) = \frac{T_\mathrm{d}}{T_\mathrm{F}+\theta}a \ll \frac{T_\mathrm{d}}{\theta}a \tag{4-29}$$

不完全微分 PID 算法不仅保持了抑制高频干扰的特性,而且克服了理想微分 PID 算法的不足。式(4-29)说明:在第一个采样周期内,不完全微分 PID 算法的输出幅值比理想微分 PID 算法的输出幅值要小得多,从而避免了输出的溢出。由(4-28)可知,不完全微分 PID 算法能在各个采样周期内保持均匀的输出,且输出幅值随着时间的推移逐渐减弱,说明不完全微分 PID 算法不仅能按偏差变化的趋势在整个动态响应过程中发挥作用,而且也保证了微分作用对稳态的无干扰性,从而进一步改善了系统的性能。不完全微分数字式 PID 算法在单位阶跃输入作用下的响应如图 4-17(b)所示。不完全微分 PID 算法在过程控制中被广泛采用,为区别于理想 PID 算法,通常称之为实际 PID 算法。

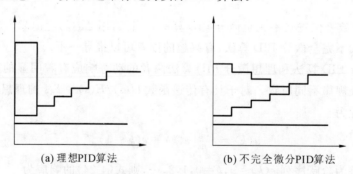

(a) 理想PID算法   (b) 不完全微分PID算法

图 4-17　数字式 PID 算法中微分作用的单位阶跃响应

(4) 带死区的数字式 PID 算法。在许多实际控制过程中,往往希望过程变量在偏离设定值不太大时,PID 算法不产生控制作用,以避免过程变量出现低幅高频抖动。而只有当偏差值超过某个范围时 PID 控制作用才实现。不少分散控制系统提供了带死区的 PID 算法来实现这一功能。该算法的控制框图如图 4-18 所示。

死区的函数表示式为

$$P(k) = \begin{cases} e(k), & e(k) \geqslant |B| \\ 0, & e(k) < |B| \end{cases} \tag{4-30}$$

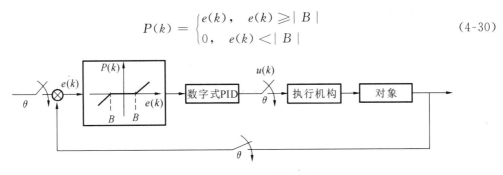

图 4-18　带死区的 PID 控制算法框图

死区函数与 PID 算法结合，可以得出带死区的 PID 算法的计算流程。带死区的 PID 算法在分散控制系统中是很容易实现的。

4.3　操作员/工程师站的软件

在 350 MW 发电机组的分散控制系统中，操作员接口站、工程师工作站以及其他站点的软件（系统软件、应用软件）是庞大的。概括地说，分散控制系统提供的系统软件一般由实时多任务操作系统、编程语言、应用服务（组态工具）软件等几个主要部分组成。不同厂家的分散控制系统，其软件系统的结构与内容一般是不完全相同的，即使是同一厂家的产品，不同版本的软件，内容也不尽相同。本节将以实时多任务操作系统和编程语言为主，扼要介绍具有一定共性的概念，并简要介绍 INFI-90 系统组态软件。有关 XDPS 系统应用服务（组态工具）软件的内容将在 4.5 节进行具体介绍。

4.3.1　实时多任务操作系统的基本概念

1. 操作系统

操作系统是计算机的裸机与用户之间的界面，是扩充裸机功能的高级软件，它能使计算机自己管理自己，提高计算机运行过程中处理各种操作、管理和解决各种问题的能力。可以说，操作系统是用于计算机系统自身控制和管理的一组程序和数据的集合。

早期的计算机运算速度很慢，而且对计算机的操作（如程序装入、启动、结果打印等）都由手工完成。随着计算机运算速度的提高，手工操作慢与 CPU 运算速度快的矛盾、输入输出设备速度慢与 CPU 运算速度快的矛盾日益突出，影响着 CPU 运算速度和效率的发挥，使 CPU 的利用率明显下降。解决这个问题的关键是在操作方式上的突破，解决的方法是将原来的手工操作逐步交给计算机去完成，并将 CPU 与输入输出设备之间的串行工作方式改成并行工作方式。这除了依赖计算机的硬件以外，还需配置相应的支持软件——一组代替人实现对计算机进行控制和管理的相互有联系的程序和数据。由此形成了计算机操作系统。

操作系统的设计目的主要在于：提高计算机的工作效率、扩大计算机的功能、方便用户的操作使用。最常见的通用操作系统有 DOS、UNIX、Windows 等。

2. 实时操作系统

随着计算机应用范围的迅速扩大，用户对计算机的实时响应要求提高，特别是在火电厂生产过程的实时控制中，对各种变化迅速的参量和随机出现的现象，要求计算机在秒级、毫秒级甚至更短的时间内及时进行处理并做出正确的响应。满足实际生产过程高速响应要求的计算机操作系统称为"实时操作系统"。

实时操作系统是分散控制系统的重要组成部分,它与一般的通用操作系统相比,不仅具有实时性强、可靠性高的特点,而且采用了模块结构、层次结构和重入结构。它能够在线、及时地接收来自现场的数据,及时地加以分析处理,及时地做出相应的反应。由于实时操作的特殊性,实时操作系统的主要内容与一般通用的操作系统相比也有所侧重,主要表现在如下方面。

(1) 由于生产过程控制系统是一个有机的整体,所有的用户控制程序是一个作业,故在实时操作系统中删减了作业管理部分。

(2) 针对实时性要求,加强了系统的中断管理、时钟管理功能。

(3) 为方便系统对外部设备的应用,加强了设备管理的功能。

(4) 为提高系统处理实时信息的能力和速度,加强了作业内的任务管理功能。

3. 任务

"任务"是操作系统的任务管理功能中最基本的概念。一个计算机控制系统中具有一系列完成各种控制功能的应用程序,为了便于计算机处理,通常把用户应用程序分成若干个逻辑上相互独立、运行中又相互联系、彼此约束、具有某特定功能、可独立运行的程序段。所谓"任务"(又称"进程"或"活动"),就是这些具有独立处理功能的程序段与它所处理的数据在计算机中的一次执行过程。

任务与程序不同,两者既有区别又有联系。程序是许多指令的集合,它用以说明计算机系统应进行的操作,是一个静态的概念;任务是计算机按程序处理数据的过程,是一个动态的概念;任务的实体是程序和数据的集合,同一程序对不同数据的执行过程,可以构成不同的任务。

应当明确,一个任务对应一个独立的程序段,它可以调用各种子程序和使用各种系统资源,以完成某种预定的功能,即任务是程序段执行的全过程。

由于 CPU 在某一瞬间只能执行一个任务,因此,绝大多数任务并非永久存于系统中,而是处在不断产生、活动和消亡过程中。对一个任务而言,在不同的时刻它可以有许多不同的状态。而在某一时刻每一个任务只能处于某一种状态。

对于火电厂分散控制系统来说,只有采用多任务操作系统才能实时地完成控制任务,换言之,火电厂分散控制系统中的实时操作系统必定是一个多任务操作系统。这就是工程上常把"实时操作系统"和"实时多任务操作系统"等同起来的原因。

实时多任务操作系统是一个大型的软件系统。从过程控制应用的角度来看,它的主要作用在于:

(1) 及时响应生产现场的各种请求或有关参数的变化;

(2) 合理地组织计算机系统的工作流程,及时地分析和处理有关数据;

(3) 有效地管理计算机系统的全部资源,实现资源共享、资源的合理调度与使用;

(4) 准确及时地控制生产设备或过程,及时把运行情况反映给值班人员或进行记录保存;

(5) 为用户操作计算机、编制和修改应用软件、维护系统等提供友好且有效的手段。

实时多任务操作系统已在发电机组分散控制系统中普遍采用,它一般由分散控制系统厂商配套提供,并不需要用户去开发或者了解其中的细节,但用户应学会如何使用。

实际上,在分散控制系统的运行过程中,各站点都有一个实时多任务操作系统在运行,它们分别控制、协调本站点中各设备和应用软件的运行。但是面对电厂用户时,除工程师工作站外,对于其他站点,操作系统厂商一般未做书面介绍。这是因为这些站点的外设较少,操作系统设计得比较简单,可靠性也高,而且有的已固化在存储器中,无须对此进行维护和修改,也无法看到其程序的执行代码。而工程师工作站上可看见、可修改的"应用软件"往往是数据表格、显示图形和控制图形等。

4. 实时多任务操作系统的功能

实时多任务操作系统主要包括任务管理功能、存储管理功能、设备管理功能和文件管理功能四大功能。

1) 实时多任务操作系统的任务管理

(1) 任务控制块。

在操作系统中对每一个任务都建立了一个任务控制块(task control block,TCB),用来保存每个任务的状态。TCB 是一张线性表,基本内容如表 4-7 所示。

表 4-7　实时多任务操作系统的任务控制块

名称	说明
任务名	识别该任务所用的编号
当前状态	该任务当前所处的状态(就绪、运行、等待、挂起等)
优先数	该任务使用系统资源时的优先等级
占用资源	该任务执行时所占用的资源(内存空间和缓冲区等)
现场信息	该任务释放 CPU 时的断点、程序状态字、累加器和寄存器中的内容
通信信息	该任务运行过程中与其他任务通信时记录的有关信息
指针	用来形成 TCB 链表结构,便于对任务的管理

TCB 是任务存在的唯一标志,每建立一个任务,操作系统就为其建立一个 TCB,当撤销任务时就删除 TCB。TCB 与用户程序相应的程序段有对应关系,但存储空间不在一起。任务管理是根据 TCB 中的信息而进行的。

(2) 任务链(任务队列)。

当多个任务对系统资源同时提出需求时,会引起资源竞争。解决这种竞争的办法是:使用同一资源的任务根据某种规则排队,等待资源的分配。

所谓"任务链"就是针对有同一资源需求的任务,按链式线性表的数据结构链接的一串 TCB,如图 4-19 所示。

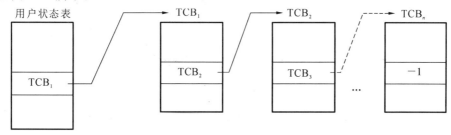

图 4-19　实时操作系统的任务链

用户状态表类似于 TCB,是用来管理任务的数据集合。它在相应的存储单元内,集中记录了各状态(就绪、运行等)队列中最高优先级任务的 TCB 首地址。在每个 TCB 的指示器中,记录了任务链中下一个任务的 TCB 首地址。操作系统根据用户状态表及任务链来管理调度处于各种状态的任务。

(3)任务调度。

任务调度主要是实现任务状态的转移,即把处于运行状态的任务转换到其他状态,把另一个任务由其他状态转换到运行状态。状态的转移一是由外部事件来激发,二是通过一个调度程序来完成。任务调度应完成以下操作:

① 进行当前任务与其他任务的优先级比较;

② 保护当前运行任务的现场信息;

③ 按某一调度策略从就绪队列中选择一个任务准备投入运行;

④ 恢复准备运行任务的现场信息;

⑤ 执行新的任务。

(4)任务的调度策略。

即系统资源的分配策略。按一定的原则动态地把系统资源分配给任务,以满足不同任务对资源的需求。调度策略的优劣直接影响计算机的实时性和利用率。常用的任务调度策略有如下三种。

① 顺序调度。

在就绪队列中采用"先进先出"顺序,每当有任务从其他状态转为就绪状态时,该任务就排入就绪队列的尾部,若当前运行任务退出运行状态,就把就绪队列中的第一个任务投入运行状态。其特点是:调度策略比较简单,对现场保护要求比较低,不能保证实时性。

② 分级调度。

该策略将全部任务分为若干类别,每类为一个等级(例:系统任务为第 1 级,终端任务为第 2 级,用户计算与控制任务为第 3 级)。按照级别高低顺序调度,只有当高一级没有就绪状态任务时,才执行低一级的任务。其特点是:没有考虑各任务的实时性要求,难以确保工业控制的实时性。

③ 循环调度。

该策略是一种分时顺序调度方式。所有任务具有等同的优先级,任务在就绪队列中先进先出,被执行的任务运行一个时间片(一定的时间间隔,由系统实时时钟决定)后将被中断,把 CPU 交给就绪队列中的下一个任务,如此周而复始。

循环调度策略示意图如图 4-20 所示。

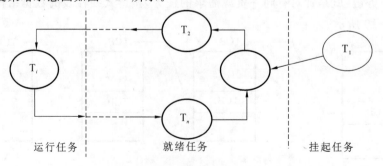

运行任务　　　　　　　就绪任务　　　　　　　挂起任务

图 4-20　实时操作系统的循环调度策略

它有如下特点:任务得到了平等对待,防止了某些任务长期占用CPU;对每一个用户程序而言,其好像独自运行在一台速度较慢的CPU上;实时性优于顺序调度,但不能保证对紧急随机事件进行及时处理。

④ 基于优先级的抢占式调度。

该策略是预先给每个任务分配一个优先级,调度时系统从就绪队列中选取优先级最高的任务投入运行。该策略又分为两种形式。

一优先级上只有一个任务:即所有任务具有不同的优先级,操作系统只有一个就绪队列。最高优先级的任务只要在就绪状态下,它就总是处在运行之中,只有当该任务进入挂起、等待状态或等待信息时,才停止运行。这时下一个优先级的任务才有机会运行。而当高优先级的任务一旦进入就绪状态,它将打断比它优先级低的任务的运行,强行进入运行状态。它的特点是可以保证最高优先级的任务首先得到执行。

每一优先级上有几个任务:不同任务可能有相同的优先级。根据优先级的高低建立多个就绪队列,同一优先级的任务在一个就绪队列中。任务的调度原则是:先按优先级调度就绪队列,再按"先进先出"顺序调度队列中的任务。当某一任务占用CPU运行时,若有更高优先级的任务出现在就绪队列中,正在运行的任务将退出运行状态,由更高优先级的任务抢占CPU。退出运行状态的任务将列入同一优先级的就绪队列之首,保证下一次在该队列中能优先执行。其特点是:只要合理分配优先级,就能使紧急任务得到迅速处理,其他任务也可得到适当的运行机会。这种策略还支持等优先级任务的循环调度。

(5)任务通信的概念。

所谓的"任务通信",是指任务之间的信息交换。

为了完成一项工作,通常需要建立一组任务来共同实现,这些伙伴任务之间建立了一种直接关系,表现出协调工作的特性。任务之间在执行速度上的协调配合特性,称为"同步"。多个任务同时存在时,由于任务多而资源少,会出现资源竞争的问题。本来没有关系的任务,由于资源的相互竞争所产生的彼此制约关系,称为"互斥"。同步和互斥是任务之间进行通信的两种形式。实时多任务操作系统可以采用各种不同的方法(可参阅相关文献资料)来实现任务之间可靠的通信。

2)实时多任务操作系统的存储管理

计算机存储器有内存储器(简称内存)和外存储器(简称外存)。内存一般是易失性存储器(如半导体存储器),可用来暂时存放数据,存储速度快,但存储容量较小,价格/容量比较高,它是CPU的直接操作空间。外存是非易失性存储器(如磁盘等),可永久性存放数据,存储容量大,其价格/容量比较低,但存储速度较慢,是CPU的后备存储空间。

存储管理的目的是把内、外存有机地结合起来,充分利用内存的高速性和外存的非易失性与经济性,构造满足多用户作业需要的存储空间,并为系统各种程序和数据动态地分配这些存储空间。

存储管理应具备的主要功能有内存分配、地址转换、内存保护和内存扩充等。对于内存分配,由于多个作业并行工作时数据是同时存于内存的,因此,必须合理地给每个作业分配它们所需的内存空间。在作业或任务中采用的是逻辑地址,而占用CPU执行时又必须采用物理地址。因此,要求存储管理把逻辑地址正确无误地转换成对应的物理地址,这称为"再定位"。内存保护保证每个作业只能在属于自己的内存空间中活动,各个作业的内存空间不能相互干扰。当多个作业同时占用内存时,实际内存容量往往小于作业的需求量。因此,应充分利用外存,使之与内存密切配合,达到扩充内存的目的,这就是所谓的"虚拟存储器"的概念。

实现上述功能的方法较多,下面扼要介绍常见的两种。

(1)界地址存储管理。

当一个作业进入运行状态时,首先由存储管理程序给它分配一个连续的内存区,并把该区的开始地址和长度登记在内存作业分配表中,如表 4-8 所示。

表 4-8 内存作业分配表示例

作业名	开始地址	长度
A	1010H	0500H
B	2500H	0900H

若选作业 B 占用 CPU 执行,则将其开始地址 2500H 和长度 0900H 分别装入下界地址寄存器 W 和长度寄存器 L。执行作业 B 过程中,需将其逻辑地址 D 转换成实际物理地址 P,如图 4-21 所示。其中 P 必须满足:$W \leqslant P < (L+W)$,否则,将发生越界中断,并进行出错处理。

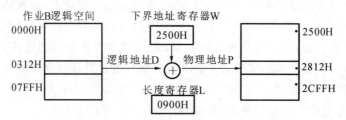

图 4-21 作业 B 逻辑地址运算过程示意图

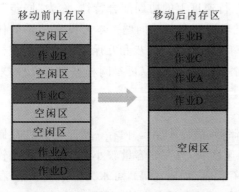

图 4-22 移动作业分配空间示意图

界地址存储管理要求每个作业都具有一块连续的内存空间。而内存空间的分配可采用下述两种方式:固定分块和移动分块。固定分块即把内存分成若干固定块,每块的字节数不等。每个作业按当前执行所需的内存空间分得一块或连续的几块,其内存利用率较低。移动分块采用移动作业分配区的方法,使内存中的多块空闲区集中成一块较大的空闲区,以分配给其他作业,如图 4-22 所示。

(2)页式存储管理。

页式存储管理的基本思想是:把内存分成若干大小相等、位置固定的块,每一块称为一页(物理页)。同样,作业的逻辑地址也以相同的单元来分页(逻辑页)。每页取 512 或 1024 个字节(页面过大将降低内存利用率)。每个逻辑地址可由页号和页内单元号组成。当应用程序申请内存空间时,操作系统将把满足其要求的页面分配给它。页面与页面间可以不连续,即分配给某一任务的若干页面可分布在整个内存空间的各处。因此,对于一个特定的任务,操作系统在内存中为每个页面提供了一个起始地址。

为了把分配给作业的物理页与其逻辑页对应起来,存储管理程序在内存中为每个作业建立了一张"页映像表"。由于物理页与逻辑页的大小相同,故二者页内单元号一一对应,只需进行页交换即可。

图 4-23 表示了页分配的过程。

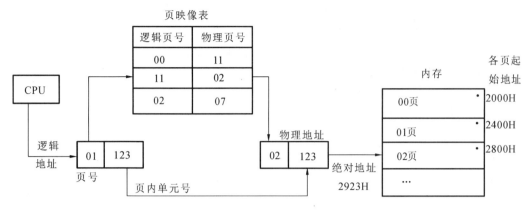

图 4-23　页分配过程示意图

程序执行过程中,操作系统根据逻辑地址的页号,在页映像表中查出对应的物理页的页号,再把查得的物理页号与逻辑页的页内单元号组合在一起,可得程序的实际物理地址。由此可得:内存的绝对地址＝物理地址＋页号×页内单元数。

页式存储管理的特点是:

(1) 页面分配算法得到了一定的简化;

(2) 实际存储区是由已知数量的页面组成的,页面分配表的最大长度是固定的;

(3) 内存分配以页面为整体,减少了存储残片。

3) 实时多任务操作系统的设备管理

设备管理的对象是计算机系统的外部设备(磁盘、打印机等)。设备管理的作用是为用户使用外设提供一种简便、可靠的方法,用户只需给出使用命令,而无须提供使用设备的具体程序。设备管理的目的是实现快速 CPU 与慢速外部设备的并行工作,协调多用户的作业,提高设备的利用率。

为避免外设工作时 CPU 处于等待状态而浪费时间,现代计算机系统采用了通道和控制器来管理外设。通道是指输入/输出设备和内存之间的双向数据通路。分散控制系统的输入输出管理有单路方式和多路方式两种结构,如图 4-24 所示。

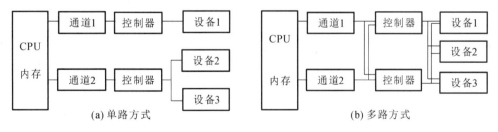

图 4-24　分散控制系统输入输出管理示意图

调用输入/输出设备的命令包括打开设备、关闭设备、读数据、写数据、磁盘文件操作等。每条命令都必须指定设备所在的通道号、数据传送的方式(顺序传送、行式传送)。

通道的作用和特点如下。

① 根据 CPU 的指令,统一对外部设备实施具体管理。当 CPU 需要使用外设时,向通道发出启动设备的指令,通道便能独立执行相应的通道程序,通过控制器控制外设的操作,而无须 CPU 干预;反之,利用中断请求,通道能向 CPU 报告外设、控制器及自身的当前状态

(如外设输入/输出已完成),以便操作系统做出相应的处理。

②对输入/输出的数据实施缓冲处理。收集整理输入数据,处理输出数据,减少外设与内存的数据交换次数。

③通道与外设采用标准接口,便于外设互换、扩展和维护。

④操作系统支持多个通道,一个通道可管理多台外设。通道对所管理的多台外设进行分时操作。为了便于系统的识别,每个通道赋予一个通道号,每台外设均有自己的设备名。

4)实时多任务操作系统的文件管理

文件管理是指对文件的组织和使用。文件系统是负责文件管理及文件存取的软件,它为用户提供了一种简单安全的使用文件的方法。即:用户无须提供使用文件的具体程序,只需按文件名给出使用文件的命令就可实现目的。

(1)文件的组织。

①文件的组成:文件由标题和本体两部分组成。包含的内容如表4-9所示。

表4-9 实时多任务操作系统文件的组成

文件组成内容		含义及说明
文件标题	文件名	用户标识文件的名称,一般由以字母开头的若干个字符组成
	用户名	文件所有者的名字
	文件属性	为了保护文件,规定了文件的特性(如能读能写或只读不写)、文件的使用范围和保密码等
	管理信息	文件的长度(或记录个数)、建立文件的时间、文件的类型等
文件本体		文件的实际内容,例如源程序、目标程序和数据等

②文件的结构:文件在存储器中的物理结构。按文件在存储器中的存放形式,文件的结构可分成以下两种。

串联文件结构:文件的信息存放在若干不一定连续的物理区中,每个物理区以链指针连接下一个物理区,从而形成链表结构,如图4-25所示。

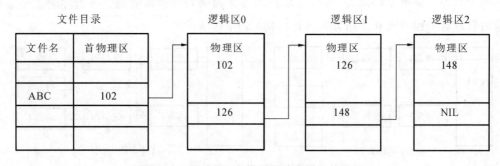

图4-25 实时多任务操作系统串联文件结构

索引文件结构:由文件索引区和文件信息区两部分组成,如图4-26所示。该结构的优点是:采用随机访问的方式,可直接读写任意一个物理区的信息。

③文件目录:为方便查找和管理文件而建立的目录,是文件存在的标志。通常采用以下三种结构。

一级目录结构:由全部文件集合成的一张文件目录表。建立一个文件时,在目录表中增加一个目录块;删除一个文件时,目录表中该文件的目录块随之删除;访问一个文件时,先到

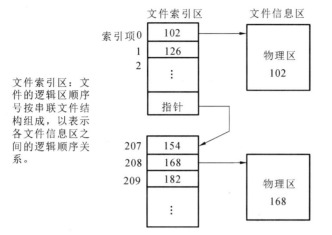

图 4-26　实时多任务操作系统索引文件结构

目录表中找文件名,再按目录块说明访问文件。

二级目录结构:目录结构分为主文件目录(MFD)和用户文件目录(UFD)。MFD 为每个用户分配一个登记项,每个登记项包括用户名和 UFD 首地址。UFD 为用户的每个文件分配一个登记项,记录文件名、文件属性、管理信息和文件的物理区号等。查找文件时,按用户名查找 MFD,再按文件名查找 UFD。二级目录的优点是各用户之间不会产生混淆,安全可靠。

多级目录结构:在二级目录的基础上发展形成的一种树状结构。适用于具有多个用户和多文件的系统,便于文件的分级管理,结构如图 4-27 所示。该结构按路径给出文件名,如文件 e 的路径为:ROOT\B\D\e。文件管理程序按照路径名,从根目录(ROOT)开始从上到下查找文件。

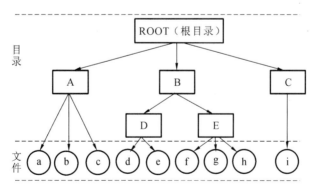

图 4-27　多级目录结构示意图

(2) 文件的使用。

操作系统为用户提供了一系列使用文件的命令。例如,文件的建立、打开、读、写、关闭和删除等。用户只需按命令的使用方法正确地给出命令,就能达到目的。实时多任务操作系统由于具有快速处理"在时间上异步出现"的事件的能力,支持多个任务或进程"在互不影响下"同时运行,满足分散控制系统实际应用的需求,从而成为分散控制系统首选。

分散控制系统使用的实时多任务操作系统有 UNIX、IPMX、VRTX、AMS、QNX、Windows NT/XP 等。其中 UNIX 应用较为广泛。如 N-90、MAX-1000、WDPF、Teleperm-XP 等分散控制系统均采用 UNIX。目前,大多数分散控制系统也都采用 Windows NT/

2000/XP 操作平台。

4.3.2 编程语言

计算机控制系统的编程语言,是随着软件工程技术和过程控制技术的发展而不断进化的。应用于控制工程的编程语言有许多种,可归纳如下。

1. 面向机器的语言

面向机器的语言是为特定的计算机或某一类计算机专门设计的编程语言。它包括机器码和汇编语言。

机器码(又称机器语言)是最原始的数字计算机语言,它以计算机能直接执行的二进制代码或八进制、十六进制代码为指令,可通过这些指令的组合来编写用户程序。

汇编语言是一种以助记符为指令的编程语言。它提供了一种不涉及实际存储器地址和机器指令的编程方式,克服了机器码编程带来的各种问题。在汇编语言中,指令(助记符)由操作码+操作数组成,所有助记符都赋予了明确的意义。

汇编语言在分散控制系统中也有应用,如 WDPF 系统应用了×86 汇编语言。

2. 面向问题的语言

面向问题的语言是一种专门为解决某一方面问题而设计的独立于计算机的程序语言。它比较接近人们惯用的语言与数学表达方式。在利用这种语言编写程序时,可以不去了解计算机内部的逻辑结构,不受计算机类型的限制,即面向问题的语言是具有独立性和通用性的高级编程语言。面向问题的语言程序在计算机中是靠编译程序来运行的,即编译程序将面向问题的语言程序编译成许多机器码指令来执行。

目前,流行的面向问题的高级编程语言有很多,几乎所有的分散控制系统都支持一种或几种面向问题的高级编程语言,以满足用户的某些应用软件的开发需求。在实际应用中,究竟选用哪一种面向问题的语言,要视具体情况和编程语言的特点而定。

3. 面向过程的语言

面向过程的语言是针对生产过程控制的应用需求,运用面向机器或面向问题的语言,研究开发的可按人们常规思维和语言方式对控制过程进行直接描述的一种语言。这种语言的一个重要特点是已对某些工程问题(如 PID 控制算法)进行了规范化处理。利用这种语言编制过程控制软件时,不涉及问题的解法,更不用了解计算机的内部工作原理,而重点关注实际控制过程,只需根据控制过程要求用简单的、特殊的语句告诉计算机按一定步骤去"干什么",并不需要向计算机说明"如何干"。因此,应用面向过程的语言可以使用户从繁重的应用软件开发工作中解脱出来,而且能灵活地构造自己的控制系统,不熟悉计算机编程的人员在这种语言的帮助下,也很容易实现应用系统的编程。可以说,面向过程的语言是在面向机器或面向问题语言之上的又一层应用软件开发平台。

目前,各种分散控制系统都提供了一种功能很强、可靠性很高、各具特色的面向过程的语言,它们在工程上通常被称为控制系统的"组态软件",其中包括了大多数用户在过程控制中会遇到的各种环节。用户使用这种语言编程时,不必编写任何顺序指令或语句,只需根据自己的实际要求和系统的配置情况,采用菜单或填表的方式,通过简单的问答和输入必要的数据,就可由计算机组成所需的控制系统应用软件,并能将此应用软件编译成能可靠运行的执行程序。

不同生产厂家的分散控制系统配备的面向过程的语言,在形式上有所不同,但一般具有实时控制、系统组态自由、软件设计模块化、表达直观、学习和使用便捷等基本特点。然而,面向过程的语言不可能包罗万象,对于一些特殊的应用问题仍需要用户采用其他的语言去开发程序,以进一步扩充和丰富面向过程的语言。

目前,面向过程的语言正处在发展和完善阶段,尚无统一的标准格式,不同设计者有不同的指导思想。因此,对于各种面向过程的语言,这里不可能一一讨论,读者可根据所应用的分散控制系统,有针对性地查阅相关文献资料。

除上述各种编程语言外,分散控制系统中还存在一种应用于顺序控制系统和保护系统的梯形逻辑控制语言。

4.3.3　INFI-90 系统组态软件

分散控制系统的硬件配置称为硬件组态;通过对有关软件和信息的配置形成所需功能的应用软件的过程称为软件组态。实现软件组态的软件工具称为组态软件或组态工具。组态软件属于支持软件,采用面向过程的编程语言,它提供了友好的用户界面,使用户在不需要编写任何代码的情况下,可简单方便地生成所需的应用软件。目前,不同厂家相继开发了与其分散控制系统配套的组态软件。本小节以 INFI-90 系统为例,简要介绍其配套软件。

1. 工程师工作站(EWS)的组态软件

INFI-90 的 EWS 组态软件,是安装在 EWS 上、运行于 DOS 环境下的计算机辅助图形(computer aided drawing)设计软件包,简称 CAD 软件包——一个完整的、基于图形的、面向模件级、对控制系统进行设计的交互式程序。它允许在线或离线对过程控制策略进行设计、组态、调整、修改、检查、监控及进行故障处理。

EWS 的 CAD 软件包主要由以下部分组成:计算机辅助图形设计软件、文本(Text)软件、梯形逻辑图(SLAD)软件。

1)计算机辅助图形设计软件

该软件提供了简易快速设计系统功能的绘图符号(其中包含了美国仪表学会(ISA)和美国科学仪器制造商协会(SAMA)的功能符号库、宏指令逻辑块和结构图)及一系列指令。据此可以直接在屏幕上进行如下操作:

(1)在适当的位置设置直线和各种符号;

(2)显示功能块的各种技术规格;

(3)对选择图形的某一部分进行定义和处理;

(4)根据需要采纳或改变各种输入值;

(5)移动、拷贝或删除原有的方案;

(6)进行新的组态设计;

(7)修改现有的控制逻辑图。

计算机辅助图形设计软件的主要功能有:

(1)对现场控制单元的模件进行工作组态,绘制模件和端子的布置图;

(2)生成和编辑模件组态图、标准地址、参数表等;

(3)绘制出组态的图纸,并进行存档拷贝;

(4)编译和生成几种信息列表的硬拷贝;

（5）生成常用图形和逻辑符号库；

（6）对过程控制逻辑进行监测、查错和趋势记录；

（7）下装组态文件到指定模件；

（8）进行在线校验、调整和监视。

2）Text 软件

Text 软件指为用户提供的一个菜单格式、树状结构的多级系统，可引导工程师完成各种指令功能。按照菜单提示可以进行如下操作：

（1）对系统模件进行定义、组态、监视和维护等；

（2）选择各种功能块（增加、修正、删除、改变、拷贝）；

（3）改变功能块的技术条件和模件的工作模式；

（4）完成模件初始化、组态、执行或复位；

（5）监视模件的状态，调节功能块，修改数据扫描频率；

（6）监视一个或一组变量值；

（7）定义一个或一组输入/输出点，进行调节和监视；

（8）显示或打印磁盘或模件中的组态数据；

（9）由磁盘保存或加载模件组态数据；

（10）拷贝、删除、比较或重新命名各种数据文件；

（11）维护数据文件的目录。

Text 软件的主要功能有：

（1）提供系统诊断和查错提示；

（2）将完成的控制组态下装到模件中；

（3）检查、校验所进行的组态；

（4）将磁盘或模件中的组态数据送到 CRT 或打印机上；

（5）调整控制参数；

（6）监视一个或一组输入/输出点；

（7）控制模件的方式，以便在线装入控制逻辑；

（8）模件初始化，消除错误条件及执行组态。

Text 软件运行时，主菜单提示的各选项及功能如表 4-10 所示。

表 4-10　Text 软件的主菜单各选项及功能

选项	名称	功能
A	工作标题定义	离线组态图设计、绘制、编译，模件连接等
B	模件标题定义	
C	组态图绘制	
D	组态图编译	
E	交互引用	
F	模件连接	
G	文本	在线下装组态、校验、参数调整、监视等
H	应用程序	压缩库、查询空块号、打印、绘图等

CAD 软件是一种交互式图形程序，Text 软件是一种菜单驱动式程序。Text 软件既可独立运行，又可以作为 CAD 软件中的一部分。

3）梯形逻辑图（SLAD）软件

SLAD 软件指利用各种绘图符号直接在屏幕上完成逻辑阵列设计（把光标放在阵列的任意梯级内，并选择适当符号）的软件。

SLAD 软件的主要功能：

（1）使用函数名称标记所有接触器和线圈测点；

（2）提示逻辑元件（如定时器、计数器等）的各种必需信息；

（3）将梯形图的一整套标志符号转换为标准的功能块；

（4）完整地保留控制逻辑有关符号的标记清单；

（5）可强迫输入/输出控制点处于开或关状态；

（6）生成带有逻辑元件、符号标记和注释的控制逻辑结构图；

（7）可按照梯形逻辑结构图对所有硬模件功能块进行组态。

2. 操作员接口站（OIS）的组态软件

INFI-90 系统提供了一套实用的记录数据库图形软件包 SLDG，它是系统的一种离线组态工具。SLDG 可应用于操作员接口站（OIS）、过程控制观察站（PCV）、命令管理系统（MCS）。SLDG 的主菜单反映了其具备的各类可选功能，如表 4-11 所示。

表 4-11　SLDG 主菜单功能

选项	名称	功能
A	系统组态	确定系统 OIS 的硬件、软件配置
B	标签/趋势清单组态	创建和编辑标签、趋势、报警内容、工程单位描述、逻辑状态描述、报告点清单
C	显示画面生成	生成用来绘制和修改 OIS 的显示画面和符号
D	显示画面/符号转换	把显示画面文件转换成 OIS 使用的 .DT 文件
E	自动显示和弹出	用来设计自动显示画面和弹出窗口
F	显示处理工具	对一个或多个 OIS 显示画面进行全局修改
G	建立用户记录	为 OIS 创建用户报表（趋势、跳闸、快照）
H	OIS 键盘组态	定义指示面板键、功能键、报警声调和报警继电器
I	传送 OIS 组态	实现组态到软盘或从软盘取得组态的传送
J	向 OIS 广播画面	由 EWS 通过网络向 OIS 发送画面和符号
K	EWS 组态	改变屏幕显示色彩、设置/取消大部分功能的声音

3. INFI-90 系统的其他软件

INFI-90 系统包含的其他软件有：相关数据库系统软件包（relational database system software，RDSS）、C 语言编程软件包（C computer utility software）、智能变送器组态软件包（smartpopt software）、批处理组态软件包（batch configuration language software，BATCH

90)、专家系统软件包(expert system software,EXPERT 90)、环路调整系统软件包(loop tuning system software,LTSS)、数据单(data sheet)软件包、过程控制观察软件包(process control view software,PCV)、用户定义功能软件包(user defined function software,UDF)。

4.4 分散控制系统的通信

4.4.1 数据通信

在人类的各种活动中,传递(交换)信息是必不可缺少的一种交流活动。同样,在过程控制系统中,几乎无处不含信息的传递和处理。所谓通信,就是指采用某种特定的方法,通过某种介质(如传输线)或渠道将信息从一处传送到另一处的过程。由此可见,通信的含义十分广泛,对于不同的应用和不同的通信手段,有不同的通信形式与类型。

人类社会发展至今,通信形式与类型不胜枚举,概括地说,存在着两大类通信方式:非电通信和电通信。其中,电通信是近代发展起来的新型通信方式,它在工业过程中的应用极为普遍。电通信可分为三种类型。

(1) 模拟通信:以模拟信号传输信息的通信方式。例如,在常规控制系统中,通常采用0~10 mA 或 4~20 mA 或 1~5 V 的模拟电信号传输信息。

(2)数字通信:将模拟电信号转换为数字信号后,再进行传输的通信方式。例如,在数据采集系统中,A/D 转换器与计算机 CPU 之间的信息传输。

(3) 数据通信:一种计算机或其他数字装置与通信线路相结合,实现数据信息的传输、转换、存储和处理的通信技术。所谓数据信息,是指具有一定编码、格式和位长要求的数字信息。例如,在计算机内部流动的信息,以及计算机与计算机之间的交换信息都是数据信息。

应当明确,数据通信与数字通信的不同之处是:数字通信的信息源发出的是模拟信号,要经过采样、转换和编码后才能得到数字信息;数据通信的信息源发出的是数字信息。数据通信是本节讨论的重点。

1. 数据通信系统的组成

一个最基本的通信系统,从结构上来说,是由信息源、收/发装置、信道、通信控制部件、信息宿等部分组成的,如图 4-28 所示。

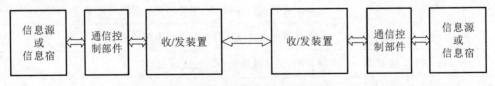

图 4-28　基本的数据通信系统结构

其中,信息源是将要被传输(发送)的数据信息;信息宿是通过传输收到的数据信息;信道是信息传输通道,它包括传输介质(线路)和有关的中间通信设备,其功能是为信息传输提供必要的路径保障;收/发装置(或调制解调器)是一个以信息的发送、收集、分配和存储为目的的数据传输子系统,它只负责保证数据准确无误地传送,不涉及数据信息的加工处理;通信控制部件是一个通信数据处理子系统,它负责实现计算机内部代码与通信编码之间的转换,以及通信过程中的网络控制方式、同步方式、差错控制和通信软件的选择与执行等。

2. 数据通信的方式

数据通信方式可从不同角度来认识。下面根据不同的分类方法,说明不同的数据通信方式。

1) 按数据位的传送方式分

按数据位的传送方式,数据通信可分为并行通信方式、串行通信方式。

(1) 并行通信方式。该方式是指同时传送一个二进制数据的所有位,例如,采用 8 单位代码的字符,可以用 8 个信道并行传输,一次传送一个字符,收、发双方不存在字符的同步问题,不需要加"起""止"信号或者其他信号来实现收、发双方的字符同步,如图 4-29(a)所示。并行通信方式的数据传送速度快,但因为数据有多少位就需要有多少条传输线路,所以通信成本高。该方式只适用于计算机内部设备之间的数据通信。

(2) 串行通信方式。该方式是指将一个二进制数据逐位顺序传送,如图 4-29(b)所示。串行通信方式只需一对传输线路,因而节省传输线路成本,特别是长距离传输时,这个优点更为突出。但该方式的通信速度比并行通信的速度慢。

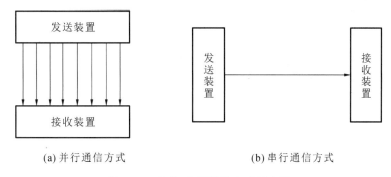

(a) 并行通信方式　　　　　　　　(b) 串行通信方式

图 4-29　并行、串行通信方式示意图

随着通信技术的发展,串行通信的速度不断提高,能满足当前分散控制系统的数据通信需求。因此,为简化传输线路和节省投资,分散控制系统中的通信以串行通信方式为主。

2) 按信息的传送方向分

按信息的传送方向,数据通信可分为单工通信、半双工通信、双工通信三种方式。

(1) 单工(simplex)通信方式。该方式只允许信息沿一个方向传输,而不能反向传输,如图 4-30(a)所示。

(2) 半双工(half duplex)通信方式。该方式允许信息在两个方向上进行传输,但在同一时刻只允许一个方向的传输,它实际上是一种可切换方向的单工通信,如图 4-30(b)所示。即通信双方都可以发送信息,但不能双方同时发送,当然也不能同时接收。这种方式一般用于计算机网络的非主干线路中。

(3) 全双工(full duplex)通信方式。该方式允许信息同时在两个方向上进行传输,又称为双向同时通信,即通信的双方可以同时发送和接收数据。如现代电话通信即采用全双工传送。这种通信方式主要用于计算机与计算机之间的通信,如图 4-30(c)所示。

对于单工或半双工通信方式,通信线路一般采用二线制,而全双工通信方式一般采用四线制。

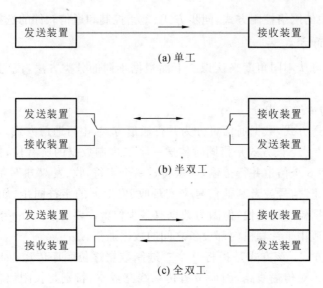

图 4-31　单工、半双工、全双工通信方式示意图

3.数据传输原理

在分散控制系统中,各功能站处理的信号均为二进制数据信息,对于这些由"0"和"1"组成的数据信息,最普通且最简单的方法是用一系列电脉冲信号来表示。这些具有固有频带且未经任何处理的原始电脉冲信号,称为基带信号。数据信息的传输有两种基本的传输形式:一种是基带传输,即直接利用基带信号进行传输;另一种是频带传输,即将基带信号用交流信号或脉冲信号进行调制后再传输。

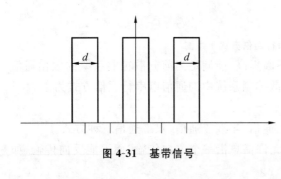

图 4-31　基带信号

1) 基带传输

基带传输是数据传输中最基本的传输方式,在数据通信中,表示计算机中二进制比特序列的数字数据信号是典型的矩形脉冲信号。矩形脉冲信号的固有频带称作基本频带,简称基带。这种矩形脉冲信号就叫作基带信号,如图 4-31 所示。在数字通信信道上,直接传送基带信号的方法称为基带传输。

在分散控制系统中,基带传输方式应用较普遍。任何一种传输装置在传输信号过程中,都具有能量损失,这与传输介质的物理特性密切相关。对于基带信号的传输,要求信道具有从直流到高频的频率特性。因此,在信息高速传输的分散控制系统中,应采用具有很高通频带的同轴电缆、双绞线或光缆。

基带传输是按照数字信号波形的原样进行传输的,它不需要信号调制解调器,因而设备投资少,维护费用低。但信号的传输距离有限,仅适用于较小范围的数据传输。应用于火电厂内的分散控制系统,可采用基带传输方式连接各个分散的功能站点。

2) 频带传输(调制与解调)

目前,工程上采用的传输系统主要是模拟式传输系统,它在传输数字基带信号时会产生信号波形的失真现象。这种失真是由于传输线路上存在的电容、电感和电阻导致的。失真的程度與信號傳輸速度、傳輸距離等有關，傳輸距離越遠，傳輸速度越快，信號的失真越嚴重，甚至會導致在發送端發出的一個輪廓整齊的數據脈衝方波，到達接收端時卻是一個不規則波形。

當然，數字基帶信號可以採用數字式傳輸信道。由於這種信道在每隔一定距離的位置裝設一個中繼器，它可對傳送來的位信號進行整形、再生，以原來的強度和清晰度把位信號向下傳送，這樣可避免傳輸信號的失真。但模擬式傳輸系統和通信設備至今仍占據統治地位。在此情況下，數據信號在模擬式傳輸系統上遠距離傳輸時，必須採用調制與解調手段。

所謂"調制"，是在發送端用基帶脈衝信號對載波波形的某個參數（如振幅、頻率、相位）進行控制，使其隨基帶脈衝的變化而變化，即把基帶信號變換成適合於模擬式傳輸系統傳輸的交流信號。所謂"解調"，是在接收端將收到的調制信號進行與調制相反的轉換，使之恢復到原來的基帶脈衝信號。具有調制和解調兩種功能的裝置稱為調制解調器。

正弦波交流信號易於產生，並適合於模擬式傳輸系統的傳輸。在利用高頻正弦波傳輸數據信息時，該正弦波稱為載波，未經調制的載波可表示為

$$F = A\sin(2\pi ft + \varphi) \tag{4-31}$$

式中：A 為載波振幅；f 為載波頻率；φ 為載波相位。只要讓參數 A、f、φ 中的任何一個隨基帶信號變化而變化，它就可以攜帶基帶信號，此時被傳輸的基帶信號稱為調制波。由此可見，常用的調制方式有三種：

（1）振幅調制。即用原始基帶脈衝信號控制載波的振幅變化，如圖 4-32 中的信號 a 所示。這種調制是利用數字信號（基帶脈衝）的"1"或"0"去接通或斷開連續的載波，使載波振幅產生"有"或"無"狀態。這相當於有一個開關控制載波，故振幅調制又稱為振幅鍵控（amplitude shift keying，ASK）。

（2）頻率調制。即用原始基帶脈衝信號控制載波的頻率變化。頻率調制所產生的調制波稱為調頻信號，它可分為兩種形式：

① 相位連續的調頻信號，如圖 4-32 中信號 b 所示。這種調制是發送端只採用一個振盪器，且用原始基帶脈衝信號改變該振盪器的參數，使振盪頻率發生變化。

② 相位不連續的調頻信號，如圖 4-32 中信號 c 所示。這種調制是發送端採用兩個振盪器 f_1 和 f_2，由原始基帶脈衝信號控制 f_1 和 f_2 輸出的頻率。

頻率調制也稱為頻率鍵控（frequency shift keying，FSK）。

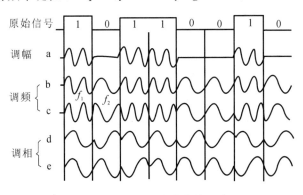

圖 4-32　三種調制方式的信號波形

（3）相位調制。即用原始基帶脈衝信號控制載波的相位變化。相位調制所產生的調制波稱為調相信號，它可分為兩種形式：

① 绝对移相的调相信号,如图 4-32 中信号 d 所示。这种调制是当原始基带信号为"1"时,控制发送端移相器输出的调相信号为 $\sin\omega_0 t$;当原始基带信号为"0"时,控制发送端移相器输出的调相信号为 $\sin(\omega_0 t + \pi)$。

② 相对移相的调相信号,如图 4-32 中信号 e 所示。这种调制是当原始基带信号为"1"时,控制发送端移相器输出的调相信号的相位,相对于前一信号的相位移动 π;当原始基带信号为"0"时,控制发送端移相器输出的调相信号的相位不变。

相位调制也称为相位键控(phase shift keying,PSK)。

4.数据通信的技术指标

1) 数据传输速率

所谓数据传输速率是指单位时间内传送的信息量。在数据传输中,主要有三种速率:

(1) 数据信号速率。在数据通信中,常用计算机中二进制符号的多少来度量信息量。每一位二进制符号("1"或"0")为一个比特,或称为码元。数据信号速率表示的是每 1 s 内传输数据信息的比特数,单位为 bit/s,国际上用 bps 表示。数据信号速率 S 的定义为

$$S = \sum_{i=1}^{m} \frac{1}{T_i} \log_2 N_i \quad \text{(bps)} \tag{4-32}$$

式中:m 为并行传输的信道数;T_i 为第 i 条信道传输的符号的最小单位时间(s);N_i 为第 i 条信道的有效状态数。例如,对串行传输而言,若一个脉冲只表示"0"和"1"两种状态,则 $m=1$,$N_i=2$,得到

$$S = \sum_{i=1}^{1} \frac{1}{T_i} \log_2 N_i = \frac{1}{T} \log_2 2 = \frac{1}{T} \quad \text{(bps)}$$

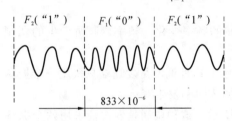

图 4-33 1200 Bd 调频波

(2) 调制速率。调制速率表示信号调制过程中,每秒内调制信号波的变换次数,单位为波特(Bd)。若用秒表示的一个单位调制信号波的时间长度为 T,则调制速率为

$$B = \frac{1}{T} \tag{4-33}$$

例如,图 4-33 所示的调频波(4 相调制,有效状态为 4),一个"1"频或"0"频状态的最短时间长度为 $T = 833 \times 10^{-6}$ s,则调制速率:

$$B = \frac{1}{T} = \frac{1}{833 \times 10^{-6}} \text{ Bd} \approx 1200 \text{ Bd}$$

由上式可知,数据信号速率 S 在传输的调制信号是两种状态的情况下,与调制速率 B 的数值相等,皆为 $1/T$。但是,对于多状态调制(如 4 相调制、8 相调制)信号,二者的数值是不相等的。例如,对于 4 相调制解调情况,设 $T = 833 \times 10^{-6}$ s,由于 $N_i = 4$,求出的数据信号传输速率为

$$S = \frac{1}{T} \log_2 4 = \frac{1}{833 \times 10^{-6}} \times 2 \text{ bps} = 2400 \text{ bps}$$

因此,数据信号速率 S 与调制速率 B 之间的关系为

$$S = B\log_2 N_i \tag{4-34}$$

(3) 数据传输速率。数据传输速率是单位时间内传送的信息量。信息量的单位可以是

比特、字符、数据组等；时间的单位可以是秒、分、时等。

2）信道容量

信道容量是指信道所具有的最大传输能力。通常用信息传输速率表示信息的传输能力，即单位时间内传输的信息量越大，信息的传输能力也就越大，表示信道容量大。但传输速率是有极限的，这个极限的表达式就是信息论中的信道容量公式（证明略）：

$$C = F\log_2\left(1 + \frac{S}{N}\right) \tag{4-35}$$

式中：F 为信道带宽（Hz）；S 为信道内传输的信号平均功率（W）；N 为信道内白噪声功率（W）；C 为信道容量，即极限传输速率（bps）。

式（4-35）也称为香农公式。它表明信道带宽 F、信号功率 S 和噪声功率 N 是决定信道传输能力的三个主要因素。若要提高信道传输能力，应从增加信号功率、降低干扰强度和充分利用信道频带着手。

3）误码率

误码率是衡量数据通信系统在正常工作情况下传输可靠性的指标。误码率的定义是：二进制码元在传输系统中被传错的概率。若传输二进制码元的总数为 N，被传错的码元数为 N_c，则误码率 P_c 为

$$P_c = \frac{N_c}{N} \tag{4-36}$$

对于大部分通信系统，一般要求误码率为 $10^{-9} \sim 10^{-5}$，而计算机之间的数据传输则要求误码率低于 10^{-9}。

5. 多路复用技术

为了提高传输效率，通常希望把多路信号在一条信道上进行传输，这相当于把一条传输信道分解成多条信道使用，以实现信道的共享，这就是所谓的"多路复用技术"。常用的多路复用技术有以下两种。

1）频分多路复用（FDM）技术

频分多路复用技术，是把信道的频谱分割成若干个互不重叠的小频段，每条小频段作为一条子信道，而且相邻频段之间留有一空闲频段，以保证数据在各自频段上可靠地传输。

2）时分多路复用（TDM）技术

时分多路复用技术，是把信道的传输时间分割成许多时间段。当有多路信号准备传输时，每路信号占用一个指定的时间段，在此时间段内，该路信号占用整个信道进行传输，如图 4-34 所示。图中表示了将一条信道分四个时间段分别传送四路信号。为了在接收端能够对复合信号进行正确的分离，接收端与发送端的时序必须严格同步，否则将造成信号间的混淆。

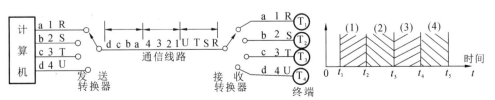

图 4-34　时分多路复用

4.4.2　通信网络

以微处理器为基础的分散控制系统,以分散的控制功能适应现场分散的过程对象,以集中的监视和操作管理达到信息综合与全局管理的目的。要使分散控制系统的各个组成部分有机地连接起来,形成一个协调的整体,实现数据的传输和信息的交换,必然涉及通信网络的问题。

1.通信网络的概念

计算机的通信网络,是将地理位置不同,并具有独立功能的多个计算机系统通过通信设备和线路连接起来,以功能完善的网络软件(网络协议、信息交换方式及网络操作系统等)实现数据传输及资源共享的系统。通常,处于网络中的每个单元(计算机或其他可交换信息的设备)称为站或节点(统称站点)。根据网络中站与站之间的距离远近,通信网络可分为三大类。

1) 紧耦合网络

紧耦合网络又称多处理器系统,这种网络通过计算机内部总线实现站与站之间的通信。如具有多处理器的现场控制单元内部,采用的就是这类网络。

2) 局域网络(local area network,LAN)

局域网络又称局部网络,这种网络利用双绞线(或同轴电缆、光缆)实现站间连接,站与站之间的距离在几千米范围内。该网络适合在一个建筑物内或在一个单位内使用。目前电厂内部的分散控制系统,采用的通信网络皆为局域网络。

3) 广域网络(wide area network,WAN)

广域网络又称远程网络,这种网络利用光缆、电话线或无线信道实现站间连接,网络覆盖的地理范围很大,一般在几千米以上甚至全球。各电厂以及上级主管部门之间的通信网络即为广域网络。

本小节将针对电厂的分散控制系统,重点介绍局域网络的基本知识。

2.工业控制局域网络的特点

用于工业控制的局域网络与一般的商用局域网络(邮电通信网络、办公自动化网络等)不同,具有自己突出的特点,主要体现在以下几个方面。

1) 具有快速实时响应能力

用于工业控制的局域网络应具有良好的实时性,能及时地传输现场过程信息和操作管理信息。一般工业控制局域网络的响应时间在 $0.01\sim0.5$ s,高优先级信息对网络的存取时间不超过 10 ms;而办公自动化局域网络的响应时间允许在几秒范围内。

2) 具有恶劣环境的适应性

用于工业控制的局域网络系统,通常工作在恶劣的工业现场环境下,受到各种各样的干扰。如电源干扰、电磁干扰、雷击干扰、地电位差干扰等。为此,现场通信系统应采取各种相应的技术措施(如光电隔离技术、整形滤波技术、信号调制解调技术等)克服各种干扰的影响,以保证通信系统在恶劣的环境下正常工作。

3) 具有极高的可靠性

绝大多数工业控制系统(特别是应用于火电厂的分散控制系统)的通信系统,必须保持连续运行。通信系统的任何中断和故障都可能造成生产过程的中止或引起设备和人身事故。因此,用于工业控制过程的局域网络应具有极高的可靠性。通常,除在网络中采取各种有效的信号处理和传输技术,使通信误码率最大限度降低外,还采用了双网冗余方式,以进一步提高局域网络运行的可靠性。

4）具有合理的分层网络结构

火电厂应用的分散控制系统通常采用的是分层结构,相应的通信网络也采用分层结构。一般而言,火电厂的网络系统可分为三层,即现场总线、车间级网络和工厂级网络。现场总线是连接各种智能传感器、智能变送器、PLC、控制器、执行器等设备的通信总线,可实现现场设备间的直接通信;车间级网络是连接现场控制单元和监视操作单元的网络,可实现各单元之间的数据直接交换;工厂级网络是连接厂内各类计算机系统(如过程控制系统、办公自动化系统、财务系统、设备管理系统等)的网络,可实现各种信息的综合管理。这种分层的网络结构是以不同层次的网络适应不同的应用需求,使系统内的信息交换区域和网络上的信息流量等更合理。

3.局域网络的拓扑结构

在计算机通信网络中,网络的拓扑(topology)结构是指网络中各站(或节点)之间相互连接的方式。局域网络常见的拓扑结构有以下几种基本结构形式,如图 4-35 所示。

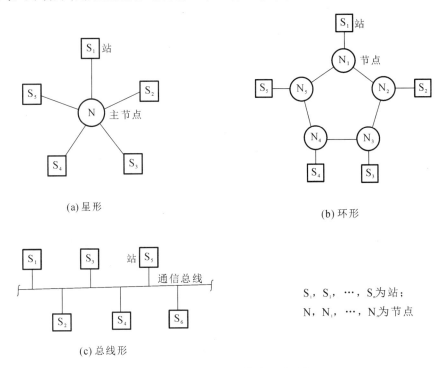

(a) 星形

(b) 环形

(c) 总线形

S_1, S_2, …, S_n 为站;
N, N_1, …, N_n 为节点

图 4-35　局域网络的基本拓扑结构

1）星形结构

这种结构是将分布在各处的多个站(S_1,S_2,…,S_n)连接到一个公用的交换中心(N)上,该交换中心称为主节点(或中心节点),如图 4-35(a)所示。除主节点外,网络上的所有站均不相互连接。主节点起着信息交换控制器的作用,任何两个站之间的通信都通过主节点来实现,它集中来自各分散站的信息,并根据一种集中式的通信控制策略将信息转发到相应的站上去。这种拓扑结构的特点在于:

（1）易于信息流的汇集和集中管理，提高了全网络的信息处理效率；

（2）由于主节点与各站之间的链路是专用的，因此线路的传输效率高，但利用率低；

（3）主节点的信息存储容量大，信息处理量大，且硬件和软件较复杂；

（4）各站通信处理负荷较轻，通信软件和控制方式简单，只需具备点到点的通信功能；

（5）主节点出现故障会影响整个网络的通信。

2）环形结构

这种结构利用通信线路将网络连接成通信流环路，如图 4-35(b)所示。每个分散的站都通过节点(中继器)连接到这一环路上，站与站之间的通信必须通过环路，且信息的传输是逐点进行的，即由一个站发出的信息只能传送到下一个节点，若该节点不是信息的目的站，则把信息传送到下一个节点，直至信息达到目的站。在环形网络上，信息是沿单方向围绕线路进行顺时针(或逆时针)循环的。环形网络的主要特点是：

（1）网络结构简单，传输速率较高，实时性较强，网络投资也较低；

（2）信息流在环形网络中单向流动，控制方式简单；

（3）每个节点都对经过的传输信息进行整形、放大处理，能保证传输信号的高质量，传输距离较远；

（4）当某一节点故障时会阻塞信息通道，给整个系统的工作造成严重威胁，因此，常采用双向环形网络，或在节点(站)上加设"旁路通道"，以提高系统的可靠性，当某节点发生故障时，可自动旁路，从网上脱离，保证网络的正常运行；

（5）环形网络是公用的通信线路，它的信息流量不宜太大，节点不宜过多，否则网络性能将受到影响。

3）总线结构

这种网络结构采用一条开环无源的线状传输介质(双绞线、同轴电缆、光缆)作为公用的通信总线，各站通过相应的硬件接口并行连接到该总线上，如图 4-35(c)所示。任何一个站的信息都以广播方式(一个站讲，其他站听)在总线上传播，并能被其他所有的站接收。由于所有站共享一条信息传输通道，因此在某一时刻只允许一个站发送信息。各站都装有并→串发送器和串→并接收器，它们分别用于向总线发送串行信息和接收总线上送来的串行信息。发送的信息中包含目的地址，网上的各站能识别送来信息的目的地址，能把以本站为目的地址的信息接收下来。总线型网络的主要特点是：

（1）结构简单、扩充性好、增减站点方便；

（2）可靠性高，某站出现故障不会对整个系统造成严重威胁，系统仍可使用；

（3）任何站点之间均为直达通路，故网络响应较快；

（4）共享资源能力强；

（5）设备量少，成本低，安装、使用和维护都很方便；

（6）由于采用公用总线，因此需采用合适的控制方式解决信息碰撞问题；

（7）若总线出现故障，会造成整个系统瘫痪，通常采用总线冗余措施，保证系统正常运行。

目前，在分散控制系统中应用最多的网络为总线结构和（或）环形结构两种。例如，INFI-90 系统采用的是环形结构网络，WDPF 系统采用的是总线结构网络，上海新华的 XDPS 既有总线结构网络也有环形结构网络。其原因是这两种网络拓扑结构既可通过采用冗余通道提高网络的可靠性，又保持了网络结构的简单性，故应用广泛。

4. 网络控制方式

在研究分散控制系统的网络时,除考虑网络拓扑结构的选择外,采用与之相适应的信息送取控制方式也是十分重要的。通信网络上各站之间的信息传递过程,首先是由原站将信息送上网络,然后由目的站取走信息。要使信息迅速无误地传递,关键在于选用合适的网络信息送取控制方式。

网络的控制方式有很多,常用的控制方式可分为三类:查询方式、广播方式和存储转发方式。

1) 查询方式

查询方式适用于有主节点的星形网络控制,网络中的主节点就是一个网络控制器(通信指挥器)。网络控制器按照一定次序向网络上的每一个站发送是否要通信的询问信息,被询问站做出应答。如果被询问站不需要发送信息,网络控制器就转向询问下一个站,如果被询问站需要发送信息,网络控制器便控制该站的通信。当网络中同时有多个站要发送信息时,网络控制器则根据各站的优先级别,安排发送顺序。

由于不发送信息的站基本上不占用时间,因此查询方式比普通分时方式的通信效率高,而且查询方式具有无冲突、软件设计比较简单的优点;但查询方式的信息交换都必须经过网络控制器,故通信速度较慢,可靠性较差。

2) 广播方式

广播方式是一类在同一时间内网络上只有一个节点发送信息而其他节点处于接收信息状态的网络控制方式。通常情况下,广播式通信控制技术不需要网络控制器,参加网络通信的所有站点都处于平等地位。但各站点为抢占信道会产生冲突,因此,解决信道冲突、保证任一时刻只有一个站点收发信息,是广播方式中的一个重要问题。广播方式有三种形式,即令牌传送方式、自由竞争方式和时间分槽方式。其中令牌传送方式和自由竞争方式在分散控制系统采用的环形结构网络和总线结构网络中应用最为普遍。

3) 存储转发方式

存储转发方式也称环形扩展(ring expansion)式。该方式的主要特点是一个站点发送的信息,必须旅行完参加网络通信的所有站点。当采用存储转发方式时,准备发送信息的站点将不断监视通过它的信息流,一旦信息流通过完毕,它就把要发送的信息送上网络。存储转发方式发送和接收信息的过程是:一个站点发送信息,到达它相邻的站点,后者将传送来的信息存储起来,等到自己的信息发送完毕后,再转发这个信息,直到将此信息送到目的站点。目的站点检查此信息,如没有发现错误,就在信息帧的后面加上确认信息,然后将信息帧放回环路中,直到信息返回源站点。源站点对信息帧进行检查,若发现信息帧后带的是确认码则将此信息清除,准备发送下一条信息,如发现信息帧后带的是否认码,则源站点触发重发逻辑,重新发送此信息。

存储转发方式的主要优点是在同一时间内,可支持网络中多个站点发送信息,网络利用率较高,且结构简单,信息的延时少;不足之处是硬件软件都比较复杂。

5. 网络的信息交换技术

通信网络信息交换技术的研究目的是有效地控制信息传输,提高网络中通信设备和线路的利用率,通常使用的信息交换技术有三种。

1）线路交换（circuit switching）

该方式是指通过网络中的节点在两个站之间建立一条专用的物理线路进行数据传送，当传送周期结束后，立即"拆除"专用线路。例如，在图 4-36 所示的网络中，站 S_1 要把信息传送给站 S_3，可以有多条路径，如 $N_1 \rightarrow N_2 \rightarrow N_3$ 或 $N_1 \rightarrow N_4 \rightarrow N_3$ 等。首先，S_1 向 N_1 申请与 S_3 通信，按照路径算法（路径短、等待时间短等），N_1 选择 N_4 为下一个节点，N_4 再选择 N_3 为下一个节点，这样 S_1 经节点 $N_1 \rightarrow N_4 \rightarrow N_3$ 与 S_3 建立一条专用的物理线路，然后再由 S_1 向 S_3 传送信息。传送结束便"拆除"专用的 $N_1 \rightarrow N_4 \rightarrow N_3$ 线路，释放所占用的资源。

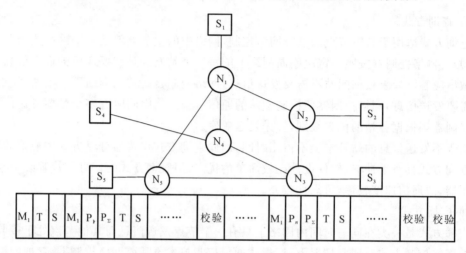

图 4-36　网络的信息交换

由于线路交换建立了一条专用线路，所以信息传送的实时性好，各节点延时小，但一旦两站连接建立起来，即使没有数据传送，其他站也不能使用线路上的任何节点，故线路的利用率较低。

2）报文交换（message switching）

报文交换无须在信息交换的两个站之间建立专用的线路，这种信息交换方法是：在发送站将发往目的站（接收站）的信息分割成一份份报文正文，并在报文正文前加上报头（由发送地址、目的地址和其他辅助信息组成），在报文正文后面加上报尾（报文的结束标志），然后把报文交给节点传送。整个报文传送由报头控制，传送中节点接收整个报文并暂时储存，然后发送到下一个节点，直至目的站。例如，图 4-36 中 S_1 要发报文给 S_3，首先，S_1 把报头和报尾附加在报文正文上，再把整个报文交给节点 N_1，N_1 存储该报文，并决定将报文传给下一个节点 N_4，如果 N_4 忙，$N_1 \rightarrow N_4$ 的报文传输需排队等待，只有当这段线路可用时，才能将报文发送到 N_4；N_4 仿照上述过程，把报文发送到 N_3，最后由 S_3 接收。目的站将收到的各份报文，按原来的顺序装配成完整的信息。

报文交换允许多个报文分时共享同一条线路，其线路的利用率高；而且只要在报文上附上有关目的站的站名，可以把一个报文发送给多个目的站。但是报文要在节点上排队等待，使传输时间延长。

3）包交换（packet switching）

包交换也叫分组交换，它将一个较长报文分解成若干个较短的报文段，这些报文段称为包或报文分组，每个包上附加必要的传送控制信息，并按规定的格式排列，以一个组合的整体作为一个信息交换单位，如图 4-37 所示。

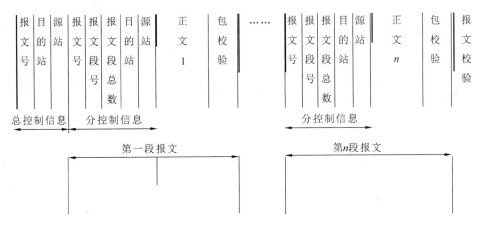

图 4-37　包（报文分组）示意

包交换与报文交换的不同之处是包交换是以包为基本单位进行传送的。这些包可经不同的路径分别传送到目的站,再拼装成一个完整的报文。

包交换综合了线路交换和报文交换的优点,既具有良好的实时性,又具有较高的线路利用率和传输效率。所以在分散控制系统网络中,大多采用包交换的信息传送方式。

4.4.3　差错控制技术

1.差错及其类型

信号在物理信道传输过程中,由于受到线路本身所产生的随机噪声(又称热噪声)的影响,信号的幅度、频率和相位均会发生衰减或畸变。相邻线路间的干扰以及各种外界因素(如大气中的闪电、开关的跳变、外界强电流磁场的变化、电源电压的波动等)都会造成信号的失真。信号的任何一点变化或失真,都会造成接收端接收到的二进制数位(码元)和发送端实际发送的数位不一致,比如"0"变为"1"或"1"变为"0",这就是差错。差错根据特征可分为以下两种类型。

1）随机差错

随机差错主要是由传输介质或放大电路中电子热运动产生的白噪声引起的。随机差错的特征是随机、独立,即二进制数据的某一位出错与它前后的位是否出错无关。

2）突发差错

突发差错主要是由外界的冲击噪声导致的,冲击噪声的持续时间可能相当长,幅度可能相当大,可以影响相邻的多位数据。突发差错的特征是成片出现,即二进制数据的某一位出错受到前后位的影响。

在实际传输线路中,出现的差错往往是随机差错和突发差错的综合。但由于一般信道中保证了相当大的信噪比(信号功率/噪声功率),使白噪声幅值减小及引起的随机差错减少,因而突发差错在差错中占主导地位。

2.传输的可靠性

传输的可靠性与传输速度密切相关。传输速度越快,每个码元所占用的时间越短,其波形越窄,它含有的能量就越少,抗干扰能力就越差,可靠性就越低。

通常传输的可靠性指标用误码率来表示。误码率是衡量通信信道质量的一个重要参数,对于传输速率为 $600 \sim 4800$ bit/s 的通信系统,一般要求误码率低于 10^{-9};而对于应用在工业过程控制中的分散控制系统,由于其实际传输速度更高,可靠性和数据完整性的要求也更高,其误码率要求就更低。国际电工委员会系统研究分会曾建议,每 1000 个运行年只允许有 1 个码元出错,这相当于传输速率为 1 M bit/s 的通信系统,误码率应低于 3×10^{-15}。

降低通信系统的误码率,提高数据传输的准确度,保证传输质量的措施有两种。

(1) 改善通信线路的电气特性,使误码率降低到满足系统的要求;但这种方法会提高通信线路成本,而且受现有技术的限制,改善的程度也是有限的,不可能完全消除差错。

(2) 在实用的通信系统中采取一定的措施来发现(检测)差错,并对差错进行纠正,从而把差错控制在所允许的尽可能小的范围内,这就是差错检测和校正技术,也称为差错控制技术。差错控制技术包含两个基本技术内容,即误码检验和误码纠正。相应的检验和纠错技术方法较多。下面分别介绍几种常见的方法。

3. 误码检验

误码检验最常用的有奇偶校验和循环冗余校验两种方法。

1) 奇偶校验(parity check)

奇偶校验码是一种最简单的校验码,其编码规则为:先将所要传送的数据码元分组,并在每组的数据后面附加一位冗余位即校验位,使该组包括冗余位在内的数据码元中"1"的个数保持为奇数(奇校验)或偶数(偶校验)。在接收端按照同样的规则检查,如"1"的个数不符合原定的规律,说明有错误发生;当"1"的个数符合原定的规律时,认为传输正确。

实际数据传输中所采用的奇偶校验码分为垂直奇偶校验、水平奇偶校验和水平垂直奇偶校验三种。

(1) 垂直奇偶校验。

设有一组字符 A~J,其 ASCII 码的垂直奇偶校验编码如表 4-12 所示。

表 4-12 字符组垂直奇偶校验编码

位		字符									
		A	B	C	D	E	F	G	H	I	J
b_0		1	0	1	0	1	0	1	0	1	0
b_1		0	1	1	0	0	1	1	1	0	0
b_2		0	0	0	1	1	1	1	0	0	0
b_3		0	0	0	0	0	0	0	1	1	1
b_4		0	0	0	0	0	0	0	0	0	0
b_5		0	0	0	0	0	0	0	0	0	0
b_6		1	1	1	1	1	1	1	1	1	1
b_7	奇	1	1	0	1	0	0	1	1	0	0
	偶	0	0	1	0	1	1	0	0	1	1

应该说明的是:在垂直奇偶校验中,当传输的一个字节中有 1 位(或 3 位等)出现差错则可以检查出来,而有 2 位(或 4 位等)出现差错是不能检查出来的,即垂直奇偶校验只能检查出奇数个差错。

由于垂直奇偶校验的编码电路简单,在干扰不大时可以满足要求,在计算机内部传输中常采用这种校验方法。

（2）水平奇偶校验。

同样设一组字符 A~J,其 ASCII 代码的水平奇偶校验编码如表 4-13 所示。

水平奇偶校验是对一组字符中各字符相同的位（表 4-13 中的行）分别进行奇偶校验,形成奇（偶）校验码。这种校验方法在数据传输过程中是按列的次序进行的,即先传输第一个字符 A 的信息,然后传输字符 B 的信息,最后传输校验位 b_S 构成的列信息。在接收端,对收到的一组字符进行水平奇偶校验,以判定是否出现奇偶差错。

表 4-13　字符组水平奇偶校验编码

位	字符										b_S	
	A	B	C	D	E	F	G	H	I	J	奇	偶
b_0	1	0	1	0	1	0	1	0	1	0	0	1
b_1	0	1	1	0	0	1	1	0	0	1	0	1
b_2	0	0	0	1	1	1	1	0	0	0	1	0
b_3	0	0	0	0	0	0	0	1	1	1	0	1
b_4	0	0	0	0	0	0	0	0	0	0	1	0
b_5	0	0	0	0	0	0	0	0	0	0	1	0
b_6	1	1	1	1	1	1	1	1	1	1	1	0

水平奇偶校验的优点是不仅可以检查出字符组内各字符相同位上的奇数个差错,而且还能发现长度小于或等于 i（每列码元总数）的突发差错,其缺点是编/译码电路比较复杂。

（3）水平垂直奇偶校验。

仍设一组字符 A~J,其 ASCII 码的水平垂直奇偶校验编码如表 4-14 所示。

表 4-14　水平垂直奇偶校验编码

位		字符										b_S	
		A	B	C	D	E	F	G	H	I	J	奇	偶
b_0		1	0	1	0	1	0	1	0	1	0	0	1
b_1		0	1	1	0	0	1	1	0	0	1	0	1
b_2		0	0	0	1	1	1	1	0	0	0	1	0
b_3		0	0	0	0	0	0	0	1	1	1	0	1
b_4		0	0	0	0	0	0	0	0	0	0	1	0
b_5		0	0	0	0	0	0	0	0	0	0	1	0
b_6		1	1	1	1	1	1	1	1	1	1	1	0
b_7	奇	1	1	0	1	0	0	1	1	0	0	0	1
	偶	0	0	1	0	1	1	0	0	1	1	0	1

水平垂直奇偶校验是先对字符组中的每一个字符 A~J（表 4-14 中的列）分别进行奇偶

校验,形成垂直奇(偶)校验码;然后对字符组中各字符相同位 b_0、b_1、$\cdots$、b_7(表 4-14 中的行)分别进行奇偶校验,形成水平奇(偶)校验码。数据传输过程是按列的次序进行的,即先传输第一列字符 A 的信息,然后是第二列字符 B 的信息,最后是校验位 b_S 构成的信息。

水平垂直奇偶校验的优点是可同时进行水平、垂直两个方向的奇偶校验,其方法比较严密,检查差错能力较强,它不仅能发现某行或某列上所有奇数个差错,而且对于某行(列)存在偶数个差错,且相应有错的各列(行)有奇数个差错的情况,它也能查出。即水平垂直奇偶校验能检查全部奇数个差错和大部分偶数个差错。同时,它还能发现长度小于或等于 i(每列码元总数)的突发差错。其弱点是编/译码电路结构复杂,编码率(信息码所占的比例)相对较低,传输利用率受到影响。由于水平垂直奇偶校验具有良好的检错性能,因此,它仍得到广泛应用。

2) 循环冗余校验(cyclic redundancy check,CRC)

循环冗余校验码采用一种多项式的编码方法,把要发送的数据位串看成系数只能为"1"或为"0"的多项式。一个 k 位的数据块可以看成 X^{k-1} 到 X^0 的多项式的系数序列。例如,"110001"有 6 位,表示多项式是"X^5+X^4+1"。多项式的运算是模 2 运算。

采用 CRC 码时,发送方和接收方必须事先约定一个生成多项式 $G(X)$,并且 $G(X)$ 的最高位和最小必须是 1。要计算 m 位数据块的 $M(X)$ 的校验和,生成多项式必须比该多项式短。其基本思想是:将校验和附加在该数据块的末尾,使这个带校验和的多项式能被 $G(X)$ 除尽。当接收方收到带校验和的数据块时,用 $G(X)$ 去除它,如果有余数,则传输有错误。

计算校验和的方法如下。

(1) 设 $G(X)$ 为 r 阶。在数据块的末尾添加 r 个 0,使数据块为 $r+m$ 位,则相应的多项式为 $x^r M(x)$;

(2) 用模 2 除法进行 $x^r M(x)/G(X)$,获取余式 $R(x)$;

(3) 用模 2 减法获得 $x^r M(x)+R(X)$,即为所发信息码的多项式(数据位加校验位)。

例 设需编码的信息码为 $101(k=3)$,生成多项式为 $g(x)=x^4+x^3+x^2+1$,求其 CRC 码。

解 已知 $g(x)=x^4+x^3+x^2+1$,$m(x)=x^2+1$,则:
$$x^{n-k} \cdot m(x) = x^r \cdot m(x) = x^4(x^2+1) = x^6+x^4$$
利用长除法,求 $(x^6+x^4)/g(x)$,有:

$$
\require{enclose}
\begin{array}{r}
x^2+x+1 \\[-3pt]
x^4+x^3+x^2+1 \enclose{longdiv}{x^6 \quad\;\; +x^4} \\[-3pt]
\underline{x^6+x^5+x^4 \quad\;\; +x^2} \\[-3pt]
x^5 \quad\quad +x^2 \\[-3pt]
\underline{x^5+x^4+x^3 \quad\;\; +x} \\[-3pt]
x^4+x^3+x^2+x \\[-3pt]
\underline{x^4+x^3+x^2 \quad\;\; +1} \\[-3pt]
x+1
\end{array}
$$

由上获得余式 $r(x)=x+1$,则可求得码多项式为
$$x^{n-k} \cdot m(x) + r(x) = x^6+x^4+x+1$$
对应于该码多项式的码字为 $(1,0,1,0,0,1,1)$,即所求的 CRC 码为 1010011。

应当明确:编码的检错能力与两个因素有关,一是与生成冗余码的规则有关,二是与冗

余码的位数有关。一般来说,冗余码的位数越多,检错能力越强。在分散控制系统中,由于数据信息传输的正确性要求非常高,相应地,要求冗余码的位数也比较多。一般采用 12 位、16 位冗余码,也有采用 32 位冗余码的情况。以下给出了几种常见的冗余码生成多项式。

CRC-12：$g(x) = x^{12} + x^{11} + x^3 + x^2 + x + 1$

CRC-16：$g(x) = x^{16} + x^{15} + x^2 + 1$

CRC-CCITT：$g(x) = x^{16} + x^{12} + x^6 + 1$

IEEE 802.4：$g(x) = x^{32} + x^{26} + x^{23} + x^{22} + x^{16} + x^{12} + x^{11} + x^{10} + x^8 + x^7 + x^5 + x^4 + x^2 + x + 1$

利用上述 $g(x)$ 生成的循环码,其检错能力很强,它与奇偶校验码相比,误码率至少低 1～3 个数量级。特别是,它可以发现所有小于或等于 $(n-k)$ 位的突发差错。另外,循环冗余校验的编码和检错,都是通过位移寄存器、触发器等硬件实现的,现已制成各种适应不同生成多项式的专用集成电路芯片供选用,使得编码和检错电路的实现更为简单方便。

4. 纠错方式

在数据信息的传输中,实际中最常用的纠错方式有以下三种。

1）重发纠错方式

该方式是发送端发送能够检错的信息码(如奇偶校验码),接收端收到信息码后根据该码的编码规则,判断传输过程是否产生误码,并把判断结果反馈给发送端。如果判断结果认为没有误码,则接收端输出正确数据,并通知发送端发送下一个新的数据信息;如果判断结果认为有误码产生,接收端不输出该数据信息,并通知发送端重新发送该信息,直至接收端认为正确为止。

在重发纠错方式中,发送端附加的冗余码只用来在接收端检验信息中的差错,并不能确定误码的个数和位置。而且接收端也不可能检测出所有可能出现的差错,其检错能力取决于采用的编码方式。重发纠错方式必须具备反馈信道。反馈重发的次数与信道的干扰情况有关,若干扰十分频繁,系统会经常处于重发状态,故这种方式传输信息的连贯性较差。由于重发纠错只要求发送端发送具有检错能力的码,接收端只需检错而不纠错,因此差错控制电路比较简单。

2）自动纠错方式

该方式是发送端发送既能检错又能纠错的信息码(如循环码),接收端收到信息码后,通过译码不仅能发现传输差错,而且能自动地确定误码位置并予以纠正,保证接收端输出正确的传输信息。

自动纠错方式的特点是：

（1）不需要反馈信息通道；

（2）所采用的编码必须与信道的干扰情况密切对应；

（3）纠错位数有限,如果要求纠正比较多的差错,则要求附加的冗余码位数比较多,会导致传输效率降低；

（4）差错控制电路比较复杂。

3）混合纠错方式

该方式是上述两种纠错方式的综合。发送端发送的信息码不仅具有发现误码的能力,而且还具有一定的纠错能力。接收端收到该信息码后,首先检错,然后纠错,如果误码较多,超过了自动纠错的能力范围,则接收端通过反馈信道要求发送端重发信息,直到正确为止。混合纠错方式具有较高的传输可靠性,在分散控制系统中得到广泛应用。

4.4.4 网络协议

在计算机通信网络中,所有的站点都要共享网络中的资源。但由于挂接在网上的计算机或设备是各种各样的,可能出自不同的生产厂家,型号也不尽相同,它们在硬件及软件上的差异,给相互间的通信带来一定的困难。因此,需要有一套所有"成员"共同遵守的"约定",以便实现彼此的通信和资源共享。这种约定称为"网络协议"。

1. OSI 参考模型

网络的通信协议,在功能上是有层次的。因此,要实现网络通信的标准化,应首先定义通信任务的体系结构,以便将复杂的通信任务划分为若干个可管理的层次来处理。国际标准化组织(ISO)于 1977 年成立了一个研究通信任务体系结构的分委员会,并针对协议层次提出了开放系统互连(open system interconnection,OSI)参考模型,从而定义了任何计算机互连时通信任务的结构框架。所谓"开放",表示任何两个遵循 OSI 参考模型相关标准的系统具有相互连接的能力,即遵守同样标准的系统之间是开放的。

OSI 参考模型按系统的软硬件功能分为七层,如图 4-38 所示。

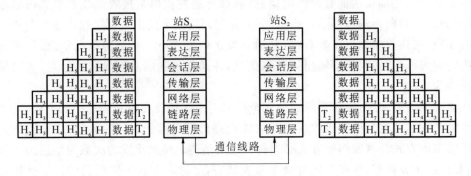

图 4-38 OSI 参考模型

OSI 参考模型层次分明,每一层都具有相对独立的功能来完成一块通信子任务,并且下层为上层提供服务,各层之间的相互依赖关系明确。这使得通信系统的设计、实现、修改和扩充更为规范、便利。

OSI 参考模型数据通信的基本原理如下。假设站 S_1 希望发送一批数据(或报文)给站 S_2,首先站 S_1 将数据传送到应用层(第 7 层),并将一个标题 H_7 添加到该数据上,如图 4-38 所示。标题 H_7 包含了第 7 层协议所需的信息,这称为数据封装。然后,以原始数据加上标题 H_7 作为一个整体单元,向下传送到表达层(第 6 层),第 6 层将整个单元加上自己的标题 H_6,标题 H_6 包含了第 6 层协议所需的信息,从而对数据进行第 2 次封装……这种处理过程一直继续到链路层(第 2 层)。第 2 层通常同时添加标题 H_2 和标尾 T_2,标尾中包含了用于差错检测的帧检验序列(FCS)。由第 2 层构成的整体单元称为一帧数据。它通过物理层(第 1 层)向外发送。当目的站 S_2 收到一帧数据时,接收过程从最底层的物理层开始,逐层上升。每一层都将其最外面的标题和标尾剥除(卸装),并根据包含在标题中的协议信息进行动作,然后把剩余的部分传送到上一层。最上层的应用层剥掉标题 H_7,目的站 S_2 即可得到所需的数据。至此,站 S_1 向站 S_2 的通信结束。站 S_2 向站 S_1 的通信工作过程也是如此。由此可知以下几点。

(1) 两个站之间真正的通信是在物理层之间进行的,其他各同等层之间不能直接通信。

（2）从结构上来看，第2至第7层协议是组织数据传送的软件层，可称其为逻辑层。

（3）在OSI参考模型中，高一层数据不含低层协议控制信息，这使得相邻层之间保持相对的独立性，即有着清晰的接口。这样低层实现方法的变化不会影响高一层功能的执行。

2. IEEE 802局域网标准

电气和电子工程师协会（IEEE）是世界上最大的专业学会，它于1980年2月成立了802课题组（IEEE Standards Project 802），并于1981年底提出了IEEE 802局域网标准。该标准目前在国际上已获得广泛的认可与应用。

IEEE 802标准相当于OSI参考模型的第一层和第二层，其功能基本上由硬件实现，并制造成相应的集成电路芯片。而其高层与OSI参考模型保持兼容，功能完全由软件实现，它提供两个站之间的端—端服务。IEEE 802标准所提供的功能是局域网应完成的最小的通信功能。该标准中，关于体系结构、寻址方法的要求和其他综述由802.1（综述和体系结构）文本提供，它规定了三个层次的内容，即逻辑链路控制（LLC）层、介质存取（访问）控制（MAC）层和物理（PS）层。其中PS层与OSI参考模型的物理层对应，而LLC层和MAC层相当于OSI参考模型的链路层，如图4-39所示。

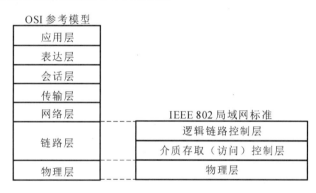

图4-39　IEEE 802标准与OSI模型的层次关系

IEEE 802标准将链路层划分为两个层次，理由如下。

（1）在OSI模型的链路层中，缺少对多个源和多个目的地的链路进行访问管理所需的逻辑功能。因此，在IEEE标准的802.2文本中，针对局域网规定了LLC层对多个源和多个目的地的链路进行访问管理的逻辑功能。

（2）IEEE 802课题组认为单一的结构不可能满足所有的应用场合。因此，在IEEE标准的802.3~802.5文本中提供了若干MAC方式，即选定了带冲突检测的载波监听多路存取（CSMA/CD）、令牌总线（token bus）、令牌环（token ring）等多种网络结构的MAC方式。

IEEE 802标准的结构如图4-40所示。

图中802.1为"┐"型，它的垂直部分跨越其他所有各层，这是体系结构文件的需求，由于这一部分还不能算一种标准，只提供概述和辅助信息，可作为今后实践的指南，因此用虚线表示；802.1的水平部分属于网络内部的互联，它是一种标准，故用实线表示。

分散控制系统是局域网的一种特殊情况，显然，IEEE 802标准适用于分散控制系统。

3. 制造自动化协议（MAP）

制造自动化协议（manufacturing automation protocol，MAP）是由美国通用汽车公司（general motors，GM）于1982年开始的一项研究计划。它的提出是基于这样的一个事实：

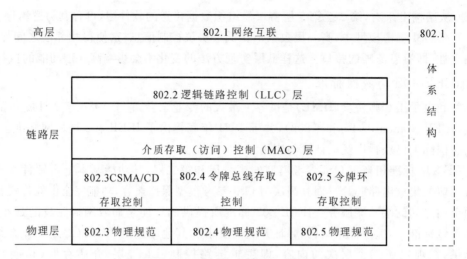

图 4-40　IEEE 802 标准的结构

在工业制造和过程控制领域使用了大量的自成体系的专利网络通信系统,这导致虽然系统本身性能非常优良,但系统之间却互不相通,这种"自动化孤岛"现象对计算机工业控制系统的发展显然是个巨大障碍。为了解决这个问题,GM 的 MAP 工作组以 ISO 的 OSI 模型为基础,建立了一个适合于工业控制领域的网络互联分层协议——MAP。

实际上,MAP 只是各种智能设备之间进行通信的一个规范,而不是开发的一个新标准,它是从现有的文件和已执行的标准中,选择出的各种智能设备应共同遵循的标准。事实上,MAP 的每层协议分别采用的是 IEEE 802.4、ISO、NBS(美国国家标准局)的有关标准。

MAP 被提出后历经诸多版本,最终于 1987 年确定了最终的 MAP3.0 版本,现已形成了拥有几千个成员的 MAP 用户集团。MAP 代表着工业控制领域网络通信结构的发展方向,对分散控制系统的发展具有深远的影响。

1) MAP 的几种形式

在 MAP 的发展过程中,先后形成了宽带 MAP、EPA MAP 和 Mini-MAP 几种形式。这几种形式的 MAP 并不互相排斥,而是能连接起来,完成不同层次的网络通信任务。能实现完整的 OSI 七层协议,并具有从装置级到主管(公司)级的所有通信功能的 MAP,称为全 MAP。

2) MAP3.0 的结构特点

MAP3.0 结构基于 IEEE 802 协议,它的数据链路层也分为两个子层,即逻辑链路控制(LLC)层和介质存取(访问)控制(MAC)层。其中 LLC 层与 IEEE 802.2 逻辑链路控制层协议中的非应答无连接服务基本相符;MAC 层则与 IEEE 802.4 令牌总线协议基本一致。

MAP 的逻辑链路控制层采用了 IEEE 802.2 逻辑链路控制层中最简单的一种服务方式:非应答无连接服务。选择这种服务方式的原因是它的简单性——可以通过超大规模集成电路(VLSI)来实现,从而大大降低网络造价。而由这种简单性带来的诸如数据接收顺序倒置、无(或很少)差错恢复功能、无流量控制、传输保障性差等问题,可由 MAP 结构中的较高层来解决,同时其物理层可以保证有较高的无故障率。在有些实际应用中,根据某些特殊要求也可提供有应答无连接的服务。

MAP 的介质存取(访问)控制采用了 IEEE 802.4 令牌总线协议,基于以下原因:

(1) 令牌总线是现行所有的 IEEE 802 协议中唯一支持宽带传播的;

（2）目前工业现场使用的很多可编程器件都是基于令牌总线协议进行通信的；

（3）令牌总线可以支持数据的优先级；

（4）令牌总线中高优先级的数据可以在确定的有限时间内送达，具有较好的实时性。

在 MAP 结构中，MAP 帧采用了 48 位地址结构。这样，不仅可在单一局域网中容纳更多的节点，还可以在多个互联的网络（甚至广域网）中为某个节点提供唯一的标识。

3）MAP 在工业领域的应用

目前，计算机工业控制系统采用的分层模型，以 NBS（美国国家标准局）模型最为普遍，下面针对 NBS 模型说明各种形式的 MAP 在工业控制中的应用。

NBS 模型将工业计算机控制系统划分为六个层次，如图 4-41（a）所示。NBS 模型的每一层都具有限定的通信要求和数据处理能力。

主管（公司）级	TOP，X.25
工厂级	宽带 MAP
区域级	EPA MAP
单元/管理级	EPA MAP
设备级	Mini-MAP
装置级	专用网络协议

(a) NBS分层模型　　　　(b) MAP网络

图 4-41　NBS 模型的 MAP 网络实现

按照 NBS 模型，用 MAP 构成工业控制系统时，各层采用的协议如图 4-41（b）所示。其中：主管（公司）级采用远程通信网络，多应用 TOP 和 X.25 协议，它们与 MAP 无关；工厂级采用宽带 MAP；区域级和单元/管理级采用 EPA MAP；设备级采用 Mini-MAP；装置级目前尚无标准化协议。

图 4-42 所示为一个实际应用的 MAP 系统。

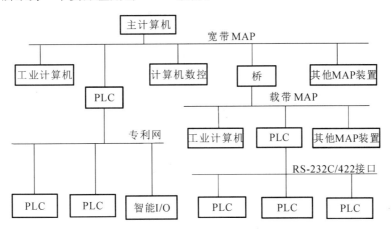

图 4-42　MAP 的实际应用

目前，MAP 技术正走向成熟，并为越来越多的人所接受。

4. 网络间的互联

实现网络之间的互联有不同方式，常见的有以下几种。

1）采用中继器（repeater）方式

当多个网络系统具有共同的特性时，这些相容网络间的互联是最为简单的，此时，只要在物理层采用中继器即可实现互联，如图 4-43 所示。目前，市场上最常见的中继器是集线器。

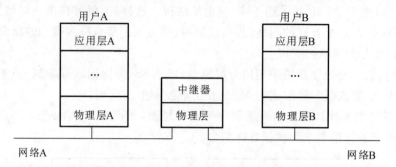

图 4-43　采用中继器实现网络互联

2）采用网桥（bridge）方式

当相连网络具有相同逻辑链路控制协议，但采用不同的介质存取（访问）控制协议时，不能采用简单的中继器，而必须采用网桥实现网络互联，如图 4-44 所示。目前，市场上最常见的网桥是交换机。

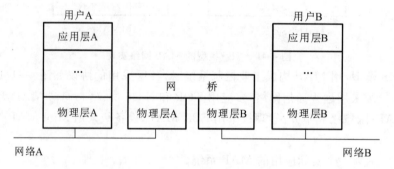

图 4-44　采用网桥实现网络互联

网桥对帧的格式不加以修改，不重新包装，但要设置足够大的缓冲区满足高峰需求，还必须具备寻址和路由选择的功能。

3）采用路由器（router）方式

当相连网络的逻辑链路控制协议不相同时，不能采用中继器和网桥，可以采用路由器实现网络互联，如图 4-45 所示。

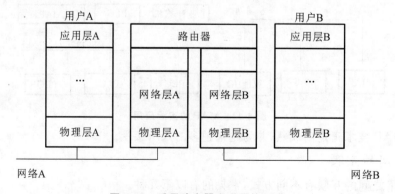

图 4-45　采用路由器实现网络互联

　　路由器在网络层实现网络互联,它主要完成网络层的功能。路由器负责将数据分组,从源端主机沿最佳路径传送到目的端主机。

　　网络互联接口应用在局域网的扩展和较大的分散控制系统中,其占有十分重要的地位,特别是在现代火电厂的综合自动化系统中,路由器是将厂内各种数字系统集成为一个实用大系统的主要关键设备。

4.5　典型系统的软件

　　上海新华控制技术(集团)有限公司 XDPS 分散控制系统是一个融计算机、网络、数据库、信息技术和自动控制技术为一体的工业信息技术系列产品。XDPS 是英语 XINHUA Distributed Processing System 的缩写,中文含义为新华分布处理系统。

　　XDPS 分散控制系统为用户提供了统一的分布处理平台软件。根据生产过程的规模,XDPS 分散控制系统可以小到只有一个节点,也可扩展到有 250 个节点,这些节点可以是实际的 DPU,也可以是虚拟 DPU(virtual distributed processing unit,VDPU),可以是操作员站(OPU)或工程师站(ENG),也可以是历史记录站(HSU)等。各个节点间的数据可以共享,也可以为各自的节点所独用。XDPS 分散控制系统为这些应用提供了有自主产权的系统应用软件,方便用户使用。

　　以下将对 XDPS 分散控制系统中的 DPU 软件、MMI 软件、GTW 软件等三个组态软件的基本内容、功能及应用进行介绍。

4.5.1　DPU 软件

　　DPU 软件是用于对 DPU 或 VDPU 进行组态的软件。在 XDPS 分散控制系统中,把能对实时数据进行处理并按要求实现逻辑控制和计算功能的节点称为 DPU 或 VDPU。

　　DPU 的组态包括 DPU 内部控制策略的确定、内部点与输入输出卡件上通道之间对应关系的确定、内部点与全局点之间关系的确定等内容。

　　在 XDPS 分散控制系统中,把测点分为全局点和内部点两类。全局点是在 XDPS 分散控制系统中所有 DPU 上网点的集合,因此,它是系统中可共享的资源。在 XDPS 分散控制系统中,把全局点组成全局点目录,它也被称为实时数据库。内部点是某节点所使用的数据点,其数据不能被其他节点所共享。

　　为了对 DPU 进行定位,每个 DPU 都要有一个地址号,这个地址号就是它的节点号。在 XDPS 分散控制系统中,DPU 通过实时网或内部路由器与其他 DPU 或 MMI 连接。实时网可以冗余,使用不同的通信协议。DPU 可以单机配置,也可以冗余配置。此外,DPU 除了通过输入输出驱动与生产过程的变量连接外,也可以直接通过实时网与网上的其他节点通信。因此,对 DPU 的定位是很重要的工作。

　　DPU 可以冗余配置。XDPS 规定,冗余配置 DPU 的节点号占用 1～20 号和 61～80 号,相应的冗余 DPU 为 21～40 和 81～100,即相差 20。而 DPU 以小号码对外标识。如 3 号与 23 号 DPU 被认为是互为冗余的 DPU,在发送操作指令时,指明 3 号,23 号 DPU 也会接收。对于组态指令,则必须指明针对 3 号还是 23 号 DPU。

　　1. 点目录组态文件

　　XDPS 分散控制系统组态前的首要工作是建立点目录组态文件。点目录组态文件以

Pointdir. cfg 的文本文件格式存放,可以用 Windows 中的记事本或写字板进行编辑,也可以用其他通用的文件编辑工具或数据库生成工具来编辑。

点目录文件定义所有全局点的标识、显式格式、描述、源节点等信息。在一个工程项目中,点目录组态文件只有一个,作为共享资源,它被加载到系统中所有节点的数据存储装置内。

点目录组态文件包括三部分,每一部分都以 END 结束。第一部分是点目录组态文件的说明,内容包括生成该点目录组态文件的软件版本号、项目名称和生成文件的时间等,第二部分是对模拟量测点进行描述的有关内容,第三部分是对开关量测点进行描述的有关内容,最后以 END 结束点目录组态文件。

点目录组态文件中模拟量和开关量各参数的定义和约定如表 4-15、表 4-16 所示。

表 4-15　点目录组态文件中模拟量参数的定义和约定

序号	名称	定义和约定规则	备注
1	源节点号	本测点信号来源于哪个源节点,则填写该源节点的节点号,节点号可以是 DPU 或 VDPU 的节点号。 当本测点信号来自冗余 DPU 时,使用节点号小的 DPU 号(如 1～20)。 该参数为 0,表示由 MMI 自动识别本测点的源节点号	DPU 的节点号按主 DPU 节点号小(如 1～20),冗余 DPU 节点号大(如 21～40)的原则进行分配
2	超时周期	输入超时数,超时周期＝超时数×超时单位。超时单位是 100 ms。 超时数有 5、10、20、50、100 几挡,预置值是 10。 该参数为 0,表示由 MMI 自动识别本测点的超时周期	
3	测点名称	模拟量检测点名称。用 1～11 个字符表示,以字符 0 为结束字符。不区分大小写字母。 不允许的字符包括,""! @#$%^&*－＋及空格	通常可采用该仪表位号＊
4	测点描述	描述检测点的字符串,用 0～31 个字符表示,以字符 0 为结束字符。不允许的字符包括","(逗号),区分大小写字母,允许在字符串中存在空格,但字符串前的空格会被软件忽略,常用下划线代替串中空格	
5	特征字符	由 4 个 ASCII 字符组成,分别表示检测点的分区、分类和分组及检测点组的过滤特性,用于测点的查找。 可使用 26 个英文字母,大小写字母都按大写字母处理。字符＊是通配字符。字符^表示未定义或缺省。字符可进行"与""或"等组合,例如,＊TF 表示任何系统,温度测点的 F 组	第一字符是系统分区;第二字符是测点分类;第三字符是组别;第四字符是数据一览和打印时测点组过滤特性
6	测点单位	检测点的工程单位,用 0～11 个字符表示,以字符 0 为结束字符,不允许的字符包括","(逗号),区分大小写字母	
7	打印格式	缺省显示打印的数据格式,用×.×表示数据的有效位数和小数位数。例如,7.2 表示总有效位数为 7 位,小数位数为 2 位	在多数场合软件使用该格式。 下同。总位数不足时不补 0

序号	名称	定义和约定规则	备注
8	量程上限	检测点的量程上限,用浮点数表示。缺省值是 0.0。 如上下限都为 0.0,则表示上下限不存在	
9	量程下限	检测点的量程下限,用浮点数表示。缺省值是 0.0。 如上下限都为 0.0,则表示上下限不存在	
10	趋势点时间	本地测点用于作为趋势点采集时,采集趋势点数据的 间隔时间。 采集时间的单位是 min,数据是整数。缺省值是 0	

表 4-16　点目录组态文件中开关量参数的定义和约定

序号	名称	定义和约定规则	备注
1	源节点号	同表 4-15	
2	超时周期	同表 4-15	
3	测点名称	开关量检测点名称,用 1～11 个字符表示,以字符 0 为结束字符	通常可采用该仪表位号
4	测点描述	同表 4-15	
5	特征字符	同表 4-15	
6	测点 ON 时显示	检测点在 0 状态时显示或打印的字符,用 0～11 个字符表示,以字符 0 为结束字符。不允许"，"(逗 号)或空格,区分大小写字母	
7	测点 OFF 时显示	检测点在 1 状态时显示或打印的字符,用 0～11 个字符表示,以字符 0 为结束字符。不允许"，"(逗 号)或空格,区分大小写字母	
8	趋势点时间	本地测点用于作为趋势点采集时,采集一次数据 的间隔时间。 采集时间的单位是 min,数据是整数。缺省值是 0	

2. 点组定义文件

为了对检测点一览、报警等测点进行分类分组,XDPS 分散控制系统设计了点组定义文件。点组定义文件与点目录组态文件一样,也是文本文件,它以 Pointgrp. cfg 为文件名,与点目录组态文件 Pointdir. cfg 一起存放在 ENG 目录下。

点组定义文件的格式如下:

BeginGrp

测点组名＝特征字过滤串,特征字过滤串,特征字过滤串,测点组描述

……

EndGrp

可见,点组定义文件由 BeginGrp 开始,用 EndGrp 结束。文件可以由多行组成,每行定义一个点组,文件中参数的定义和约定如表 4-17 所示。

表 4-17 点组定义文件中参数的定义和约定

序号	名称	定义和约定规则	备注
1	测点组名	检测点组的名称,是用 1~11 个字符表示的字符串,不允许空格	
2	特征字过滤串	由 4 个 ASCII 字符组成,分别表示检测点的分区、分类和分组及检测点组的过滤特性。用于测点的查找。 可使用 26 个英文字母,大小写字母都按大写字母处理,字符 * 是通配字符。 只要一个字符与测点特征字符相符,该测点就满足该串的匹配。 如被过滤测点的 3 个特征字符都通过匹配,则该测点属于本测点组	用于测点的过滤,使满足过滤条件的测点被查找到
3	测点组描述	用于本测点组的描述,用 1~31 个字符表示	

3. 功能模块

功能模块(function block,FB)是 DPU 组态的基本元素。它的作用与模拟式单元组合仪表相似。在 XDPS 分散控制系统中,制造厂预先定义并提供了多种类型和功能的功能模块,为用户实现各种应用提供服务。功能模块是一组子程序,符合 IEC 61131-3 标准。当调用功能模块时,就执行该子程序,并把执行的结果送到有关输出端所对应的存储单元。

功能模块的基本组成包括输入、输出和参数。在 XDPS 分散控制系统中,也把功能模块简称为模块(block,B)。

在 XDPS 分散控制系统中,根据不同的应用要求,功能模块有不同分类,如表 4-18 所示。

表 4-18 XDPS 分散控制系统功能模块一览

功能模块符号		功能模块名称	ID 号	功能	备注
网络功能模块	XNETAI	模拟量下网	100	接收其他 DPU 的上网模拟量	
	XNETDI	开关量下网	101	接收其他 DPU 的上网开关量	
	XNETAO	模拟量上网	102	其他功能模块的模拟量广播上网	
	XNETDO	开关量上网	103	其他功能模块的开关量广播上网	
过程输入输出	XAI	模拟量输入	104	过程模拟量的输入	
	XDI	开关量输入	105	过程开关量的输入	
	XAO	模拟量输出	106	过程模拟量的输出	
	XDO	开关量输出	107	过程开关量的输出	
	XPI	脉冲量输入	108	过程脉冲量的输入	

续表

功能模块符号		功能模块名称	ID 号	功能	备注
页间传递	XPgAI	页间模拟量输入	110	本 DPU 其他页模拟量的输入	PgAO,XAI,XAO,XPI
	XPgDI	页间开关量输入	111	本 DPU 其他页开关量的输入	PgDO,XDI,XDO
	XPgAO	页间模拟量输出	112	本页模拟量供其他页 PgAI 读取	
	XPgDO	页间开关量输出	113	本页开关量供其他页 PgDI 读取	
模拟函数	Add	两输入加法器	1	2 个浮点输入变量相加,输出浮点变量	
	Mul	乘法器	2	2 个浮点输入变量相乘,输出浮点变量	
	Div	除法器	3	2 个浮点输入变量相除,输出浮点变量	
	Sqrt	开方器	4	浮点输入变量开方,输出浮点变量	
	Abs	取绝对值	5	对浮点输入变量取绝对值,输出浮点变量	
	Polynom	五次多项式	6	浮点输入变量的五次多项式运算	
	Sum8	八输入数学统计器	7	8 个浮点变量的加或减,输出浮点变量	
	f(X)	12 段函数变换	8	12 段折线近似	
	保留		9		保留
	Pow/Log	指数/对数运算	10	对浮点变量进行指数/对数运算	
	TriAngle	三角和反三角函数	11	对浮点变量进行三角或反三角函数运算	
	PTCal	热力性质计算	12	进行热力性质的计算	
	Fuzz	模糊子集隶属度	13	计算模拟输入量的模糊子集隶属度	新增
	Defuzz	反模糊计算函数	14	计算反模糊计算函数	新增
时间过程函数	LeadLag	超前滞后模块	20	对输入变量进行超前滞后运算	
	Delay	滞后模块	21	对输入进行纯滞后运算	
	Diff	微分模块	22	对输入进行微分运算	
	TSum	时域统计模块	23	特定时间内的统计运算	
	Filter	数字滤波器	24	对输入进行 8 阶数字滤波	
	Rmp	斜坡信号发生器	25	产生斜坡信号	
	f(t)	段信号发生器	26	产生按时间顺序工作的信号	
	PRBS	伪随机信号发生器	27	产生伪随机信号 PRBS	
	TSumD	时域开关量统计	28	输入开关量状态的统计	

功能模块符号		功能模块名称	ID 号	功能	备注
控制算法	TwoSel	两选一选择器	30	按 2 个输入信号和一定方式运算后输出	平均、低选、高选等
	ThrSel	三选一选择器	31	按 3 个输入信号和一定方式运算后输出	平均、低选、高选等
	SFT	无扰动切换模块	32	按输入开关量值选择其中一个输出	
	HLLmt	高低限幅器	33	对输入进行上下限的限幅后输出	
	HLAlm	高低限报警	34	对输入进行高低限检查,超限时报警输出	
	RatLmt	速率限制器	35	使输出的变化速率限制在上下速率限内	
	RatAlm	速率报警器	36	检查输出的变化速率,超限时报警输出	
	Dev	偏差运算	37	对 2 个输入的偏差进行运算并输出	
	EPid	PID 运算	38	对输入的偏差进行 PID 运算并输出	
		简单 PID 运算	39		保留
	Balan2	两输出平衡模块	40	用于 PID 输出的平衡操作	
	Balan8	八输入平衡模块	41	8 个输入的平衡运算	
	DDS	数字驱动伺服模块	42	根据偏差实现开关量输出	
	FTAB	查表式模糊控制器	43	根据模糊控制隶属度表查表后输出	
	SAIPro	慢信号保护模块	44	对慢变信号的高低限和变化率进行判别	
逻辑运算	And	两输入与	50	对 2 个布尔输入变量进行与运算	
	Or	两输入或	51	对 2 个布尔输入变量进行或运算	
	Not	反相器	52	对 1 个布尔输入变量进行取反运算	
	Xor	异或器	53	对 2 个布尔输入变量进行异或运算	
	Qor8	八输入变量或	54	对 8 个布尔输入变量进行或运算	
	RsFlp	RS 触发器	55	组成 RS 触发器,输出 2 个布尔变量	
	Timer	定时器	56	定时和延时	
	Cnt	计数器	57	计数和累积	
	Cmp	模拟比较器	58	对 2 个模拟输入变量进行比较,输出布尔变量	
	CycTimer	循环定时器	59	当前时间与设定时间比较,输出脉冲信号	
	Step	步序控制器	60	顺序控制器	
	SPO	软件脉冲列输出	61	脉冲序列发生	

续表

功能模块符号		功能模块名称	ID 号	功能	备注
手操器	S/MA	模拟软手操器	70	软件实现的模拟量手操器	
	KBML	键盘模拟量增减	71	输出可接收增减输出的操作指令	
	DEVICE	数字手操器	72	完成单台设备的基本控制和联锁保护逻辑	
	D/MA	简单数字手操器	73	输出可被操作的布尔变量,接收操作指令	
	EDEVICE	电气数字手操器	74	满足电气设备接口控制要求的手操器	
特殊功能模块	TQ	品质(状态)测试	80	测试输入测点状态,转换成布尔变量输出	
	Event	触发执行事件	81	根据输入布尔变量,按定义触发指定事件	
	B16ToL	16 位布尔变量转换为长整型变量	82	将 16 位布尔变量转换为长整型变量	
	LToB16	长整型变量转换为 16 位布尔变量	83	将长整型变量转换为 16 位布尔变量	
	LTOF	长整型模拟变量含义转换器	84	以定义方式将长整型变量转换为浮点数	
	TDPU	节点(状态)测试	85	读取指定节点的状态	
	DisAlm	上网报警闭锁模块	86	禁止上网功能模块的报警	
	ChgAlm	上网报警限修改	87	对上网报警限进行修改	
	TCard	I/O 卡件测试模块	88	对指定 I/O 站的 I/O 卡件进行品质测试	
	TNode	I/O 站测试模块	89	测试指定 I/O 站的品质	

4. DPU 的组态

DPU 组态软件主要用于完成对 DPU 或 VDPU 进行组态、调试和组态文件保存等任务。软件可以对组态文件进行离线组态或在线组态,组态后的文件能保存在存储设备,例如软磁盘或硬磁盘中;也可以上装已组态好的文件,并保存在磁盘中。通过组态软件提供的图形组态界面,用户可以直接对 DPU 进行控制组态的修改、操作、调试及观察趋势曲线等。

1) 组态环境

DPU 组态需要在一定的硬件工作环境及已完成的有关用户控制策略等软件工作的基础上才能运行。

(1) 硬件环境。XDPS 分散控制系统采用冗余 DPU,它的系统硬件由制造厂商提供。对 DPU 的组态可以用两种方法实现。一种方法是通过 MMI 站完成 DPU 组态,然后下装有关的组态文件。另一种方法是通过调制解调器内远程的其他计算机站完成组态,然后通过 TCP/IP 网络协议把组态文件传送(下装)到 DPU。用户通常采用第一种方法,因为有 MMI 可以直接使用,不需要增加硬件设备。

（2）软件环境。采用第一种方法时，在 MMI 的工程师站应安装上海新华公司的 NetWin. exe 软件及 Dpucfg. exe 软件。采用第二种方法时还需要安装与 Windows NT 有关的网络服务软件 RAS。

（3）用户控制组态方案。根据已经完成的点目录组态文件、点组定义文件及可使用的功能模块，结合用户的控制要求，绘制用户控制组态方案的框图，在图中要说明输入和输出的连接关系及各功能模块的参数、输出初值等。也可以用表格的方式完成用户控制组态方案表，在表中需列出各功能模块输入所连接的指针、参数及输出初值等。列表时还需列出各功能模块的模块号和执行序号。

2）控制组态工作

控制组态工作是将用户的控制组态方案在 XDPS 分散控制系统的 DPU 中实现。主要包括下列内容。

（1）启动 Dpucfg. exe，建立组态文件。在 MMI 的工程师站或在远程站上启动 XDPS 分散控制系统的总控软件 NetWin. exe，登录后即可进入 DPU 组态画面。

（2）页面编辑。页面编辑有建立新页、删除页和页面属性编辑等内容。

（3）功能模块编辑。功能模块编辑是组态工作的主要内容。功能模块的编辑包括功能模块的植入、功能模块数据编辑等内容。功能模块的植入是将所需的功能模块从功能库中取出，放到被组态的页面。对选中的功能模块可以进行功能模块参数的输入、连接、输出初值设置和属性的编辑等工作。

（4）组态软件的存储和装载。当全部页面的编辑工作完成后，就要把组态的文件保存起来，并将组态文件下装到 DPU。在调试过程中，有时需要对组态文件进行修改，因此，要将组态文件从 DPU 上装到 MMI 的工程师站或远程站。

5. 输入输出驱动程序

XDPS 分散控制系统除了与本公司生产的产品能进行信息的交换外，在系统中还设计了多种输入输出驱动程序，用于 XDPS 分散控制系统与其他分散控制系统的产品进行数据交换和通信。这些输入输出驱动程序作为 XDPS 分散控制系统与外界连接的接口，能很好地将自身的信息提供给外部设备，同时，能很好地将外部设备的信息转换成本系统可使用的信息，为本系统所使用。

输入驱动程序完成对外部设备的数据采集。它根据外部设备的数据类型、数据的存储格式等属性，将外部设备的数据采集到 DPU 中，并根据 DPU 对数据的分类、数据存储格式等属性存放到 XDPS 分散控制系统的全局数据库中。数据可以是模拟量、开关量、脉冲量等；数据类型可以是浮点数、整型数、长整型数、布尔数、时间类型数等。

输出驱动程序用于将 XDPS 分散控制系统的输出数据传送到外部设备，用于驱动外部设备运作。同样，对输出的数据要进行分类，并按照 XDPS 所规定的数据格式进行存取。

XDPS 分散控制系统已开发了多种输入输出驱动程序。主要有：

（1）RS-485 的位总线，用于连接 XDPS 分散控制系统输入输出卡件；

（2）多个 RS-232 串行接口，用于连接上海新华公司的 DEH-Ⅲ产品的输入输出卡件；

（3）ISA/PCI 总线，用于连接 ISA/PCI 总线的工业输入输出卡件；

（4）RTU 驱动，用于连接符合 DNP、CDT、SCHDI 协议的 TRU 设备；

（5）Profibus 驱动，用于连接标准的符合 Profibus 总线协议的设备；

（6）HART 驱动，用于连接标准的符合 HART 协议的设备；

（7）893 驱动,用于连接标准的符合 893 协议的设备；

（8）Modbus 驱动,用于连接标准的符合 Modbus 总线协议的设备。

4.5.2　MMI 软件

XDPS 分散控制系统中,操作员站、工程师站等人机界面采用 MMI 软件。MMI 软件包括图形生成软件 Maker、图形显示软件 Show、制表数据收集软件 Tabrec、单点显示软件 Single 和趋势显示软件 Trend 等。

1. 图形生成软件

图形生成软件（Maker）是在 Microsoft Windows95 以上或 Windows NT 环境下运行的 Windows 可执行程序。它为用户提供各种模拟观察对象的模拟基图目标,辅以趋势图、X-Y 目标、报警和动态位图等特殊目标,并可将图中各种目标与实时数据、报警记录进行动态连接。Maker 同时还提供了对目标或各种动态连接进行编辑、拷贝、修改的手段,使用户能在很短的时间内生成彩色形象且与实时数据相连的图形文件。用户可通过与 Maker 对应的软件（图形显示软件）显示生成的文件,观察真实世界的形象动态显示。

用户可同时编辑多个图形文件,通过 Windows 的剪裁板或拖放工具来实现不同图形文件之间的拷贝。图形组态软件使用面向目标的方法实现实时动画,它向用户提供了生成和处理的强有力的工具。用户可以几乎像对待实际目标那样来建立和处理目标。

1）基本概念

XDPS 分散控制系统的图形生成软件中采用了"目标"的概念。Maker 中使用、定义了三大类目标:基图目标、动画连接目标和特殊目标。其中动画连接目标不能单独存在,必须附属在基图目标上。有动画连接的目标可被实时数据修改,即动画化。动画连接在编辑时是不可见的,用户可通过确定基图目标,再触发动画连接目标的对话框进行修改和编辑,特殊目标不能连接动画连接目标。

（1）基图目标:包含线、填充形、文本、按钮和位图。每种基图目标有许多画图属性,其中有一部分（不是全部）可连接到动画连接目标,这些属性叫作动画属性。

（2）动画连接目标:具体包括触接连接、颜色连接、输出连接以及其他连接。一个动画连接目标不能单独存在,它只能附属于某一个具体的基图目标上。一个动画连接目标只能连接在一个基图目标上,而一个基图目标可以连接多个动画连接目标,只要这种连接是被允许的。相同类型的动画连接目标连至同一目标时,只有最后一个有变化的动画连接起作用。

（3）特殊目标:包括趋势图、X-Y 目标和报警以及动态位图。

趋势图是一个矩形区域,可以配置来显示与时间有关的一个或多个变量的图形,Maker 中允许每个趋势图中有 6 个变量。

X-Y 目标是一个矩形区域,可以配置来显示表示两个变量之间关系的图形,一个 X-Y 目标只允许配置一对变量。

报警目标是一个矩形区域,可以配置来显示指定测点的报警状态。指定测点时用报警优先级及测点的特征字。

动态位图指定一组位图,当满足某一条件时,顺序显示（按指定间隔）这些位图,以起到动画的效果。Maker 中规定每个动态位图目标最多定义 32 幅位图。

2）软件基本操作

图形生成软件的基本操作包括基本目标的绘制、基本目标的属性设定及修改、动画连接、图库的使用等。详细的操作方法可参见有关说明书。

2.过程画面的建立和合成

过程画面是用户针对自己的生产过程特点而绘制的生产过程流程图、概貌图、仪表面板图等画面，根据生成过程的不同，过程画面是不同的。分散控制系统制造商提供的各种图形生成软件和图形库等只是完成过程画面的基本元素和手段，用户需要结合生产过程的特点，充分利用制造商提供的基本元素和绘制工具，设计出有自己特色的过程画面。

1）过程画面的设计

根据生产过程的要求，控制工程师应与工艺技术人员、管理人员共同讨论，对生产过程的流程图进行合理的分页，对报警点进行合理的选择，对仪表面板进行合理的布置等，使整个分散控制系统能反映自动化水平和管理水平，使操作、控制和管理有高起点、新思路。

设计的原则是适应分散控制系统的特点，采用分层次、分等级的方法设计过程画面。

生产过程流程图画面是操作人员与工艺生产过程之间的重要界面，设计的好坏直接关系到操作水平的高低。生产过程流程图画面的设计是利用图形、文字、颜色、显示数据等多种媒体的组合，使被控过程图形化，为操作人员提供最佳的操作环境。

2）过程流程图中数据的显示

过程流程图中的数据显示是动态画面的设计内容。数据显示的设计主要应注意以下几个方面的问题。

（1）数据显示的位置。数据显示的位置应尽可能靠近被检测的部位。

（2）数据显示的方式。动态数据显示的方式有数据显示、文字显示和图形显示等三种。数据显示用于需要定量显示检测结果的场合。应根据不同的显示目的选择一种或几种数据显示方式。

（3）显示数据的大小。显示数据的大小应合适，以减少误读率。

（4）数据的更新速度和显示精度。数据的更新速度受人的视觉神经细胞感受速度的制约，过快的速度会使操作人员眼花缭乱，不知所措。速度过慢不仅减少了信息量，而且对操作人员的视觉激励减少。根据被校和被测对象的特性，数据的更新速度可以不同。

3）动态键的设计

动态键又称为软键，它是相对于静态键而言的。静态键指键盘上的一些键，例如在XDPS分散控制系统中键盘上的按键。广义的动态键指在画面上的一些动画连接目标，当激励这些动画连接目标时，与它对应的显示分页或操作命令被调用或执行。狭义的动态键指在屏幕上用组态方法设计的按键，用鼠标点击或使用触摸屏时，指向或离开该按键时，能调用或执行与它相连接的分页画面或操作指令。在XDPS分散控制系统中，用图形生成软件中的动画连接目标可以方便地设计动态键。

动态键设计的原则：与静态键配合，用尽可能少的按压按键的次数（包括按压静态键和动态键次数）来调用分页画面、仪表面板图和其他画面，或执行有关的操作命令等。

4）操作键盘上用户定义键的设置

XDPS分散控制系统操作键盘的左边有40个用户定义键。通过对它们进行组态，可以直接调用有关的画面或执行有关的操作。

XDPS分散控制系统的操作键盘是一个防水的薄膜键盘，可以对过程显示数据进行监视、操作和控制。用户定义键区的按键是与动态键有相似功能的按键,但在系统中,它们的功能一旦被定义后就是确定的。而在不同画面上的动态键,可以在相同的位置显示,能连接不同的操作命令。

5)图形显示的界面设置

XDPS 分散控制系统采用 Windows 操作系统,它具有多窗口显示的特性。图形显示界面的设置是通过图形显示组态文件 Show.ini 来实现的。

3.预定义的显示软件

XDPS 分散控制系统为用户提供了自检、单点显示、数据库一览、报警一览、报警历史和趋势显示等软件,使用户能方便地对系统进行检查、监视和维修。

1)自检软件

XDPS 分散控制系统的自检软件是一个实用的应用软件。它可运行在系统中的各个操作员站或工程师站上,给系统运行人员、调试维修人员提供简便和直观的系统硬件概况。

自检软件为操作人员提供以下几个功能:

(1)冗余数据高速公路上各网络节点的运行状态监测;

(2)系统 DPU 中 I/O 站工作状态监测;

(3)DPU 中 I/O 站下各输入输出卡件上各通道的状态监测和对应的全局点监测。

自检软件由两个文件组成:自检软件的可执行文件 SELFTEST.exe,通常放置在 XDPS2.0\MMI\BIN\子目录下;自检软件的配置文件 SELFTEST.cfg,通常放置在 XDPS2.0\X2DATA\ENG\子目录下。

2)单点显示软件

单点显示软件 Single.exe 是 XDPS 分散控制系统的一个应用软件。单点显示软件工作在系统的 MMI 上,主要用来监测全局数据库 XDB 中某一测点实时数据的变化,确保用户能够集中注意力,观察所关心的测点数据。单点显示软件还具有一定的操作功能,能够在线修改测点的状态、报警、实时值。单点显示软件通常与系统中的其他模块协同工作,方便系统调试和控制,如全局数据库一览软件 XList、报警一览软件 AlmLst、报警历史软件 Alm-His。

单点显示软件运行时,需要用户指明目标测点在全局数据库 XDB 中的位置,单点显示软件将自动识别该测点的类型(模拟点、开关点)。

3)数据库一览

全局数据库一览软件 XList 工作在系统的 MMI 上,主要用来监测全局数据库 XDB 中测点实时数据的变化。XList 提供了较为完善的观察手段,确保用户能够集中注意力,观察所关心的测点数据,如:

(1)根据测点的静态特性过滤输出测点类型、服务器、节点号、测点组、测点名;

(2)根据测点的动态特性过滤输出品质坏点、扫描切除点、报警点、报警未确认点;

(3)在命令行中指定过滤参数,程序启动后直接显示目标测点,这一功能常用于指定 MMI 触摸连接参数;

(4)单个测点查找;

(5)暂停 XList 扫描 XDB;

(6)测点显示输出项目选择;

(7)打印输出。

XList 还能与系统中的其他模块协同工作,方便系统调试和控制。如:调用单点显示软件在线修改测点设置和实时数据;拷贝指定测点至系统其他模块,如趋势显示软件 Trend。

4) 报警一览

报警一览软件 AlmLst 工作在系统的 MMI 上,主要用来监测全局数据库 XDB 中报警测点实时数据的变化,并且使用不同的字体、颜色直观地标注各个报警测点的优先级。因此,AlmLst 可以看作全局数据库一览软件 XList 的辅助工具。

AlmLst 提供了较为完善的观察手段,确保用户能够集中注意力,观察关心的测点数据,如:

(1) 根据测点的静态特性过滤输出测点类型、服务器、节点号、测点组、报警优先级;

(2) 在命令行中指定过滤参数,程序启动后直接显示目标测点,这一功能常用于指定 MMI 触摸连接参数;

(3) 暂停 AlmLst 扫描 XDB;

(4) 测点显示输出项目选择;

(5) 打印输出;

(6) 报警弹出功能,及时提醒操作员系统的状态。

AlmLst 还能参与系统的调试和控制,如:调用单点显示软件在线修改测点设置和实时数据;在线确认报警测点。

5) 报警历史

报警历史软件 AlmHis 工作在系统的 MMI 上,主要用来显示报警实时队列和报警历史文件(* . alm)的记录信息,并且使用不同的字体、颜色直观地标注记录的类型。AlmHis 提供了较为完善的观察手段,确保用户能够集中注意力,观察所关心的记录数据,如:

(1) 根据报警记录的来源过滤输出实时队列、历史文件;

(2) 根据记录的类型过滤输出报警点(模拟点、开关点)记录、品质坏点(模拟点、开关点)记录、通告记录、操作记录、操作回答;

(3) 根据报警记录的静态特性过滤输出服务器、节点号、测点组、最低报警优先级;

(4) 在命令行中指定过滤参数,程序启动后直接显示目标测点,这一功能常用于指定 MMI 触摸连接参数;

(5) 暂停 AlmHis 扫描报警实时队列;

(6) 单个记录查看;

(7) 记录显示输出项目选择;

(8) 打印输出。

6) 趋势显示

趋势显示软件 Trend 工作在系统的 MMI 上,主要以图形的方式显示测点的实时趋势和历史趋势。Trend 的主要功能如下:

(1) 管理趋势组、趋势点的配置;

(2) 实时趋势显示,显示全局数据库 XDB 中有关趋势点的实时值;

(3) 历史趋势显示,显示历史收集 HisRec 记录的历史文件(* . His);

(4) 将历史文件(* . His)转换为文本文件,以供数据库管理系统或其他通用程序使用;

(5) 以图形方式或文本方式显示数据;

(6) 打印输出;

（7）在命令行中指定过滤参数，程序启动后直接显示目标测点，这一功能常用于指定 MMI 触摸连接参数。

Trend 还能与系统中的其他模块协同工作，方便系统调试和控制。如：从 MMI 的组态画面中以命令行的方式启动、快速显示特定的趋势组；从全局数据库一览软件 XList 中粘贴测点至 Trend，快速地配置一个趋势点。

7）条件触发软件

条件触发软件 TrigFig 工作在系统的 MMI 上，主要用来扫描实时数据库 XDB 中的重要报警记录。当报警发生时，TrigFig 根据用户配置，触发一系列动作，提醒用户注意，方便用户进行下一步操作。主要操作如下：

（1）弹出 TrigFig 窗口；

（2）在窗口中显示报警记录；

（3）触发声音报警；

（4）推出组态画面。

为了不影响其他模块的工作，在默认情况下，TrigFig 只显示一个较小的窗口。用户可以通过菜单项，选择更多的功能，获得更多的观察手段。条件触发软件的功能如下：

（1）根据记录的类型过滤输出模拟点报警、开关点报警、测点组报警；

（2）根据报警记录的静态特性过滤输出服务器、节点号、测点组、最低报警优先级；

（3）暂停 TrigFig 扫描 XDB；

（4）单个记录查看；

（5）记录显示输出项目选择；

（6）打印预览和输出。

4. 数据报表

XDPS 制表系统包括两大功能：数据收集和数据再现。数据收集应用程序运用了开放式数据库互联（ODBC）的概念，收集的数据可以写入用户定义的支持 ODBC 的数据源中，这样用户不仅可以运用系统提供的数据再现工具再现、统计、打印记录的数据，而且可以运用通用的数据库管理工具再现收集的数据，提高了系统的开放性。XDPS 制表数据再现基于 EXCEL 7.0 的应用程序，充分利用了 EXCEL 的功能，方便用户配置各种样式的报表。

XDPS 报表包括周期型报表、触发型报表、追忆数据型报表、SOE 型报表。周期型报表是指在一定的时间内所形成的报表，如时报、班报、日报、月报等。触发型报表是指当给定的条件满足时生成的报表。事故追忆是对事故发生过程的记录，一般过程为当某一开关量发生跳变时，记录跳变之前一段时间的数据和跳变之后一段时间的数据。SOE 是指事件跳变序列，它是高速采样（<1 ms）开关量板采集到的开关量跳变序列，SOE 型报表记录和再现这些跳变序列，供分析事故使用。

历史数据收集软件用于周期性地收集 XDPS 网上全局点（包括模拟量和开关量）的历史数据。存储于点目录中的点为全局点，只有全局点才可以被收集。同时该软件也收集 XDPS 网上所有的报警和通告信息，即日志。

周期报表记录器软件包括周期型报表数据收集、触发型报表数据收集、追忆数据收集、SOE 数据收集等。

报表打印程序是在 XDPS 操作员站运行的应用程序，通过此程序操作员可以向报表站发送报表打印命令，由报表站报表再现程序完成报表打印任务。

报表打印程序给用户提供选择报表和选择打印时间的用户界面,若用户需要打印周期型报表,则必须选择要打印的报表页名称和报表的起始时间;若用户需要打印触发型报表、追忆数据或 SOE 数据,则需填入要打印内容的起始时间和结束时间。用户确认要打印的内容后,报表打印程序就将选择的内容形成报表站可以接收的命令发送给报表站。报表站接收此命令后,打印出用户所需要的报表。

4.5.3 GTW 软件

XDPS 分散控制系统有两种对外连接的方式:I/O 驱动方式和网关(gateway,简称 GTW)软件方式。两种方式的接口层面如图 4-46 所示。I/O 驱动方式将外部系统的实时数据测点映射为 XDPS 分散控制系统的 I/O 地址(站号—板号—通道号),即将过程的输入输出测点认为是 XDPS 分散控制系统的输入输出卡件。映射的方式由输入输出驱动软件决定。GTW 软件方式面向 XDPS 分散控制系统的分布式全局实时数据库,它采用 XDPS 分散控制系统本身提供的 API,对实时数据库直接进行读写。通常,GTW 软件只能运行在 MMI 节点上。

I/O 驱动方式可方便地利用现有的 DPU 图形组态软件,实现图形组态、报警、控制运算等;而 GTW 软件方式通常只能实现与 XDPS 分散控制系统全局实时数据库 XDB 中全局测点的信息交换,无法利用 DPU 图形组态软件的功能,实现报警或控制运算较困难。此外,GTW 软件是单独编程的,只要能编制出复杂的程序,就能完成许多特殊的用户功能。

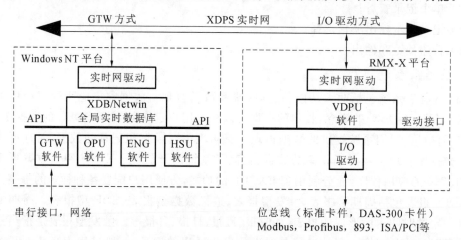

图 4-46 XDPS 的两种驱动方式

根据两种方式的特点,一些通用的 I/O 层面的外部连接接口采用 I/O 驱动方式。而一些仅需全局点值交换的简单接口、要求特殊的用户接口或只需计算功能的软件接口采用 GTW 软件方式。GTW 软件包括 XDPS 分散控制系统与其他仪表、PLC、DCS、MIS 等进行数据交换的软件,用于 XDPS 分散控制系统的特殊计算的软件,例如热力计算、载荷分配、无功功率分配等软件,以及用户自己编制的 GTW 软件。

4.5.4 XDPS 网络

XDPS 的系统网络分为机组级 DCS 网络和厂级监控信息网络,DCS 网络分为实时数据网与信息数据网两部分,均采用以太网。XDPS 系统从最早的 10 Mbps 以太网发展到符合工业标准（HSE）100 Mbps 快速以太网到今天具有自愈能力的环形快速以太网，无论是系统的硬件体系还是可靠性方面都发生了很大的变化，网络通信系统更加开放、先进、透明。

1. XDPS 系统通信网络的结构

XDPS 的网络系统采用标准工业以太网。典型的 XDPS 网络通信系统有以下三种配置方式：总线型网络、星形网络和光纤虚拟环网。

1）XDPS 总线型网络

XDPS 总线型网络结构简单、布线方便、易于扩展且可靠性高，在中、小型机组分散控制系统中得到了广泛应用，如图 4-47 所示。XDPS 总线型网络采用 50 Ω 同轴电缆（细缆），传输速率为 10 Mbps，保持 4 个中继器和 5 个网段的设计能力，允许每段有 30 个站，单段网最大长度为 185 m。它把介质接入装置（MAU）功能和收发器电缆集成在网络接口卡（NIC）中。此外，网络接口卡中的附属单元接口（AUI）或 DB-15 连接器常用 T 型头（BNC）连接器代替。

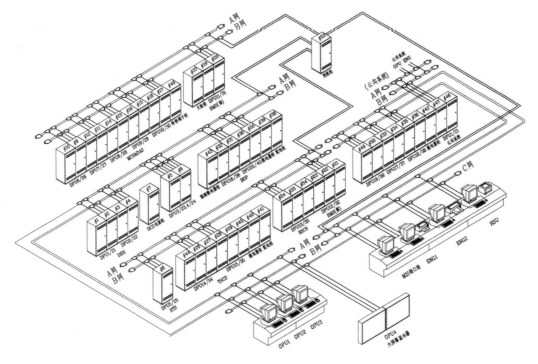

图 4-47　XDPS 总线型网络示意图

2）XDPS 星形网络

XDPS 星形网络的物理结构是星形拓扑结构，而逻辑结构是总线拓扑结构，如图 4-48 所示。星形拓扑网络将多个终端节点通过集线器（HUB）连接在一起，各节点通过集线器进行通信，它们的接入或断开都十分方便，网络的扩展也容易实现，因此具有网络结构简单、容易实现、便于管理、故障容易诊断、方便隔离等特性，在大、中、小型电厂分散控制系统中得到广泛应用。XDPS 星形网络采用 100Base-T 传输介质。100Base-T 传输介质采用 100Ω 的五类双绞线，以 RJ-45 的八针插头用作连接器。XDPS 星形网络传输速度可达到 100 Mbps。

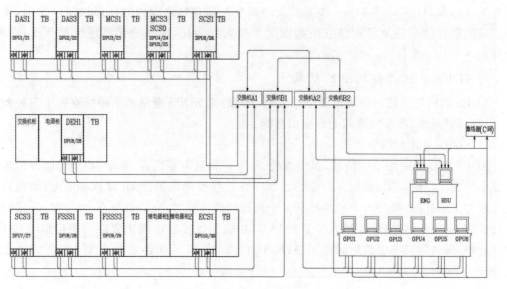

图 4-48 星形网络配置图

3）XDPS 光纤虚拟环网

XDPS 光纤虚拟环网适用于 300 MW 及以上的大型机组的分散控制系统。网络部分采用虚拟环形光纤以太网，其核心部件为网络交换机。网络交换机采用德国赫斯曼公司的 10 Mbps/100 Mbps 自适应 RS2-FX/FX 以太网光纤交换机。

在传统的以太网结构定义中，以太网的拓扑结构被定义为总线型或星形结构。而总线型或星形网络中任一传输介质或传输设备故障，都将导致原来一体的网络被分割为各自独立的两段，从而导致网络节点之间的通信中断。赫斯曼公司推出的虚拟环形以太网络，在网络结构上解决了单个传输介质或传输设备故障后导致的网络连通问题，从而大大提高了网络的可靠性。XDPS 系统在采用环形网络的同时，沿袭了 XDPS 系统一贯保持的双网冗余结构的特点，采用冗余光纤虚拟环网。在环网的基础上又加了一道保险，形成冗余容错网。

环形网络的核心部件——RS2-FX/FX 以太网光纤交换机，提供了环形网络冗余管理器的功能。被配置为 RM 管理器的交换机在整个环形物理网络中作为逻辑断点存在。即环形以太网虽然在物理结构上是环状结构，但在逻辑结构上还是总线结构。当某一段光纤或某一个交换机发生故障时，环形网在物理结构上退化为总线型网络，但逻辑总线特征并未发生变化，网络中的各个节点仍然像通常的总线型或星形网络一样正常工作。整个网络的容错能力大大得到了加强。

图 4-49 所示为典型的 XDPS-400＋系统光纤虚拟环网的通信架构。XDPS-400＋系统通信网络分为几个部分，负责实时信息的广播、报警、设备状态通告等的是系统实时主干网，采用双环、冗余、容错快速以太网，称为 RTFNET。负责非实时信息的传递，文件、数据、资源的共享和打印等的是系统信息网，采用快速以太网，称为 INFNET。DPU 和 I/O 站之间的通信网络是冗余以太网，称为 I/O 总线。DPU 与远程 I/O 站之间的通信网络，采用冗余配置，称为 FIO 总线。RTFNET 实时主干网与远程控制站（FCS）通信网络，采用冗余配置，称为 FCS 网。

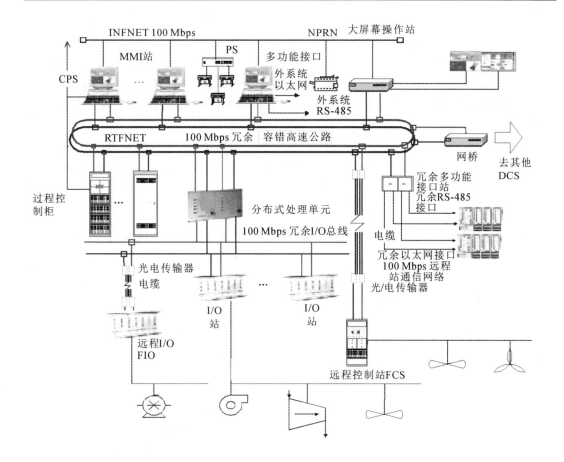

图 4-49 XDPS-400＋系统光纤虚拟环网

2. XDPS 系统使用的通信协议

XDPS 系统使用的是 TCP/IP 协议和载波监听多路访问/冲突检测的协议,简写为 CSMA/CD。载波监听多路访问/冲突检测这种协议广泛应用于局域网中。其工作原理如下:在发送帧期间,每个站都有检测冲突的能力,一旦检测到冲突,就立即停止发送,并向总线发送一串阻塞信号,通知总线上各站冲突已发生,这样通道的容量不致因白白传送已损坏的帧而浪费,同时等待随机时间间隔后重发,以避免再次发生冲突。

这种算法在轻负载、介质空闲时,要发送帧的站点能立即发送,在重负载时,系统仍能保持稳定。它是基带系统,使用 Manchester 编码,通过检测通道上的信号存在与否来实现载波监听。发送站的发送器检测冲突,如果发生冲突,收发器的电缆上的信号超过收发器本身发送的信号幅度。由于在介质上传播的信号会衰减,为了正确地检测出冲突信号,Ethernet 限制电缆的最大长度为 500 m。

TCP/IP 协议是两个最著名的 Internet 协议,它们常常被误认为是同一个协议。TCP (transmission control protocol)是传输控制协议,是对应传输层的协议,它保证数据能可靠地被传送。IP (Internet protocol)是网际协议,是对应网络层的协议,它用于提供数据传输的无连接服务。由于 TCP/IP 注重数据发送的互联,因此已成为当前网际互联协议的最佳选择。

在 XDPS 分散控制系统中,采用了 IP 地址和子网掩码的方法。系统的网络 IP 地址采用 C 类地址,子网掩码是 255.255.255.0。XDPS 系统建议在 DPU 与 MMI 间的 A、B 网的 IP 地址采用网络地址 222.222.221 段和 222.222.222 段。主机地址应与该节点的节点号一致,它在系统组态文件中设置。XDPS 系统还建议在 MMI 与上位机间的 C 网的 IP 地址采用网络地址 222.222.223 段。相应地,在 C 网上该主机的地址也与该节点的节点号一致。一些主机可以有多个地址,例如,在 MMI 上安装了 A、B 和 C 网,则它就有多个 IP 地址,例如,在 A 网的地址是 222.222.221.45,在 B 网地址是 222.222.222.45,在 C 网地址是 222.222.223.45。

3. XDPS 系统的信息格式

XDPS 系统的通信模块中有标准的通信格式,其 IP 数据包分为报头和数据区两部分。具体格式如图 4-50 所示。

版本	头标长度	服务类型	总长度	
标识			标志	片偏移
生成时间	协议		头校验和	
源 IP 地址				
目的 IP 地址				
数据			填充域	
…			…	
数据			填充域	

图 4-50　IP 数据包格式

数据包的第一个域是"版本",共 4 位,用于说明与数据包对应的 IP 协议版本,不同版本的数据包格式不同,在数据包的第一个域中说明。数据包中的"协议"域用于说明数据包数据区的格式,表示该数据包的高级协议类型,例如 TCP 协议等。

IP 数据包中有两个长度,头标长度共 4 位,用于说明以 32 位字长标记的数据包的头标长度。总长度共 16 位,表示整个 IP 数据包的长度,以 B 为单位,包括头标长度和数据区长度。16 位的总长表示可以传输的 IP 数据包长度最长是 65535 B。

4. XDPS 系统通信网络的特点

1) 传统 XDPS 系统通信网络的特点

传统 XDPS 系统通信网络的特点如下。

(1) 系统的分级网络可组成超大、大、中、小型的控制系统,并可借助微波、卫星通信技术构成异地的网络。

(2) XDPS 系统的通信网络没有通信指挥器,节省了由指挥器等所占用的时间,具有通信网络响应快和利用率高的优点。

(3) 通信介质的冗余、通信模块的冗余提高了系统的可靠性及可用率。

(4) XDPS 系统的通信网络具有能与其他计算机以及 PLC 等设备进行通信的能力,使系统具有优良的扩展性、开放性,系统更具有竞争性。

(5) XDPS 通信网络虽然可以传输各种过程控制的信息,但是过程控制处理器与通信处理器是分开的,通信不占用控制处理器的运算时间,提高了控制的响应速度,同时,加强了系统的安全性。

2) XDPS-400＋系统通信网络特点

XDPS-400＋系统继承了 XDPS 系统以往产品的网络特征,有如下特征。

XDPS-400＋采用快速以太网通信标准(IEEE 802.3u),它遵循标准 IEEE 802.3u 的网络定义,相较于常规以太网,最重要的特点是对协议有很高的透明性,采用 TCP/IP 协议。

XDPS-400＋系统采用对等网结构(PTP-PEER-TO-PEER),在每个站点上均运用相同的程序,不同于 C/S 结构,无服务器概念,结合 XDPS-400＋的分布式数据库,使得 XDPS-400＋ 系统在每个节点均可分散、独立、自治。MMI 可做到功能上互为备用,任何 MMI 站(操作员站、工程师站等)的故障都不影响整个系统正常运行或维护。

XDPS-400＋以太网通信支持全双工模式,全双工模式的最大优点是节点上信号的发送与接收是两个独立通道,当两个节点间点对点传输时,CSMA/CD 机制可以完全关闭,它们之间的通信不会造成任何冲突。由于采用全双工传输,收、发路径完全分离,因此对每个节点来讲,收、发各有 100 Mbps 的带宽,它们带宽和可达 200 Mbps。

XDPS-400＋系统网络在具有高可靠性的基础上,与国际先进的网络技术发展保持一致。在体现先进、易扩展的同时,保证简单、实用,这主要体现在与外系统的连接和相邻 DCS 的连接上。XDPS-400＋系统将操作级与控制级的所有站点直接联网,无中间通信或服务器环节,并采用分布式数据库结构,各个子功能站高度自治、透明,消除中间通信或服务器环节带来的不利影响。

第5章　分散控制系统的可靠性和安全性

　　随着现代化工业的快速发展,工业生产过程的控制规模不断扩大,复杂程度不断增加,工艺过程不断强化,对过程控制系统的要求也越来越高。在生产过程中,安全对经济、环境以及人类自身的健康发展有着至关重要的影响。对企业来说,一个安全可靠的控制系统可以减少停机时间、提高产品质量、降低维修成本和投资风险,给企业带来经济效益;对社会和环境而言,一个安全可靠的控制系统能避免危险事故,以免对人身、设备和环境造成伤害。因此,自动控制系统的安全性和可靠性已经成为系统设计的重要指标。

5.1　分散控制系统的可靠性指标

5.1.1　可靠性概述

　　可靠性是指产品在规定的条件下和规定的时间内,完成规定功能的能力或者说是产品能保持其功能的时间。其中,"规定的条件"是指元件或系统所处的使用条件、维护条件、环境条件和操作条件;"规定的时间"是指广义的时间概念,不限于年、月、日等常规时间概念,也可以是与时间成比例的循环次数、距离等;"完成规定的功能"是指元件或系统不发生故障连续可靠运行;"能力"指的是具有统计学意义的、用概率和数理统计方法处理的、可以量化的描述。

　　可靠性是一个应用广泛的名词,一个产品、一个系统、一个生产过程,甚至一个社会实践过程都会有不同概念的可靠性问题。

　　早期的可靠性概念专指硬件产品的可靠性,最早的硬件可靠性研究是在德国"V-2"导弹计划中开始的。1983年,美国 IEEE 计算机学会软件工程技术委员会提出了软件可靠性的定义。软件可靠性的研究始于 20 世纪 70 年代,随着社会生活对软件的依赖程度越来越高,人们对软件的可靠性越来越重视。相对于硬件可靠性的发展,软件可靠性的发展还相对不够成熟。

　　可靠性理论的研究内容有以下几点。

　　(1) 可靠性设计:按照一定的技术,设计和制造出可靠性高、不易损坏的产品。

　　(2) 可靠性分析:通过对有关数据的统计、分析和计算,得出一些关于可靠性问题的评价和结论。

　　(3) 可靠性试验:验证系统可靠性是否达到规定指标的手段。

　　(4) 可靠性管理:从管理方面提高整个系统的可靠性。

　　狭义可靠性理论主要研究如何制造出故障少且不易损坏的产品。而广义可靠性理论还包括为排除故障进行的维修以及从综合性方面衡量可靠性和维修性的有效性。

　　可靠性分析是指通过对可靠度指标进行量化,定量地评估系统的功能完成程度,以便对设备的运行与维护策略进行优化。通过实时分析系统或设备的性能变化,对其短期的功能完成能力做出准确的评估,从而在故障发生前或在故障初期采取积极有效的应对措施,避免或减少因设备性能的劣化而导致的损失。

5.1.2　可靠性工程通用评价指标

1. 可靠度 $R(t)$

在规定的条件下和在规定的时间内,设备完成其规定功能的概率称为设备的可靠度,通常记作 $R(t)$。$R(t)$ 的取值范围为 $0 \leqslant R(t) \leqslant 1$。可靠度是衡量系统设备可靠性的最基本的指标。由于可靠度是指在一定时间内的概率,是与时间相关的函数,故称为可靠度函数。

设有 N_0 个同样的产品,从开始运行到时间 t 之间,有 $N_f(t)$ 个发生故障,$N_s(t)$ 个未发生故障,则可靠度 $R(t)$ 表示为

$$R(t) = \frac{N_s(t)}{N_s(t) + N_f(t)} = \frac{N_s(t)}{N_0} \tag{5-1}$$

不可靠度又叫故障累计函数,对应于可靠度,表示系统或设备在规定工作条件下和规定运行时间内不能完成规定功能的概率,一般用 $F(t)$ 表示。由于不可靠度也是与时间相关的函数,故称为不可靠度函数,与可靠度函数呈互补关系。由概率互补定理得:

$$F(t) = 1 - R(t) \tag{5-2}$$

2. 故障概率密度 $f(t)$

受运行过程中各种环境因素影响以及由于设备的磨损,设备运行可靠度随运行时间积累而逐步降低,是一个衰变过程,用公式表示为

$$-R'(t) = F'(t) = f(t)$$

式中:$f(t)$ 为故障概率密度。故障概率密度函数常用作故障判定的手段。

3. 故障率 $\lambda(t)$

故障率又称失效率,是描述发电设备故障规律的主要指标,定义为设备在 $[0, t]$ 时间内不发生故障的条件下,下一个单位时间内发生故障的概率,记作 $\lambda(t)$。

$$\lambda(t) = -\frac{R'(t)}{R(t)} = \frac{f(t)}{R(t)} \tag{5-3}$$

4. 平均无故障时间 MTTF(mean time to failure)

平均无故障时间是指失效前时间的数学期望值。对于不可修复系统,平均无故障时间指的是系统故障前的运行时间的数学期望值(即平均寿命);对于可修复系统,平均无故障时间指系统每次修复后正常运行时间的数学期望值。

根据数理统计对期望值的定义,当失效时刻为 t,故障概率密度函数为 $f(t)$ 时,平均无故障时间 $E(t)$ 为

$$E(t) = \int_0^{+\infty} t f(t) \mathrm{d}t \tag{5-4}$$

因为

$$f(t) = \frac{\mathrm{d}F(t)}{\mathrm{d}t}, F(t) = 1 - R(t) \tag{5-5}$$

因此

$$MTTF = E(t) = \int_0^{+\infty} R(t)\,dt \tag{5-6}$$

对于故障率为常数的单一设备，MTTF 等于失效率的倒数，即

$$MTTF = \frac{1}{\lambda} \tag{5-7}$$

MTTF 是一个统计数据，它的准确值只能由统计的方法得出，而不可以用测量的方法取得。MTTF 值符合统计规律，即系统的运行时间越长，或同样运行的系统越多，其值越接近理论值。

MTTF 不能用来预测系统未来的可靠性，如预测下次故障出现的时间。对于一些不可修复的系统，特别是一些使用量大且构成简单的单件设备，例如最基本的元器件等，MTTF 表示的实际上是一个"平均寿命"的概念。

5. 平均恢复时间 MTTR(mean time to recovery)

平均恢复时间指系统从故障开始到恢复正常的平均时间，包括系统自行恢复的情况。在一些文献中也称为平均修复时间，比较狭义，其计算式为

$$MTTR = \frac{\sum_{i=1}^n f_i}{n} \tag{5-8}$$

系统故障的修复时间包括故障的定位时间、故障的修复时间和系统重新投入运行所需要的时间。故障的定位只要到达板极或模块级就可以了，优于元器件级的故障定位和维修方式。除特殊情况，如明显的易损件或贵重的部件外，尽量不采用元器件级的维修方式和诊断定位方式。

6. 平均故障间隔时间 MTBF(mean time between failure)

设备平均故障间隔时间是正常运行时间的预期值，通常是指在某一次故障发生后到下一次故障发生前可维修设备可靠运行时间的平均值。对于可完全修复的产品，因修复后的产品和新产品一样，当产品寿命服从指数分布时，产品故障率为常数 λ，因此

$$MTBF = MTTF = \frac{1}{\lambda} \tag{5-9}$$

平均无故障时间、平均恢复时间、平均故障间隔时间之间的关系如图 5-1 所示。

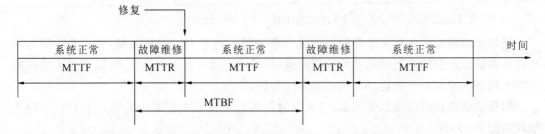

图 5-1　平均无故障时间、平均恢复时间、平均故障间隔时间的关系

大多数分散控制系统的平均故障间隔时间都在 50000 h 以上，约 5.7 年，新华 XDPS＋的平均故障间隔时间为 200000 h，约 22.8 年。

7. 维修率 μ

维修率是修理时间达到某一时刻但尚未修复的产品，在该时刻后的单位时间内完成修

复的概率,是平均恢复时间 MTTR 的倒数。

$$\mu = \frac{1}{\text{MTTR}} \tag{5-10}$$

8. 可用率 A

可用率也称为有效性,指在任务需要执行或开始执行的任一随机时刻,设备处于可行或可用状态的能力,是反映系统可靠性与可维修性的一个重要的综合特征量,通常以 A 表示,即

$$A = \frac{\text{MTTF}}{\text{MTTF} + \text{MTTR}} = \frac{\text{MTTF}}{\text{MTBF}} \tag{5-11}$$

5.1.3　分散控制系统的可靠性评价指标

分散控制系统是由许多模件单元组成的,系统的可靠性是建立在组成系统各模件单元的可靠性基础之上的。掌握系统可靠性的分析方法,有助于进行系统的可靠性设计及正确地维护和运行系统。

1. 串联系统

典型串联系统如图 5-2 所示,只有当串联系统内所有的元件都正常工作时,该系统才能工作,任何一个元件失效都会导致系统失效。所以串联系统是一个非冗余系统。

对于上述由两个元件组成的系统,其可靠度为

$$R_{\text{串}} = R_{\text{A}} \cdot R_{\text{B}} \tag{5-12}$$

式中:$R_{\text{串}}$ 为串联系统的可靠度;R_{A}、R_{B} 分别为元件 A、B 正常工作的概率。

假设元件 A、B 失效率 λ_{A}、λ_{B} 服从指数分布(即失效率为常数),则 $R_{\text{串}}$ 表达式为

$$R_{\text{串}} = e^{-(\lambda_{\text{A}} + \lambda_{\text{B}})t} \tag{5-13}$$

由式(5-13)可得系统失效率 $\lambda_{\text{串}} = \lambda_{\text{A}} + \lambda_{\text{B}}$,所以元件失效率服从指数分布的元件串联之后的系统的失效率仍然服从指数分布。

根据 MTTF 的定义,串联系统的 MTTF 计算公式为

$$\text{MTTF}_{\text{串}} = \int_{0}^{+\infty} R_{\text{串}}(t)\,\mathrm{d}t \tag{5-14}$$

将式(5-13)代入式(5-14)得

$$\text{MTTF}_{\text{串}} = \frac{1}{\lambda_{\text{A}} + \lambda_{\text{B}}} \tag{5-15}$$

2. 并联系统

典型并联系统如图 5-3 所示,系统中只要有一个部件能够正常工作,系统就能正常运行。从这一点来看,并联系统为冗余系统,具有容错的能力。

图 5-2　典型串联系统模型　　　图 5-3　典型并联系统模型

由于元件 A 或元件 B 有一个正常工作即可保证系统正常工作,根据全概率公式得并联

系统可靠度为

$$R_{并} = R_A + R_B - R_A \cdot R_B \tag{5-16}$$

同样假设元件 A、B 失效率 λ_A、λ_B 服从指数分布,则 $R_{并}$ 表达式为

$$R_{并} = e^{-\lambda_A t} + e^{-\lambda_B t} - e^{-(\lambda_A + \lambda_B)t} \tag{5-17}$$

并联系统的 MTTF 为

$$\text{MTTF}_{并} = \int_0^{+\infty} (e^{-\lambda_A t} + e^{-\lambda_B t} - e^{-(\lambda_A + \lambda_B)t}) \mathrm{d}t \tag{5-18}$$

即

$$\text{MTTF}_{并} = \frac{1}{\lambda_A} + \frac{1}{\lambda_B} - \frac{1}{\lambda_A + \lambda_B} \tag{5-19}$$

并联系统的 MTTF 不是元件失效率总和的倒数,所以由失效率服从指数分布的元件并联组成的系统的失效率也不服从指数分布。

3. 分散控制系统可靠性评价指标

分散控制系统是由许多元件(卡件)组成的复杂系统,它不仅包含串联系统,还包含许多并联系统(冗余)。对于既有串联系统又有并联系统的混联系统,失效率的概念不再适用,因为由失效率为指数分布的元件组成的混联系统,其失效率分布不是指数分布,具体服从哪种分布是无法通过元件的失效率算出的。

MTTF 是由可靠度积分而得到的,而系统可靠度的表达式就是元件可靠度经过运算得出的,所以 MTTF 是适合表示系统可靠性的指标。对于分散控制系统这样的可修系统,除了自身的 MTTF 外,还要将其维修系数考虑进去,即 MTTR,所以最适合评价分散控制系统可靠性的指标是 MTBF,因为它是 MTTF 与 MTTR 共同决定的综合指标,这样的指标还有可用率。

5.2 分散控制系统的可靠性分析

5.2.1 影响分散控制系统可靠性的因素

要使机组安全运行,必须对现场设备和分散控制系统的设计、运行、检修进行全过程、全方位的管理。这个过程从设计开始,贯穿基建、安装、调试、运行、检修、维护和管理的整个过程,包括控制系统软、硬件的合理配置,干扰信号的抑制,控制逻辑的优化,控制系统故障应急预案的完善等。为保证热工自动化设备和系统的安全、可靠运行,可靠的设备(现场设备和 DCS 设备)与控制逻辑是先决条件,正常的检修与维护是基础,有效的技术管理和监督是保证。只有对所有涉及分散控制系统安全的外部设备及设备的环境和条件进行全方位监督,并确保控制系统在各种故障下的处理措施切实可行,才能保证分散控制系统安全稳定运行。

分散控制系统的可靠性不高最直接的体现就是保护误动与拒动。保护误动指实际工艺流程未发生危险状况,但由于测量控制设备故障或软、硬件系统的原因,造成保护动作,影响机组正常运行;保护拒动则是工艺流程确实发生危险状况,但由于设备或系统的原因,系统未能正常执行保护动作,造成设备损坏或人身伤亡事故。从目前已运行机组保护实际情况来看,保护拒动很少发生,但保护误动却频繁出现,除了工作人员对设备特性没有完全掌握

外,主要原因是工作人员未按系统的自身规律进行合理管理,这主要体现在 DCS 与现场设备运行、维护及设备管理等方面。

DCS 的可靠性是确保机组整体安全运行的基础,应高于机组的可靠性等级。系统的设计、制造、安装、维护等环节都应严格按照各自的技术规范进行,并对系统组态、纠错能力、自诊断技术,以及应用阶段的参数运行、指标测试、系统验收予以重视。随着分散控制系统监控能力不断增强,范围不断扩大,故障的离散性也显著增加,使得 DCS 的控制逻辑、自动水平、保护配置、系统设备、电源与接地系统、外部环境,以及为其工作的设计、安装、运行、维护以及检修人员素质等中的任何一个出现问题,都会引发热工保护系统不必要的误动或机组跳闸,影响机组的经济安全运行。

热控现场设备包括温度、压力、流量、液位开关和变送器,以及阀门、挡板、执行机构、行程开关及电缆等。由于它们本身可能有质量问题,所处环境又经常受到雨、水、蒸汽或粉尘等的影响,加之现场振动较大,经常造成短路或接触不良,易引起机组主、辅设备热控保护系统动作,因此热控现场设备的可靠运行是机组安全运行的前提。

由于各种原因,分散控制系统设计的科学性与可靠性、控制逻辑的条件合理性和系统完善性、保护信号的取样方式和配置、保护联锁信号定值和迟延时间的设置、系统的安装调试和检修维护质量、热工技术监督力度和管理水平等,都还存在着不尽如人意之处,由此引发的热工保护系统不必要的误动时有发生。随着电力建设的快速发展,发电成本的提高,电力生产企业面临的安全考核风险将增加,市场竞争环境将加剧。如何提高机组设备运行的安全性、可靠性和经济性,尤其是分散控制系统的可靠性是电厂经营管理的重中之重。

5.2.2　提高分散控制系统可靠性的技术措施

1. 采用可靠元件与冗余设计方法

随着热工自动化程度的提高,对控制元件的可靠性要求也越来越高,采用技术成熟、可靠的热控元件对提高分散控制系统整体的可靠性有着十分重要的作用;而自动化水平的提高,会使控制设备的投资不断增加,切不可为了节省投资而"因小失大"。在合理投资的情况下,一定要选用品质、运行业绩较好的就地热控设备,以提高分散控制系统的整体可靠性和保护系统的可靠性、安全性。

分散处理单元(DPU)的 1∶1 冗余设计已较为普遍,对一些重要的热工信号也应进行冗余设置,并对来自同一取样的测点信号进行有效的监控和判断。重要测点就地取样应该尽量采用多点并相互独立的方法,以提高其可靠性,并方便故障处理,一个取样、多点并列的方法有待考虑改进。

2. 提高热工接地系统可靠性和抗干扰能力

火力发电厂的分散控制系统工作环境存在大量复杂的干扰,轻则影响测量的准确性和系统工作的稳定性,严重时会造成设备故障或控制系统误发信号而导致机组跳闸。因此分散控制系统最重要的问题之一,就是如何有效地抑制干扰,提高所采集信号的可靠性。接地是抑制干扰、提高分散控制系统可靠性的有效办法之一。

3. 提高热工电源系统可靠性

分散控制系统宜采用双路冗余方式供电,进线分别接在不同供电母线上,热工保护电源应采用不间断电源(UPS)供电。进线电源经过分散控制系统电源配置柜后应分两路接入分散控制系统模件控制柜,这两路冗余电源应进行切换试验。所有的电源切换试验可分为静态试验和动态试验。静态试验可在分散控制系统上电复原初期进行,主要测试在电源切换过程中机柜、卡件及端子板等的供电是否正常,是否有短时失电现象等;而动态试验则是在机组调试进入一定阶段后,分散控制系统已与就地信号采集元件和执行机构等建立了连接,即分散控制系统进入工作状态后进行,主要测试在电源切换时,分散控制系统的采集和控制功能能否正常发挥作用,例如,信号是否出现短时坏值,执行器(尤其是模拟量控制)是否有异常动作。只有保证了供电系统的可靠性,才能在根本上保证分散控制系统的功能正常实现。另外对 DPU 的电源和一些保护执行设备(如跳闸电磁阀)的动作电源也应该进行监控。

4. 热工控制逻辑优化完善

热工控制逻辑,仅根据被控设备的工艺要求进行设计,往往经不起实际运行的考验,一台新建机组(甚至运行多年的机组)的控制逻辑往往会发生许多问题,这可能是因为设计单位套用典型设计,未很好总结改进已有的控制逻辑设计;构成分散控制系统的测量部件(测温元件、导压管、阀门、逻辑开关、变送器)、过程部件(继电器触点、模件等)、执行部件(执行机构、电磁阀、气动阀等)和连接电缆等,由于产品质量、环境影响、运行时间延长和管理维护等因素的变化,容易出现故障。经统计,不少故障是由于某一个位置开关接触不良或某一个挡板卡涩而造成的,若逻辑设计时考虑周全就应该可以避免。

5. 完善故障应急处理预案

目前国内大中型火力发电机组热力系统的监控,普遍采用分散控制系统,电气系统的部分控制也正逐渐纳入其中。分散控制系统形式多样,各厂家产品质量不一,分散控制系统各种故障,例如供电电源失电、全部操作员站"黑屏"或"死机"、部分操作员站故障、控制系统主从控制器或相应电源故障、通信中断、模件损坏等仍时有发生。有些因处理不当,造成故障扩大,甚至发生炉爆管、机大轴烧损等事故。因此防止分散控制系统失灵、热控保护柜拒动造成事故的发生成为机组安全经济运行的重要任务。各个电厂都应制定详细可行的分散控制系统故障时的应急处理预案,并对运行和检修人员进行事故演练。

6. 加强分散控制系统的维护

系统的日常维护是分散控制系统稳定高效运行的基础,应有计划地进行主动性维护,保证系统及元件运行稳定可靠、运行环境良好,应及时检测更换元器件,消除隐患。每年应利用大修进行一次预防性的维护,以掌握系统运行状态,消除故障隐患。温度、湿度、灰尘及振动对热控电子设备有非常大的影响,严格控制电子间的环境条件,可以延长热工控制系统设备的使用寿命,也可以提高系统工作的可靠性。特别是,电子通信设备一定禁止使用,防止误发信号。

7. 提高就地控制设备可靠性

就地控制设备工作环境一般十分恶劣,提高和改善就地控制设备的工作环境条件,对提高整个系统的可靠性有着十分重要的作用。对重要设备,特别是保护用元器件、装置,一定要按照规程要求进行周期性测试,建立设备故障、测试数据库,并将测试数据同规程定值、出厂测试数据、历史测试数据、同类设备测试数据进行对比,从中了解数据的变化趋势,做出正确的综合分析、判断。做好机组的大、小修设备检修管理,及时发现设备隐患,使设备处于良好的工作状态,并做好日常维护和试验。

8.提高热工技术监督工作有效性

热工技术监督是促进系统安全经济运行、文明生产和提高劳动生产率的不可缺少的手段。随着电力行业的快速发展和热工自动化设备的不断更新,提高分散控制系统可靠性技术的研究工作,还应包括拓展热工技术监督内涵,确保所监控的参数准确和系统运行可靠,以对机组的安全经济运行真正起到有成效的作用。建立电厂设备检修运行维护管理一体化的热工技术监督信息平台,通过厂级监视信息系统(SIS)接口,将分散控制系统界面以标准化格式引入平台,对热工在线运行参数进行综合分析判断,将同参数间显示值偏差、倒挂、不符合运行实际的参数点等及时自动生成报表,发出处理请求,生成缺陷处理单,并对处理响应的速度和结果进行跟踪统计,使检修校验工作有的放矢。

5.3　分散控制系统的抗干扰

电厂大型单元机组的分散控制系统,其监视与控制点多,分布范围广,传输距离相对较远,且处在相对恶劣的环境下工作,分散控制系统的微处理器、电子器件、数字化传输通道等,极易受到幅值与时间具有随机性的干扰源的干扰。为了尽量减弱和消除干扰,分散控制系统必须采取一定的抗干扰技术;当外界的干扰信号对系统产生了不利的影响时,分散控制系统必须有相应的措施保证将损失降到最低。

5.3.1　干扰的来源和传播途径

1.分散控制系统的主要干扰源

干扰是指除有用信号以外的噪声或其他造成分散控制系统不能正常工作的因素,干扰会影响系统的控制精度,是造成控制系统不可靠的重要原因。典型的控制系统的干扰环境如图 5-4 所示。其干扰按来源可分为外部干扰和内部干扰。

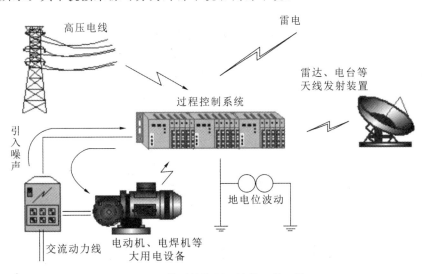

图 5-4　典型的控制系统的干扰环境

外部干扰与系统结构无关,是由使用条件和外部环境因素决定的,主要有:来自高电压和大电流谐波电源系统的波动;来自某些动力设备产生的强电磁场影响;来自局部高梯度环境温度变化的影响;来自无线电通信(对讲机、移动电话等)的影响。

内部干扰是由系统的结构布局、线路设计、元器件性质变化和漂移等原因造成的,主要有:来自分散控制系统硬件电路及元器件的内部噪声;来自信号之间的串扰;来自软件的不协调或冲突;分布电容、分布电感引起的耦合感应,电磁场辐射感应,长线传输的波反射,多点接地造成的电位差引入的干扰,寄生振荡引起的干扰以及热噪声、闪变噪声、尖峰噪声等。

任何干扰进入系统,都不利于系统正常安全运行。比如,用于现场采集的信息(模拟量和开关量)受到干扰时,若未采取有效抑制措施,干扰信号一旦进入装置的输入端,经装置放大后,势必造成误差,给电厂值班人员的判断、控制系统的处理带来差错。对于数字量传输信息,若不能有效抑制存在的强干扰,则可能造成通信系统破坏,分散控制系统不能正常工作,甚至造成重大的运行事故与损失。

消除干扰源、避开干扰源、切断干扰传播途径,是抗干扰的有效方法。

2. 干扰传播途径

干扰传播途径主要分为电场耦合、磁场耦合和公共阻抗耦合。

1)电场耦合

电场耦合又称静电耦合,干扰是通过电容耦合引入其他线路的,如图 5-5 所示。

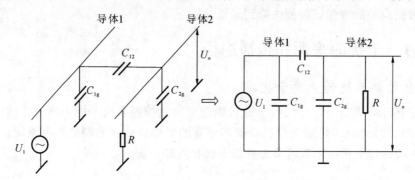

图 5-5　电场耦合示意图

2)磁场耦合

在任何载流导体周围都会产生磁场,该磁场会在其周围的闭合回路中产生感应电势引起干扰,如图 5-6 所示。

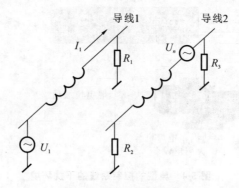

图 5-6　磁场耦合示意图

3）公共阻抗耦合

公共阻抗耦合干扰是指电流流过回路间公共阻抗，使得一个回路的电流所产生的电压降影响另一回路。

在计算机控制系统中，普遍存在公共耦合阻抗，例如，电源引线、印刷电路板上的公共地线和公共电源线、汇流排等。这些汇流排都具有一定的阻抗，对于多回路来讲，就是公共耦合阻抗，如图 5-7 和图 5-8 所示。

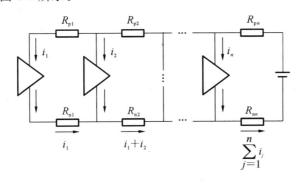

图 5-7　公共电源线的阻抗耦合

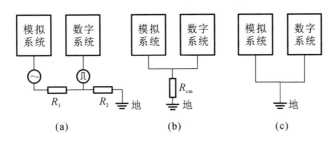

图 5-8　公共地线的阻抗耦合

3.干扰作用形式

干扰根据作用形式主要分为差模干扰、共模干扰和长线传输干扰等。

1）差模干扰

差模干扰又称串模干扰，是指与有效输入信号串联叠加的干扰，也称为常态干扰或横向干扰，其示意图如图 5-9 所示。

2）共模干扰

共模干扰是指信号地和仪器地（大地）之间产生的干扰，也称为共态干扰或纵向干扰，其示意图如图 5-10 所示。

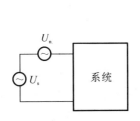

图 5-9　差模干扰示意图

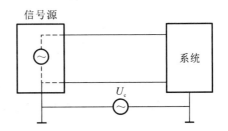

图 5-10　共模干扰示意图

对于系统的干扰来说，共模干扰大多以差模干扰的方式表现出来，两种输入方式时共模电压的引入如图 5-11 所示。

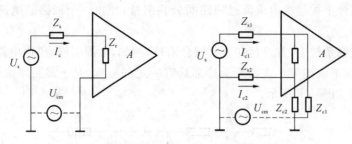

图 5-11　两种输入方式时共模电压的引入

3）长线传输干扰

在计算机控制系统中,现场信号到控制计算机以及控制计算机到现场执行机构,信号传输都要经过一段较长的线路,即长线传输。

信号在长线传输中会遇到三个问题:

（1）具有信号延时;

（2）长线传输会受到外界干扰;

（3）高速变化的信号在长线传输中会出现波反射现象。

5.3.2　抗干扰措施

1. 差模干扰的抑制

1）屏蔽线的使用

屏蔽线是使用导电布、网状编织导线把信号线包裹起来的传输线,屏蔽层需要接地,外来的干扰信号可被该层导入大地,避免干扰信号进入内层,同时降低传输信号的损耗。屏蔽线的使用示意图如图 5-12 所示。

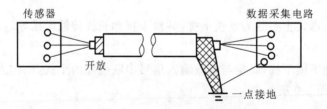

图 5-12　屏蔽线的使用示意图

2）双绞线的使用

双绞线是由两条相互绝缘的导线按照一定的规格互相缠绕(一般以逆时针缠绕)在一起而制成的一种通用配线,属于通信网络传输介质。双绞线过去主要用来传输模拟信号,但现在同样用于数字信号的传输。双绞线的使用示意图如图 5-13 所示。

3）同轴电缆的使用

同轴电缆常用于设备与设备之间的连接,或应用在总线型网络拓扑结构中。同轴电缆中心轴线是一条铜导线,外加一层绝缘材料,这层绝缘材料由一根空心的圆柱网状铜导体包裹,最外一层是绝缘层。与双绞线相比,同轴电缆的抗干扰能力强、屏蔽性能好、传输数据稳定、价格便宜,而且它不用连接在集线器或交换机上即可使用。同轴电缆的使用示意图如图 5-14 所示。

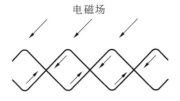

图 5-13 双绞线的使用示意图

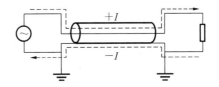

图 5-14 同轴电缆的使用示意图

4）信号电缆

信号电缆敷设在铁制的槽盒内,热电偶补偿导线绞合起来穿入铁管,其使用示意图如图 5-15 所示。

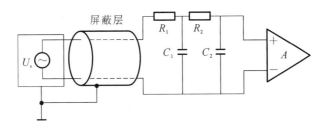

图 5-15 信号电缆的使用示意图

5）滤波

滤波是将信号中特定波段频率的波滤除的操作,是抑制和防止干扰的一项重要措施,分经典滤波和现代滤波。

经典滤波的概念,是根据傅里叶分析和变换提出的一个工程概念。根据高等数学理论,任何一个满足一定条件的信号,都可以看成由无限个正弦波叠加而成。换句话说,就是工程信号是不同频率的正弦波线性叠加而成的,组成信号的不同频率的正弦波叫作信号的频率成分或叫作谐波成分。

现代滤波是用模拟电子电路对模拟信号进行滤波,其基本原理是利用电路的频率特性实现对信号中频率成分的选择。根据频率滤波时,把信号看成由不同频率正弦波叠加而成的模拟信号,通过选择不同的频率成分来实现滤波,滤波示意图如图 5-16 所示。

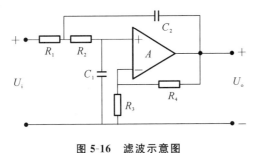

图 5-16 滤波示意图

2. 共模干扰的抑制

抑制共模干扰的措施主要有三种:变压器隔离、光电隔离、浮地屏蔽。

1）变压器隔离

利用隔离变压器将模拟信号电路与数字信号电路隔离开,也就是把模拟地与数字地断开。隔离后的两电路应分别采用两组互相独立的电源供电,切断两部分的地线联系。变压器隔离示意图如图 5-17 所示。

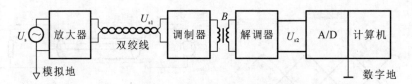

图 5-17　变压器隔离示意图

2）光电隔离

其目的在于利用光电隔离器从电路上把干扰源和易受干扰的部分隔离开来,使测控装置与现场仅保持信号联系,而不直接发生电联系。隔离的实质是把引进的干扰通道切断,从而达到隔离现场干扰的目的,抑制共模干扰。光电隔离示意图如图 5-18 所示。

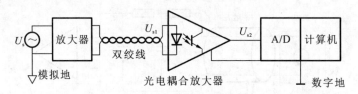

图 5-18　光电隔离示意图

3）浮地屏蔽

浮地屏蔽是指信号放大器采用双层屏蔽,输入为浮地双端输入,如图 5-19 所示。这种屏蔽方法使输入信号浮空,达到了抑制共模干扰的目的。

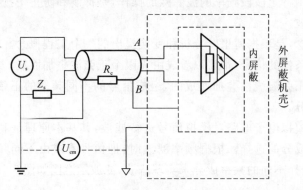

图 5-19　浮地屏蔽示意图

3. 长线传输干扰的抑制

为了消除长线传输的反射干扰现象,可采用终端或始端阻抗匹配的方法。

阻抗匹配是微波电子学里的内容,主要用于传输线上,以实现所有高频的微波信号皆能传至负载点的目的,几乎不会有信号反射回源点,从而提升能源效益。一般,阻抗匹配有两种,一种是通过改变阻抗(用于集中参数电路),另一种则是调整传输线的波长(用于传输线)。

1）终端阻抗匹配

终端阻抗匹配的示意图如图 5-20 所示。终端阻抗匹配是在长线的终端并入电阻 R,通过选择合适的 R 来消除波反射。同轴电缆的波阻抗一般在 $50 \sim 100\ \Omega$,双绞线的波阻抗为 $100 \sim 200\ \Omega$。进行阻抗匹配时,需要通过测试或由已知的技术数据掌握传输线的波阻抗 R_p 的大小。

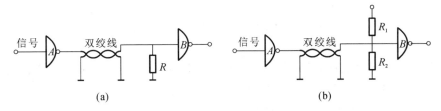

图 5-20　终端阻抗匹配示意图

2）始端阻抗匹配

始端阻抗匹配是在长线的始端串入电阻 R，通过选择合适的 R 来消除波反射，匹配示意图如图 5-21 所示。

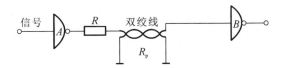

图 5-21　始端阻抗匹配示意图

这种匹配方法的优点是波形的高电平不变，缺点是波形的低电平会被抬高。这是由于终端门 B 的输入电流 I_{sr} 在始端匹配电阻 R 上的压降造成的。

4. 信号线的敷设

1）敷设信号线的注意事项

（1）模拟信号线与数字信号线不能合用同一股电缆，绝对避免信号线与电源线合用同一股电缆。

（2）屏蔽信号线的屏蔽层必须一端接地，同时要避免多点接地。

（3）信号线的敷设要尽量远离干扰源，比如避免敷设在大容量变压器、电动机等电气设备的旁边。如果条件允许，信号线应单独穿管配线，在电缆沟内从上到下依次架设信号电缆、直流电源电缆、交流低压电缆、交流高压电缆。

（4）信号电缆与电源电缆必须分开，并尽量避免平行敷设。如果现场条件有限，信号电缆与电源电缆不得不敷设在一起时，则应满足以下条件：

① 电缆沟内要设置隔板，且使隔板与地连接；

② 电缆沟内设置电缆架或在沟底自由敷设时，信号电缆与电源电缆间距一般应在 15 cm 以上，如果电源电缆无屏蔽，交流电压为 220 V、电流为 10 A，两者间距应在 60 cm 以上；

③ 电源电缆使用屏蔽罩。

信号线敷设示意图如图 5-22 所示。

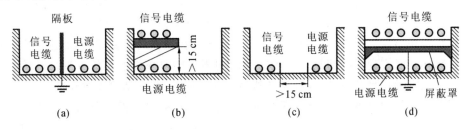

图 5-22　信号线敷设示意图

2）接地系统的抗干扰技术

接地技术对计算机控制系统是极为重要的,不恰当的接地会对系统产生严重的干扰,而正确的接地是抑制干扰的有效措施之一。

计算机控制系统中接地的目的通常有两个:一是抑制干扰,使计算机工作稳定;二是保护计算机、电气设备和操作人员的安全。

通常,接地可分为工作接地和保护接地两大类。

在 TN-C 系统和 TN-C-S 系统中,电路或设备应达到运行要求的接地,如变压器中性点接地,该接地称为工作接地或配电系统接地。工作接地的作用是保持系统电位的稳定性,即降低低压系统由于高压系统窜入而产生过电压的危险性。

保护接地,是为防止电气装置的金属外壳、配电装置的构架和线路杆塔等带电危及人身和设备安全而进行的接地。所谓保护接地就是将正常情况下不带电,而在绝缘材料损坏或其他情况下可能带电的电气装置的金属部分(即与带电部分相绝缘的金属结构部分)用导线与接地体可靠连接起来的一种保护接线方式。

5.4 提高分散控制系统安全性的措施

1. DCS 选型

选型时首先需要确定的问题是选用 DCS 还是 PLC,如果控制回路多,模拟量采集数量大,应该选用 DCS,如果都是逻辑控制,应该选择 PLC。也可以根据投资预算来确定,预算充分的话,选用 DCS 产品,实际证明很多 PLC 在模拟量输入模块上的价格和 DCS 基本一样。

确定选用 DCS 以后,还需要考虑下面几个问题。

(1)目前,DCS 处于新老系统交替的时期,DCS 的软硬件正逐步通用化,选择新型系统更加有利,价格低,备品备件也容易采购。

(2)选型时,还要考虑所应用的领域和行业。电厂 DCS 要求具有 DEH 和 SOE 功能,石化企业要求具有强大的逻辑控制功能。

(3)根据实际情况确定需要的输入输出点数,选择规模相匹配的 DCS 产品。

(4)考虑 DCS 的开放性、兼容性,选择开放性好的产品。

(5)考虑 DCS 产品的编程组态环境,产品应具有先进的控制策略,组态环境简单易上手。

(6)售后服务问题。

在选择 DCS 时要优先考虑有在类似机组上良好运行业绩的控制系统,这样的成套控制系统经过了工厂试验和实际投运过程,其可靠性更有保障。

控制系统的硬件要具有高可靠性,电子元器件的生产工艺成熟,电子模件最好能热插拔。控制器要有很强的运算和存储能力,I/O 卡件具有很强的抗干扰能力。

控制系统在结构上应采用冗余技术。控制系统的控制器、网络通信等必须冗余,且各冗余设备之间必须能实现无扰切换。采用冗余结构不仅能避免控制系统的局部故障扩大,保证机组安全稳定运行,同时也能保证设备故障的在线排除,从而消除事故隐患。

控制系统软件的可维护性要好,尤其是以下几个方面。① 程序及软件的稳定性好,不会出现系统或单个控制器死机等问题;② 系统自诊断性好,控制器及 I/O 信号有出错报警功能;③ 人机交换友好,可以在线修改程序及下装;④ 备品备件有可靠保证,在 15 年内采购容易且周期短,价格低;⑤ 功能强大;⑥ 控制系统的软件的可读性好,其组态功能块的种类能轻易实现 DCS 的各种工艺功能的需要。

控制器对数不能太低,以便于控制功能的合理分配;I/O 模块的数量要合理,以便在分配 I/O 通道时避免重要信号的过度集中,以确保各 I/O 模件的余量合理等。

2. 安装施工工艺和质量

当安装准备工作完成以后,进行 DCS 的安装,DCS 的安装工作包括机柜安装、设备安装、卡件安装、系统内部电缆安装、端子外部仪表信号线的连接、系统电源接地安装。安装电子模件时,要特别防止静电。

施工中要注意盘柜与地的可靠绝缘和盘柜母线的可靠接地,同时对孔洞等必须做防火处理,盘柜等要有防振动措施。敷设电缆时尤其要注意强电弱电分开,屏蔽线的可靠接地和抗干扰。在布线过程中一定要按照设计图纸(一定已交专人认真审核)施工,在接线中,电缆及芯线标记要清晰完整,能长期保持,压接端子必须用预绝缘管状端头处理。

要严格控制电子设备间的环境条件,注意搞好消防、空调、通风及照明等工作。尤其要注意通风和空调,由于 DCS 控制系统对温度要求严格,因此应尽早将空调系统投入运行,中央空调的出风口不能正对机柜或 DCS 其他电子设备,以免冷凝水渗透到设备内造成危害;同时,电子卡件绝不允许有粉尘进入,故要求电子设备间能一直保持环境清洁和滤网干净,注意除湿和调整好温度。

3. 程序设备的调试验收

(1) 程序设备的调试主要有工厂调试和现场调试。

工厂调试包括硬件调试和软件调试。硬件调试判断系统硬件和网络是否正常运行,软件调试包括组态文件调试、数据库调试、流程图调试、控制回路调试。控制回路调试主要对用户编制的控制软件和 I/O 通道进行调试。

现场调试指现场的在线调试,需要工艺、电气、仪表、设备等各个部分配合。

(2) 程序设备的验收主要有工厂验收和现场验收,工厂验收主要指出厂验收,而现场验收包括开箱检验、通电检验、在线检验。

出厂验收:系统硬件和软件性能的验收,供货清单上设备的清点,软件功能的完善。

开箱检验:运输途中是否有损耗,是否符合装箱单。

通电检验:所有模件逐个通电,保证 72 h 连续带电考核通过。

在线检验:审阅调试记录审查,现场环境测试,控制性能测试,联网通信能力测试,信号的精度处理测试,组态和操作显示功能测试。

在程序组态设计中,一定要采用保障机组安全运行的控制策略。保护或联锁的逻辑判据必须是充足的。汽轮机转速、汽轮机润滑油压力等宜采用硬接线保护和软件保护相结合的方式,建议采用常闭信号,以确保保护的可靠投入;重要的三取二保护信号要采用模拟量和开关量组合的方式,在保证重要主设备安全的前提下,建议尽可能采用常开信号,以避免保护的误动作。

在控制系统选型、设计、测试、验收、投入运行和在线调整各阶段,程序设计和测试人员一定要全程参与,要结合类似控制系统使用中存在的问题,严格审核以保证控制逻辑设计和组态的合理性,测试时一定要全面测试所有的回路。要仔细记录各次检查和试验结果,若发现与软件相关的问题要立即与供应商取得联系,并将情况完整地反馈给他们以尽快解决问题。

要有必需的后备手段：重要的保护和联锁设备除了有通信连接外，还必须具有硬接线方式；对于重要的调节设备，除了在操作员站上有软手操外，还必须有后备手操，以便在DCS控制器或I/O模件发生故障时，仍然可以对重要设备进行及时干预。

对程序员要加强管理，采用授权制，且任何人改动程序都必须履行相关审批手续，并做好异动前后的记录。重要调节系统的PID参数和阈值检测块等必须有记录，在优化调节参数过程中，必须实行监护制度，并在修改参数后及时进行试验，以免留下安全隐患。

4. 人员管理和技术培训

操作不当会影响DCS硬件或软件性能，会间接影响机组的安全性和经济指标，所以要广泛征求运行人员的意见，让他们参与熟悉设计和调试，以让他们充分熟悉控制界面（画面）的操作变化，知道如何操作。

注意各有所长，现代DCS涉及的知识面很广，要短时间全面掌握涉及的全部知识是不可能的。应充分考虑热控人员文化素质和业务水平的差异，优先对不同热控工程师进行不同方面的比较深入的培训。控制系统的管理需特别注意：在机组运行的情况下，应尽量避免在线修改组态和重要参数，若必须进行组态修改及下载时，要做好事故预想，落实各项安全措施，并完善相关报批手续。

5. DCS定期维护的项目

（1）对DCS设备进行分解、清扫及综合检查、功能恢复，使系统的寿命得以延长。

（2）对DCS软、硬件进行全面调试。

（3）对DCS设备的功能、动作进行确认，更换消耗品及性能劣化品。

（4）硬件配置和运行状况确认且对各部位进行清扫并更换消耗品后，根据需要对主控卡件进行升级，消除部分卡件的故障现象。

（5）对信号连接电缆和通信电缆进行测试或更换。

（6）操作站软、硬件运行状态确认保存后，对硬件进行清扫和检测。根据用户的需要，进行软件的升级和部分组态的修改，保证系统长期正常运行。

（7）定期进行主从冗余设备的切换，保证备用设备的正常工作。

（8）定期对备品备件进行测试。

（9）定期检查DCS的接地是否符合要求。

（10）定期备份工程师站数据和历史站数据。

第6章　分散控制系统的运行和维护

火力发电厂自动控制系统的特点是具有可调整性和可修复性,及时、合理地调整控制参数以及维修控制系统是使机组安全稳定运行不可缺少的重要工作。传统检修模式是指人工巡回点检或运行人员发现故障,再通知热工人员进行维修,控制系统的参数调节也多采用人工经验调节的方式。由于控制系统回路众多,控制设备遍布电厂各个角落,仅靠人力很难实现早期、及时、全面地检查和发现故障,同样也很难保证人工设定的控制系统运行在一个经济、有效的状态下。据统计,对系统工作能力的检查和缺陷的寻找要花费大量的时间,有时占到系统总修复时间的90%。显然,传统的检修模式的效率是非常低下的,维修需要大量的时间和费用。更为有效的方法是根据控制系统本身可以测量得到的信号,将理论分析的方法与计算机快速、集中处理能力相结合,建立基于软件计算的实时系统性能评价与故障诊断系统,实现控制系统的性能评价和故障在线监测与状态维修。

为保证热工自动化设备和系统的安全、可靠运行,可靠的设备与控制逻辑是先决条件,正常的检修和维护是基础,有效的技术管理是保证。只有对热工自动化设备和系统的检修运行维护进行全方位监督,对所有涉及热工自动化设备和系统安全的外部设备及设备的环境和条件进行全方位监督,才能保证热工自动化设备和系统的安全稳定运行。

6.1　分散控制系统的故障分析

6.1.1　分散控制系统故障分类

故障(fault)是指产品或产品的一部分不能或将不能完成预定功能的事件或状态。产品按终止规定功能后是否可以通过维修恢复到规定功能状态,可分为可修复产品和不可修复产品。电厂运行对热工自动化设备和系统的要求是不发生或减少由自身原因引起的机组故障次数,保证机组能可靠地按需求发出并送出所需电量。对分散控制系统的故障进行科学分类与合理分级,是火电厂安全经济运营的基础。根据不同的性质和用途,可定义不同的热控系统故障类别。

1.按故障性质和后果分类

在电厂设备事故调查中,由热控系统原因引起的设备故障按常规统计方法一般可分为事故、一类故障、二类故障、异常、未遂。

事故一般是指一次造成发电生产设备损坏直接经济损失达到一定数额,升压站一定电压等级以上母线全停,多台发电机组非计划停运,发电机组强迫停运超过规定时间的设备故障事件,以及其他经认定为一般设备事故的情况。

一类故障一般是指未构成一般设备事故,但造成发电生产设备损坏直接经济损失达到一定数额,发电机组或一定电压等级以上输变电设备强迫停运超过一定时间,发电机组或一定电压等级以上输变电设备非计划停运,监控过失、人员误动、误操作使主设备强迫停运,主要发供电设备异常运行达到规程规定的紧急停止运行条件而未停止运行,以及其他经认定为一类故障的设备故障或损坏情况。

二类故障一般是指未构成设备一类故障,但造成发电生产设备损坏直接经济损失达到一定数额,机组异常运行或主要辅机设备故障引起全厂有功出力降低达一定数值,主要热机保护装置误动或拒动未造成严重后果,主要辅助设备异常运行达到停运条件但未执行,全部或部分分散控制系统操作站故障但及时恢复等,以及其他经认定为二类故障的设备故障或损坏情况。

异常一般是指因人员过失等发生的设备损坏或异常情况,情节较轻,未构成事故、一类故障、二类故障的故障。

未遂是指存在安全隐患,可能造成人身伤害或设备停运、损坏,可能构成一类故障及以上事故,或可能造成人身伤害或构成设备故障,但没有产生后果的异常情况。

2.按故障起因与故障点分类

由电厂热控系统原因引起的设备故障按故障起因与故障点可分为电源系统故障、控制系统硬件故障、控制系统软件故障、现场设备故障、现场干扰故障、检修维护不当故障等。

电源系统故障:因电源模件、不间断电源、热控柜电源、电源切换或变换装置等引起的故障。

控制系统硬件故障:因控制器、I/O 模件、网卡、操作员站、工程师站、交换器、服务器等异常引起的机组运行故障。

控制系统软件故障:因操作系统软件、组态软件、控制逻辑、时序、故障诊断等错误引起的机组运行故障。

现场设备故障:因取样装置、敏感元件、隔离阀,仪表阀、测量仪表、控制仪表、执行设备、位置反馈装置、电磁阀等异常引起的机组运行故障。

现场干扰故障:因雷电、接地、电缆绝缘与屏蔽、电焊与电气工具作业、电气设备启停、对讲机等原因引起的机组运行故障。

检修维护不当故障:因人员对设备或部件的操作失误,安装调试、检修维护、试验方法不当等原因而引发的故障。可以通过完善操作管理和人员素质培训减少这类故障的发生。

3.按故障隐患生成时间分类

电厂热控系统与设备的故障隐患按其产生时间可以分为设计隐患、制造隐患、基建隐患、检修维护隐患等。

设计隐患:因元件、设备、逻辑、线路等设计不当而遗留的隐性缺陷形成的故障隐患。

制造隐患:因设备未按照设计或规定的工艺制造而遗留的隐性缺陷形成的故障隐患。

基建隐患:安装调试过程不满足相关规程、规范要求而遗留的隐性缺陷形成的故障隐患。

检修维护隐患:维护、检修及管理过程不满足相关运行、检修、维护规程要求而遗留的隐性缺陷形成的故障隐患。

4.按故障可控性分类

电厂热控系统与设备的故障按故障的可控性可以分为突发性故障、渐发性故障、人为因素故障等。

突发性故障:在发生之前无明显的可察征兆,事前的检查、监测或检修不能预测,难以有针对性地采取预防措施的故障。

渐发性故障:某些设备的元器件、连接介质因老化或连接点环境变化等导致技术指标逐渐下降,最终超出工作允许范围(或极限)而引发的故障。其特征表现为故障概率随设备运转时间的推移而增大,有一定的规律性,通过针对性的预防措施可以降低故障发生概率。

人为因素故障:因人为因素引起的设备操作失误,以及安装、调试、检修、维护及试验方法不当等引发的热控系统故障。可以通过完善操作管理和人员素质培训减少这类故障的发生。

5.热控系统分类与故障分级

1) 控制系统分类

按电厂热控系统的可靠性管理要求,控制系统根据重要性可分为 A、B、C 三类,进行分类管理与评价。

A 类控制系统:机组从启动、并网、正常运行至停运整个过程中,涉及安全、经济、环保问题且需要连续投入运行的控制系统。A 类控制系统一般至少包括以下系统。

(1) 机组分散控制系统(DCS)。

(2) 数字电液(DEH)控制系统、炉膛安全监控系统(FSSS)、汽轮机紧急跳闸系统(ETS)、汽轮机监视仪表(TSI)、给水泵汽轮机电液(MEH)控制系统、旁路控制(BPC)系统、电除尘和循环水等专用保护与控制系统。

(3) 机组协调控制、汽轮机转速与负荷控制所涉及的控制子系统。

(4) 主要辅机设备开关量控制系统(OCS)。

(5) 烟气脱硫(FGD)控制系统及脱硝(SCR)控制系统。

(6) 对外供热控制系统。

B 类控制系统:机组在连续运行过程中,可根据控制对象要求,做间断式(间断时间不超过 12 h)连续运行的控制系统。B 类控制系统一般至少包括以下系统。

(1) 除机组协调控制、汽轮机转速与负荷控制所涉及的控制子系统以外的模拟量控制子系统。

(2) 吹灰、空气压缩机、渣灰程序控制系统。

(3) 化学水处理、精处理程序控制系统。

(4) 输煤程序控制系统。

(5) 制氧、制氢储氢、制氨、制浆控制系统。

(6) 全厂辅助系统集中监控系统。

C 类控制系统:未列入 A、B 类的控制系统。C 类控制系统故障时,通过手动能完成其相应的功能,不影响机组的安全运行。

2) 控制设备分类

电厂热控系统中控制设备根据重要性,同样可以分为 A、B、C 三类,进行分类管理与评价。

A 类设备:该类设备(包括冗余功能及电源、接地设备)故障时,将对该类控制系统(以及所包含的重要设备)的安全运行构成严重威胁,可能导致该类控制系统控制对象失控、机组运行中断、环境保护监控功能丧失或环境严重污染,影响机组运行的安全性和经济性。A 类设备(含装置)一般至少包括以下设备。

(1) 用于主重要回路的电源、气源、防护装置及过程部件。

(2) 压力管道、容器上的强制性检定仪表、装置及过程部件。

(3) 热网供气、供水母管及贸易结算用的温度、压力、流量、称重仪表和装置及过程部件。

(4) 经济成本核算用的温度、压力、流量、称重仪表和装置及过程部件。

(5) 涉及机组安全和经济运行的重要保护、联锁和控制用仪表、装置及过程控制部件。

(6) 主参数监视与环保监测仪表、装置及过程部件。

B类设备:该类设备故障时将导致该类控制系统部分功能丧失,短时间内不会直接影响但处理不当会间接影响控制对象连续运行,导致控制对象出力下降、控制范围内主要辅助设备跳闸、控制范围内主要自动控制系统无法正常投入、主要设备联锁无法投入,或控制范围内的热控设备失去主要监视信号。B类设备一般至少包括以下设备。

(1) 机组启动、停运和正常运行中,需监视或控制的参数所涉及的仪表、装置及过程部件。

(2) 一般保护、联锁和控制用仪表、装置及过程部件。

(3) B类控制系统所涉及的主要监视和控制用仪表、装置及过程部件。

C类设备:未列入 A、B类设备的所有设备。

3) 热控系统故障分级

电厂中因热控系统原因引起或可能引发的故障按其严重性可分为一级故障、二级故障、三级故障。

一级故障:将会直接导致系统不能完成规定功能,引起机组运行中断、系统重要设备不可控或损坏、环境保护监控功能丧失或其他不可挽回的后果。一级故障一般包括以下故障。

(1) A类控制系统任一对冗余电源全部失效。

(2) DCS 或 DEH 的操作员站全部失去监控。

(3) A类控制系统任一对冗余控制器全部故障。

(4) A类控制系统任一对冗余网络全部瘫痪。

(5) 涉及机组跳闸的冗余信号中,任二个信号丧失。

(6) 服务器均故障(根据网络结构确定)。

二级故障:如果不及时处理或处理不当,可能发展为一级故障或导致设备损坏,影响机组安全和经济运行的可能性增大。二级故障一般包括以下故障。

(1) A类控制系统的任一对控制器失去冗余。

(2) A类控制系统的任一电源失去冗余。

(3) A类控制系统的任一网络失去冗余。

(4) A类控制系统监控画面失去监控。

(5) 涉及机组跳闸的任一个冗余信号失去。

(6) 影响机组和热网安全经济运行或环境保护监控功能的设备、部件出现故障或隐患。

(7) 主要辅机保护回路误动或拒动。

(8) 冗余信号中,任二个信号丧失。

(9) 服务器失去冗余(根据网络结构确定)。

三级故障：对设备和系统完成规定功能有一定影响，虽暂时不影响机组继续运行，但有可能发展为二级故障或一级故障，影响重要参数的监控。三级故障一般包括以下故障。

（1）控制系统部分操作员站失去监控。

（2）B 类控制系统的控制器全部故障。

（3）B 类控制冗余信号中，任一个信号丧失。

6.1.2　分散控制系统的故障诊断技术

自动控制系统与设备是大型火力发电机组不可缺少的重要组成部分，控制系统的性能和可靠性等已成为保证火力发电机组可靠性和经济性的重要因素。火力发电厂控制系统日益大型化和复杂化，系统中具有众多的控制回路和需要调节、监控的参数，故障点也随之增加。要实现发电企业连续安全生产以及利润最大化，一方面要考虑设备状态以及众多控制回路的控制效率是否满足安全性、经济性和高效性；另一方面要考虑如何将机组启停次数、机组维修时间降低到最小，甚至实现故障的自动处理。目前的检修方法和传统的联锁保护系统难以满足机组自动化越来越高的要求。火力发电厂控制系统设备的故障诊断技术是实现控制系统状态维修的重要手段与前提。

目前故障诊断技术在振动诊断方面比较成熟，在化工领域、核工业和航空航天领域中已有一些应用，但是在电厂控制系统方面的应用相对较少，主要应用在电厂机、炉主辅设备上。电厂故障诊断技术主要基于火力发电厂监控信息系统的应用，从监控信息系统获取所需的信号并进行分析和处理，实现控制系统状态的在线评价与监测。一旦发生故障，能分离出故障的部位、判别故障的种类、估计故障的大小与时间，进行评价与决策，并给出维修的指导建议。

1.控制系统故障常规检测方法

从故障检测的手段上来看，火力发电厂控制系统故障诊断常规方法主要有以下几种。

（1）硬件冗余。只有非常重要的信号设置了二重和三重硬件冗余，通常的故障判断方法为多数表决。如果要分离出故障传感器，至少需要三重硬件冗余。

（2）信号门限检测。信号的门限检测是指通过判断传感器信号的变化范围和变化速率是否超限来实现故障检测。它是工程中常用的方法，具有简单和易于实现的特点。然而许多情况下，传感器的读数虽然在正常的范围内，但是系统已经发生了某种故障。因此该方法只能在故障发展到很大的程度时才能检测出故障，另外，仅根据信号超过正常范围很难判别出故障的真正原因。

（3）运行人员的观察判断。通过运行人员的观察并结合已有的经验来发现故障。这种方法固然有用，但对运行人员的素质和对过程的理解等有较高要求，而且许多故障是很难通过观察发现的。

故障处理措施主要有以下几种。

（1）切手动。对于一些不严重的故障，当采用自动调节的方法无法使参数稳定时，往往将控制系统切为手动控制。

（2）联锁保护或停机。传统的参数报警和联锁保护系统的作用是防止系统在重要位置上出现危险情况。一旦发生某些可能引起严重后果的故障，可使设备停止运行以避免引起更严重的危害。从可靠性方面来说，联锁保护系统并不能从根本上保证系统的连续稳定运行,只是紧急情况的一种处理措施。

目前,火力发电厂的常规监控水平还远远没有达到令人满意的程度。故障检测手段比较粗糙,故障处理方式单一,还无法做到及时和早期地诊断出控制系统中的故障,并直接确定故障的部位。这些都使得查找故障原因费时费力,难以采取有效的预防性措施来减少和防止保护动作次数以及停机次数。

2. 控制系统传感器故障在线诊断技术

1971 年,美国麻省理工学院的 Beard 发表的博士论文及 Mehra 和 Peschon 发表在 Automatica 上的论文标志着故障诊断技术的诞生,此后故障诊断技术得到了迅速的发展。故障诊断技术经过几十年的发展,内涵逐渐丰富,涌现出众多的方法。经过归纳整理,可以将各种方法划分为三类。

1) 基于解析模型的故障诊断方法

基于解析模型的故障诊断方法是最早发展起来的一类诊断方法。其核心内容为基于观测器/滤波器的状态估计方法、基于参数识别的方法以及奇偶方程的方法。它们遵循的假设条件是系统中的故障导致系统参数变化,例如,故障使输出变量、状态变量、模型参数、物理参数等其中一个或多个发生变化。在实际工程应用中设计故障诊断系统时,通常需要按下述三个步骤进行。

(1) 残差产生。残差是指由被观测数据构成的函数与这些函数的期望值之差。残差通常作为反映系统故障的信息,但为了隔离不同类型的故障,需要设计出具有适当结构或适当方向的残差矢量。

(2) 残差估计(故障分类):对故障发生的时间或故障的位置进行推理、决策。

(3) 故障分析:确定故障的类型、大小和原因。

残差产生和残差估计是故障诊断系统设计的核心。

2) 基于人工智能的故障诊断方法

当前的控制系统和生产过程变得越来越复杂,通常情况下要获得系统的精确数学模型是非常困难的。由此,发展出了一系列基于非解析模型的诊断方法,基于人工智能的方法就是其中的一类,并且在近 20 年得到了快速的发展。基于人工智能的方法多种多样,常见的几种方法如下。

(1) 专家系统。专家系统是人工智能领域最为活跃的一个分支之一,它已广泛应用到许多工程领域的故障诊断中。故障诊断专家系统的基本实现过程是通过人机接口将过程的有关数据送入动态数据库,推理机根据知识库中的知识和动态库中的实时数据进行推理,得出是否有故障发生,发生什么故障,并进行评价和决策。专家系统在医疗诊断系统中的应用广泛且成熟,目前其研究和应用已经扩展到工业、农业、商业等各行各业中。目前的研究动向是从浅知识专家系统的研究过渡到深知识专家系统的研究和应用。

(2) 神经网络。随着神经网络技术的发展,越来越多的基于神经网络的故障诊断方法涌现出来。基于神经网络的故障诊断方法可以分为两大类:一类是将神经网络作为输出估计器产生残差,用神经网络观测器代替传统的观测器;另一类是将神经网络用于分类和模式识别。由于神经网络具有自学习和拟合非线性函数的能力,因此它在非线性系统的故障诊断方面有着很强的优势。

(3) 模糊逻辑。基于模糊信息处理的方法应用到故障诊断中的优点体现在模糊逻辑在概念上易于理解,在表达上接近人的自然思维,从而使人的故障诊断知识能很容易地通过模糊逻辑的方式来表达和应用。T-S 模糊模型对任意非线性系统具有良好的逼近能力,为解决非线性问题提供了一个将定量和定性的信息联系在一起的方式。需要指出的是,单独使用模糊方法进行故障诊断的方法还不多见,一般将其与其他各种方法结合起来一起使用。

3）基于数据驱动的故障诊断方法

基于数据驱动的故障诊断方法在流程工业中得到了足够的重视和广泛的应用,这是因为对于像流程工业过程这样的大系统,建立其数学模型是很困难的。它会在运行过程中产生大量的数据,通过对实时以及历史数据进行分析处理可以有效地对过程进行故障诊断。几类有代表性的数据驱动方法如下。

（1）信号处理方法。由于故障源与过程信号在幅值、相位,以及频谱等方面存在各种各样的联系,因此利用信号处理方法提取这些内在的联系,就可以实现过程监测和故障诊断。常用的方法有信号分析法、相关分析法和小波分析法等。

（2）多元统计方法。利用过程数据,使用多元统计分析理论对工业生产过程进行统计建模,利用该模型对过程进行监测和故障诊断。多元统计方法可以对具有相关性的变量做降维处理,对具有高度相关性同时又具有众多变量的生产过程而言,使用多元统计方法可以大大降低过程诊断的复杂性,因此该方法尤其适用于变量众多的复杂系统的故障诊断。目前在过程监测和故障诊断领域,研究和应用最广泛的多元统计方法是主元分析（PCA）方法和部分最小二乘（PLS）法。其主要研究的问题包括过程故障检测行为分析、多工况过程的故障检测方法、故障检测的鲁棒性、非线性系统的故障检测,以及故障分离方面的问题。另外由于在实现故障分离和定位方面有着很好的效果,基于费希尔判别分析（FDA）和规范变量分析（CVA）的研究也逐渐多了起来。

6.2　分散控制系统的检修

分散控制系统的检修主要分为停运前检查、停运后硬件检修和软件检查三个方面。

6.2.1　停运前检查

停运前检查全面检查控制系统的状况,对异常情况做好记录,并列入检修项目,全面检查控制系统的状况,主要包含以下方面。

（1）散热风扇的运转状况。

（2）不间断电源（UPS）、各机柜供电电压,各类直流电源电压及各电源模件的运行状态。

（3）机柜内各模件工作状态,各通道的强制和损坏情况,各操作员站、控制站、服务站、通信网络的运行状况等。

（4）检查报警系统,对重要异常信息做好详细记录。

（5）检查各类打印记录和硬拷贝记录。

（6）测量控制室、工程师室和电子设备室的温度及湿度,现场总线和远程输入/输出就地机柜的温度。

（7）检查控制系统运行日志、数据库运行报警日志,汇总系统自诊断结果中的异常记录。

（8）检查设备和系统日常维护消缺记录,汇总需停机消缺项目。

（9）做好控制系统软件和数据的完全备份工作。

6.2.2 停运后硬件检修

停运后硬件检修包括操作员站、工程师站、服务站硬件检修,计算机外设检修,控制站检修,网络及接口设备检修,电源设备检修,主时钟和全球定位系统（GPS）标准时钟装置检修,可编程逻辑控制器（PLC）检修。

停运后硬件检修一般规定如下。

（1）检修前,应按控制系统的正常停电程序停运设备。

（2）电子设备室、工程师室和控制室内环境温度、湿度、清洁度应符合规定。

（3）所有电源回路的熔丝和模件的通道熔丝应符合使用设备的要求。

（4）系统设备外观应完好。

（5）各系统设备应摆放整齐,标识齐全、清晰、明确。

（6）在系统或设备停电后进行设备清扫。

（7）对于有防静电要求的设备,检修时必须做好防静电措施。

（8）吹扫用的压缩空气需干燥无水、无油污,压力宜控制在 0.05 MPa 左右;清洁用吸尘器需有足够大的功率,以便及时吸走扬起的灰尘;设备清洗需使用专用清洗剂。

（9）所有机柜的内外部件应安装牢固,螺钉齐全;各接线端子板螺钉、接地母线螺钉应无松动。

（10）系统设备间连接电缆、导线应连接可靠,敷设及捆扎整齐、美观,各种标志齐全、清晰。

1. 操作员站、工程师站、服务站硬件检修

（1）确认待检修设备与供电电源可靠分离后,打开机箱外壳。

（2）线路板应无明显损伤和烧焦痕迹,线路板上各元器件应无脱焊;内部各连线或连接电缆应无断线,各部件设备、板卡及连接件应安装牢固无松动,安装螺钉齐全。

（3）清扫机壳内、外部件及散热风扇。

（4）装好机箱外壳,设备电源电压等级应设定正确。

（5）接通电源启动后,设备应无异声、异味等异常现象发生,能正常地启动并进入操作系统,自检过程无出错信息,各状态指示灯及界面显示正常;散热风扇转动应正常无卡涩,方向正确;对于正常工作时不带显示或操作设备（键盘或鼠标）的服务站,可接上显示或操作设备进行检查。

2. 计算机外设检修

计算机外设检修主要指对显示器、打印机、硬拷贝机、轨迹球和鼠标、键盘等做相应检修。

3. 控制站检修

控制站检修内容如下。

（1）机组及与计算机控制系统相关的各系统设备停运,控制系统退出运行,停运待检修的子系统和设备电源。

（2）对每个需清扫的模件的机柜和插槽编号、跳线设置做好详细且准确的记录。

（3）清扫模件、散热风扇等部件；检查外观；模件标识应正确清晰。

（4）模件的掉电保护开关或跳线设置应正确。

（5）模件等检查清扫完毕后，应准确就位。

（6）模件就位后，仔细检查模件的各连接电缆，其应接插到位且牢固无松动。

（7）模件通电后，各指示灯应指示正确，散热风扇运转正常。

（8）配有显示器和（或）键盘、鼠标接口的控制站，若有必要应连接显示或操作设备（键盘、鼠标）进行检查。

4. 网络及接口设备检修

1）通信网络检修

通信网络检修内容如下。

（1）系统退出运行。

（2）更换故障电缆和（或）光缆。

（3）检查通信电缆金属保护套管的接地是否良好。

（4）测量绝缘电阻、终端匹配器阻抗是否符合规定要求。

（5）紧固所有连接接头、各接插件和端子接线。

（6）通电后，检查模件指示灯状态，或通过系统诊断功能确认通信模件状态和通信总线系统是否正常工作，应无异常报警。

（7）通过系统诊断工具/功能或其他由制造厂提供的方法，查看每个控制子系统、所有I/O通道及其通信指示是否正常。

2）网络接口设备检查

网络接口设备检查内容如下。

（1）检查前应关闭设备电源，将各连接电缆和光缆做好标记，然后拆开各电缆和光缆之间的连接，并及时包扎好拆开的光缆连接头，以免受污染。

（2）对交换机、集线器、耦合器、转发器、光端机等网络设备的内、外进行清扫、检修，紧固接线；检修后设备应清洁无尘、无污渍。内部电路板上各元件应无异常，各连接线或电缆的连接应正确、无松动、无断线；各接插头完好无损，接触良好；风扇和设备的绝缘应符合要求。

（3）仔细检查各光缆接口、RJ-45接口和（或）BNC接口等，它们应无断裂、断线和破碎、变形，连接正常可靠。

（4）装好外壳；上电检查，应无异声、异味，风扇转向正确；自检无出错，指示灯指示正常。

5. 电源设备检修

1）自备不间断电源（UPS）检修

（1）正常停运由热控系统自备UPS电源供电的用电设备，然后关掉UPS的开关，拔掉UPS的连接插头。

（2）UPS清扫检修后，其外观应清洁无尘、无污渍；输出侧电源分配盘电源开关、熔丝及插座应完好；紧固各接线；UPS蓄电池应无漏液，否则应更换蓄电池。

（3）接通电源，热控系统自备UPS启动自检正常，各指示灯应指示正常，无出错报警；UPS电源各参数应符合制造厂规定。

2) 模件电源、系统电源和机柜电源检修

(1) 清扫与一般检查如下。

① 停用相关系统，将各电源插头或连线做好标记后拔出。

② 清扫电源设备和风扇，仔细检查内部印刷线路板、元件、连接电缆、信号线、电源线、接地线及其他连线，检查熔丝等。

③ 测量变压器一次侧、二次侧之间和一次侧端子对地间的绝缘电阻是否符合规定要求。

④ 复原电源内部配件；根据记录标记插好所有插头。

(2) 上电检查试验如下。

① 通电前检查电源电压等级设置是否正确；通电后电源装置应无异常；风扇转动应正常、无卡涩、方向正确。

② 测量各输出电压是否符合要求。

③ 启动整个子系统，系统应正常，无故障报警。

④ 对于冗余配置的电源，关闭其中任何一路，相应的控制器应能正常工作，否则应进行处理或更换相应电源。

(3) 主时钟和全球定位系统(GPS)标准时钟装置检修。

(4) 可编程逻辑控制器(PLC)检修。

6.2.3　软件检查

软件检查主要包括操作系统、应用软件及其完整性、权限设置、数据库等的检查。

1. 操作系统检查

(1) 各计算机通电启动，检查机器，应无异常。

(2) 操作系统上电自启，整个启动过程应无异常，无出错信息提示。

(3) 检查并校正系统日期和时间。

(4) 检查各用户权限、口令等设置是否正确，符合系统要求；检查各设备和文件、文件夹的共享或存取权限设置是否正确，符合系统要求。

(5) 检查硬盘剩余空间大小，应留有一定的空余容量。

2. 应用软件及其完整性检查

(1) 在分散控制系统逻辑修改等工作完成后，再次进行软件备份。

(2) 启动计算机系统自身监控、查错、自诊断软件，检查其功能，应符合厂家要求。

(3) 检查存储设备，应有一定的容量储备。

(4) 启动应用系统软件，应无异常，无出错信息提示；对于上电自启的系统，此过程在操作系统启动后自动进行。

(5) 根据厂家提供的软件列表，检查核对应用软件是否完整。

(6) 根据系统启动情况检查，确认软件系统的完整性。

(7) 分别启动各工作站的其他应用软件，应无出错报警。

(8) 使用提供的实用程序工具，扫描并检查软件系统的完整性。

3. 权限设置检查

(1) 检查各操作员站、工程师站和其他功能站的用户权限设置，应符合管理和安全要求。

（2）检查各网络接口站或网关的用户权限设置，应符合管理和安全要求。

（3）检查各网络接口站或网关的端口服务设置，关闭不使用的端口服务。

4．数据库检查

（1）检查数据库访问权限设置是否正确，符合管理和数据安全要求。

（2）对数据库进行探寻，检查各数据库的有关信息是否正确，检查各数据库或表的空间使用状况，应保留不小于 25％的空余空间，磁盘的可用空间应不小于 50％。

（3）检查数据库日志记录，若已满，则应进行清除或立即备份数据库。

6.3　分散控制系统运行与维护

分散控制系统运行与维护主要包括计算机控制系统的投运与验收、计算机控制系统维护和计算机控制系统停用。

6.3.1　计算机控制系统的投运与验收

1．系统投运前检查及质量要求

1）外观检查及要求

外观检查及要求如下。

① 设备的环境温度、湿度和清洁度应满足设备运行的要求。

② 电子设备室机柜上方的空调通风孔应采取防漏水隔离措施。

③ 各路电源熔丝容量应符合要求。

④ 各控制柜、中间端子柜的柜号、名称应醒目，柜内应附有端子排接线图，附件完好无缺，照明正常，各公用电源线、接地线、照明线和测量回路接线应连接正确、牢固。

⑤ 由现场进入中间过渡端子柜、控制站机柜的各类信号线、信号屏蔽地线、保护地线及电源线应连接正确、牢固、美观，电缆牌号和接线号应齐全、清楚。

2）各工作站检查及质量要求

（1）控制站检查及质量要求如下。

① 柜内各电源模件、主控制器、功能模件及其他设备，应全部复原且安装正确、牢固。

② 引入控制站机柜的各类信号线、电源线、接地线及柜内连接电缆应连接完好、正确、牢固、美观。

③ 各站的冗余通信电缆应连接完好、正确、牢固、美观。

④ 控制站内的数据通信线以及各控制站间的通信线，应连接完好、正确、牢固。

⑤ 各功能模件与中间端子柜内对应端子板的连接电缆，应连接完好、正确、牢固。

（2）操作员站、工程师站和服务站检查及质量要求如下。

① 各站的计算机、显示器、打印机等的电源应连接完好。

② 键盘、鼠标或轨迹球、显示器信号线和打印机信号线与各计算机之间的连接应完好、正确。

③ 各站之间的数据通信线应连接完好、正确、牢固。

2. 计算机控制系统的上电、试验与投运

(1) 计算机控制系统的上电应按照如下步骤进行。

① 上电准备工作：

(a) 与计算机控制系统相关的所有子系统的电源回路应确认无人工作；

(b) 与计算机控制系统相关的所有子系统应确认允许计算机控制系统上电；

(c) 系统投运所需手续齐全。

② 上电过程要求：

(a) 上电过程中，逐个检测电源模件的各路输出电压和上电设备或系统的电源电压，它们应在规定范围内，发现异常应及时排除；

(b) 确认上电的设备或系统的电源电压正常后，方可进行下一级设备或系统的上电操作。

③ 控制站上电：

(a) 合上控制站总电源开关；

(b) 合上控制站系统电源开关，合上控制站现场电源开关；

(c) 启动控制站，系统自动进入运行状态，指示灯显示运行状态，可通过自诊断程序进行观察。

④ 操作员站、工程师站和服务站等上电：

(a) 合上总电源，接通工程师站和各服务站的主电源，启动工程师站和各服务站，待显示器上显示并进入操作系统后，启动应用程序（或系统自启）；

(b) 合上打印机、硬拷贝机、显示器等外设的电源开关；

(c) 合上各操作员站主电源开关，启动各操作员站后，自动进入应用程序。

⑤ 按照上述步骤，逐台启动所有计算机，直至整个计算机控制系统启动完毕。

⑥ 检查整个系统的通信连接、显示器画面显示、各设备的运行状态等指示，应正常并与实际状况相符，否则应予以处理；必要时可通过专用检查工具或专用软件进行进一步检查。

⑦ 检查计算机通风设备是否正常工作。

(2) 经过检修或升级后的计算机控制系统，应进行系统性能和功能试验。

(3) 经过检修或升级后的计算机控制系统，在各设备性能及功能检查、试验正常的情况下，应进行 72 h 的离线运行，以便测试系统的稳定性。只有在系统的稳定性符合要求后，才能将系统正式投入在线运行。

3. 检修验收

(1) 控制系统中所有孔洞应密封完好。

(2) 控制系统中各项检查、检修项目应符合质量要求。

(3) 测量模件的备用通道应按在线运行通道要求进行初步设置。

(4) 控制系统各项性能及功能试验应均按试验方案试验完毕，技术指标应符合规定要求。

(5) 现场检查各控制子系统投运正常。

(6) 各项检修记录应齐全、完整、规范、数据正确，记录结论应符合质量规定要求，若有不合格项应单独列出。

(7) 整个系统启动后，检查计算机控制系统故障报警记录、自诊断记录，应无异常。

(8)打印机通电后运行正常,打印纸装配完好。

6.3.2　计算机控制系统维护

1.日常维护

(1)系统运行期间,不得在计算机控制系统 3 m 以内的范围内使用对讲机。

(2)可能引入干扰的现场设备除回路接线应完好外,还应对该设备加装屏蔽罩。

(3)建立计算机控制系统硬、软件故障记录台账和软件修改记录台账,详细记录系统发生的所有问题、处理过程和每次软件修改记录。

(4)防止将电脑病毒带入系统,工程师站上不应安装任何其他第三方软件,软盘须专盘专用。

(5)日常巡检中,做好缺陷记录;并按有关规定及时安排消缺;热工自动化专责工程师应定期对巡检记录进行检查,对处理情况进行核查。

(6)电子设备室、工程师室和控制室内的环境指标按照表 6-1 执行或符合制造厂的规定。

表 6-1　计算机控制系统的环境指标

环境指标	温度/℃	温度变化率/(℃/h)	湿度/(%)	振动/mm	含尘量/(mg/m³)
要求	15～28	≤5	45～70	<0.5	≤0.3

2.定期维护

(1)运行过程中,应定期检查和试验以下内容。

① 操作员站、通信接口、主控制器状态,通信网络工作状态,系统切换状况,主备用电源工作状态应正常。

② 历史数据存储设备应处于激活状态,光盘或硬盘、磁带等应有足够的余量。

③ 定期用专门的光驱清洁盘对光驱进行清洗。

④ 检查各散热风扇是否正常运转。

⑤ 针式打印机的打印头、字辊导轨和机内纸屑等,应每月进行一次清洁,并适量添加润滑油。

⑥ 检查各操作员站、工程师站和服务站硬盘是否有足够的空余空间,如没有应删除垃圾文件或清空缓冲池。

⑦ 定期进行口令更换并妥善保管。

⑧ 定期进行计算机控制系统组态和软件、数据库的备份。

⑨ 定期检查并记录各机柜内的各路输入、输出电源电压。

(2)定期清扫机柜滤网和通风口,保持清洁,通风无阻。

(3)定期进行控制系统检修、基本性能与功能的测试。

(4)定期对电源模件进行检测,更换模件电池。

3.模件更换

(1)模件更换投运前,应对模件的设置和组态进行检查:

① 对照被更换的模件,正确设置模件地址和其他开关、跳线;

② 将待更换模件插入插槽中,启动模件,模件的状态指示灯应显示正确;

③ 在工程师站上对模件的状态和组态进行检查,若不符合规定,应重新设置和组态。

(2) 检查结果经监护人确认后,将模件正式启用,并填写记录卡。

6.3.3 计算机控制系统停用

1.计算机控制系统正常停用

(1) 局部检修停运相应的设备电源。

(2) 停用计算机控制系统前,应确认有关的生产过程已全部退出运行,或已做好相关的隔离措施。

(3) 所有检查、处理和信息保存工作均已结束。

(4) 与停用系统相关的所有子系统,经确认均已退出运行并允许该系统停用。

(5) 系统经确认无人工作,停电所需手续齐全。

(6) 系统停电不得随意直接关闭电源,应按照如下步骤进行:

① 关闭各操作员站主电源;

② 关闭显示器、打印机等外设的电源;

③ 关闭控制站的现场电源;

④ 关闭控制站的系统电源;

⑤ 关闭控制站的总电源开关。

2.计算机控制系统长期停用

(1) 计算机控制系统长期停用之前,应做好所有软件和数据的完全备份工作。

(2) 停运期间应保证其环境温度、湿度和清洁度符合要求。

(3) 定期通电,进行相关检查和试验,确保计算机控制系统处于完好状态。

3.计算机控制系统的检修与试验周期

(1) 计算机控制系统的检修与试验应随机组大修进行;机组小修时,可根据系统状况进行相应的检修。

(2) 在下列情况下,应进行计算机控制系统基本性能和基本功能的测试。

① 新投运的计算机控制系统。

② 硬、软件升级后的计算机控制系统。

③ 硬、软件做了重大改动的计算机控制系统。

第7章　DCS调节器整定及其图例表示

7.1　热工对象动态特性

大型发电机组控制系统所面对的对象是热工对象。热工对象是指待实施自动调节的各种具体的热力工程设备,如热交换设备、流体输送设备等。热工对象动态特性是指热工对象的输入与输出之间存在的某种动态关系,如动态方程、传递函数等。

热工对象的动态特性是确定调节方案、设计调节系统、自动调节器的调节规律选取或设计的依据,是自动调节系统(调节器)参数整定和调节对象动态特性完善和优化设计的基本依据。

在实际过程中,热工对象多种多样,根据其具体结构和工艺要求可分为单被调量对象和多被调量对象。

7.1.1　单被调量对象

单被调量对象有 n 个输入信号 λ_i,1 个输出信号 C,C 为被调量,如图 7-1 所示。通常选一个可控性良好的输入作为调节作用 μ,其余输入皆为扰动作用。

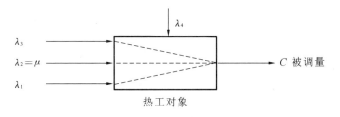

图 7-1　单被调量对象信号传递示意图

输入与输出之间的信号联系(图 7-1 中虚线)称为"通道",调节作用 μ 与被调量 C 之间的信号联系称为"调节通道",扰动作用 λ 与被调量 C 之间的信号联系称为"扰动通道",经调节通道影响被调量的扰动称为"内扰",经扰动通道影响被调量的扰动称为"外扰"。各通道皆有自己的动态特性,分别用传递函数描述,单被调量对象函数方框图如图 7-2 所示。

从图 7-2 可知,全面了解对象动态特性等同于要了解各通道动态特性。调节通道 $G_{0\mu}(s)$ 在调节系统的闭环内,且 μ 经常、自动、反复地起调节作用,$G_{0\mu}(s)$ 的动态特性决定了系统的稳定性。因此,分析和整定系统时,必须了解 $G_{0\mu}(s)$ 的动态特性。扰动通道 $G_{0\lambda_i}(s)$ 在调节系统的闭环外,且 λ_i 随机、短暂、一次性地作用于系统,$G_{0\lambda_i}(s)$ 的动态特性只影响被调量幅值,改善调节品质,改进系统结构。一般,有 $G_{0\lambda_1}(s) \neq G_{0\lambda_3}(s) \neq G_{0\lambda_4}(s) \neq \cdots \cdots \neq G_{0\mu}(s)$。

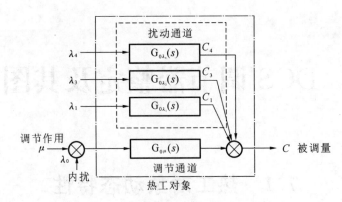

图 7-2 单被调量对象函数方框图

7.1.2 多被调量对象

多被调量对象有多个输入信号 λ_i，多个输出信号 C_j，C_j 为被调量。通常而言，在这种被调对象中，输入信号的数目和输出信号的数目相同，主要有两种情况。

（1）调节对象可分为若干独立区域，一个调节作用只对一个被调量起作用，即每个独立区域可按一个被调量调节对象处理。

（2）一个调节作用影响多个被调量，一个被调量受多个调节作用影响，即多个输入输出相互影响，不可独立，如图 7-3 所示。这种情况下，要求各调节作用必须协调动作，采用综合调节方式，保障被调量正常。图 7-3 所示为具有 3 个输入信号和 3 个输出信号以及扰动量相互关联的被调对象。

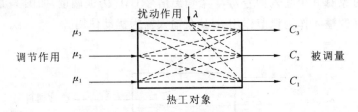

图 7-3 具有 3 个被调量的调节对象

7.1.3 热工对象的动态特性

不同的热工对象有着不同的组成结构、不同的物理性质、不同的运行过程、不同的工程参数……但其动态特性皆反映的是热工对象内部的物质或能量是否平衡。

热工对象从其阶跃响应特性上看，可分为有自平衡能力对象和无自平衡能力对象，如表 7-1 所示。有自平衡能力对象是指对象在阶跃扰动作用下，不需要经过外加调节作用，对象的输出经过一段时间后能自己稳定在一个新的平衡状态上。无自平衡能力对象是指对象在阶跃扰动作用下，若无外加调节作用，对象的输出经过一段时间后不能稳定在一个新的平衡状态上。

1. 有自平衡能力对象

图 7-4 所示为有自平衡能力对象的阶跃响应曲线，在阶跃响应曲线的拐点作切线，与被调量的起始值和最终平衡值的横坐标轴线相交，得时间 T_a、T_b 和被调量稳态变化量 $C(\infty)$。

由此定义下列特征参数。

表 7-1　单容、多容、有自平衡能力和无自平衡能力对象的动态特性

对象	动态特性	
	有自平衡能力	无自平衡能力
多容		
单容		

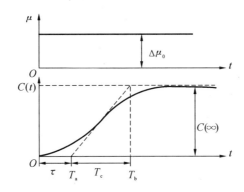

图 7-4　有自平衡能力对象的阶跃响应曲线

1）自平衡率（自平衡系数）

自平衡率为

$$\rho = \frac{\Delta\mu_0}{C(\infty)} \tag{7-1}$$

式中：$\Delta\mu_0$ 表示阶跃输入的幅值。ρ 表示对象的输出量（被调量）每变化一个单位,系统能克服的输入不平衡的大小。自平衡系数越大,对象的自平衡能力就越强。$\rho = 0$ 表示对象没有自平衡能力。

2）时间常数 T_c

如果输出量以曲线上最大速度（即阶跃曲线拐点处对应的速度）变化,则从起始值至最终平衡值所需的时间,就是对象的时间常数 T_c。

$$T_c = T_b - T_a \tag{7-2}$$

在单位阶跃扰动作用下,输出量的最大变化速度称为对象的响应速度,即

$$\varepsilon = \frac{\dfrac{\mathrm{d}C(t)}{\mathrm{d}t}\bigg|_{\max}}{\Delta\mu_0} \tag{7-3}$$

由图 7-4 可知

$$\frac{\mathrm{d}C(t)}{\mathrm{d}t}\bigg|_{\max} = \frac{C(\infty)}{T_{\mathrm{c}}}$$

可得

$$T_{\mathrm{c}} = \frac{1}{\varepsilon\rho}$$

通常将对象响应速度的倒数定义为对象的响应时间 T_{a}，有

$$T_{\mathrm{a}} = \frac{1}{\varepsilon} \tag{7-4}$$

3）迟延时间 τ

迟延时间是指从输入信号阶跃变化瞬间至阶跃响应曲线拐点处的切线与被调量起始值横坐标轴交点间的距离。根据上述定义，从图 7-4 中可知：

$$\tau = T_{\mathrm{a}} \tag{7-5}$$

有自平衡能力对象的传递函数一般可用下列传递函数描述。

近似描述的传递函数为

$$G(s) = \frac{K}{(1 + T_{\mathrm{c}}s)}\mathrm{e}^{-\tau s} \tag{7-6}$$

精确描述的传递函数为

$$G_0(s) = \frac{K}{(1 + T_0 s)^n} \tag{7-7}$$

式中：$K = \dfrac{C(\infty)}{\Delta\mu_0}$；$n$ 表示对象内部的惯性容积数量。特例：当 $n = 1$ 时，对象为单容有自平衡能力对象，为一阶惯性对象，即有

$$G_0(s) = \frac{K}{1 + T_0 s} = \frac{K}{1 + T_{\mathrm{c}}s}$$

在阶跃输入作用下，调节对象的物质（或能量）的流入和流出的平衡被打破，若不经过任何外来的调节作用，调节对象依靠被调量的变化和自身的能力，使流入和流出调节对象的物质（或能量）重新达到平衡，则称该调节对象具有自平衡特性；反之，为无自平衡特性。

具有自平衡特性的调节对象，其内部一定存在某种负反馈作用。图 7-5 所示是具有自平衡特性的水位调节对象，图 7-5(a)所示为单容对象，图 7-5(b)所示为多容对象，其传递函数分别为式(7-8)和式(7-9)，其中，容积个数决定了传递函数的阶数。

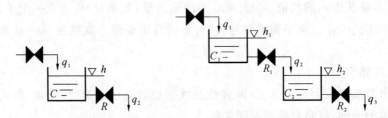

(a) 单容有自平衡能力对象   (b) 多容有自平衡能力对象

图 7-5　有自平衡能力的水位调节对象

$$G(s) = \frac{H(s)}{Q_1(s)} = \frac{R}{CRs + 1} \tag{7-8}$$

$$G(s) = \frac{H_2(s)}{Q_1(s)} = \frac{K}{T_2 s^2 + T_1 s + 1} \tag{7-9}$$

2.无自平衡能力对象

图 7-6 所示是无自平衡能力对象的阶跃响应曲线,作该曲线的渐近线与时间坐标轴交于 t_a,得时间 τ 和倾斜角 β。由此定义下列特征参数。

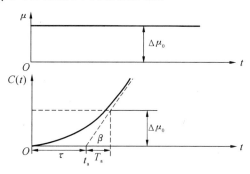

图 7-6　无自平衡能力对象的阶跃响应曲线

1) 自平衡率

$$\rho = \frac{\Delta\mu_0}{C(\infty)} = \frac{\Delta\mu_0}{\infty} = 0$$

2) 响应速度

$$\varepsilon = \frac{1}{T_a} = \frac{\tan\beta}{\Delta\mu_0}$$

响应速度表示单位阶跃输入时输出的最大变化速度。其值越大,输出的变化速度越快。

3) 迟延时间 τ

迟延时间是指从输入信号阶跃变化瞬间至阶跃响应曲线的渐近线与时间坐标轴交点的距离,反映对象在阶跃输入作用下,被调量变化速度由零变到接近于渐近线斜率所需的时间的长短。根据定义,从图 7-6 可知:

$$\tau = t_a$$

无自平衡能力对象一般可用下列传递函数描述。

近似描述的传递函数为

$$G_0(s) = \frac{1}{T_a s} e^{-\tau s}$$

精确描述的传递函数为

$$G_0(s) = \frac{1}{T_a s (1 + T_0 s)^{n-1}}$$

式中:$n-1$ 表示对象内部的惯性容积数量。特例:当 $n=1(\tau=0)$ 时,对象为单容无自平衡能力对象,为一阶积分对象,即有

$$G_0(s) = \frac{1}{T_a s}$$

图 7-7 所示是无自平衡特性的水位调节对象,图 7-7(a)所示为单容对象,图 7-7(b)所示为多容对象,传递函数分别为式(7-10)和式(7-11),其中,容积个数决定了传递函数的阶数。

$$G(s) = \frac{H(s)}{Q_1(s)} = \frac{1}{Cs} \tag{7-10}$$

$$G(s) = \frac{1}{T_a s (Ts + 1)} \tag{7-11}$$

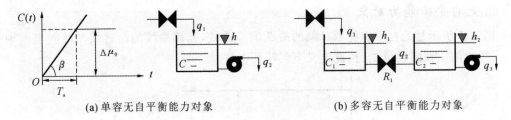

(a) 单容无自平衡能力对象　　　　　　　　　　(b) 多容无自平衡能力对象

图 7-7　无自平衡能力的水位调节对象

从无自平衡能力对象的传递函数描述可以看出,无自平衡能力对象内部必定存在积分环节。

热工调节对象一般具有以下特点:

(1) 热工调节对象一般为非振荡环节;

(2) 一般存在一定的迟延和惯性;

(3) 有有自平衡能力和无自平衡能力之别,无自平衡能力是有自平衡能力的特例($\rho=0$);

(4) 有单容和多容之别,单容是多容的特例($n=1$);

(5) 可以用统一的一组参数 ρ、ε、τ 表示其动态特性。

调节对象特征参数对调节品质的影响如表 7-2 所示。

表 7-2　调节对象特征参数对调节品质的影响

对象的特征参数	对扰动通道的影响	对调节通道的影响
自平衡率 ρ(自平衡率 ρ 越大,对输入信号的放大幅度越小,自身达到平衡状态的能力越强)	自平衡率 ρ 越大,克服扰动的能力越强,对维持系统正常工作越有利($\rho=\infty$,扰动无法进入系统)	自平衡率 ρ 越大,对调节指令的响应幅度越小(不灵敏),但对被调量的稳定性越有利
响应速度 ε(响应速度 ε 越大,对输入信号的响应速度越快)	响应速度 ε 越大,扰动破坏系统的原有状态越快,对系统正常工作越不利	响应速度 ε 越大,对调节指令的响应速度越快(执行快),越有利于对被调量的调节
迟延时间 τ(迟延时间 τ 越大,推迟输入信号影响被调量的时间越长)	迟延时间 τ 越大,扰动破坏系统的原有状态越迟,对维持系统当前的正常工作越有利($\tau=\infty$,扰动永远不会进入系统)	迟延时间 τ 越大,对调节指令的响应越滞后(太迟钝),越不利于对被调量的及时调节

7.2　调节器调节规律及实现方法

对于一个已构建的调节系统,调节对象的动态特性一般不便人为改变,要想使整个调节系统具有优良的动态特性(能获得满意的调节过程),应选择合适的调节器动态特性与之匹配。调节器的动态特性直接影响调节系统的调节品质。

7.2.1　调节器的调节规律

工业上常用的调节器,一般具有比例(P)、积分(I)、微分(D)三种基本的线性传递特性,即所谓的"PID调节器"。PID调节器基本原理可由 P、I、D 三种特性并联来表明,如图 7-8 所示。

由图 7-8 可知,PID调节器的传递函数为

$$G_R(s) = \frac{\mu(s)}{E(s)} = K_P + \frac{K_I}{s} + K_D s = K_P\left(1 + \frac{1}{T_I s} + T_D s\right) = \frac{1}{\delta}\left(1 + \frac{1}{T_I s} + T_D s\right)$$

$$(7\text{-}12)$$

式中：K_P 为比例放大系数；δ 为比例带；K_I 为积分放大系数；$T_I = K_P/K_I$ 为积分时间；K_D 为微分放大系数；$T_D = K_P/K_D$ 为微分时间。

PID 调节器的时域输出响应如图 7-9 所示，其表达式为

$$\mu(t) = K_P\left[e(t) + \frac{1}{T_I}\int_0^t e(t)\,\mathrm{d}t + T_D\frac{\mathrm{d}e(t)}{\mathrm{d}t}\right] \tag{7-13}$$

式中：$e(t)$ 为阶跃输入量。

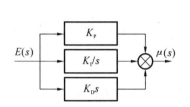

图 7-8　PID 调节器原理 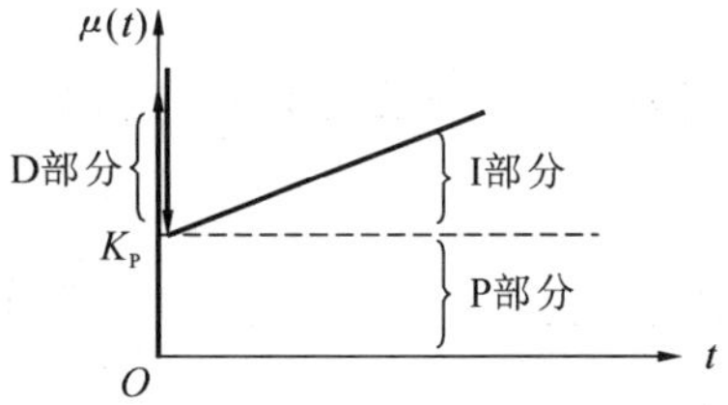　　　　图 7-9　PID 调节器的时域输出响应

由 PID 调节器可派生出 P、PI、PD 几种调节器，其传递函数分别为式(7-14)至式(7-16)，在工程中视具体情况选用不同的调节器。

$T_I = \infty$，$T_D = 0$ 时，为 P 调节器，传递函数为

$$G_R(s) = \frac{\mu(s)}{E(s)} = K_P = \frac{1}{\delta} \tag{7-14}$$

$T_D = 0$ 时，为 PI 调节器，传递函数为

$$G_R(s) = \frac{\mu(s)}{E(s)} = K_P\left(1 + \frac{1}{T_I s}\right) = \frac{1}{\delta}\left(1 + \frac{1}{T_I s}\right) \tag{7-15}$$

$T_I = \infty$ 时，为 PD 调节器，传递函数为

$$G_R(s) = \frac{\mu(s)}{E(s)} = K_P(1 + T_D s) = \frac{1}{\delta}(1 + T_D s) \tag{7-16}$$

7.2.2　三种调节作用分析

1. 比例(P)调节作用

比例调节作用是使调节器的输出与输入偏差成比例。其单位阶跃响应如图 7-10 所示。动态方程为

$$\mu(t) = K_P e(t) = \frac{1}{\delta}e(t) \tag{7-17}$$

传递函数为

$$G_R(s) = \frac{\mu(s)}{E(s)} = K_P = \frac{1}{\delta} \tag{7-18}$$

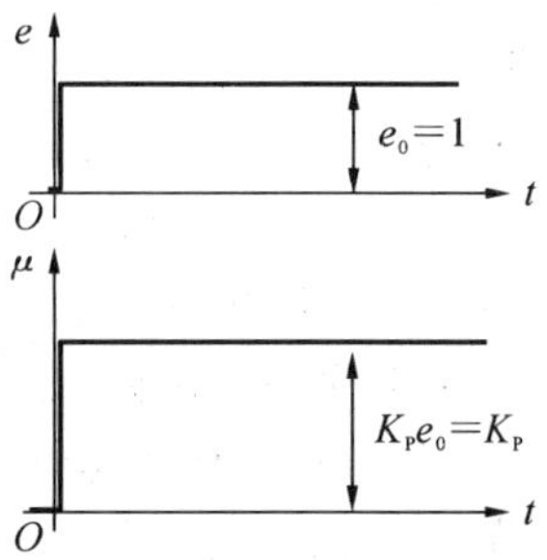

比例调节作用具有以下特点。

(1) 输出与输入成比例变化是实施调节的基本需求，是最重要的基本调节规律。所有的工业调节器都包含比例控制规律，它可单独构成控制器。

图 7-10　比例调节的单位阶跃响应

（2）比例调节规律的输出与输入是同步变化的，没有惯性和时间上的迟延，响应快，有利于调节。

（3）特性参数 K_P 表示了比例作用的强弱。但工程上通常用另一个参数——比例带表示比例作用的强弱，即

$$\delta = \frac{1}{K_P} \times 100\%$$

δ 越大，比例作用越弱，反之亦然。

（4）比例调节规律是"有差控制"，即调节结果总是存在稳态误差（余差）。原因是该控制规律的输出与输入之间是一一对应的关系。要想具有调节作用，输入的偏差 e 就不能为零。

（5）比例调节的稳态误差大小与比例带的大小有关。δ 越大（K_P 越小），稳态误差越大；反之亦然。

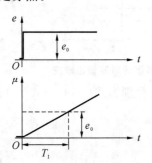

图 7-11 积分调节的单位阶跃响应

2. 积分（I）调节作用

积分（I）调节作用是使调节器的输出与输入偏差的积分成比例。其单位阶跃响应如图 7-11 所示。

动态方程为

$$\mu(t) = \frac{1}{T_I} \int e(t) \, \mathrm{d}t \tag{7-19}$$

传递函数为

$$G_R(s) = \frac{1}{T_I s} \tag{7-20}$$

式中：T_I 为积分时间。

积分调节作用具有以下特点。

（1）积分调节与比例调节不同，其控制输出不仅与输入的偏差信号的大小有关，还与偏差作用的时间长短有关。即使偏差信号很小，只要作用的时间长，输出偏差仍可能较大。

（2）积分调节有消除稳态误差的能力。因为

$$\frac{\mathrm{d}\mu(t)}{\mathrm{d}t} = \frac{1}{T_I} e(t)$$

只要偏差不为零，积分调节的输出就不会停止变化。所以，调节系统达到稳定状态后，积分调节作用下的稳态误差总是等于零。采用积分调节的目的是消除稳态误差，提高系统的稳态精度。

（3）积分调节作用是一种滞后调节作用：积分调节的输出不能快速跟随当前偏差变化，总是落后于偏差信号。原因在于积分调节的输出是偏差累积的结果。它既与该时刻的偏差有关，也与以前所有的偏差有关。

（4）积分调节作用会降低系统的稳定性。原因是积分的滞后调节作用与累积效应，当偏差减至很小时，控制输出还会很大，会仍然按偏差变化的相反方向驱动执行机构，结果造成调节过度，引起被控变量波动大，不易稳定，调节过程长。一般不单独应用积分作用构成控制器。

（5）积分调节作用具有一个特性参数 T_I，它表示了积分调节作用的强弱。T_I 越小，积分调节作用越强；反之亦然。

3. 微分（D）调节作用

微分（D）调节作用是使调节器的输出与输入偏差的微分成比例。微分调节的单位阶跃

响应如图 7-12 所示。

动态方程为

$$\mu(t) = T_D \frac{de(t)}{dt} \tag{7-21}$$

传递函数为

$$G_R(s) = \frac{\mu(s)}{E(s)} = T_D s \tag{7-22}$$

式中：T_D 为微分时间。

该微分调节规律在物理上是不能实现的，称为理想微分。

工程应用中，采用的是实际微分调节规律。实际微分调节规律是带有惯性环节的微分调节。其传递函数为

$$G_R(s) = \frac{T_D s}{\frac{T_D}{K_D} s + 1} \tag{7-23}$$

式中：T_D 为微分时间；K_D 为微分放大系数。

实际微分调节单位阶跃响应如图 7-13 所示。

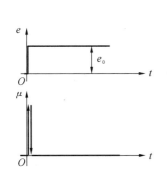

图 7-12　微分调节的单位阶跃响应　　图 7-13　实际微分调节单位阶跃响应

微分调节规律具有以下特点。

(1) 微分调节规律是根据输入偏差的变化速度产生输出。即使偏差很小，只要偏差有较大的变化倾向，也会产生较大的调节输出，以阻止偏差进一步扩大。

(2) 微分调节规律具有超前控制的特性。即输入偏差阶跃瞬间，调节规律也会及时产生较大的调节输出，从而加快调节系统的响应速度，可对惯性较大的被控对象进行特性补偿。

(3) 微分调节规律可改善系统动态特性，提高系统稳定性。这是微分调节规律根据偏差变化趋势及时产生调节作用的结果。

(4) 微分调节规律对恒定不变的偏差没有控制作用，即对稳态偏差没有调节作用。对于变化缓慢的偏差，也不会产生有效的调节作用，故微分调节作用不单独使用。

(5) 理想微分调节规律有一个特性参数 T_D，实际微分调节规律有两个特性参数 T_D 和 K_D，它们均是用来调节微分作用强弱的。其中 K_D 表示调节响应幅度，T_D 表示调节响应速度，在系统整定中，通常选定 K_D，调整 T_D。

7.2.3　工业调节器调节规律的实现方法

工业调节器按实现方法可分为数字式调节器和模拟式调节器。数字式调节器是以微处

理器(CPU)为核心构成的,其调节规律通过相应的应用软件来实现。大多数模拟式调节器皆采用反馈原理来实现调节规律,如图7-14所示。

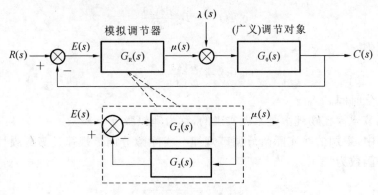

图 7-14 模拟式调节器实现方法

根据反馈原理有

$$G_R(s) = \frac{\mu(s)}{E(s)} = \frac{G_1(s)}{1 + G_1(s)G_2(s)} \tag{7-24}$$

可得

$$G_R(s) = \frac{\mu(s)}{E(s)} = \frac{1}{1/G_1(s) + G_2(s)} \tag{7-25}$$

当 $G_1(s) = K \gg 1$ 时,$G_R(s) \approx \dfrac{1}{G_2(s)}$。调节器的调节规律仅与 $G_2(s)$ 有关。根据 $G_2(s)$ 设计不同的传递函数即可实现不同的 PID 调节规律。各种模拟式 PID 调节器的参数设置如表 7-3 所示。

表 7-3 模拟式 PID 调节器的参数设置

$G_1(s)$	$G_2(s)$	$G_R(s)$	参数	规律
$K \gg 1$	$G_2(s) = K_r$	$G_R(s) = \dfrac{1}{K_r} = K_P$		P
	$G_2(s) = \dfrac{K_r T_r s}{1 + T_r s}$	$G_R(s) = \dfrac{1}{K_r} + \dfrac{1}{K_r T_r s} = K_P\left(1 + \dfrac{1}{T_1 s}\right)$	$K_P = 1/K_r$ $T_1 = T_r$ $T_D = T_r$	PI
	$G_2(s) = \dfrac{K_r}{1 + T_r s}$	$G_R(s) = \dfrac{1}{K_r} + \dfrac{T_r}{K_r}s = K_P(1 + T_D s)$		PD
	$G_2(s) = \dfrac{K_{r1}}{1 + T_{r1}s}\dfrac{K_{r2} T_{r2} s}{1 + T_{r2}s}$	$G_R(s) = K_P\left(1 + \dfrac{1}{T_1 s} + T_D s\right)$	$K_P = (T_{r1} + T_{r2})/(K_{r1}K_{r2}T_{r2})$ $T_1 = T_{r1} + T_{r2}$ $T_D = T_{r1} T_{r2}/(T_{r1} + T_{r2})$	PID

7.3 单回路调节系统的工程整定

7.3.1 概述

自动调节系统由调节对象和自动调节器组成。一旦自动调节系统设计、安装完成后,调节对象、调节器以及系统的组态皆已确定,此时自动调节系统的性能仅取决于调节器中的各个参数的值,如 PID 调节器的比例带 δ、积分时间 T_I、微分时间 T_D。

通过调整合理地确定调节器中各个参数的最佳值,使系统具有最佳的性能(调节效果),称为"系统整定"。任何自动调节系统投运前(或者调节效果不佳时)都必须进行系统整定。

系统整定有两类方法:理论计算法和工程整定法。

理论计算法是根据系统的数学模型(如传递函数),按系统应达到的品质指标要求,通过理论计算获取调节器应设置的参数。理论计算法对于简单的调节系统是可行的,但对于复杂的调节系统往往较困难。

工程整定法是根据调节对象动态特性的测试结果或系统某种特定的试验结果,按系统应达到的稳定性要求,凭借经验公式获取调节器应设置的参数。工程整定法以现场试验为基础,方法直接,简便易行,工程适用。

应当明确:无论采取什么方法获取和设置调节器的参数,在系统投运时,都必须依据系统的实际运行效果进一步调整和核定调节器参数,使系统的运行效果具有期望的品质指标。因此,系统的实际整定工作包括采用理论计算法或工程整定法进行系统整定,以及调节器参数现场调整。

7.3.2　调节器参数对调节质量的影响

本小节主要分析 PID 调节器的三个参数——比例带 δ、积分时间 T_I、微分时间 T_D 对调节质量的影响。

1. 比例带 δ 对调节质量的影响

设比例调节器的传递函数为

$$G_\mathrm{R}(s) = K_\mathrm{P} = \frac{1}{\delta} \tag{7-26}$$

比例调节器仅有一个可调整的参数,即比例带 δ。δ 对系统被调量 $C(t)$ 的动态响应(调节质量)的影响如图 7-15 所示。

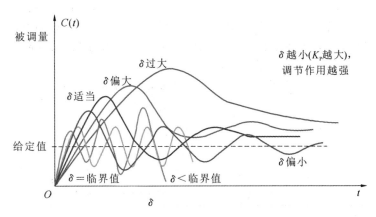

图 7-15　比例带对系统被调量的动态响应的影响

比例带 δ 对调节过程的稳定性、准确性、快速性皆有影响。工程上,通常根据运行曲线,判断和修改比例带的大小。稳定性指标衰减率 ψ 与准确性指标静态偏差 e_∞ 和动态偏差 e_max 对 δ 的期望是矛盾的。在保证一定的 $\psi(0.75 \sim 0.9)$ 的前提下,再降低 e_∞、e_max 是困难的,这时需加入积分调节作用。比例带与调节品质指标的关系如表 7-4 所示。

表 7-4　比例带与调节品质指标的关系

调节器参数	调节品质指标			
	稳定性指标	准确性指标		快速性指标
δ	ψ	e_∞	e_{max}	t_s
δ 下降	ψ 下降	e_∞ 下降	e_{max} 下降	δ 过大或过小，t_s 都会加长

注：① 单容对象采用 P 调节器时不产生振荡；② 采用 P 调节器总有 $e_\infty = 1/(\rho + K_P)$ 存在。

2. 积分时间 T_I 对调节质量的影响

比例调节器加入积分调节作用后形成 PI 调节器，其传递函数为

$$G_R(s) = \frac{1}{\delta}\left(1 + \frac{1}{T_I s}\right) \tag{7-27}$$

PI 调节器有两个可调整的参数，即比例带 δ、积分时间 T_I。

δ 对系统被调量 $C(t)$ 的动态响应（调节质量）的影响前面已述，此处重点讨论积分时间 T_I 对被调量的动态响应的影响情况，如图 7-16 所示。

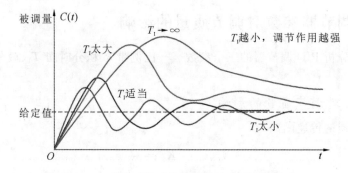

图 7-16　积分时间对被调量的动态响应的影响

积分时间 T_I 对调节过程的稳定性、准确性、快速性皆有影响。工程上，通常根据运行曲线判断和修改积分时间 T_I 的大小。若 $T_I = \infty$，PI 调节器变成 P 调节器（有差调节器）。稳定性指标衰减率 ψ 与准确性指标静态偏差 e_∞ 和动态偏差 e_{max} 对 δ 的期望是矛盾的。尽管积分调节作用可消除 e_∞，改善静态品质，但会使 ψ 下降，恶化动态品质，这时需加入微分调节作用。积分时间与调节品质指标的关系如表 7-5 所示。

表 7-5　积分时间与调节品质指标的关系

调节器参数	调节品质指标			
	稳定性指标	准确性指标		快速性指标
T_I	ψ	e_∞	e_{max}	t_s
T_I 下降	ψ 下降	e_∞ 消除快	e_{max} 下降	T_I 过大或过小，t_s 都会加长

注：① 若要保持原来的 ψ，须增大 δ；② 只要有积分调节作用必有 $e_\infty = 0$。

3. 微分时间 T_D 对调节质量的影响

PI 调节器加入微分调节作用后形成 PID 调节器，其传递函数为

$$G_R(s) = \frac{1}{\delta}\left(1 + \frac{1}{T_I s} + T_D s\right) \tag{7-28}$$

PID 调节器有三个可调整的参数,即比例带 δ、积分时间 T_I、微分时间 T_D。

δ、T_I 对系统被调量 $C(t)$ 的动态响应(调节质量)影响前面已述,此处重点讨论微分时间 T_D 对被调量的动态响应的影响情况,如图 7-17 所示。

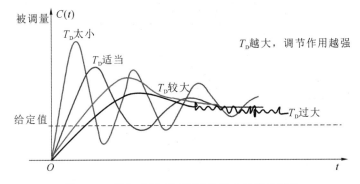

图 7-17　微分时间对被调量的动态响应的影响

微分时间 T_D 对调节过程的稳定性、准确性、快速性皆有影响。工程上,通常根据运行曲线,判断和修改积分时间 T_D 的大小。若 $T_D=0$,PID 调节器变成 PI 调节器。适当的 T_D 可改善动态品质(ψ 提高、e_{max} 下降),但 T_D 过大反而会恶化动态品质,一般取 $T_D \approx T_I/4$ 为宜。对于频繁波动的输入偏差,不宜采用微分调节作用(如水位调节)。微分时间与调节品质指标的关系如表 7-6 所示。

表 7-6　微分时间与调节品质指标的关系

调节器参数	调节品质指标			
	稳定性指标	准确性指标		快速性指标
T_D	ψ	e_∞	e_{max}	t_s
T_D 上升	ψ 上升	对 e_∞ 无影响	e_{max} 下降	T_D 过大或过小,t_s 都会加长

注:T_D 过大,动作过于灵敏,会出现高频低幅振荡。

7.3.3　单回路调节系统的工程整定

任何一个复杂的调节系统,都可等效转化为若干个单回路调节系统的某种组合,且可以从内至外逐一整定这些单回路调节系统,从而达到整定复杂调节系统的目的。单回路调节系统的整定是基础。

单回路 PID 调节系统的工程整定有三种基本方法:临界比例带法、衰减曲线法和图表整定法。

1. 临界比例带法

临界比例带法将系统投入纯比例调节作用下的闭环运行,不断选择比例带 δ 的值,最终使系统的阶跃响应产生等幅振荡,记录下对应的比例带 δ_c 和振荡周期 T_c,据此获得得到期望衰减率时其他整定参数的值。具体步骤如图 7-18 所示。

(1)设置调节器整定参数 $T_I=\infty$、$T_D=0$,δ 设置为较大的数值(保证系统能够稳定),将系统投入闭环运行。

(2)系统稳定运行后,适当减小比例带的数值并施加阶跃扰动,观察被调量的变化,直到出现等幅振荡为止。记录此时的临界比例带和临界振荡周期。

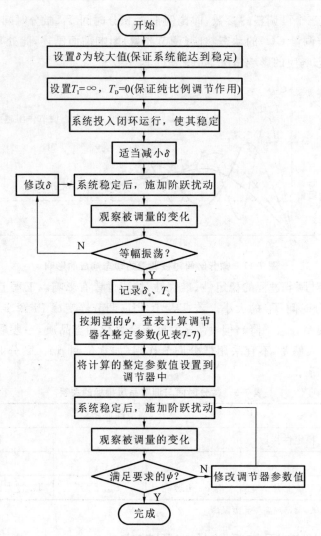

图 7-18　临界比例带法的具体步骤

（3）根据记录的临界比例带和临界振荡周期，按照期望的衰减率查表 7-7，将计算的整定参数值设置到调节器中。表 7-7 所示为临界比例带法整定参数用的计算公式。

表 7-7　临界比例带法整定参数用的计算公式（$\psi=0.75$）

调节规律	调节器传递函数	δ	T_{I}	T_{D}
P	$\dfrac{1}{\delta}$	$2\delta_{\mathrm{c}}$	—	—
PI	$\dfrac{1}{\delta}\left(1+\dfrac{1}{T_{\mathrm{I}}s}\right)$	$2.2\delta_{\mathrm{c}}$	$0.85T_{\mathrm{c}}$	—
PID	$\dfrac{1}{\delta}\left(1+\dfrac{1}{T_{\mathrm{I}}s}+T_{\mathrm{D}}s\right)$	$1.67\delta_{\mathrm{c}}$	$0.5T_{\mathrm{c}}$	$0.25T_{\mathrm{I}}$

（4）系统稳定后，对系统施加阶跃扰动，观察被调量的阶跃响应，适当修改调节器参数值直到满足要求为止。

提高系统的 ψ，P 调节器的比例带 δ 要增大；P 调节器引入积分调节作用后，比例带 δ 要增大；PI 调节器引入微分调节作用后，比例带 δ 要减小；临界比例带法需产生等幅振荡，不利于安全生产。

　　临界比例带法适用于可能出现等幅振荡和振荡周期较长的调节系统。被调对象时间常数和迟延时间较小、始终稳定的调节系统(如一阶调节系统)不能采用临界比例带法。

　　2.衰减曲线法

　　衰减曲线法将系统投入纯比例作用下的闭环运行,不断选择比例带 δ 的值,最终使系统的阶跃响应达到要求的衰减率 ψ,记录下对应的比例带 δ_s 和振荡周期 T_s,再根据 δ_s、T_s 计算获得所要求衰减率 ψ 时其他整定参数的值。具体步骤如图 7-19 所示。

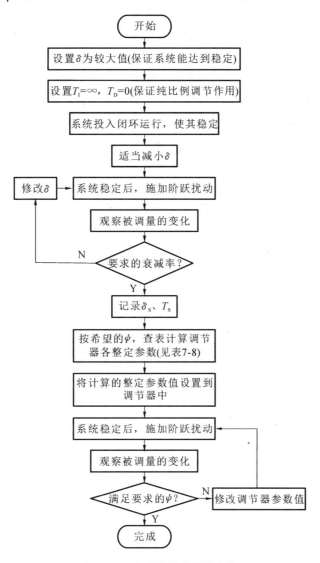

图 7-19　衰减曲线法具体步骤

　　(1)设置调节器整定参数 $T_I=\infty$、$T_D=0$,δ 设置为较大的数值(保证系统能够稳定),将系统投入闭环运行。

　　(2)系统稳定运行后,适当减小比例带的数值并施加阶跃扰动,当调节过程达到所要求的衰减率时,记录下对应的比例带 δ_s 和振荡周期 T_s。

　　(3)根据所记录的比例带 δ_s 和振荡周期 T_s,查表 7-8,计算调节器各整定参数值。

表 7-8 所示为衰减曲线法整定参数用的计算公式。

表 7-8　衰减曲线法整定参数用的计算公式$(\psi=0.75)$

调节规律	调节器传递函数	δ	T_I	T_D
P	$\dfrac{1}{\delta}$	δ_s	—	—
PI	$\dfrac{1}{\delta}\left(1+\dfrac{1}{T_I s}\right)$	$1.2\delta_s$	$0.8T_s$	—
PID	$\dfrac{1}{\delta}\left(1+\dfrac{1}{T_I s}+T_D s\right)$	$0.8\delta_s$	$0.3T_s$	$0.25T_I$

（4）将所计算的整定参数值设置到调节器中,对系统做阶跃扰动试验,观察被调量的阶跃响应,适当修改各整定参数值,直到满足要求为止。

需要注意的是,采用临界比例带法和衰减曲线法,在做阶跃扰动试验时,应避免其他扰动加入系统中,否则得不到准确的响应曲线,从而得不到满意的整定参数。

3. 图表整定法

图表整定法是通过被调对象阶跃响应曲线上的特征参数,查图表求取调节器各整定参数的。图表整定法适用于典型的多容热工被控对象,其图表如表 7-9 和表 7-10 所示,具体步骤如图 7-20 所示。

（1）首先对被调对象做阶跃扰动试验,记录阶跃响应曲线,求取特征响应曲线上的相关特征参数。根据相关特征参数查表 7-11,确定热工对象的传递函数。

（2）确定系统要求的衰减率和系统是否具有自平衡能力,根据衰减率查阅相关图表（表7-9 和表 7-10 是依据衰减率为 0.75 制定的,若需要得到其他衰减率的数值,要修正相关计算公式）。

（3）将所计算的整定参数值设置到调节器中,对系统施加阶跃扰动,观察被调量的阶跃响应,适当修改各整定参数,直到满足要求为止。

表 7-9　无自平衡能力对象的整定参数$(\psi=0.75)$

系统开环阶跃响应			近似传递函数	
			$G_0(s)=\dfrac{\varepsilon}{s\left(1+\dfrac{\tau}{n}s\right)^n}$, $n\geqslant 3$; 或 $G_0(s)=\dfrac{\varepsilon}{s}e^{-\tau s}$	

调节器	整定参数			
	$G_R(s)$	δ	T_I	T_D
P	$\dfrac{1}{\delta}$	$\varepsilon\tau$	—	—
PI	$\dfrac{1}{\delta}\left(1+\dfrac{1}{T_I s}\right)$	$1.1\varepsilon\tau$	3.3τ	—
PID	$\dfrac{1}{\delta}\left(1+\dfrac{1}{T_I s}+T_D s\right)$	$0.83\varepsilon\tau$	2τ	0.5τ

表 7-10　有自平衡能力对象的整定参数($\psi=0.75$)

系统开环阶跃响应	近似传递函数
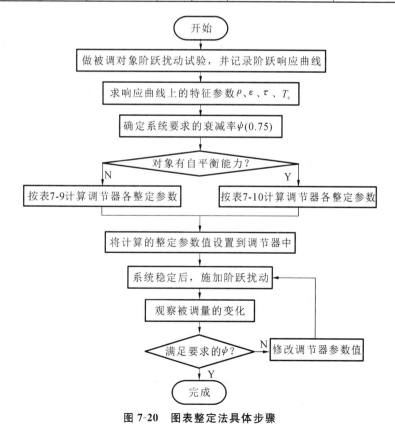	$G_0(s)=\dfrac{\dfrac{1}{\rho}}{(1+T_0s)^n}$, $n\geqslant3$; 当有纯迟延(包括$\dfrac{\tau}{T_c}\leqslant0.2$)时 $G_0(s)\approx\dfrac{\dfrac{1}{\rho}}{T_0s+1}\mathrm{e}^{-\tau s}$

调节器	$G_R(s)$	整定参数					
		$\dfrac{\tau}{T_c}\leqslant0.2$			$0.2<\dfrac{\tau}{T_c}\leqslant1.5$		
		δ	T_I	T_D	δ	T_I	T_D
P	$\dfrac{1}{\delta}$	$\dfrac{1}{\rho}\dfrac{\tau}{T_c}$	—	—	$2.6\dfrac{1}{\rho}\dfrac{\dfrac{\tau}{T_c}-0.08}{\dfrac{\tau}{T_c}+0.7}$	—	—
PI	$\dfrac{1}{\delta}\left(1+\dfrac{1}{T_Is}\right)$	$1.1\dfrac{1}{\rho}\dfrac{\tau}{T_c}$	3.3τ	—	$2.6\dfrac{1}{\rho}\dfrac{\dfrac{\tau}{T_c}-0.08}{\dfrac{\tau}{T_c}+0.6}$	$0.8T_c$	—
PID	$\dfrac{1}{\delta}\left(1+\dfrac{1}{T_Is}+T_Ds\right)$	$0.85\dfrac{1}{\rho}\dfrac{\tau}{T_c}$	2τ	0.5τ	$2.6\dfrac{1}{\rho}\dfrac{\dfrac{\tau}{T_c}-0.15}{\dfrac{\tau}{T_c}+0.88}$	$0.81T_c+0.19\tau$	$0.25T_I$

图 7-20　图表整定法具体步骤

需要说明的是,表 7-9 和表 7-10 中的计算公式对于一、二阶对象将会有 $\psi > 0.75$ 的调节效果。图表整定法针对的是单位反馈调节系统,对于非单位反馈调节系统需进行等效变换后,再计算其等效整定参数。

表 7-11　$G_0(s) = \dfrac{K}{(1+T_0 s)^n}$ 中的 n、T_0 值与响应曲线上 τ、T_c 值的关系

n	1	2	3	4	5	6	7	8	9	10	14	25
$\dfrac{\tau}{T_c}$	0	0.104	0.218	0.319	0.410	0.493	0.570	0.642	0.710	0.773	1.0	1.5
$\dfrac{\tau}{T_0}$	0	0.282	0.805	1.43	2.10	2.81	3.56	4.31	5.08	5.86	9.12	18.5
$\dfrac{T_c}{T_0}$	1	2.718	3.695	4.46	5.12	5.7	6.22	6.71	7.16	7.6	9.10	12.32

7.4　串级调节系统及其整定

串级调节系统属于复杂调节系统,所谓"复杂调节系统"是指比单回路调节系统结构复杂的多回路系统,或具有特殊作用的调节系统,或具有复合控制方式的调节系统。

当被控对象的惯性和时间迟延很大,单回路调节系统无法满足控制质量的要求时,必须采用复杂调节系统。

复杂调节系统有多种形式,最常见的有串级、前馈、比值等调节系统。其中,串级调节系统的应用最为广泛。

7.4.1　串级调节系统及分析

串级调节系统是对改善系统的调节品质极为有效的一种典型调节系统。

1. 串级调节系统举例——夹套式反应釜温度调节

反应釜内存在放热化学反应。按生产工艺要求,必须将釜内产生的热量释放出去,以保证化学反应的温度条件。因此,采取用冷却水通过夹套的方式把反应热量带走。

若对此被控对象采用单回路调节系统控制釜内温度,构成如图 7-21 所示的系统,其控制原理方框图如图 7-22 所示。影响反应釜反应温度的因素:λ_1——冷却水扰动;λ_2——反应物料扰动。两个扰动的作用点不同,对反应釜温度的影响也不一样。

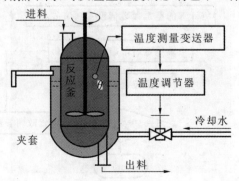

图 7-21　夹套式反应釜单回路温度调节系统示意图

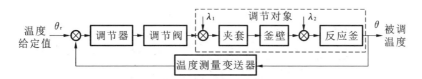

图 7-22　夹套式反应釜单回路温度调节系统方框图

若冷却水侧发生 λ_1 扰动(如入口水温升高、流量突然减小),需经过夹套→釜壁→反应釜→θ 的热传递过程。由于被控对象热容量大,热传递过程惯性大。调节器的动作只有等到 θ(滞后于 λ_1)变化后才出现。调节器动作后,又要经过一个大惯性的热传递过程才会影响 θ。因此,调节滞后于扰动,控制不及时,调节效果不好。即发生 λ_1 扰动时反应釜温度会发生较大偏差,单回路调节系统不能满足高质量的控制要求。

冷却水 λ_1 扰动时,夹套温度 θ_2 响应很快,根据该现象,若把控制系统改变成图 7-23 所示的形式,则系统方框图如图 7-24 所示。

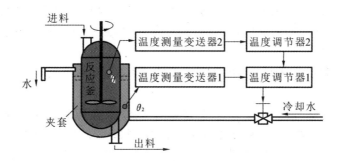

图 7-23　夹套式反应釜串级温度调节系统示意图

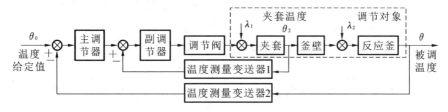

图 7-24　夹套式反应釜串级温度调节系统方框图

该系统称为串级调节系统——由两个对象串联、两个调节器串联所构成的双回路调节系统。若系统发生 λ_1 扰动,由于夹套惯性小、响应快,θ_2 随即变化,内回路会立即产生调节作用,快速维持 θ_2 稳定,不致对 θ 产生太大影响;外回路用来克服 λ_2 和其他扰动因素对 θ 的影响。内、外回路合理分担抑制扰动任务,控制质量大为改善。

一般而言,对于具有较大惯性和容量迟延的被控对象,若采用单回路调节方案,对 λ_1 扰动的控制效果将很差;若利用中间变量 $C_1(s)$,形成串级调节方案,则能获得较为满意的控制效果。此方法工程上经常采用。

2. 串级调节系统分析

串级调节系统由两个调节回路构成,如图 7-25 所示。

副回路(内回路)由副调节器→执行机构→副对象(对象导前区)→副测量变送器组成。发生在副回路内的扰动称为二次扰动。副参数为其被调量,副参数的给定值由主调节器的输出产生。

主回路(外回路)由主调节器→副回路→主对象(对象惰性区)→主测量变送器组成。发

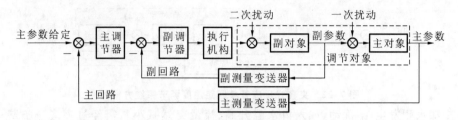

图 7-25　串级调节系统方框图

生在主对象上的扰动称为一次扰动。主参数为其被调量,主参数的给定值由人工设定。

该系统具有以下结构特点。

(1) 有两个调节器,两个测量变送器,两个测量参数,两个回路,但仍然是一个单输入/单输出系统。只有一个人为给定值,一个调节变量(副调节器输出),一个执行机构,一个被调变量。

(2) 主调节器和副调节器串联在回路中,主调节器的输出是副调节器的给定值,副回路是一个随动系统;由于主调节器接收设定的给定值,所以整个串级调节系统是一个定值调节系统。

过程控制中还会经常遇到具有两个回路的调节系统,只要不符合以上两个特征,就不是串级调节系统。

串级调节系统对进入副回路的干扰有很强的抑制能力。下面通过对串级系统与单回路系统的比较予以说明。图 7-26 所示为串级调节系统和单回路调节系统的函数方框图。

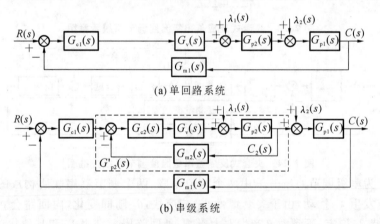

(a) 单回路系统

(b) 串级系统

图 7-26　串级调节系统和单回路调节系统的函数方框图

从图 7-26 可知,二次扰动 $\lambda_1(s)$ 与系统输出 $C(s)$ 的传递函数为(当 $\lambda_2(s)=0$,$R(s)=0$ 时)

单回路系统:

$$\frac{C(s)}{\lambda_1(s)} = \frac{G_{p1}(s)G_{p2}(s)}{1 + G_{c1}(s)G_v(s)G_{m1}(s)G_{p1}(s)G_{p2}(s)} \tag{7-29}$$

串级调节系统:

$$\frac{C(s)}{\lambda_1(s)} = \frac{G_{p1}(s)G_{p2}(s)}{1 + G_{c1}(s)G_v(s)G_{m1}(s)G_{p1}(s)G_{p2}(s)G_{c2}(s) + G_{c2}(s)G_v(s)G_{p2}(s)G_{m2}(s)}$$

$$\tag{7-30}$$

由于 $G_{c2}(s) \gg 1$,因此串级调节系统传递函数的分母比单回路调节系统大很多。串级调节系统使二次扰动对主参数的增益明显减小(与单回路调节系统相比,二次扰动的影响可以减小至 $1/100 \sim 1/10$)。

副调节器 $G_{c2}(s)$ 可以使副回路的等效传递函数 $G'_{p2}(s)$ 的惯性相对于副对象 $G_{p2}(s)$ 大大减小,相当于改善了原系统的动态特性,从而加快了系统的响应速度。副回路主要是为了及时抑制二次扰动,并不追求将二次扰动完全消除,所以精度要求并不高,但要求响应快,副回路起着粗调作用。副调节器可选比例(P)或比例积分(PI)控制规律。

主回路是为了保证系统输出与给定值一致,控制精度要求高,主回路起着细调作用。主调节器应选择比例积分(PI)或比例积分微分(PID)控制规律。

串级调节系统设计时,在保证副回路为快速随动回路的前提(视副调节器的能力)下,尽可能将被控对象的惯性特性包括在副回路内。串级调节系统设计时,一定要把被控对象的主要扰动包括在副回路内。这是串级调节系统设计的根本原则。

7.4.2　串级调节系统的整定

串级调节系统的参数整定有多种方法。工程上常采用以下几种。

(1) 逐步逼近法:主副对象的惯性时间常数相差不大,主副回路相互影响时采用。先断开主回路,整定副调节器参数,然后再整定主回路参数,接着在主回路闭环情况下整定副回路参数,再整定主回路参数……先副后主,逐步逼近,直到控制性能指标达到要求。

(2) 二步整定法:主副对象的惯性时间常数相差较大时采用。在系统闭合时先整定副回路参数,然后把副回路当成一个环节,整定主回路参数。这种方法应用较广。

(3) 衰减曲线法:无论主副对象的时间常数差异与否皆适用。其整定方法如图 7-27 所示。

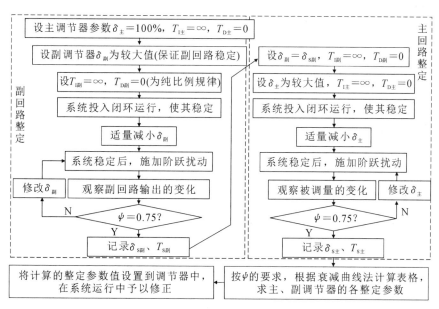

图 7-27　串级调节系统的衰减曲线整定方法

串级调节系统的参数整定的基本原则如下:

(1) 先整定副回路副调节器的参数,再整定主回路主调节器的参数;

(2) 先整定比例带 δ,再整定积分时间 T_I,最后整定微分时间 T_D;

（3）每次修改参数，做阶跃扰动试验之前，必须让系统处于稳定状态；

（4）计算所得的整定参数，必须经系统实际运行考核和修正。

7.5 调节系统的 SAMA 图

SAMA 图是美国科学仪器制造商协会（Scientific Apparatus Makers Association）颁布的图例，是目前世界上广泛使用的控制工程图例之一。SAMA 图是包括所有控制仪表的控制系统结构图，易于理解，能清楚地表示系统功能并反映设计者的设计思想。在设计火电厂的热工控制系统时，首先要根据控制过程的要求，按照 SAMA 图例绘制过程控制系统的 SAMA 图，然后根据该 SAMA 图，进行分散控制系统组态图的设计。

7.5.1 SAMA 图的表示

常用的 SAMA 图例有四种，分别表示的含义如下。

（1）○：测量或信号读出功能。一般用来表示从现场传感器或变送器读出的信息。

（2）□：自动信号处理。一般用来表示控制站（柜）中仪表（或算法模块）的功能。

（3）◇：手动信号处理。

（4）▭：执行机构。一般用来表示安装在现场的电动、气动和液动等执行器。

用 SAMA 图例表达控制系统工作原理时，常将一些符号画在一起，表示一个具体的模块（仪表）具有哪些功能，这样在 SAMA 图中又清楚地表达了使用了多少功能模块。常见 SAMA 图例按功能进行分类，如表 7-12 至表 7-18 所示。

表 7-12 测量变送器类标准功能图例

图例	名称	图例	名称	图例	名称	图例	名称	图例	名称
(FE)	流量测量元件	(TT)	温度变送器	(PT)	压力变送器	(FT)	流量变送器	(T)	继电器线圈
(ZT)	位置变送器	(ST)	速率变送器	(LT)	液位变送器	(AT)	成分分析变送器		信号来源

表 7-13 信号转换类标准功能图例

图例	名称	图例	名称	图例	名称	图例	名称
I/V	电流-电压转换器	R/I	电阻-电流转换器	P/I	气压-电流转换器	V/I	电压-电流转换器
F/V	频率-电压转换器	⊓⊓	脉冲-脉冲转换器	⊓/V	脉冲-电压转换器	I/P	电流-气压转换器
R/V	电阻-电压转换器	mV/V	热电势-电压转换器	V/P	电压-气压转换器	D/L	数字-逻辑转换器
V/V	电压-电压转换器	P/V	气压-电压转换器	L/D	逻辑-数字转换器	C/L	触点-逻辑转换器
A/D	模-数转换器	D/A	数-模转换器				

表 7-14　报警限幅和选择类标准功能图例

图例	名称	图例	名称	图例	名称	图例	名称
⫸	高限限制器	⫷	低限限制器	H/	高限监视器	/L	低限监视器
HH/	高高限监视器	/LL	低低限监视器	⫷⫸	高、低限限制器	H/L	高、低限监视器
V⫸	速率限制器	>	高值信号选择	<	低值信号选择	<>	中值信号选择

表 7-15　运算类标准功能图例

图例	名称	图例	名称	图例	名称	图例	名称
∫	积分控制器	Σ	加法器	Σ/t	积算器	×	乘法器
÷	除法器	±	偏置器，加或减	Δ	比较器或偏差	d/dt	微分器
F(t)	时间函数发生器	F(x)	折线函数	K	比例控制器	/ \ URG	斜坡信号发生器
Σ/n	均值器	√	开方器	/↗	非线性控制器		

表 7-16　显示操作类标准功能图例

图例	名称	图例	名称	图例	名称	图例	名称
☒	指示灯	R	记录仪	I	指示器	T	自动手动切换器
◈	手操信号发生器	⊣⊢	继电器常开触点	⊣/⊢	继电器常闭触点	⬡	气源
A/M	自动/手动切换开关	T	转换或跳闸继电器	TIM	时间继电器	S	电磁线圈驱动器
A	模拟信号发生器	TR	跟踪				

表 7-17　执行器类标准功能图例

图例	名称	图例	名称	图例	名称	图例	名称
MO	电动执行器	HO	液动执行器	⟙	气动执行器	F(x)	未注明执行器
⋈	直行程阀	⋈⋈	旋转球阀	⋈	三通阀	⋈	角行程阀

表 7-18 连接及信号线符号

图例	名称	图例	名称	图例	名称	图例	名称	图例	名称
Ⓐ	本图内连接符号	①	本册图内连接符号	⬠1	与逻辑图连接符号	→	模拟信号线	---→	逻辑电平信号线

7.5.2 SAMA 图应用举例

某单回路调节系统的 SAMA 图如图 7-28 所示。该图的符号功能解释如下。

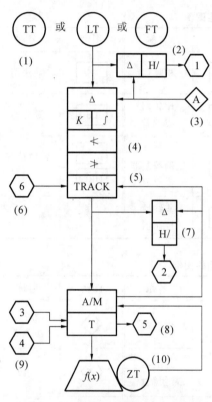

图 7-28 单回路调节系统 SAMA 图

（1）TT、LT、FT 分别是液位、温度和流量变送器，它们都是模拟输入量。

（2）Δ 和 H/ 为偏差报警，即当测量值与给定值之差的绝对值超过某一设定值时，输出逻辑 1 信号。之所以用偏差报警，是因为在实际调节过程中被调量与给定值相差过大时，可能调节系统已经有问题了，这时要切掉自动，让输出保持自动时的最后数值，待测量值与给定值的差值恢复到正常范围内，再切回自动。这里的六边形 1 是与逻辑图连接符号，1 为连接编号。

（3）菱形 A 的输出为 PI 调节器的给定值。

（4）Δ 是相减（或偏差）符号；K 和 ∫ 是比例和积分符号；≪ 和 ≫ 是对 PI 的算法输出进行下、上限幅。

（5）TRACK 是跟踪。实际的阀位反馈量是（10），但因控制室采用操作员站或手操器，所以引入分散控制系统现场控制站的阀位反馈量，是由手操器转换后的信号，即图中的外跟踪信号（5）。这个信号对分散控制系统而言相当于一个模拟输入信号，它是一个 1～5 V 或 4～20 mA 的模拟输入量。

（6）六边形 6 是与逻辑图连接符号，它是一个外跟踪开关。当它输出为逻辑 1 时，PI 模块处于跟踪状态，PI 模块的输出等于阀位反馈值（外跟踪信号），而当六边形 6 输出为逻辑 0 时，PI 模块恢复正常运算，输出就是 PI 运算的结果。

（7）Δ 和 H/ 也为偏差报警，即当 PID 算法的输出与阀位反馈值（实际现场执行器的输出）相差过大时，可能是手操器或现场执行机构有故障，这时报警信号送至六边形 2，通过逻辑电路将系统从自动切换到手动，输出保持不变或接受人为调整。

（8）六边形 5 是与逻辑图连接符号，它表示手操器"手动/自动"状态。当六边形 5 的状态为逻辑 0 时，表示手操器为手动状态，变量由手动控制；当六边形 5 的状态为逻辑 1 时，表示手操器为自动状态，系统的输出受 PI 模块控制。

（9）六边形 3、4 是与逻辑图连接符号。六边形 3 是程控切手动；六边形 4 是程控切自动。

（10）为实际的阀位反馈信号，可能是 4～20 mA 的信号，也可能是 1～5 V 的信号，它与手操器有关,如果不用手操器,可直接引入分散控制系统作为实际的阀位反馈信号。

与图 7-28 对应的单回路调节逻辑控制框图如图 7-29 所示。

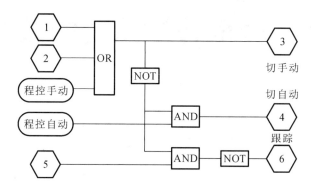

图 7-29　单回路调节逻辑控制框图

图中:左边的六边形和圆角矩形为开关量输入模块;右边的六边形为开关量输出模块。控制手操器切手动的信号有 3 个:由六边形 1 输出的测量值与给定值差值报警信号;由六边形 2 的算法输出值与阀位反馈差值报警信号;由圆角矩形输出程控切手动信号。三者为“或”运算,即只要有一个输出为“1”,则手操器切手动。控制手操器自动状态的信号为两个信号的“与”运算,除由圆角矩形开关量模块输出程控自动逻辑信号外,另一个信号为由 NOT 模块输出的切手动信号,也就是说若有报警信号存在,则在操作员站上置手操器自动的命令将不起作用,只有报警解除后手操器不为手动时,手操器才能切自动。这样便可防止在有故障存在时误操作手操器。跟踪开关也接收两个信号的“与”,即由六边形 5 输出的“手动/自动”状态信号和 NOT 模块输出信号的“与”,其分析与手操器切自动类似。

第8章 分散控制系统的数据采集

采用计算机系统对大容量火力发电机组进行数据采集处理、开环监视,是确保机组安全经济运行的有效措施。早在20世纪70年代中期,我国就在国产300 MW燃油机组上进行过计算机数据采集功能的开发探讨,并且用国产的DJS-131小型计算机实现了对国产300 MW燃油机组的开环监视,获得了宝贵的经验。到了20世纪80年代中期,引进的分散控制系统在国产300 MW机组上试点成功,极大地推动了我国大型火力发电机组的自动化进程。300 MW以上的火力发电机组上的数据采集功能作为热工自动化控制系统的基本功能,经过长时间的应用实践,已经比较完善和成熟,为发电机组的安全经济运行发挥了积极作用。

8.1 概　　述

8.1.1 数据采集的基本概念和任务

数据采集就是将被测对象(外部世界、现场)的各种参量(可以是物理量,也可以是化学量、生物量等)通过各种传感元件做适当转换后,再经信号调理、采样、量化、编码、传输等步骤,最后送到计算机系统中进行处理、分析、存储和显示。用于数据采集的成套设备称为数据采集系统(data acquisition system,DAS)。

数据采集系统是火电厂生产过程自动化、显示操作、运行管理的重要基础和主要信息来源,是其他控制系统的信息补充,为电厂的分散控制系统、管理信息系统、厂级信息系统等提供数据服务。数据采集系统在分散控制系统中的配置示例如图8-1所示。

数据采集系统的基本任务包括:

(1) 采集传感器输出的模拟信号、开关信号、数字信号;

(2) 将所采集的信息转换成计算机能识别的数字信号;

(3) 对数字信号进行处理、运算、存储;

(4) 以合适的方式输出采集和运算结果。

8.1.2 数据采集系统的基本功能

数据采集系统一般具有数据采集、信号预处理、报警、开关量变态处理、事故顺序记录、显示、打印制表与拷贝、操作请求与操作指导、事故追忆、二次参数计算、性能计算和经济分析、人机联系等基本功能。

(1) 数据采集功能:包括模拟量采集(按预定的采样周期反复进行)、开关量采集(在规定时间内将所有开关量采集一遍)、开关量变态采集(区分变态先后秩序,记录事件顺序)、脉

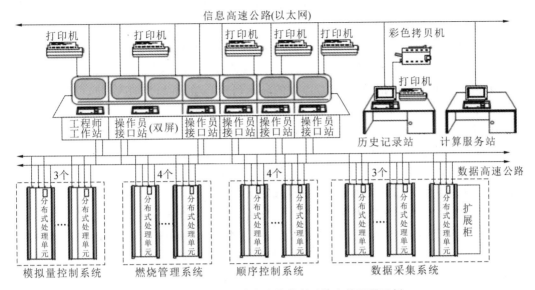

图 8-1 数据采集系统在分散控制系统中的配置示例

冲量采集(利用计数器记录单位时间内的脉冲数)、数字量采集(信号到来时由相应的程序读取)。

(2) 信号预处理功能:进行采集通道的开路检查,完成热电偶冷端温度补偿;对所有采集的模拟量进行正确性判断和误差检查;对模拟信号进行奇异项剔除、数字滤波,消除噪声影响;对非线性模拟量的采集信号进行线性化处理;实现信号的工程单位变换(包括零点漂移测试与修正、标度变换、标准校正、增益优化等);对开关量信号进行有效性检查;对脉冲量信号进行累积计算(有溢出指示,可自清零);对数字量进行码制转换处理(如将 BCD 码转换成 ASCII 码,以便显示)。

(3) 报警功能:报警优先级的设定(且可识别、可改变);固定限值检查及越限报警;可变限值越限报警;报警返回(返回正常时,报警消失);报警切除(通过键盘指令切除不需要报警的点);报警死区设置(防止抖动);根据报警方式(字符颜色、字符闪烁、汉字提示)自动推出相关画面(参数、变化趋势等),显示报警信息;报警闭锁(在机组启动阶段,对一些不需要报警的参数实行报警功能闭锁);时间累积(对重要参数进行越限时间累积)等。

(4) 开关量变态处理功能:监测、处理来自各种开关量变送器(例如温度、压力、液位、流量、差压开关以及反映辅机工作状态的继电器接点)的状态变化。

(5) 事故顺序记录功能:当反映机组故障、事故或重要保护开关动作等事件的中断型开关量变化时,及时(小于 1 ms)进行事故顺序打印记录;每个事故顺序事件均以小时、分、秒、毫秒记录发生变化的时间;事故顺序记录可以自动储存在存储器中,并能根据命令进行打印(存储器有足够的空间,可同时储存两个以上的独立事件)。

(6) 显示功能:刷新显示全部过程变量的实时数据和运行设备的状态(模拟图、棒形图、历史曲线图、启停曲线图、相关趋势图、成组显示图、一览表、自定义组显示、目录检索画面、操作画面、系统状态画面),以适合运行人员监视;用不同颜色显示不同参数、不同状态(正常、越限、运转、停止、开、关等)、不同曲线、不同设备等,便于区别;提供画面变换功能(画面开窗显示、滚动画面显示、图像缩放显示等)。

(7) 打印制表与拷贝功能:定时制表与追补(分值报表、日报表、指定参数测量值、平均值、累计值等,可追补前一天全部打印内容);随机打印(自动打印报警、开关量变态、事故顺序记录、系统修改记录等的点号、名称、动作性质、发生时间、参数值与限值、操作性质和内容及地点等);请求打印(成组参数、事故追忆、交接班记录、历史数据等);拷贝(模拟图、曲线、各种表格、参数等屏幕显示画面)。

(8) 操作请求与操作指导功能:点参数的显示、打印、输出,以及时间(年、月、日、分、秒)显示与设置操作;报警值的确认操作;主要辅机运行状况、模拟量预测趋势等显示操作;机组启停操作指导;机组最佳运行操作指导;预防或处理事件操作指导等。

(9) 事故追忆功能:系统保存若干个重要模拟量最近发生的数据,以及长期保存事故顺序记录参数,在必要时,通过运行人员进行请求事故追忆;事故追忆打印,可对事故前 5 min 和事故后 5 min 内的指定参数变化值进行打印。

(10) 二次参数计算功能:累积计算、差值计算、变化率计算、补偿计算以及合成值计算(包括求平均值、最大值、最小值、和、差、积、商、平方根、微分、积分、傅里叶变换等运算)。

(11) 性能计算和经济分析功能:提供在线性能计算的能力,提供计算机组以及辅机的各种效率和性能值,如热耗、汽耗、煤耗、厂用电、热效率等,给运行人员和管理人员提供操作和运行管理信息。

(12) 人机联系功能:运行人员联系功能(选择显示画面,请求打印,设定运行方式,开/闭某些测点等);工程师联系功能(系统生成、各种参数设定和修改、表格设定和修改、文件查阅和修改、画面建立和修改等,设置自动推出的画面等);程序员联系功能(管理系统的软件,观察软件系统的运行情况,获取系统和用户程序的动态参数)。

8.2 数据采集系统的结构形式

本节介绍应用较多的两种系统结构:集中式计算机数据采集系统和分布式计算机数据采集系统。

8.2.1 集中式计算机数据采集系统

集中式计算机数据采集系统一般采用单总线结构,所有的过程 I/O 都经过相应的模件送入系统,一切 I/O 操作都由 CPU 管理。并且采用 1 套终端设备(显示器、键盘和打印机)实现人机联系。

数据采集系统往往要对多路模拟量进行采集。在不要求高速采样的场合,一般采用公共的 A/D 转换器,分时对各路模拟量输入信号进行 A/D 转换。其目的是简化电路,降低成本。可以用多路转换器即多路切换开关来轮流切换各路模拟量与 A/D 转换器间的通道,使得在一个特定的时间内,只允许一路模拟量信号输入 A/D 转换器,从而实现分时采集的目的。多路共用采集电路分时采集的集中式计算机数据采集系统如图 8-2 所示。

传感器:感受和有效(单值)传递被测参数信号的元件。按被测参数不同,传感器可分为温度传感器、压力传感器、流量传感器、液位传感器、机械量传感器等。

多路切换开关:轮流切换各路模拟量与 A/D 转换器间的通道,使得在一个特定的时间内,只允许一路模拟信号输入 A/D 转换器,实现分时采集的目的。

运算放大器:将传感器输出的微弱信号(毫伏或毫安级)进行放大,以便充分利用 A/D 转换器的满量程分辨率。A/D 转换器的分辨率是以满量程输入电压(多为 2.5 V、5 V 或

10 V)为依据确定的。

采样/保持器:使所采集的模拟信号电压保持不变,等待 A/D 转换器对该信号进行 A/D 转换(完成一次转换需要一定的时间),以保证转换精度,提高采样频率。

A/D 转换器:将模拟信号转换为数字信号。它是数据采集的关键环节,决定了数据采集系统的运行速度和精度。

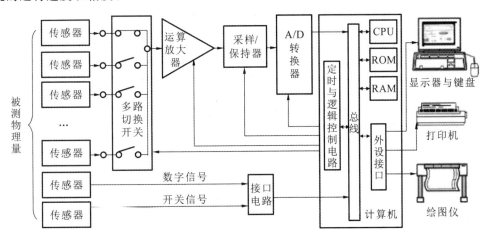

图 8-2　多路共用采集电路分时采集的集中式计算机数据采集系统

定时电路:产生满足不同器件工作程序的各种时序信号。

逻辑控制电路:依据时序信号产生各种逻辑控制信号,控制受控器件的工作。

接口电路:将传感器输出的数字信号、开关信号进行整形或电平调整后,再传送到计算机的总线上。

微机及外部设备:负责对数据采集系统的工作进行管理和控制,并对采集到的数据做必要的处理,然后根据需要显示和打印。

集中式计算机数据采集系统具有以下特点:

(1) 系统结构简单,易于实现,能够满足中、小规模数据采集的要求;

(2) 系统对环境的要求不是很高,能够在比较恶劣的环境下工作;

(3) 系统的价格低廉,可降低数据采集系统的投资;

(4) 集中式计算机数据采集系统可作为分布式数据采集系统的一个基本组成部分;

(5) 系统的各种 I/O 模件及软件都比较齐全,很容易构成系统,便于使用和维修。

8.2.2　分布式计算机数据采集系统

分布式计算机数据采集系统是计算机网络技术发展与应用的产物,可以由基本的微机型集中式计算机数据采集系统组成,其结构如图 8-3 所示。该系统由下位机(数据采集站)、通信网络和上位机(工程师站或操作员站)组成。

上位机将各个数据采集站传送来的数据在显示器上集中显示,用打印机打印或储存在磁盘上;将系统的控制参数发送给各个数据采集站,以调整数据采集站的工作状态。下位机进行数据采集、处理,上传各种现场信息的数据。上位机和下位机之间通常采用异步串行主从方式进行通信,由上位机确定与哪一个数据采集站进行数据传送。由于用数字信号传输代替模拟信号传输,有利于克服干扰,因此,该系统特别适合于在恶劣的环境下工作。

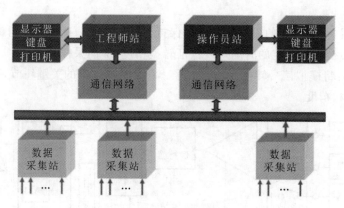

图 8-3　分布式计算机数据采集系统结构

分布式计算机数据采集系统具有以下特点。

（1）系统的适应能力强，大、中、小规模系统均可应用。

（2）系统的可靠性高，采用多个以微处理器为核心的数据采集站，某个数据采集站出现故障，只会影响某些数据的采集，不会对系统的其他部分造成影响。

（3）系统的实时响应性好。由于各个数据采集站之间是真正并行工作的，因此实时响应性好。对于大型、高速、动态数据采集系统来说这是一个很突出的优点。

（4）对系统硬件的要求不高。由于采用多机并行处理方式，每一个微处理器仅完成数量有限的采集和处理任务，因此对系统硬件的要求不高。

8.3　信号测量原理

来自电力生产现场的一次参数有模拟量和开关量两大类。模拟量信号是一种随时间连续变化的信号，它的引入和处理比较复杂，而开关量信号是反映一个物体的两个相反状态的跳变信号，引入和处理相对比较简单。开关量信号可分为普通开关量和重要开关量两种。重要开关量信号一般指事件顺序开关量信号（SOE 开关量），主要用于反映电气、热工保护动作和重要设备的跳闸报警，其他的开关量信号都可以归为普通开关量信号。处理开关量信号的关键在于实时性（对于 SOE 信号，要求时间小于 1 ms）。

模拟量信号因测量对象不同、信号量程不同，传感元件有很多种类，有热电阻信号、热电偶信号、脉冲量信号，有电压信号、电流信号。针对不同传感器信号，计算机在信号引入时将采取不同的方式。其具体处理过程，这里不予阐述，可查阅有关资料。本节重点阐述热工信号，如温度、压力、流量、水位等的测量原理。

8.3.1　温度测量

温度测量在热力生产过程中具有显著的重要性。例如发电机绕组超过额定温度，会烧毁发电机；汽轮机缸体温度分布不均，会产生危险的应力和变形；过热器和水冷壁管温度控制不好，会因过热而爆管；排烟温度高于设计值，锅炉效率会降低；过热蒸汽温度低于设计值，汽轮机效率会降低，等等。温度测量与监控直接关系到机组的安全性与经济性。

常用测温仪表主要可分为接触式和非接触式，其详细分类及原理如表 8-1 所示。在火电厂数据采集系统中，对于温度的测量主要采用热电偶温度计和热电阻温度计。

表 8-1　常用测温仪表的原理及分类

测量方式	仪表名称	测温原理	测量范围/℃	精确度范围/℃	特点
接触式	双金属温度计	固体热膨胀变形量随温度变化	−80～600	1～2.5	结构简单,精度较低,不能远传
	压力表式温度计	气(液)体定容条件下,压力随温度变化	0～300	1～2.5	结构简单,精度较低,可远传,受环境温度影响
	玻璃管温度计	管内液体热膨胀体积量随温度变化	−100～600	0.5～2.5	结构简单,精度高,不能远传
	热电阻温度计	金属或半导体电阻值随温度变化	−200～650	0.5～3.0	结构复杂,精度高,便于远传
	热电偶温度计	热电效应	−200～1800	0.5～1.0	测温范围大,精度高,便于远传
非接触式	光学高温计	物体单色辐射强度及亮度随温度变化	300～3200	1.0～1.5	结构简单,易产生目测主观误差
	辐射高温计	物体全辐射能随温度变化	700～2000	1.5	结构简单,稳定,易产生目测主观误差

1. 热电偶温度计

热电偶是根据热电效应原理实现温度测量的感温元件。用两种不同的导体或半导体组成闭合回路,如果回路中两接触端点温度不同,则该回路内就会产生热电势,这种现象称为热电效应。热电效应原理如图 8-4 所示。

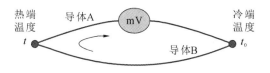

图 8-4　热电效应原理

常用热电偶可分为标准热电偶和非标准热电偶两大类。标准热电偶是指国家标准规定了其热电势与温度的关系、允许误差、并有统一的标准分度表的热电偶,它有与其配套的显示仪表可供选用。非标准热电偶在使用范围或数量级上均不及标准热电偶,一般也没有统一的分度表,主要用于某些特殊场合。从 1988 年 1 月 1 日起,我国热电偶和热电阻全部按 IEC 国际标准生产,并指定 S、B、E、K、R、J、T 七种标准化热电偶为我国统一设计型热电偶。

由于热电偶的材料一般都比较贵(特别是采用贵金属时),而测温点到仪表的距离都很远,为了节省热电偶材料,降低成本,通常采用补偿导线把热电偶的冷端(自由端)延伸到温度比较稳定的控制室内,连接到仪表端子上。必须指出,热电偶补偿导线的作用只起延伸热电极,使热电偶的冷端移动到控制室的仪表端子上,它本身并不能消除冷端温度变化对测温的影响,不起补偿作用。因此,还需采用其他修正方法来补偿冷端温度 $t_0 \neq 0$ ℃对测温的影响。在使用热电偶补偿导线时必须注意型号相配,极性不能接错,补偿导线与热电偶连接端的温度不能超过 100 ℃。

热电偶在电厂高温蒸汽温度的测量、高温烟气温度的测量中具有广泛的应用。图 8-5 所示为发电厂常用热电偶、热电阻温度计实物图片。

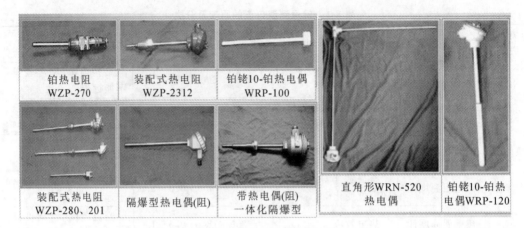

铂热电阻
WZP-270

装配式热电阻
WZP-2312

铂铑10-铂热电偶
WRP-100

直角形WRN-520
热电偶

铂铑10-铂热
电偶WRP-120

装配式热电阻
WZP-280、201

隔爆型热电偶(阻)

带热电偶(阻)
一体化隔爆型

图 8-5　常用热电偶、热电阻温度计

2. 热电阻温度计

在工业应用中,热电偶一般适用于测量 500 ℃ 以上的较高温度。对于 500 ℃ 以下的中、低温度,热电偶输出的热电势很小。这对二次仪表的放大、抗干扰措施等的要求很高,否则难以实现精确测量;而且,在较低温区域,冷端温度的变化所引起的相对误差也非常大。所以测量中、低温度一般使用热电阻温度测量仪表较为合适,如给水温度、排烟温度、热空气温度、转动机械轴承温度等的测量。

与热电偶的测温原理不同,热电阻是基于电阻的热效应进行温度测量的,即电阻值随温度的变化而变化的特性。因此,只要测量出感温热电阻的阻值变化,就可以测量出温度。目前主要有金属热电阻和半导体热敏电阻两类。

导体或半导体的温度特性用电阻温度系数 α 表示:

$$\alpha = \frac{R_t - R_{t_0}}{R_{t_0}(t - t_0)} \tag{8-1}$$

式中:R_t 为温度为 t 时的电阻值;R_{t_0} 为温度为 t_0 时的电阻值。

大部分金属导体都有电阻值随温度变化的性质,但并不是它们都能用作测温热电阻,作为热电阻的金属材料一般要求有以下性质:尽可能大而且稳定的电阻温度系数,电阻率要大(在同样灵敏度下减小传感器的尺寸),在使用的温度范围内具有稳定的化学物理性能,材料的复制性好,电阻值随温度变化要有间值函数关系(最好呈线性关系)。目前应用最广泛的热电阻材料是铂和铜:铂电阻精度高,适用于中性和氧化性介质,稳定性好,电阻值和温度具有一定的非线性,温度越高电阻变化率越小;铜电阻在测温范围内电阻值和温度呈线性关系,电阻温度系数大,适用于无腐蚀介质。

热电阻是把温度变化转换为电阻值变化的一次元件,通常需要把电阻信号通过引线传递到计算机控制装置或者其他一次仪表上。工业用热电阻安装在生产现场,与控制室之间存在一定的距离,因此热电阻的引线对测量结果会有较大的影响。

工业上常用的热电阻主要有普通装配式热电阻和铠装热电阻两种形式。普通装配式热电阻由感温体、有锈钢外保护管、接线盒以及各种用途的固定装置组成,固定装置有固定外螺纹、活动法兰盘、固定法兰和带固定螺栓锥形保护管等形式。铠装热电阻外保护管采用不锈钢,内充高密度氧化物绝缘体,具有很强的抗污染性能和优良的力学强度。与普通装配式热电阻相比,铠装热电阻具有直径小、易弯曲、抗振性好、热响应时间快、使用寿命长等优点。

图 8-6 所示为火电厂常用热电阻温度计。

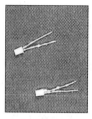
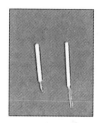

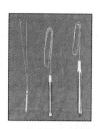

| 薄膜铂电阻 | 铜电阻 | 陶瓷铂电阻 | 玻璃铂电阻 |

图 8-6　火电厂常用热电阻温度计

8.3.2　压力测量

1.压力的概念

工程技术中的压力对应物理学中的压强,指垂直作用于物体单位面积上的力。在法定计量单位制中,工程技术中的压力的单位名称为"帕斯卡",简称"帕",符号为"Pa"。

$$1 \text{ Pa} = 1 \text{ N/m}^2 \tag{8-2}$$

除了帕斯卡外,工程上常用的压力单位还有工程大气压、毫米水柱和毫米汞柱,其与标准单位帕斯卡之间的换算关系如表 8-2 所示。

表 8-2　工程常用压力单位换算关系

单位名称	符号	与 Pa 的换算关系
工程大气压	kgf/cm²	$1 \text{ kgf/cm}^2 = 9.81 \times 10^4 \text{ Pa}, 1 \text{ Pa} = 1.02 \times 10^5 \text{ kgf/cm}^2$
毫米水柱	mmH₂O	$1 \text{ mmH}_2\text{O} = 9.81 \text{ Pa}, 1 \text{ Pa} = 0.102 \text{ mmH}_2\text{O}$
毫米汞柱	mmHg	$1 \text{ mmHg} = 1.33 \times 10^2 \text{ Pa}, 1 \text{ Pa} = 0.75 \times 10^{-2} \text{ mmHg}$

工程上有多种压力表述方式。差压:两个压力之间的差值;绝对压力:作用于物体表面上的全部压力,以绝对压力零位作为基准;表压:压力表所测得的绝对压力与当地大气压的差值;负压:真空表压力,绝对压力小于当地大气压时,大气压与该绝对压力之差;大气压:当地大气压的数值,随所处地理位置变化;真空度:低于大气压的绝对压力。各种压力表述方式之间的关系如图 8-7 所示。

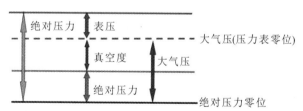

图 8-7　各压力之间的关系

2.压力测量的基本方法

工程压力测量的方法一般有平衡法、弹性法和电气法三种。

(1)平衡法是通过仪表使液柱高度对应的重力或砝码的重量与被测压力相平衡来测量压力。

（2）弹性法是利用各种形式的弹性元件，在被测介质的表压或负压作用下产生的弹性变形来反映被测压力的大小。

（3）电气法是用压力敏感元件直接将压力转换成电阻、电荷量等电量的变化。

3.常用压力测量仪表

按信号原理不同，测量压力的仪表大致可分为液柱式压力计、弹性压力计、电气式压力计和活塞压力计四类。

（1）液柱式压力计：根据流体静力学原理，将被测压力转换成液柱高度差。测量范围窄，常用来测量低压或微压、真空度。

（2）弹性压力计：根据弹性元件受力变形原理，将被测压力转换成位移。测量范围宽，结构简单，使用广泛。

（3）电气式压力计：将被测压力转换成各种电量，通过对电量大小的测量实现压力的间接测量。测量范围广，便于远传、集中控制。

（4）活塞压力计：将被测压力转换成活塞面积上所加平衡砝码的质量。精度高，价格贵，用来检定精密压力表和普通压力表。

8.3.3 流量测量

为了满足各种测量的需要，几百年来人们根据不同的测量原理，研究开发制造出了数十种不同类型的流量计，大致分为容积式、速度式、差压式、面积式、质量式等各种类型。但迄今为止，流量测量依然存在准确度较低、流量计通用性差等问题。产生的原因如下。① 流动状态的多样性，如层流、紊流，旋转流、脉动流等。② 流体性质的多样性，如流体黏度的差别；单相流体与多相流体的区别，等等。由于这些物性会影响流体流动状态，在流量测量中必须加以修正，但又很难精确。③ 管路系统的多样性，如管壁光滑与粗糙情况不同；管道截面积大小不同；管道的直与弯曲的区别，等等，都会影响流动状态。因此，应针对被测对象（流体和管路）的实际情况选择合适的流量计。使用时，应认真了解流量计的工作原理和充分满足技术要求，否则很难达到预期的准确度。

目前，利用"节流变压降"原理的差压式流量计测量流量，是工业上最常用的一种流量测量方法，也是火电厂测量高温高压流体流量几乎唯一的方法。

流体的节流过程如图 8-8 所示，当流体流过节流件时流束收缩，流速增加，静压力下降，于是在节流件前后产生差压。节流件前后产生的差压与流量呈单值函数关系，如式（8-3）所示。

$$q_{\mathrm{m}} = k \sqrt{\Delta p} \tag{8-3}$$

差压式流量计一般由节流装置（节流件、测量管、直管段、流动调整器、取压管路）和差压计组成，工况变化、准确度要求高的场合则需配置压力计（传感器或变送器）、温度计（传感器或变送器）、流量计算机，组分不稳定时还需要配置在线密度计（或色谱

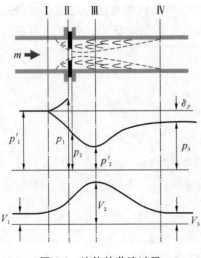

图 8-8 流体的节流过程

仪）等。节流件一般可采用标准孔板、标准喷嘴、长径喷嘴、经典文丘里嘴、文丘里喷嘴等。

火电厂给水流量、减温水流量等在线测量时多选用标准孔板,主要是因为其价格低廉;热力试验时通常安装长径喷嘴。

标准孔板与标准喷嘴相比,其具有以下特点:

(1) 孔板加工容易、省料、造价低;

(2) 孔板入口边缘抗流体磨蚀的性能差,难以保持尖锐,而喷嘴更耐流体磨蚀,所以后者的流量系数的时间稳定性较好;

(3) 孔板的膨胀系数的误差较喷嘴的大;

(4) 孔板的压力损失较喷嘴的大。

8.3.4　水位测量

容器中液体介质的高低称为液位,当容器中液体介质为水时对应的液位称为水位。水位是火电厂中一个重要的物理量,一般加热器、除氧器、凝汽器和汽包的水位需要准确测量液位。

水位测量仪器按工作原理可分为静压式水位计、就地式水位计、差压式水位计、浮力式水位计、电容式水位计、电接点水位计、吹气式水位计、光电式水位计、压阻式水位计;按安装位置可分为就地水位计、远传水位计(汽包水位计也可称为低置水位计);按显示方式可分为模拟式水位计和数字式水位计。

本小节主要介绍火电厂中广泛应用的差压式水位计和电接点水位计的测量原理。

1. 差压式水位计

差压式水位计是一种火电厂使用最多的远传水位测量仪表,不仅能远距离监视锅炉汽包水位,还能为自动调节系统提供水位信号。结构组成一般包括水位差压转换容器(又称平衡容器——感受元件)、差压信号传输导管、差压变送器、电气校正回路。

其工作原理为平衡容器把水位信号转换成差压信号,经差压信号传输导管传送至差压变送器,由差压变送器转换为便于远传和控制的电信号,电气校正回路则对测量到的电信号予以校正运算,使之与被测水位相对应。差压式水位计的平衡容器可分为单室平衡容器和双室平衡容器;其压力等级可分为中压、高压、超高压、亚临界和超临界。

1) 单室平衡容器水位测量

单室平衡容器水位测量示意图如图 8-9 所示,其中,p_b 为汽包压力(Pa)。正压管从平衡容器中引出,负压管从密闭容器水侧连通管中引出。对于单室平衡容器,其水面高度 L 是一定的,当水面要升高时,水便通过汽侧连通管溢流入密闭容器;要降低时,由蒸汽冷凝水来补充。因此当平衡容器中的水密度一定时,正压管压力为定值,负压管与密闭容器连通,输出压力的变化反映了容器内水位的变化。

由图 8-9 可得:

$$p_1 = \rho_w H + \rho_s(L - H), p_2 = \rho_a L$$

则:

$$\Delta p = p_2 - p_1 = (\rho_a - \rho_s)L - (\rho_w - \rho_s)H$$

整理可得:

$$H = \frac{(\rho_a - \rho_s)L - \Delta p}{\rho_w - \rho_s} \tag{8-4}$$

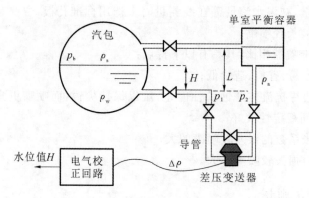

图 8-9　单室平衡容器水位测量示意图

式中：ρ_w 为饱和水密度（kg/m³）；ρ_s 为饱和蒸汽密度（kg/m³）；H 为汽包水位高度（m）；L 为最大的水位变化范围（m）；p_1、p_2 为差压变送器两侧压力（Pa）；ρ_a 为平衡容器内水柱的密度（kg/m³）；

由式（8-4）可知：当 L 一定时，H 是差压和饱和蒸汽、饱和水密度的函数。其中 ρ_a 与环境温度有关，一般可取 50 ℃时水的密度。锅炉启动过程中，水温略有升高，同时压力也增大，两种因素对密度的影响基本可以抵消，即可近似认为密度为恒值。

而饱和水、饱和蒸汽的密度 ρ_w 和 ρ_s 均为汽包压力 p_b 的函数，故可令：

$$\rho_a - \rho_s = f_1(p_b)$$
$$\rho_w - \rho_s = f_2(p_b) \tag{8-5}$$

由此，式（8-4）可写成

$$H = \frac{f_1(p_b)L - \Delta p}{f_2(p_b)} \tag{8-6}$$

根据式（8-6）可构成图 8-10 所示的电气校正回路，保证水位信号的准确性。

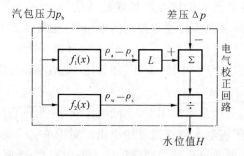

图 8-10　单室平衡容器电气校正回路

2）双室平衡容器水位测量

双室平衡容器水位测量示意图如图 8-11 所示。对于双室平衡容器，其水面高度 L 是一定的，当水面升高时，其水通过基准杯溢流至溢流室；当降低时，基准杯内的水由凝汽室内蒸汽冷凝补充。

2. 电接点水位计

由于汽包水含盐，电阻率较纯水低，因此汽包水与蒸汽的电阻率相差很大。电接点水位计是利用汽包内汽、水介质的电阻率相差极大的性质来测量汽包水位的，其基本结构如图 8-12 所示。

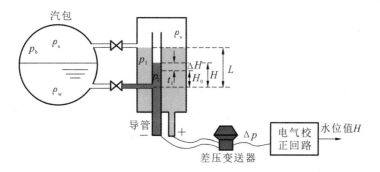

图 8-11　双室平衡容器水位测量示意图

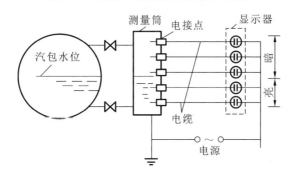

图 8-12　电接点水位计的基本结构

电接点水位计将水位信号转变成相应电接点接通个数的信号,再由显示仪表远距离显示锅炉汽包水位的高低。

8.4　数据处理概要

8.4.1　数据处理的相关软件

数据处理的相关软件主要包括模拟信号采集与处理程序、数字信号采集与处理程序、脉冲信号采集与处理程序、开关信号采集与处理程序、运行参数设置程序、系统管理程序和通信程序。

8.4.2　数据处理的类型

数据处理的类型按照处理的方式可划分为实时(在线)处理和事后(脱机)处理,按照处理的性质可划分为预处理和二次处理。

8.4.3　数据处理的主要任务

分散控制系统数据处理的主要任务包括:① 对采集到的电信号做物理量解释,即将采集到的电信号通过一定的计算,还原成被采集物理量;② 消除数据中的误差;③ 分析计算数据的内在特性;④ 模拟信号的数字化处理。下面对上述内容进行详细介绍。

1.消除数据中的误差

根据测量误差的性质和特点,其可分为系统误差、随机误差和过失误差(或称粗大误差)

三大类。

系统误差是指在相同测试条件下,多次测量同一被测量时,测量误差的大小和符号保持不变或按一定的函数规律变化的误差,服从确定的分布规律。系统误差主要是由于测量设备的缺陷、测量环境变化、测量时使用的方法不完善、所依据的理论不严密或采用了某些近似公式等造成的。随机误差又称偶然误差或不可测误差,是由测量过程中各种随机因素的共同作用造成的,随机误差一般遵从某种统计规律(如正态分布)。过失误差又称粗大误差(粗差),是由测量过程中犯了不应有的错误造成的,它明显地歪曲测量结果,一经发现必须及时修正。

对于系统误差,可以采用量程检验、冗余检验、统计分析等方法加以检验,可以通过消除仪表故障、校正仪表精度、控制工作状态、完善测量方法等方法进行消除和减小。对于随机误差,可以采用各种滤波方法、聚类方法、回归方法等进行消除和减小。需要注意的是,同一被测量,采用不同的消除方式,获得的测量值(效果)不同,如图 8-13 所示。

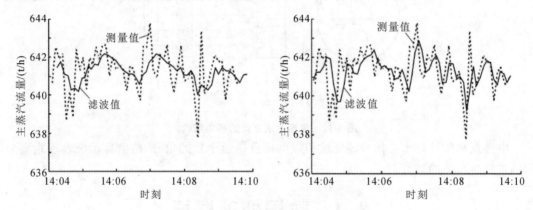

图 8-13　主蒸汽流量随机误差消除示例

2. 分析计算数据的内在特性

分散控制系统采集到的原始数据,有时候不能直接体现出系统的真实状态,这时就需要对该数据的内在特性进行分析计算,一般可采用信号处理方法对所采集的数据进行变化。如采集到一个振动过程的时域波形,由于频谱更能说明振动现象的机械故障原因,因此,可用傅里叶变换获得时域波形对应的频谱,如图 8-14 所示。

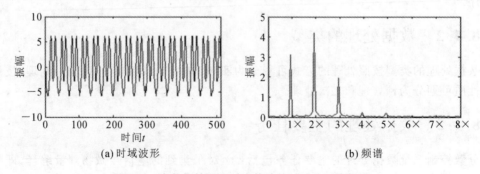

(a) 时域波形　　　　　　　　(b) 频谱

图 8-14　汽轮机转子不对中故障的时域波形及频谱

3. 模拟信号的数字化处理

工程中测量或观测得到的实际信号一般都是模拟信号,为了在计算机中进行处理,必须进行从模拟信号到数字信号的转换。把连续时间信号转换成与其相对应的数字信号的过程称为模-数转换（A/D）转换过程，这是进行数字信号处理的必要程序。A/D 转换过程主要包括采样、量化和编码等三个内容，如图 8-15 所示。

1）采样

采样也称为抽样，是指利用采样脉冲序列 $P(t)$ 从连续时间信号 $x(t)$ 中抽取一系列离散样值，使之成为采样信号 $x(n\Delta t)$ 的过程。其中 $n=0,1,2,\cdots$；Δt 称为采样间隔；$f_s=1/\Delta t$，为采样频率。

2）量化

量化实际上是对幅值进行离散化。把采样信号 $x(n\Delta t)$ 经过舍入或截尾的方法变成只有有限个有效数字位的数，这一过程便称为量化。

3）编码

编码是指将离散化（量化）之后的幅值用二进制数字来表示。

4）采样定理

采样过程是通过采样脉冲序列 $P(t)$ 与连续时间信号 $x(t)$ 相乘来实现的。使采样信号 $x(n\Delta t)$ 无失真地恢复出原始信号 $x(t)$ 的条件是满足采样定理。

采样定理：一个在频域 f_m 以上部分无频率分量存在的有限带宽信号，可以由它在小于或等于 $1/2f_m$ 的均匀时间间隔的 Δt 上的取值唯一地确定，写成数学表达式为

$$\Delta t \leqslant 1/2f_m \tag{8-7}$$

采样定理说明，当以大于或等于 $2f_m$ 的频率对 $x(t)$ 进行采样时，采样信号 $x(n\Delta t)$ 中包含了 $x(t)$ 在每一时刻的全部信息。

根据采样定理，在实际采样时应注意在采样前必须用一抗混频低通滤波器对连续信号进行滤波，去掉不感兴趣或不需要的高于 $f_{max}=f_c$（截止频率）的高频成分。实际上，采样间隔 Δt 很大时，采样的误差会加大，信号失真。有时在 $f_s=2f_m$ 的情况下，也可能出现较大误差。所以实际信号采集中，一般要取 $f_s=(3\sim4)f_m$。

模拟信号的数字化转换过程如图 8-15 所示。

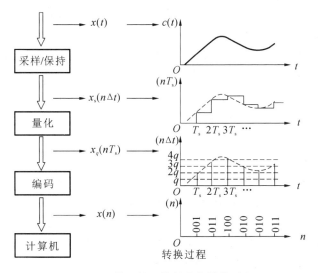

图 8-15　模拟信号的数字化转换过程

5）采样方式

模拟信号采样一般可以分为实时采样和等效时间采样两种采样方式。实时采样：信号波形一到即采入，适用于任何形式的信号波形，包括定时采样（等间隔采样）、变频采样（变步长采样）、间隙采样、扫描采样。等效时间采样（又称重复采样）：对可重复波形进行采样，可采用较慢的采样速度。

8.5 信息共享

分散控制系统是一个多级网络信息系统，任何一个来自现场的过程信息或人机指令信息，都可以通过网络传送到任何节点（如工作站、现场控制单元、管理计算机、PLC 系统、现场总线网络等），为系统所共享。信息共享是分散控制系统的一个特点，其突出优势是可以减少信息源、节省电缆。

例如锅炉水位是一个很重要的参数。显示、控制、保护、报警等各个功能均需要这一重要信息；在锅炉的安全稳定运行中，水位又是一个关键参数。因此，必须维持水位在一稳定水位（如 0 水位）上，水位过高或过低，都会对锅炉的安全产生严重的威胁，必须设置锅炉水位过高或过低保护。为保证水位控制系统、保护系统、显示系统、报警系统的可靠工作，分散控制系统对水位信号有如下需求，如表 8-3 所示。

表 8-3 锅炉水位信号需求

系统	信号获取方式	水位信号量
水位控制系统	三取中	3 个
保护系统	三取二	3 个
显示系统	三取中	3 个
报警系统	高/低	2 个

注：冗余配置需 11 个。

由表 8-3 可知，总共需 11 个水位信号，配置 11 台水位变送器，设置 11 个水位测量平衡容器。这种方法是不经济、不现实的。

为解决该问题，在分散控制系统中采用信息共享方式。上述水位信号可通过网络通信或硬接线，在只配置 3 个汽包水位变送器的情况下，满足控制、显示、保护、报警等的功能要求。具体解决方法如下。

（1）将 3 个水位变送器的信号（4～20 mA DC）接至水位控制的 DPU 中的 3 个 I/O 卡件上，可满足“三取中”的模拟量控制需求。

（2）由上获得的中值通过网络信息传输，可作为显示或打印的测量值。

（3）3 个独立的汽包水位模拟量信息，经 DPU 内的比较器进行高、低限比较，各产生 3 个独立的开关量信号，通过网络通信或 DPU 间的输出/输入硬接线，可满足“三取二”的开关量保护需求。

（4）“三取中”的模拟量中值经 DPU 内的比较器进行高、低限比较产生的开关量信号可用于报警（CRT 报警窗口或常规光字牌报警器）。

除水位信号外，机组中还有大量其他重要参数，如主蒸汽压力、主蒸汽温度、主蒸汽流量、炉膛压力等，其信号若都处理为满足控制、显示、保护、报警功能的要求，对一台单元机组来讲,可以节省大量的一次测量元件(传感器)、变送器、电缆/补偿导线等,其经济效益是极为可观的。

电力规划设计总院《分散控制系统设计若干技术问题规定》(电规发[1996]214 号)中,对采用分散控制系统时监视、控制和保护系统的信息共享,做了下述三条规定。

(1) 监视和控制系统的信息,有条件时(包括各系统均采用分散控制系统或采用可编程控制器,且与分散控制系统通过串行口通信联网)宜信息共享。此时 I/O 信息应首先引入控制系统的 I/O 通道,并通过通信总线传送至数据处理和监视系统。

(2) 控制系统与机组保护系统都要用的过程信息,宜通过各自的 I/O 通道分别引入。

(3) 触发 MFT 等停机的信息应通过硬接线方式传送。

第9章 协调控制系统

9.1 协调控制系统的基本概念

随着电力工业的发展,高参数、大容量、单元制的火力发电机组在电网中所占的比例越来越大。

所谓单元制就是由一台汽轮发电机组和一台锅炉组成的相对独立的运行系统。单元制运行方式与以往的母管制运行方式相比,机组的热力系统得到了简化,而且使蒸汽经过中间再热处理成为可能,提高了机组的热效率。

9.1.1 单元机组负荷控制的特点

随着大容量机组在电网中的比例不断增大,以及因电网用电结构变化引起的负荷峰谷差逐步加大,大容量单元机组的运行方式也逐步发生了变化。过去常常只带固定负荷的大机组,现在需要根据电网中心调度所(中调)的负荷需求指令和电网的频率偏差参与电网的调峰、调频,甚至在机组的某些主要辅机局部故障的情况下,仍然维持机组的运行。

在单元制运行方式中,锅炉和汽轮发电机需要共同保障外部负荷需求和维持内部参数(主蒸汽压力)稳定。外部负荷需求即单元机组实发电功率与负荷要求是否一致,反映了机组与外部电网之间能量是否供求平衡;主蒸汽压力是否稳定,则反映了机组内部锅炉与汽轮发电机之间能量是否供求平衡。

然而,锅炉和汽轮发电机的动态特性存在很大差异,即汽轮发电机对负荷请求的响应快,锅炉对负荷请求的响应慢,因此单元机组内外两个能量供求平衡关系相互间受到制约,外部负荷响应性能与内部运行参数稳定性之间存在着固有的矛盾。这是单元机组负荷控制中的一个最为主要的特点。

9.1.2 协调控制系统及其任务

协调控制系统(coordinated control system,CCS),是根据单元机组的负荷控制特点,为解决负荷控制中的内外两个能量供求平衡关系而提出来的一种控制系统。

所谓"协调控制系统",是指能同时给锅炉自动控制系统和汽轮机自动控制系统发出指令,协调汽轮机和锅炉的工作状态,实现机组快速响应负荷变化和维持机组主要参数稳定,尽最大可能发挥机组的调峰、调频能力的自动控制系统。

协调控制系统把锅炉和汽轮发电机作为一个统一的控制对象进行综合控制,使其同时按照电网负荷需求指令和内部主要运行参数的偏差要求协调运行,即保证单元机组对外具有较快的功率响应和一定的调频能力,对内维持主蒸汽压力偏差在允许范围内。

从广义上讲,协调控制系统是单元机组的负荷控制系统;从覆盖面上讲,协调控制系统包含机炉全部闭环控制系统(包括各子系统)。

原电力工业部热工自动化标准化技术委员会推荐采用模拟量控制系统(modulating control system,MCS)来代替闭环控制系统、协调控制系统、自动调节系统等名称。所以目前有的系统称为模拟量控制系统(MCS),有的仍按习惯称为协调控制系统(CCS)。现代大型火电机组,已无一例外地都采用了机炉协调控制系统。

协调控制系统的主要任务包括以下四个方面。

(1) 接收电网中心调度所的负荷自动调度指令、运行操作人员的负荷给定指令和电网频差信号,及时响应负荷请求,使机组具有一定的电网调峰、调频能力,适应电网负荷变化的需要。

(2) 协调锅炉、汽轮发电机的运行,在负荷变化较大时,能维持二者之间的能量平衡,保证主蒸汽压力稳定。

(3) 协调机组内部各子控制系统(燃料、送风、炉膛压力、给水、蒸汽温度等控制系统)的控制作用,使机组在负荷变化过程中主要运行参数维持在允许的工作范围内,以确保机组有较高的效率和可靠的安全性。

(4) 协调外部负荷请求和主/辅设备实际能力的关系。在机组主/辅设备能力受到限制的异常情况下,可根据实际情况,限制或强迫改变机组负荷。这是协调控制系统的联锁保护功能。

9.1.3　协调控制的基本原则

根据被控对象动态特性的分析可知:锅炉燃烧率改变会导致机组输出电功率变化,其过程有较大的惯性和迟延,如果只依赖锅炉侧的控制,必然不能获得迅速的负荷响应。

协调控制系统的一个重要设计思想,就在于蓄能的合理利用和补偿,即

(1) 充分利用锅炉蓄能,又要相应限制这种利用;

(2) 动态超调锅炉的能量输入,补偿锅炉的蓄能。

因此,为提高机组的响应性能,在保证安全运行(即主蒸汽压力在允许范围内变化)的前提下,可充分利用锅炉的蓄能能力。即在负荷变动时,通过汽轮机进汽调节阀的适当动作,允许蒸汽压力有一定波动而释放或吸收部分蓄能,加快机组初期负荷的响应速度。与此同时,根据外部负荷请求指令动态超调锅炉的能量输入(加强锅炉侧燃烧率和给水流量的控制),及时恢复蓄能,使锅炉蒸发量保持与机组负荷一致。

这是负荷控制的基本原则,也是机炉协调控制的基本原则。

基于机炉协调控制的基本原则,可知协调控制系统的关键控制策略有以下两个方面。

(1) 采用扰动补偿、自治或解耦的控制原则,尽可能减小或消除机炉之间动作的相互影响。扰动由其所在的控制回路自行快速消除,而无扰动的控制回路应少动或不动,以利于动态过程的稳定。

(2) 为了提高负荷响应能力,通常采用前馈控制技术,使锅炉输入能被控制在接近届时要求的量,而不完全依赖反馈控制的缓慢的积分作用(积分作用往往会引起不稳定)。

9.1.4　协调控制系统的运行方式

单元机组协调控制系统的运行方式是指协调主控的运行方式。单元机组协调控制系统

通常有以下四种基本运行方式:

  (1) 以汽轮机为基础的锅炉跟随负荷控制方式,简称炉跟机方式;

  (2) 以锅炉为基础的汽轮机跟随负荷控制方式,简称机跟炉方式;

  (3) 汽轮机-锅炉综合功率控制方式,简称协调方式;

  (4) 汽轮机、锅炉手动控制,简称手动方式。

1. 炉跟机方式

  炉跟机方式是在汽轮机侧控制负荷(输出电功率)N_E、锅炉侧控制主蒸汽压力 p_T 的基础上,让汽轮机侧配合锅炉侧控制 p_T 的一种协调控制方式,如图 9-1 所示。

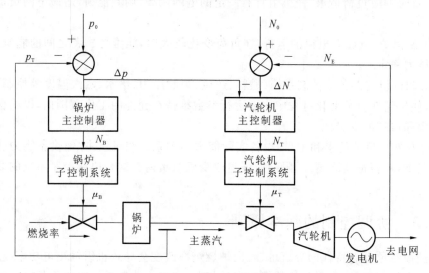

图 9-1 炉跟机方式示意图

  图 9-1 中,p_0 为主蒸汽压力的设定值,p_T 为主蒸汽压力的测量反馈值,N_0 为机组负荷的设定值,N_T 为机组负荷的测量反馈值。在这种控制方式下,汽轮机调负荷,锅炉调蒸汽压力。由于主蒸汽压力对燃烧率的响应存在着较大惯性,会使主蒸汽压力出现较大的暂态偏差。为此,可将主蒸汽压力偏差信号 Δp 引入汽轮机侧的控制之中,以限制汽轮机进汽调节阀的开度变化,减小 p_T 的动态变化。

2. 机跟炉方式

  机跟炉方式是在锅炉侧控制负荷(输出电功率)N_E、汽轮机侧控制主蒸汽压力 p_T 的基础上,让汽轮机侧配合锅炉侧控制 N_E 的一种协调控制方式,如图 9-2 所示。

  锅炉调负荷,汽轮机调蒸汽压力。为提高机组的负荷响应能力,将负荷偏差信号 ΔN 引入汽轮机侧的控制之中,以此改变汽轮机进汽调节阀的开度,在锅炉侧响应负荷的迟延过程中,暂时利用蓄能使机组迅速做出负荷响应。

  锅炉跟随方式是一种“借贷”方式,在此基础上建立的协调控制方式是以降低汽轮机负荷响应性能为代价来换取蒸汽压力控制质量的提高的,以兼顾负荷响应和蒸汽压力稳定二者的控制质量。

  汽轮机跟随方式是一种“量入为出”方式,在此基础上建立的协调控制方式是以加大蒸汽压力动态偏差为代价换取负荷响应速度的提高的,以兼顾负荷响应和蒸汽压力稳定二者的控制质量。

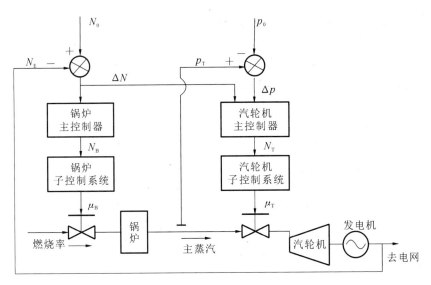

图 9-2　机跟炉方式示意图

3. 综合功率控制方式(协调方式)

综合功率控制方式(协调方式)是上述两种控制方式的综合,如图 9-3 所示。

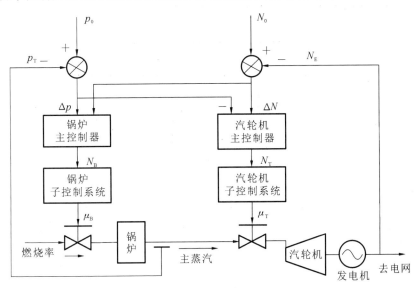

图 9-3　综合功率控制方式示意图

机、炉同时调负荷,机、炉同时调蒸汽压力,双向协调,这种方式既具有较好的负荷适应性能,又具有良好的蒸汽压力控制性能,是一种较为合理和完善的协调控制方式,但系统结构比较复杂。

4. 手动方式

手动方式又称为基本方式,在这种控制方式下面,锅炉和汽轮机主控制器皆处于手动控制方式,由操作员设定汽轮机主蒸汽阀门阀位指令和锅炉燃料指令来控制机前压力和机组负荷。此时,若汽轮机控制处于“非远方操作方式”时,汽轮机主蒸汽阀门开度由 DEH 系统控制,汽轮机主控输出跟踪主蒸汽阀门阀位反馈。

9.1.5 协调控制系统的基本组成

单元机组协调控制系统是由负荷管理控制中心（LMCC），机炉主控制器，相关的锅炉、汽轮机子控制系统所组成的，如图9-4所示。

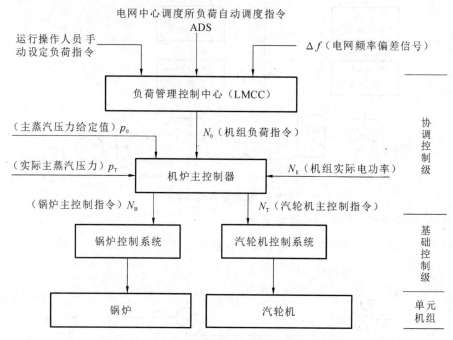

图 9-4 单元机组协调控制系统组成结构示意图

负荷管理控制中心的主要作用是对机组的各负荷请求指令（电网中心调度所负荷自动调度指令（ADS）、运行操作人员手动设定负荷指令）进行选择和处理，并与电网频率偏差信号 Δf 一起，形成机组主/辅设备负荷能力和安全运行所能接受的、具有一次调频能力的机组负荷指令 N_0。N_0 作为机组实发电功率的给定值信号，送入机炉主控制器。

机炉主控制器的主要作用是接收负荷指令 N_0、机组实际电功率 N_E、主蒸汽压力给定值 p_0 和实际主蒸汽压力 p_T 等信号；根据机组当前的运行条件及要求，选择合适的负荷控制方式；根据机组的功率（负荷）偏差 $\Delta N = N_0 - N_E$ 和主蒸汽压力偏差 $\Delta p = p_0 - p_T$ 进行控制运算，分别产生锅炉负荷指令（锅炉主控制指令）N_B 和汽轮机负荷指令（汽轮机主控制指令）N_T。N_T、N_B 作为机、炉协调动作的指挥信号，分别送往锅炉和汽轮机有关子控制系统。

机、炉的各有关子控制系统，是对汽轮机、锅炉进行常规控制的有关系统，包括燃料量控制系统、送风量控制系统、炉膛压力控制系统、一次风压控制系统、二次风量控制系统、过热蒸汽温度控制系统、再热蒸汽温度控制系统、给水（汽包水位）控制系统、燃油压力控制系统、除氧器的水位和压力控制系统、凝汽器的水位和再循环流量控制系统、直吹式磨煤机（一次风量、出口温度、给煤量）控制系统、发电机氢气冷却控制系统、锅炉连续排污控制系统、电动泵的密封水差压和再循环流量控制系统、气动泵的密封水差压和再循环流量控制系统，以及协调控制系统的支持系统——炉膛安全监控系统（FSSS）和汽轮机数字电液（DEH）控制系统等。这些系统对机、炉主控制指令 N_T、N_B 来说，相当于伺服（随动）系统，它们根据 N_T、N_B 指令，控制锅炉的燃烧率和汽轮机进汽调节阀的开度，维持机、炉的能量平衡和参数稳定,保证机组运行的安全性和经济性。

负荷管理控制中心和机炉主控制器是机组控制的协调级,起着上位控制作用,是协调控制系统的核心,有时将其直接称为协调控制系统;而锅炉、汽轮机各子控制系统是机组控制的基础级(直接控制级),起着最基本、最直接的控制作用,它们的控制质量将直接影响负荷控制质量。因此,只有在组织好各子控制系统,并保证其具备较高控制质量的前提下,才有可能组织好协调控制系统,并使之达到所要求的负荷控制质量。

9.1.6　协调控制系统的主要优点

协调控制系统在不同容量的单元制机组中都有应用,但由于大型机组普遍应用了分散控制系统,其协调控制系统的优点更为突出,概括起来有以下几点。

(1) 既能使大型单元制机组较快地满足外部负荷变化的要求,又能保证机组本身的稳定,维持机组内部的能量平衡,其标志是主蒸汽压力的稳定。

(2) 系统具有多种控制方式,并能无扰地进行控制方式的切换,以适应机组不同工作状态对控制方式的要求。

(3) 具有比较完整的联锁、保护等逻辑控制电路,能使机组在限定的负荷范围内运行;能控制机组升降负荷的速率;能在机组局部故障时自动地使负荷升或降到机组当前能承担的程度,而不致因局部故障造成整个机组停运。

(4) 具有比较完善的监视装置,能通过 CRT 屏幕进行图像和数据显示,以便于运行人员监视。

(5) 具有几十种功能很强的运算功能块,可利用系统的组态工具,方便灵活地实现系统的组态与修改,组成各种实用的简单或复杂的控制系统及逻辑电路,而且具有自整定功能。

(6) 采用了冗余措施(如采用双变送器等),系统具有较高的安全可靠性。

由于不同厂家生产的火电机组采用不同的控制设备(不同厂家的协调控制系统),应用不同的制粉系统,其协调控制系统的实现方案也各不相同,但它们所遵循的基本原则是一致的。

9.2　负荷管理控制中心

负荷管理控制中心(LMCC)对来自多方面的机组负荷指令进行识别、选取、校正限制等处理后,分别产生适宜锅炉和汽轮机实际运行的负荷指令。该环节是一个重要环节,称为"机组主控"。

9.2.1　负荷管理控制中心的基本功能

1. 外部负荷指令的选择

根据电网负荷请求和机组的实际运行状态,从所接收的电网中心调度所负荷自动调度指令(ADS)、运行操作人员手动设定负荷指令、电网频率偏差信号 Δf 中,选择其中一种或两种指令。在机组带固定负荷时,选择运行操作人员手动设定负荷指令;在机组带变动负荷以协调方式运行时,选择电网中心调度所负荷自动调度指令;在机组参与电网一次调频时,选择 Δf 指令。其中运行操作人员手动设定负荷指令和电网中心调度所负荷自动调度指令不能同时被选择,而它们均可分别与 Δf 指令一起被选择。

2. 机组最大/最小负荷限制

机组的实际出力是有限的,为使机组在允许的出力范围内正常工作,负荷管理控制中心设置了出力限制回路,运行人员可通过分散控制系统的人机接口,根据机组的运行情况和能力设定最大/最小负荷限值。例如,一台汽动给水泵运行时,机组只能带 50% 的最大连续出力(maximum continuous rate,MCR);一组送、引风机运行时,只能带 50% 的最大连续出力。

3. 负荷指令变化速率限制

机组在不同的运行情况下,对负荷指令变化速率的限制有不同的要求。为避免负荷变化太快引起机组故障,负荷管理控制中心设置了负荷指令变化速率限制回路。它可根据机组当前变负荷的能力,对负荷指令的变化速率进行限制。运行操作人员通过分散控制系统的人机接口设定负荷指令变化速率的限制值,但在正常情况下,实际限制值是由人为设定值和汽轮机热应力计算(或锅炉汽包热应力计算)结果中的小值决定的。而在非正常情况下,如负荷迫升/迫降(run up/run down,RU/RD)、负荷返回(run rack,RB)时,分别采用不同的速率限制值。

4. 负荷指令的修改

当机组的设备或控制系统出现异常情况时,不管外部对机组的负荷要求如何,为了保证机组和协调控制系统的继续运行,负荷管理控制中心可对负荷指令进行修改,使机组负荷恢复到适当水平。

对于不同的机组,负荷管理控制中心的具体实施方案有所差异,但基本原理是一致的。超临界机组与亚临界机组相比,协调控制系统的负荷管理控制中心基本相同,最大的不同之处在于锅炉侧的控制有较大的区别。

9.2.2　负荷管理控制中心的组态与基本工作原理

1. 某 300 MW 亚临界机组的负荷管理控制中心

该 300 MW 亚临界机组采用 INFI-90 分散控制系统,其负荷管理控制中心的组态如图 9-5 所示。

图示负荷管理控制中心由切换器 T_1 和手动/自动站 M/A 构成单元主控制器(UM)。单元主控制器的任务是根据机组的运行现状,从运行操作人员手动设定负荷指令、电网中心调度所负荷自动调度指令(ADS)和负荷迫降(RD)、负荷返回(RB)指令中,选择适当的负荷指令作为目标负荷指令。

(1) 在协调控制方式下:若系统处于手动运行状态,单元主控制器输出的目标负荷指令为运行操作人员手动设定负荷指令;若系统处于自动运行状态,单元主控制器输出的目标负荷指令为电网中心调度所负荷自动调度指令(ADS);若处于 RD 或 RB 运行状态,单元主控制器输出的目标负荷指令为机组当前的实际负荷指令 N_0,它用于对 RD 或 RB 指令的跟踪。

(2) 在非协调控制方式下:单元主控制器输出的目标负荷指令为机组的实发功率。

该负荷管理控制中心手动联锁条件为非协调控制方式、ADS 信号故障、RB 或 RD 被选择,且一旦进入手动状态,限定一段时间内不允许单元主控制器投自动。

负荷管理控制中心的负荷指令限制回路由一个高值选择器和一个低值选择器构成。当

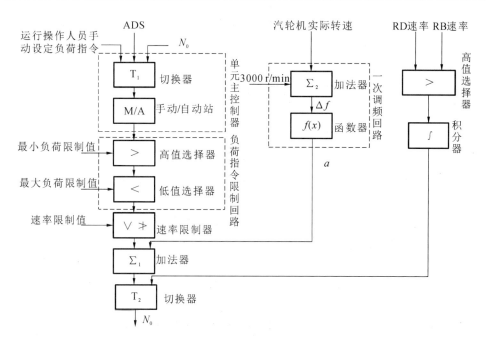

图 9-5 采用 INFI-90 分散控制系统的亚临界 300 MW 机组负荷管理控制中心组态

单元主控制器输出的目标负荷指令小于机组的最小负荷限制值时,高值选择器输出最小负荷限制值,否则,输出单元主控制器产生的目标负荷指令。当高值选择器输出的指令大于机组的最大负荷限制值时,低值选择器输出最大负荷限制值,否则输出高值选择器的输出,从而保证机组在允许的出力范围内正常工作。在采用 INFI-90 分散控制系统实现的负荷管理控制中心中,最大、最小负荷限制值可通过两个途径由运行人员设置或修改:一是通过辅助操作台上的数字指示站上定义的增减按钮实现;二是通过操作员接口站上画面定义的修改窗口进行更改。负荷指令限制作用只在协调控制方式下是有效的,而在非协调控制方式或发生 RB、RD 时,限制回路则使单元主控制器的输出原值通过。

经高、低限值的负荷指令还需受到变化速率的限制。当进入速率限制器的负荷指令的变化速率大于设定的速率限制值时,它将受到限制,速率限制器将输出具有设定变化速率的负荷指令。否则,速率限制器不起作用,使输入原值通过。速率限制值可由运行操作人员手动设定,或由主设备(汽轮机或锅炉汽包)的热应力计算结果自动设定,也可由对负荷指令变化速率有要求的其他因素来设定,但在协调控制方式下,若发生闭锁增(block inc,BI)或闭锁减(block dec,BD),相应的速率限制值在增方向或减方向上被封锁。

为使机组具有参与一次调频的能力,负荷管理控制中心需将经过幅值和速率限制的负荷指令与电网的频差信号 Δf 进行叠加,以 Δf 校正负荷指令,补偿一次调频所需的电功率。图 9-5 所示的负荷管理控制中心中采用汽轮机实际转速与转速设定值(3000 r/min)的差值,代表电网的频差信号 Δf,并通过一函数器 $f(x)$ 与负荷指令叠加。其中函数器 $f(x)$ 用来规定调频范围和调频特性,其特性相当于死区和限幅环节特性的结合,如图 9-6 所示。

当频率偏差在死区所规定的范围内时,函数器输出为零,频率偏差信号切除,机组不参与调频。死区的设置是为了避免机组输出电功率频繁抖动。只有当频率偏差超出死区所规定的范围时,机组才根据超出大小进行调频。当频率偏差超出幅值规定的范围时,函数器输出保持不变,即不再继续调频。函数器特性的斜率代表了电网对本机组调频的负荷分配比

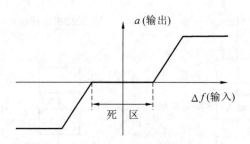

图 9-6　一次调频回路的函数器特性

例,此比例应与汽轮机控制系统的静特性对应,即等于汽轮机的转速变动率的倒数。电网要求机组具有快速调频能力,故调频信号一般不加速率限制。

当机组无故障时,速率限制器和一次调频回路二者的输出由 Σ_1 叠加,其叠加结果由切换器 T_2 选通,作为负荷管理控制中心输出的负荷指令 N_0。

当机组发生故障时,负荷管理控制中心将根据不同的故障现象,采取不同的措施,修改正常的负荷指令,即采用负荷返回(RB)指令、负荷迫降(RD)指令或闭锁增/减(BI/BD)指令修改正常的负荷指令。某 300 MW 机组这些指令的形成项目如表 9-1 所示。

表 9-1　某 300 MW 机组 RB、RD、BI、BD 指令的形成项目

指　　令	形　成　项　目
RB	① 失去送风机(53%); ② 失去锅炉给水泵(63%); ③ 失去引风机(53%); ④ 失去一次风机(53%); ⑤ 失去煤层(24%); ⑥ 失去闭式循环水泵(53%); ⑦ 失去炉水循环泵(53%)
RD	① 给水 RD 请求:任一给水泵达 100% 出力,且给水流量小于给水流量指令一定限值时; ② 燃料 RD 请求:燃料指令达 100%,且实际燃料量低于燃料指令一定限值时; ③ 风量 RD 请求:送风机动叶达 100%,且实际风量小于风量指令一定限值时; ④ 炉膛负压 RD 请求:引风机动叶达 100%,且炉膛压力高于设定值一定限值时; ⑤ 送风机 RD 请求:任一送风机接近喘振区时; ⑥ 一次风机 RD 请求:任一一次风机接近喘振区时; ⑦ 汽包水位 RD 请求:任一给水泵达 100% 出力,且水位低于设定值一定限值时
BI	① 燃料量已达 100%; ② 送风机开度指令达最大; ③ 引风机开度指令达最大; ④ 实发功率小于指令达一定限值; ⑤ 汽轮机阀位指令达上限值; ⑥ 主蒸汽压力小于设定值达一定限值; ⑦ 燃料量小于指令过多; ⑧ 送风机、一次风机能量超过限值; ⑨ 风量低于指令过多; ⑩ 单元主控制器自动时,N_0 大于或等于其高限值; ⑪ 炉膛负压太低; ⑫ 给水 RD 请求

指　　令	形　成　项　目
BD	① 两台送风机指令均至最小; ② 单元主控制器自动时,N_0 小于或等于低限值; ③ 汽轮机阀位指令达最小; ④ 给水流量小于指令超过限值; ⑤ 炉膛负压过大; ⑥ 机组功率大于指令超过限值; ⑦ 燃料量小于指令过多; ⑧ 主蒸汽压力大于设定值超过限值; ⑨ 总燃料量小于最小限值; ⑩ 两台汽动给水泵均至最小出力

RB 指令的作用:当机组在协调控制方式下运行时,若主要辅机设备发生故障突然停运,将形成 RB 指令,通过该指令迫使单元机组的负荷快速下降到运行的辅机设备所能承受的负荷水平上,同时 RB 指令还送到燃烧器管理系统(BMS),将部分燃烧器切除。RB 发生时,负荷的下降速率视失去辅机对机组安全运行的威胁程度不同而异,如失去一次风机、引风机比失去炉水泵、闭式循环泵时的负荷下降速率要快。当多台辅机同时失去而发生 RB 时,则选择其中最大的降负荷速率。

RD 指令的作用:在协调控制方式下,若某些故障的间接指标值已经较大,意味着情况严重,将形成 RD 指令,通过该指令迫使实际负荷指令下降,直至故障间接指标值不太严重为止。这样做是为了争取一定的时间来查找故障来源,以至于消除故障。RD 指令的变化速率一般控制在 3%/min 以内,并与间接指标值的大小成正比。由此可见,采用 RD 控制负荷是一种在机组故障尚不明确的条件下所采取的负荷控制措施。

在图 9-5 所示的负荷管理控制中心中,是将 RD 和 RB 的速率信号引入一个高值选择器,在 RD、RB 分别发生时,高值选择器输出发生者的速率信号,并通过积分器形成发生者的负荷指令,然后经切换器 T_2 选通作为负荷管理控制中心输出的负荷指令 N_0;而在 RD、RB 同时发生时,高值选择器选择二者中变化速率较大者输出,以形成相应的负荷指令 N_0。

BI/BD 指令的作用:在协调控制方式下,若在改变负荷指令的过程中检测到故障的间接指标值(如给水指令与给水流量的偏差值)已较大(一般比 RD 程度轻),将形成 BI/BD 指令,该指令将闭锁负荷指令向扩大故障的方向改变,防止故障进一步扩大,而在非扩大故障方向上仍允许负荷指令改变。BI/BD 指令也是一种在故障不明确的条件下所采取的负荷控制措施。

2. 某 660 MW 超临界机组的负荷管理控制中心

该 660 MW 超临界机组采用 ABB 分散控制系统,利用 Composer5.0 组态工具软件,实现机组控制系统软件部分的控制功能。该系统的负荷管理组态如图 9-7 所示。

图 9-7 所示机组主控回路的主要作用是根据运行操作人员设定的机组目标负荷设定值或中调来的 AGC 负荷指令,向锅炉主控回路和汽轮机主控回路发出机组负荷指令。目标负荷经负荷变化率和机组负荷上、下限的限制,成为机组给定负荷,禁增、禁降指令是通过将机组负荷变化率的上、下限设定为 0 来实现的。当处于协调控制系统模式时,限速模块具有限速作用,否则限速模块不起作用,限速模块的输出跟踪输入值。以下分别介绍目标负荷设定,机组负荷上、下限设定,机组负荷变化率设定和禁增、禁降负荷单元功能的具体实现。

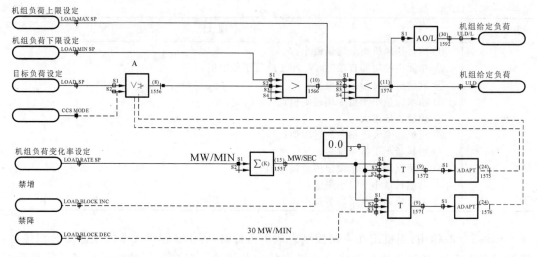

图 9-7　负荷管理组态

1）目标负荷设定单元

目标负荷设定单元的功能是自动或手动地设定目标负荷，其组态如图 9-8 所示。

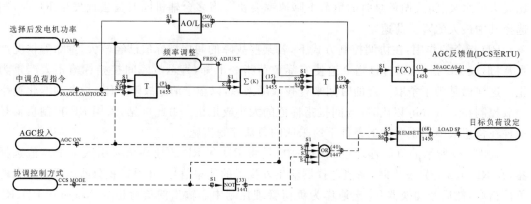

图 9-8　660 MW 机组目标负荷设定组态

由图 9-8 可知，当协调控制方式没有投入或者 AGC 投入时，可自动设定目标负荷；当协调控制方式投入，但没有投入 AGC 时，该单元执行手动设定目标负荷功能。通过 PGP 中的协调控制单元，手动输入目标负荷值。

自动设定目标负荷时，通过远方设定模块 REMSET 自动跟踪输入信号（REMSET 实线输入信号）作为目标负荷设定值。该单元从"选择后发电机功率"信号、"中调负荷指令"信号和"频率调整（FREQ ADJUST）"信号三者中选择一个或者几个的组合，作为"目标负荷设定"信号。选择方案由"AGC 投入"信号、"协调控制方式"信号的状态决定选择哪种形式作为"目标负荷设定"信号。

自动设定目标负荷的选择方案如下：如果处于 AGC 投入状态（必为协调控制状态），则"中调负荷指令"与"频率调整（FREQ ADJUST）"信号的和作为"目标负荷设定"信号，大概延时 100 s 后输出达到输入值，以实现无扰切换；当 AGC 没有投入，同时协调控制没有投入（即该单元处于非协调控制方式）时，则目标负荷设定值跟踪"选择后发电机功率"信号。

模拟量切换模块 T：当控制信号（虚线表示）为 1 时，输出为 S2 的输入值；否则输出为 S1 的输入值；S3 和 S4 为切换到 S1 和 S2 的时间常数。

加法模块输出为 S1 和 S2 的加权和。

模拟量例外报告模块 AO/L：当达到时间限制或者变化幅度过快时，则发送新数据；否则保持原有数据不变；并有上、下限报警功能。

远方设定模块 REMSET：当控制信号为 1 时，输出跟踪输入信号；否则输出为在 PGP 界面中的手动设定值或者保持原有值。

图 9-8 中所示的"选择后发电机功率"信号由 3 个功率传感器的信号经过选择得到。在整个控制系统中，有大量测量信号是通过三选一得到的，其原理如图 9-9 所示。

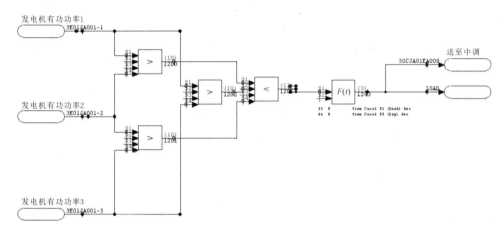

图 9-9 三选一原理（发电机有功功率）

三路信号通过 3 个高值选择器和 1 个低值选择器后，得到 3 个信号的中间值，再经过一个超前滞后环节作为最终的有功功率信号。该功率信号选择组态中没有超前滞后功能；其他三选一环节中常常利用滞后功能作为惯性环节，比如在调速级压力三选一单元中。

功率选择模块中，由每个功率信号的例外报告模块 AO/L、质量检验模块 TSTQ 和高低限模块 H/L，来共同检验三路信号是否正常。

当所有输入信号都为"Good"时，质量检验模块 TSTQ 输出为 0，否则为 1，即任一个输入信号故障，则提示输入有故障。

超前滞后模块 $F(t)$，使输出超前/滞后输入，当控制信号 S2 为 0 时，没有超前滞后作用，当 S2 为 1 时，超前滞后起作用，S3、S4 分别代表超前、滞后时间常数。超前、滞后时间计算：超前时间等于 S1×S3，滞后时间等于 S1×S4。

2）机组负荷上、下限设定单元

机组负荷上、下限设定分为手动设定和自动设定两种形式。当处于协调控制方式且"机组负荷上限设定""机组负荷下限设定"变化速率在设定范围内变化时，则利用 PGP 界面手动设定的上、下限作为机组上、下限；当处于非协调控制方式或者"机组负荷上限设定""机组负荷下限设定"变化速率过快时，则自动设定上、下限。对"机组负荷下限设定"变化速率的限制主要考虑当手动改变上、下限幅度过大时，对机组造成的不利影响。

自动设定时，机组负荷上、下限是由"目标负荷设定""协调控制方式"信号和"机组负荷下限设定"变化速率共同确定的；手动设定时，由 PGP 界面手动输入的上、下限数值确定。这里只介绍自动设定上、下限的原理。

机炉协调控制方式没有投入时，机组负荷上限设定值强制为发电机实际功率加 20 MW（可调整），下限设定值强制为发电机实际功率减 20 MW（可调整）。这样在投入协调控制方式前,运行人员不需要手动设定机组负荷上、下限值。在投入协调控制方式后,运行人员可根据需要手动设定机组负荷上限值和下限值。逻辑中考虑了机组负荷下限值不能高于上限值和上限值不能低于下限值的联锁。具体实现过程如下。

(1) 机组负荷下限设定:其组态如图 9-10 所示。由图 9-10 可知,当处于非协调控制状态或者限幅前的设定值减去当前"机组负荷下限设定"值后达到设定的最高值时,即机组目标负荷变化过快,强迫执行自动下限设定功能。

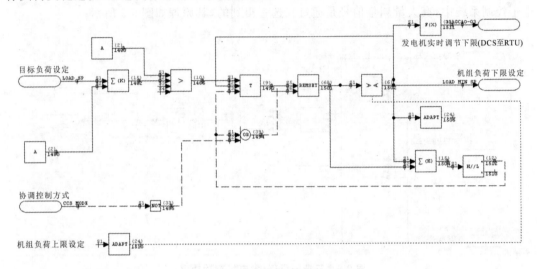

图 9-10　机组负荷下限设定组态

机组负荷下限设定功能具体实现过程如下。

"目标负荷设定"减去 20,然后与 0 对比取大值,作为第一个待选信号,这意味着当"目标负荷设定"低于 20 时,将 0 作为一个待选的信号;当前"机组负荷下限设定"作为第二个待选信号。

限幅前的设定值减去当前"机组负荷下限设定"值达到限定值的上限时,即负荷上升速率过快,选择机组当前"机组负荷下限设定"作为下限值;否则,若处于非协调控制状态,则选择 0 或大于 0 的一个值("目标负荷设定"减去 20)作为机组负荷下限;若处于协调控制状态,则将 PGP 界面上的手动设定值作为机组负荷下限值。

"机组负荷上限设定"经自适应模块后,对限幅模块的上限进行动态调整。

(2) 机组负荷上限设定:其组态如图 9-11 所示。由图 9-11 可知,当处于非协调控制状态或者当前"机组负荷上限设定"减去限幅前的设定值后达到设定的最高值时,即机组目标负荷变化过快,强迫执行自动上限设定功能。

机组负荷上限设定功能实现过程如下。

"目标负荷设定"加上 20,然后与 660 对比取小值,作为第一个选项,即"目标负荷设定"高于 640 时,取 660 作为第一个待选信号;"机组负荷上限设定"作为第二个待选信号。

当前"机组负荷上限设定"值减去限幅前的设定值后达到限定值的上限时,即机组目标负荷上升过快,选择当前"机组负荷上限设定"作为上限值;否则,若处于非协调控制状态,则选择 660 或者小于 660("目标负荷设定"加上 20)的一个值作为机组负荷上限;若处于协调控制状态,则将 PGP 界面上的手动设定值作为机组负荷上限值。

"机组负荷下限设定"经自适应模块后,对限幅模块的下限进行动态调整。

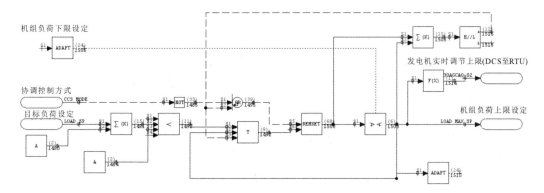

图 9-11　机组负荷上限设定组态

　　自动设定上、下限负荷是处于非协调控制状态或者增速过快等不理想的机组运行状态下的上、下限设定方法,当处于理想运行状态时,则受手动输入的上、下限设定的限制。

　　3) 机组负荷变化率设定单元

　　为了防止负荷变化过快,对机组造成冲击,有必要对机组的负荷变化率进行限制。机组负荷变化率单元组态如图 9-12 所示。

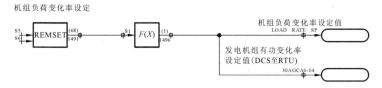

图 9-12　机组负荷变化率单元组态

　　变化率限制是操作人员通过在远方设定模块 REMSET 上手动输入设定负荷变化率值实现的,该手动设定值通过函数发生器 $F(X)$ 后形成一个确定的负荷变化率设定值。

　　4) 禁增与禁降负荷单元

　　机组在运行过程中,当出现下列情况之一时,不允许增负荷:

　　(1) 经过负荷变化率、禁增和禁降限制后的目标负荷减去负荷上限的设定值,如果大于设定范围最高值,则禁增;

　　(2) 频率达到设定上限并且频率信号正确,则禁增;

　　(3) 燃烧量小于指令值,或给水流量小于指令值,或送风量小于指令值,则禁增;

　　(4) 高压转子表面热应力达到上限且信号正确,则禁增;

　　(5) 中压转子表面热应力达到上限且信号正确,则禁增;

　　机组在运行过程中,当出现下列情况之一时,不允许减负荷:

　　(1) 经过负荷变化率、禁增和禁降限制后的目标负荷减去负荷下限的设定值,如果小于设定范围最低值,则禁降;

　　(2) 频率达到下限并且频率信号正确,则禁降;

　　(3) 燃料量大于指令值或者给水流量大于指令值,则禁降。

　　禁增组态如图 9-13 所示,禁降组态如图 9-14 所示。

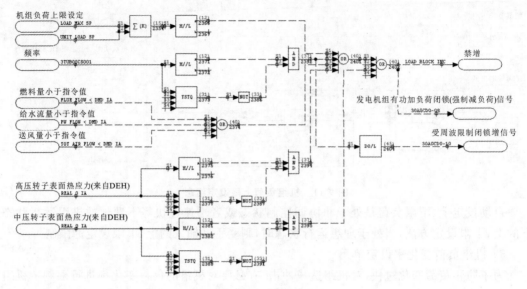

图 9-13　禁增组态

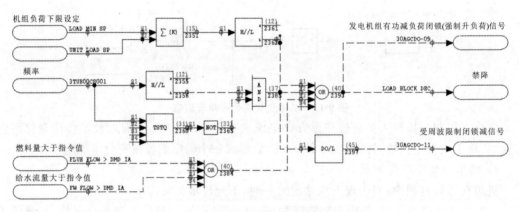

图 9-14　禁降组态

9.3　机炉主控制器

机炉主控制器由汽轮机主控制器(TM)和锅炉主控制器(BM)组成,是机炉协调控制思想的具体体现。

9.3.1　机炉主控制器的功能

机炉主控制器的功能如下。

(1) 接收负荷管理控制中心(机组主控)输出的负荷指令 N_0、机组实发电功率 N_E 和机前主蒸汽压力偏差 $\Delta p = p_0 - p_T$ 信号,按照选定的基本控制方式(锅炉跟随或汽轮机跟随方式),进行常规的反馈控制运算。

(2) 根据机、炉之间能量供求关系的平衡要求,在反馈控制的基础上,引入某种前馈控制,使机、炉之间能量在失去或刚要失去平衡时,及时按照机、炉双方的特性采取前馈控制运算,以产生一种限制能量失衡在较小范围内的控制作用。这一功能是协调控制的核心。

（3）根据不同的控制方式和前馈-反馈控制运算结果，发出适应外部负荷需求或满足机组运行要求的汽轮机负荷指令 N_T 和锅炉负荷指令 N_B，以指挥各子控制系统的运算。

（4）实现不同控制方式（如锅炉跟随、汽轮机跟随、协调控制、手动控制等方式）之间的切换，控制方式的切换可根据机组的运行状况，手动或自动进行。

9.3.2 不同前馈方式的协调系统

机组的协调控制功能，是通过在基本的锅炉跟随或汽轮机跟随控制方式的两个相对独立的反馈控制回路基础上，引入合适的前馈控制方式来实现的。这是由于纯粹的锅炉跟随或汽轮机跟随控制都存在能量失衡严重的现象，其原因是它们仅依赖主蒸汽压力 p_T 来维持机组或机组内部的能量平衡，而 p_T 的恢复又具有较大的惯性。因此需引入前馈补偿信号，使机、炉两个相对独立的反馈控制回路彼此联系，且协调动作。

根据前馈控制通道设计，协调控制系统有两种不同类型：按负荷指令间接平衡的协调控制系统和按能量信号直接平衡的协调控制系统。

1. 按负荷指令间接平衡的协调控制系统

这类协调控制系统的特点是应用负荷指令 N_0 来间接平衡机、炉之间的能量关系。其系统的结构原理如图 9-15 所示。图中符号说明参见第 7 章表 7-12 至表 7-18。

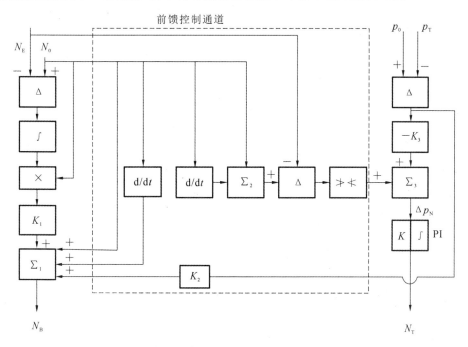

图 9-15　按负荷指令间接平衡的协调控制系统结构原理

图 9-15 所示系统描述的是一个以汽轮机跟随为基础的协调控制系统的主控制器，下面对其中的锅炉主控制器和汽轮机主控制器分别进行介绍。

1）锅炉主控制器

当负荷指令 N_0 改变时，通过输出锅炉负荷指令 N_B 控制锅炉的各子控制系统，以适应 N_0 的需求。由原理图可知，锅炉负荷指令 N_B 的生成为

$$N_B = K_1 N_0 \frac{1}{s}(N_0 - N_E) + (1+s)N_0 + K_2(p_0 - p_T) \tag{9-1}$$

式中：s 为微分算子（下同）。

显然，系统中负荷指令 N_0 的比例微分 $(1+s)N_0$ 是锅炉侧的一个前馈信号，在 N_0 改变时，该前馈信号立即使 N_B 改变，使锅炉燃烧率等及时改变，其中的微分作用可使 N_B 动态超前动作，以加速锅炉的负荷响应，补偿机、炉对负荷响应速度的差异；锅炉侧的另一个前馈信号为主蒸汽压力偏差 $K_2(p_0 - p_T)$，它在稳态时为零，对 N_B 无影响，而在动态时，该前馈信号可对 N_B 做适当的修正。在前馈粗调的基础上，锅炉主控制器通过对负荷指令偏差信号进行积分运算，可校正 N_B 指令，即以反馈控制方式校正 N_E，最终使 $N_E = N_0$。

2）汽轮机主控制器

这里，汽轮机主控制器的作用是在主蒸汽压力 p_T 发生变化时，通过输出汽轮机负荷指令 N_T 控制汽轮机的数字电液调节系统，调整汽轮机的进汽调节阀开度，使 p_T 稳定在给定值上。在汽轮机主控制器中，PI 调节器入口端信号为

$$\Delta p_N = K_3(p_T - p_0) + [(1+s)N_0 - N_E] \tag{9-2}$$

显然，系统中负荷指令的比例微分与实发电功率的差值信号 $[(1+s)N_0 - N_E]$ 是汽轮机侧的一个前馈信号，在 N_0（或 N_E）改变时，具有微分超前作用的前馈信号立即使 N_T 改变，控制汽轮机进汽调节阀开度，以及时利用锅炉的蓄能快速响应负荷。可以认为，汽轮机侧的前馈信号是主蒸汽压力给定值 p_0 的一个修正量，在 N_0 变化时，可对 p_0 进行动态修正，而当 N_0 不变时，由式（9-2）有

$$\Delta p_N = K_3(p_T - p_0) + (N_0 - N_E) = 0$$

即

$$p_T - \left[p_0 - \frac{1}{K_3}(N_0 - N_E) \right] = 0 \tag{9-3}$$

上式说明，N_0 不变时，实际主蒸汽压力给定值为 $p_0 - \frac{1}{K_3}(N_0 - N_E)$，系统仍可根据机组的负荷偏差 $(N_0 - N_E)$ 修正 p_0。若 $N_0 > N_E$，实际主蒸汽压力给定值低于设定的给定值 p_0，此时汽轮机主控制器发出的 N_T 指令将对应较大的进汽调节阀开度，使 N_E 上升；若 $N_0 < N_E$，实际主蒸汽压力给定值高于设定的给定值 p_0，此时汽轮机主控制器发出的 N_T 指令将对应较小的进汽调节阀开度，使 N_E 下降；当 $N_0 = N_E$ 时，即不存在负荷偏差时，实际主蒸汽压力给定值为 p_0，此时，前馈控制通道对进汽调节阀没有（也不需要）控制作用，汽轮机主控制器则根据主蒸汽压力的偏差对 N_T 指令进行校正，最终使 $p_T = p_0$。

应该明确，上述系统保证机组在稳态时负荷偏差和主蒸汽压力偏差都为零，并非是由锅炉和汽轮机主控制器分别完成的，而是通过锅炉和汽轮机两个主控制器在动态过程中相互协调共同完成的。

3）系统分析

在这个系统中，负荷指令 N_0 作为前馈信号平行地送至汽轮机、锅炉主控制器，使机、炉同时改变负荷，保证了对外部负荷的快速响应。但是，该系统在燃料发生内扰使锅炉燃烧率增加时，主蒸汽压力 p_T 和实发电功率 N_E 都将随之增加，其中 p_T 的响应比 N_E 的响应灵敏。因此，燃料扰动初期由于 p_T 上升，汽轮机进汽调节阀开度将加大，这对汽轮机侧又是一个扰动。所以这种系统消除锅炉侧内扰的能力比较差。当汽轮机进汽调节阀有扰动时，主蒸汽压力与实发电功率变化方向相反，一般控制回路能较快消除。

　　由于该系统采用间接反映机、炉之间能量平衡关系的负荷指令 N_0 作为协调控制的前馈信号,故称为按负荷指令间接平衡的协调控制系统。

2.按能量信号直接平衡的协调控制系统

　　这类协调控制系统的特点是应用能量信号——汽轮机第一级后的压力 p_1 与主蒸汽压力 p_T 的比值 p_1/p_T 作为前馈信号,直接平衡机、炉之间的能量关系。之所以称 p_1/p_T 为能量信号,是因为它与汽轮机进汽调节阀的开度成正比,无论何种原因引起进汽调节阀开度变化,p_1/p_T 都能做出灵敏的反应。所以不管是动态过程还是静态过程,p_1/p_T 都反映了进汽调节阀的开度,亦即反映了汽轮机的输入能量。

　　按能量信号直接平衡的协调控制系统结构原理如图 9-16 所示。

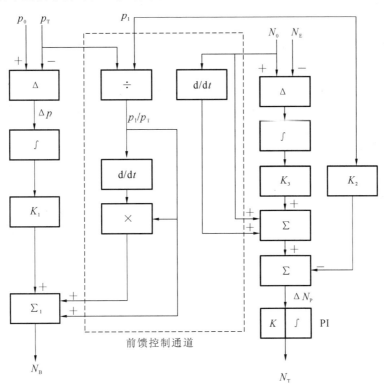

图 9-16　按能量信号直接平衡的协调控制系统原理

　　该系统是一个以锅炉跟随为基础的协调控制系统,对图 9-16 所示机炉主控制器中的锅炉主控制器、汽轮机主控制器的讨论分别如下。

　　1）锅炉主控制器

　　根据输入的主蒸汽压力 p_T、主蒸汽压力给定值 p_0 和汽轮机第一级后的压力 p_1,形成主蒸汽压力偏差 $\Delta p = p_0 - p_T$ 和能量信号 p_1/p_T,并对此分别进行控制运算,生成锅炉负荷指令 N_B,即

$$N_B = K_1 \frac{1}{s}(p_0 - p_T) + \left(1 + \frac{p_1}{p_T}s\right)\frac{p_1}{p_T} \tag{9-4}$$

式中:s 为微分算子(下同)。

　　显然,系统中能量信号 p_1/p_T 是锅炉侧的前馈信号,它对 N_B 的作用体现在式(9-4)中的第二项上,p_1/p_T 发生变化将立即使 N_B 改变。其中的微分作用可加强动态过程中的 N_B

指令,以补偿锅炉的惯性。由于要求动态补偿的能量既与负荷变化率成正比,又与负荷水平成正比,所以式(9-4)中的微分项需要乘以 p_1/p_T。在前馈粗调的基础上,锅炉主控制器通过对 Δp 信号进行积分运算,可校正 N_B 指令,即以反馈控制方式校正 p_T,最终使 $p_T = p_0$。系统最终处于稳态时,不仅 $p_T = p_0$,而且微分作用消失,此时,依式(9-4)有 $N_B = p_1/p_T$。

2) 汽轮机主控制器

汽轮机主控制器根据输入的负荷指令 N_0、实发电功率 N_E 和 p_1 信号进行控制运算,生成汽轮机负荷指令 N_T。在汽轮机主控制器中,PI 调节器入口端信号为

$$\Delta N_P = K_3 \frac{1}{s}(N_0 - N_E) + (1 + s)N_0 - K_2 p_1 \tag{9-5}$$

显然,系统中负荷指令 N_0 是汽轮机侧的前馈信号,它对 ΔN_P 的作用体现在式(9-5)中的第二项上。在 N_0 改变时,该信号及其微分超前作用立即使 ΔN_P 改变,进而控制进汽调节阀的开度,使汽轮机快速响应负荷指令 N_0。汽轮机进汽调节阀开度的变化,会引起汽轮机第一级后的压力 p_1 的改变,汽轮机主控制器则利用 p_1 信号的负反馈作用来稳定进汽调节阀的动作,防止动作过头。由于 p_1 对进汽调节阀开度的响应比实发电功率 N_E 灵敏得多,因此能保证进汽调节阀既迅速又平稳地响应 N_0 指令。在上述前馈和局部反馈粗调的基础上,汽轮机主控制器通过对负荷偏差 $N_0 - N_E$ 信号进行积分-比例积分串级运算,以及控制汽轮机进汽调节阀开度,可校正 N_E,使之最终等于 N_0。

3) 系统分析

能量平衡信号与功率给定信号性质不同。后者仅表示电网对机组的负荷要求,前者反映了汽轮机对锅炉的能量要求,这为机、炉动态过程中协调控制两个控制回路提供了一个比较直接的能量平衡信号。因此,p_1/p_T 信号的微分项整定不受汽轮机控制回路的影响,只需按机、炉对负荷要求响应速度的差异确定参数就可以了。与负荷指令间接平衡的协调控制系统相比,锅炉控制回路的前馈信号无论是动态还是静态的精度都比较高,整定也比较方便。

从锅炉内扰来看,当燃烧率自发增加时,p_T 及 p_1 均升高,因为 p_1 对燃烧率变化的响应比实发电功率 N_E 灵敏,在汽轮机控制回路中功率积分项尚未改变时,汽轮机主控制器就使汽轮机调节阀开度关小,促使 p_1 恢复到与功率给定值相适应的水平。与此同时,锅炉控制回路接收两个减小 N_B 指令的信号,一个是由于 p_1 恢复而使 p_1/p_T 减小的信号,另一个是负的压力偏差信号 $(p_0 - p_T)$,所以锅炉侧消除内扰的能力较强。

对于汽轮机进汽调节阀扰动,由于采用了第一级后的压力 p_1(或 p_1/p_T)信号,消除扰动也是比较快的。

通过上述分析不难看出,采用能量信号直接平衡的协调控制系统,在快速适应负荷要求,以及克服系统内扰方面,都有比较大的优势,是目前诸多协调控制方案中较好的一种。

以上从原理上介绍了两种不同前馈方式的协调控制系统,它们在实际应用中的组态因机组和采用的分散控制系统不同而异,且更为具体,但分析方法是一致的。

9.3.3 典型的机炉主控制器

1. 某 300 MW 亚临界机组的机炉主控制器

这里介绍某 300 MW 机组应用 INFI-90 分散控制系统实现的机炉主控制器。

1) 锅炉主控制器

该锅炉主控制器的组态如图 9-17 所示。

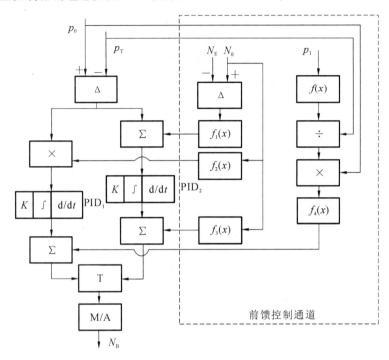

图 9-17　锅炉主控制器的组态

　　该主控制器与被控机组构成主蒸汽压力反馈控制回路。在其反馈回路中,有三种控制方式可供选择,即锅炉跟随控制方式、协调控制方式,以及手动控制方式。在自动控制状态下,可通过切换器 T 实现锅炉跟随和协调控制方式之间的切换;利用 M/A 站,可实现手动/自动的切换与手动操作。在图 9-17 中,PID_1 调节器所在的回路为锅炉跟随控制回路,PID_2 调节器所在的回路为协调控制回路,它们均根据反馈的主蒸汽压力偏差信号进行控制运算,产生锅炉负荷指令 N_B;而图中虚线部分为锅炉主控制器的前馈控制通道,用以加强锅炉侧的负荷响应和协调机炉的动作。

　　该锅炉主控制器的任务是维持主蒸汽压力的稳定,消除主蒸汽压力的偏差。在不同的控制方式下其工作原理有所不同,下面分别讨论。

　　(1) 锅炉跟随控制方式:在汽轮机跳闸或数字电液调节系统由遥控变为本机控制时,主控制器所选择的一种控制方式。此时锅炉主控制器用于保证主蒸汽压力稳定,使锅炉负荷跟踪汽轮机负荷。为此锅炉主控制器将负荷管理控制中心产生的负荷指令 N_0 通过函数器 $f_2(x)$ 修正主蒸汽压力偏差 $p_0 - p_T$ 信号,并作为 PID_1 调节器的输入,使输出的 N_B 指令响应 N_0,且同方向变化;在动态过程中,主蒸汽压力偏差信号不断校正 N_B,以维持压力稳定。

　　为了加强锅炉侧的响应速度,补偿锅炉的惯性,锅炉主控制器采用能量平衡信号 $(p_1/p_T)p_0$ 作为锅炉负荷指令 N_B 的前馈信号。其中汽轮机第一级后的压力 p_1 由主蒸汽流量信号转换得出;p_1/p_T 代表了汽轮机进汽调节阀的有效开度;而 $(p_1/p_T)p_0$ 则代表了汽轮机在适应负荷需求变化时对锅炉提出的能量需要,它在稳态时就是 p_1(代表进入汽轮机)的蒸汽流量。因此,用该信号作为前馈信号,能使负荷需求变化时锅炉侧燃烧率等及时随之改变,从而可提高主蒸汽压力的稳定性。

（2）协调控制方式：在汽轮机主控制器和锅炉主控制器均正常的情况下，负荷管理控制中心投自动，接收电网中心调度所负荷指令时，机炉主控制器所选择的一种控制方式。此时锅炉主控制器用于消除主蒸汽压力的偏差，保证机、炉之间能量供需平衡。为此在锅炉主控制器的反馈控制回路中，以主蒸汽压力 p_T 为被控量，通过 PID_2 调节器的控制作用校正 p_T 使之等于给定值 p_0。为提高锅炉侧的负荷响应速度，当负荷管理控制中心给出的负荷指令 N_0 发生改变时，N_0 通过函数器 $f_3(x)$ 转换为锅炉负荷的前馈信号，使锅炉主控制器在消除主蒸汽压力偏差的过程中，适应汽轮机的负荷变化，提高锅炉的负荷响应能力，以改善压力控制的动态效果，减小压力波动。除此之外，当负荷偏差超过设定值时，它通过函数器 $f_1(x)$ 转换为锅炉负荷的另一个前馈信号，且作用于 PID_2 调节器的入口端，以加强 PID_2 的控制输出，改变锅炉的负荷，尽快使锅炉满足汽轮机的负荷需求，协助汽轮机侧消除负荷偏差，同时也提高了主蒸汽压力的稳定性。

（3）手动控制方式：锅炉主控制器的输出 N_B 通过 M/A 站手动操作控制，其控制过程完全根据运行人员的指令进行。

锅炉主控制器由自动状态切为手动状态的条件是系统满足下列情况之一：

① 燃料主控制器处于手动（此时锅炉主控制器实际上已失去对锅炉负荷的控制能力）；

② 两台送风机均处于手动；

③ 所有主蒸汽压力信号故障；

④ 协调方式下，负荷（功率）信号故障；

⑤ 非协调方式下，蒸汽流量信号（或 p_1 信号）故障；

⑥ 用于机组主控制系统状态指示和方式切换的数字逻辑站（DLS）处于手动。

2）汽轮机主控制器

汽轮机主控制器的组态如图 9-18 所示。

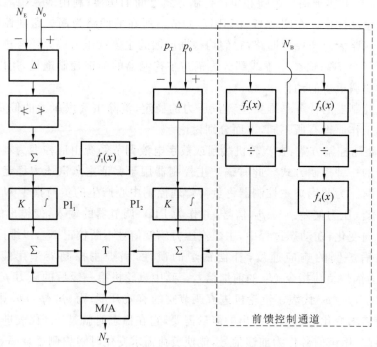

图 9-18 汽轮机主控制器的组态

该主控制器有两个可供选择的反馈控制回路,一个是负荷控制回路,一个是主蒸汽压力控制回路。PI$_1$调节器所在的负荷控制回路,对应机组的协调控制方式;PI$_2$调节器所在的压力控制回路,对应机组的汽轮机跟随控制方式。这两种控制方式在自动控制状态下,可通过切换器 T 进行切换,而自动控制状态与手动控制状态之间的切换是由 M/A 站实现的。图 9-18 中的虚线部分是汽轮机主控制器的前馈控制通道。

该汽轮机主控制器处于不同的控制方式下,其控制任务和工作原理是不相同的。以下分别讨论。

(1) 汽轮机跟随控制方式:在锅炉侧燃料主控制器处于手动控制或负荷(功率)信号故障或两台送风机均处于手动控制时,主控制器所选择的一种控制方式。在这种控制方式下,汽轮机主控制器的任务是控制主蒸汽压力的稳定,这意味着让汽轮机的负荷跟踪锅炉负荷。这里的压力控制是在采用普通的单回路反馈控制(反馈的被控量在此是汽轮机侧的主蒸汽压力信号)的基础上,引入锅炉主控制器输出的锅炉负荷指令 N_B 作为前馈信号,来改善压力控制的效果。此时 N_B 是锅炉主控制器处于手动状态下的输出,它可以是跟踪燃料主控制器手动设置的总燃料量,也可以是燃料主控制器自动时运行人员的指令。由于机前的主蒸汽压力不同时,进汽调节阀开度相同,汽轮机负荷(功率)的变化是不相同的,因此,汽轮机主控制器中采用压力给定值 p_0 对前馈信号 N_B 进行校正,以使压力给定值较低时增强前馈作用,反之亦然。

由于汽轮机进汽调节阀扰动时,主蒸汽压力的变化几乎无迟延,因此,此控制方式下的系统相当于一个随动系统,主蒸汽压力有良好的控制效果。

(2) 协调控制方式:汽轮机主控制器的任务是控制机组的实发电功率 N_E,使其等于机组的负荷指令 N_0。

由机组负荷管理控制中心给出的 N_0 会同时送到锅炉主控制器和汽轮机主控制器,送入汽轮机主控制器的 N_0 与 N_E 进行比较,形成偏差信号。为了避免偏差太大导致主蒸汽压力波动太大,对偏差进行高低限幅,以在大偏差出现时减缓控制作用。经高低限幅后的偏差送入 PI$_1$ 调节器进行控制运算,其输出结果再送到数字电液调节系统,控制汽轮机进汽调节阀开度,最终使 $N_E = N_0$。

为了克服中间再热机组在进汽调节阀动作时功率响应的惯性,汽轮机主控制器引入负荷指令 N_0 作为前馈信号,旨在让进汽调节阀动态过调,以改善机组的负荷适应能力。与汽轮机跟随控制方式中的前馈信号 N_B 一样,这里也采用压力给定值 p_0 对前馈信号 N_0 进行校正,其理由是相同的。

负荷的快速响应能力是利用锅炉的蓄能,而牺牲主蒸汽压力的稳定性取得的,为了不使压力波动太大,汽轮机主控制器的输出 N_T 还受到机前压力偏差信号的约束。这里将机前压力偏差信号经函数器 $f_1(x)$ 与负荷偏差信号叠加,$f_1(x)$ 设置有一死区,死区的数值小于或等于机组允许的主蒸汽压力变化范围,当机前压力波动超过死区限值时,将按压力偏差成比例地限制汽轮机负荷指令,即暂时限制负荷变化的幅度以减小压力的波动。此时,锅炉侧仍按负荷指令控制燃烧率,从而使机前压力很快回到允许的波动范围内。

(3) 手动控制方式:汽轮机主控制器的输出 N_T 通过 M/A 站进行手动操作控制,其控制过程完全根据运行人员的指令进行。此时,要求汽轮机的数字电液调节系统置于远控状态。

汽轮机主控制器由自动状态切为手动状态的条件是系统满足下列情况之一:

① 汽轮机跳闸;

② 数字电液调节系统处于本机控制状态；

③ 所有主蒸汽压力信号故障；

④ 用于机组主控制系统状态指示和方式切换的数字逻辑站(DLS)处于手动。

3) 控制方式及其跟踪问题

机炉主控制器存在上述锅炉跟随、汽轮机跟随、协调、手动等四种控制方式。

若在所有主蒸汽压力信号故障或锅炉跟随方式下蒸汽流量信号故障时,锅炉主控制器和汽轮机主控制器均处于手动状态,这种控制方式称"基本控制方式"。

为了实现各种控制方式之间的无扰切换,系统设计有完善的自动跟踪功能,如图9-19所示。

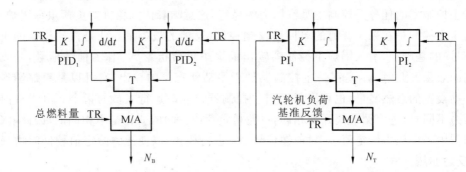

图 9-19 各种控制方式的自动跟踪示意图

(1) 基本控制方式下:汽轮机主控制器输出跟踪来自数字电液调节系统的负荷基准反馈,保证数字电液调节由本机切为远控方式时无扰动;锅炉主控制器输出跟踪总燃料量信号,保证燃料主控制器由手动向自动的无扰切换;汽轮机主控制器的 PI_2 调节器输出跟踪 N_T,使汽轮机主控制器投入自动(汽轮机跟随)时输出无扰动,锅炉主控器的 PID_1 调节器输出跟踪 N_B,当锅炉主控制器投入自动(锅炉跟随)时输出无扰动。

(2) 汽轮机跟随控制方式下:汽轮机主控制器的 PI_1 调节器输出跟踪 N_T,使由该控制方式切换到协调控制方式时系统无扰动。

(3) 锅炉跟随控制方式下:锅炉主控制器的 PID_2 输出跟踪 N_B,使由该控制方式切换到协调控制方式时系统无扰动。

(4) 协调控制方式下:汽轮机主控制器的 PI_2 调节器输出跟踪 PI_1 调节器的输出(即 N_T),锅炉主控制器的 PID_1 调节器输出跟踪 PID_2 调节器的输出(即 N_B),以保证系统由该方式切换到其他任何方式时无扰动。

2. 某 600 MW 超临界机组的机炉主控制器

这里介绍某 600 MW 机组应用的机炉主控制器。

1) 锅炉主控制器

该锅炉主控制器的组态如图9-20所示。

锅炉给定值通过锅炉主控制器设定,锅炉主控制器根据不同的运行方式可以自动或手动操作。

(1) 当所有依赖锅炉主控制器的控制回路都自动时,它可以手动;反之,当锅炉主控制器的控制回路都手动时,它不能手动操作,而只能跟踪燃料量。

(2) 汽轮机跟随方式时,锅炉主控制器可以手动操作也可以自动,由运行人员选择。自

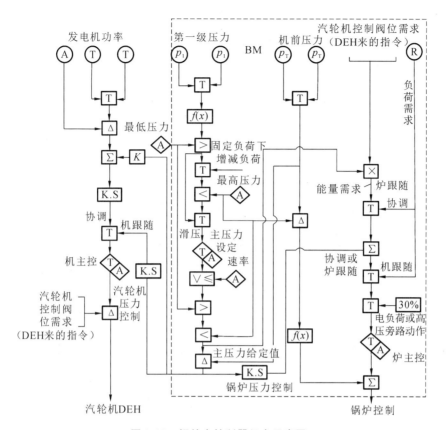

图 9-20　锅炉主控制器组态示意图

动时,运行人员通过手动负荷设定器改变负荷给定值。

(3) 锅炉跟随方式时,锅炉主控制器只能自动运行,它的前馈输入是压力给定值与汽轮机阀位开度的乘积所代表的直接能量平衡信号。

(4) 在协调控制方式运行时,锅炉主控制器只能自动运行,它的输出就是燃料量和风量调节的给定值。

(5) 主蒸汽压力设定值:根据机组负荷情况,可选定压或滑压运行,主蒸汽压力(或汽轮机入口压力)设定值一般是负荷的函数。

2) 汽轮机主控制器

该汽轮机主控制器的组态如图 9-21 所示。

当数字电液调节装置在远程控制方式时,汽轮机主控制器才能通过数字电液调节起调节作用。

(1) 当选择协调运行方式时,负荷需求为设定值,实测电功率和需求负荷相比较,其偏差经蒸汽压力偏差修正,然后经 PI 处理改变汽轮机进汽调节阀开度,达到消除功率偏差的目的。

(2) 当选择汽轮机跟随方式时,实测进汽压力(机前压力)与设定值相比较,其偏差经汽轮机压力控制器去改变汽轮机进汽调节阀的开度,达到消除压力偏差的目的。

(3) 当选择锅炉跟随和手动方式时,运行人员直接在汽轮机主控制器上操作来增减负荷,得到所需的电功率。汽轮机进汽调节阀需求位置与实际开度的偏差送入数字电液调节系统去修正阀位,最后达到平衡。

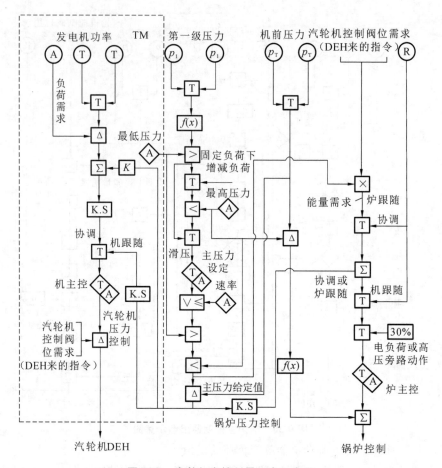

图 9-21　汽轮机主控制器组态示意图

3）运行方式的选择与切换

除手动方式外,向任何控制方式切换都需要事先选择相应数量的控制回路投入自动。每种运行方式在经过平衡阶段后才起作用,也即将各种变量设定值调到与实际的过程变量相同,才能做到无扰。

（1）手动。

手动方式不需要经过平衡阶段,只有锅炉主控制器可供运行人员手动操作,但此时燃料控制、风量控制及给水控制需自动。当发生下列情况时,系统将自动切换到手动方式:

① 燃料量、风量、负荷设定值和实际阀位的设定值与实际变量之间的偏差太大,且超过规定的时间间隔;

② 甩负荷;

③ 汽轮机阀位、第一级压力测量不正常。

（2）汽轮机跟随。

系统只保持进汽压力在设定值上。选择汽轮机跟随的条件如下:汽轮机控制（汽轮机主控制器）自动;汽包水位控制自动。

在下列条件下,系统自动切换到汽轮机跟随方式:进汽压力偏差大(如大于±1 MPa,且延续时间长,0～50 s可调);发生 run back。

（3）锅炉跟随。

该方式可使运行人员直接通过"汽轮机主控"或"就地控制"快速改变负荷,而不顾蒸汽压力的变化,进汽压力通过压力控制器调节到设定值。

投入锅炉跟随运行方式的条件如下:空气流量自动;燃料量(至少一台磨煤机组)调节自动;给水调节自动。

（4）协调控制。

投入协调控制方式的条件如下:锅炉运行在自动(风和燃料)状态;给水自动;汽轮机主控制器自动。

9.3.4　自动发电控制（AGC）

电网频率和功率的调整一般是按负荷变动周期的长短和幅度的大小分别进行的。对于幅度较小,变动周期短的微小分量,主要通过频率偏差来进行调整,即所谓的一次调频。一次调频的特点是由机组本身的调节系统直接调节,响应速度快。但由于调速器为有差调节,因此对于变化幅度较大,周期较长的变动负荷分量,需要通过改变汽轮机发电机组的同步器来实现,即通过平移调速系统的静态特性,改变汽轮机发电机组的处理来达到调频的目的,称为二次调频。当二次调频由电厂运行人员就地设定时称就地手动控制;由电网调度中心的能源管理系统(EMS)来实现遥控自动控制时,则称为自动发电控制(AGC)。

自动发电控制指发电机组能自动响应电网负荷指令的变化而调整机组出力,以维持电网供电和发电之间的平衡。自动发电控制系统的功能实际上就是指发电机组接收电网调度中心的能源管理系统发出的机组负荷指令,并将收到的负荷指令传递给单元机组协调控制系统(CCS),单元机组协调控制系统再根据收到的负荷指令,参照机组当前的状态与参数,发出控制负荷的指令,调节机组的发电出力,最终使得机组负荷为调度下发的负荷指令,进而维持电网功率或(和)电网频率在指定的范围内。

电厂的单元机组实现自动发电控制是电网调度自动化的需要,也是一个机组控制水平、自动化程度的标志。单元机组自动发电控制系统具备投入条件,是机组的一个重要技术指标,是机组能够投入商业化运营的先决条件和现代化电厂应具备的必备条件,也是实现电网调度自动化的基础保障和必要条件。

1. 自动发电控制系统的组成结构与工作原理

如图 9-22 所示,自动发电控制系统主要由电网调度中心能源管理系统(EMS)、自动发电远程终端(RTU)、分散控制系统(DCS)和单元机组四部分组成。在自动发电控制系统结构组成方面,有的观点认为能源管理系统与自动发电远程终端之间的通道也是一个重要组成部分。

1) 能源管理系统端发出自动发电控制指令

自动发电控制指令是电网调度实时控制系统中经过负荷预测的调度计划,并在实际运行中根据当前负荷需求和电网频率稳定的要求,每 8 s 运算一次的当前被控机组的设定功率。它是由基本负荷分量和调节分量组成的。基本负荷分量是在短期预测基础上制订的日负荷发电计划中包含的基本发电量;调节分量是指超短期负荷系统,根据当前几分钟负荷变化情况运算预测出的下一时间段要求改变的系统负荷调节量。所以在负荷预测中,基本负荷分量预测的准确度如果比较高,不但可以减少调节分量的大幅变化,避免参与自动发电控

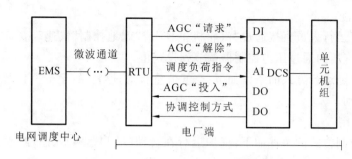

图 9-22　自动发电控制系统示意图

制调节的机组频繁大幅调节,而且从根本上保证了电网的控制目标和调节品质,确保自动发电控制调节机组的稳定运行和设备安全。

2) 电厂终端的响应

目前参与自动发电控制调节的火电机组基本上都采用了分散控制系统,完成对自动发电控制指令的响应和调节的是分散控制系统中的机炉协调控制系统,机炉协调控制系统有多种运行方式,主要有以锅炉跟随为基础的协调方式、以汽轮机跟随为基础的协调方式以及以能量平衡为基础的协调方式。不管采用何种协调方式,其目标都是协调地调整机组的燃烧度和调节阀的开度,在稳定机组的主蒸汽压力的基础上,兼顾机组的安全性和经济性,尽可能快速地响应负荷指令,包括自动发电控制指令和操作人员的人工设定指令。

3) 通信与信息交换

能源管理系统发出的自动发电控制指令是电网调度中心的计算机产生的被控机组的目标功率,按自动发电远程终端的通信规定组装成自动发电控制遥调报文输送给电厂自动发电远程终端,自动发电远程终端装置将接收到的自动发电控制信号转换成 4～20 mA 的信号送至发电机组的功率调节系统。同时,功率变送器的发电机组将有功功率转换成 4～20 mA 的信号,经过自动发电远程终端装置转换成线性比例的二进制遥测数据,该数据由自动发电远程终端转换成高频载波信号,送到电网调度实时控制系统中。

电网调度实时控制系统和发电机组控制系统之间除了上述两个重要参数的沟通外,发电机组还将一些能反映机组控制系统状态、自动发电控制响应的品质参数及机组的负荷限制参数通过自动发电远程终端送到电网调度实时控制系统,最常用的有机组的负荷高、低限,机组负荷设定值的变化速率,发电机组自动发电控制方式已投入等信号。

2. 自动发电系统投入的基本要求

机组实现自动发电控制系统闭环自动控制必须满足下列基本要求。

(1) 电厂机组的自动控制系统必须在自动方式下运行,且协调控制系统必须在协调控制方式。

(2) 电网调度中心的能源管理系统、微波通道、电厂端的自动发电远程终端必须都在正常工作状态,信息传递正常。

(3) 能源管理系统下达的调度负荷指令信号与电厂机组的实发电功率绝对偏差必须控制在允许范围以内。

(4) 机组在协调控制方式下运行,负荷由运行人员设定称就地控制;接收调度负荷指令,直接由电网调度中心控制称远方控制。就地控制和远方控制之间的相互切换是双向无扰动的。在就地控制时,调度负荷指令自动跟踪机组实发电功率,在远方控制时,协调控制系统的手动负荷设定器的输出负荷指令自动跟踪调度负荷指令。

3. 自动发电控制系统对机炉协调控制系统的品质要求

从自动发电控制的角度,要求机炉协调控制系统的控制负荷范围、阶跃负荷指令的幅度和负荷变化率越大越好,机炉协调控制系统能适应的负荷范围,阶跃负荷指令幅度和负荷变化率不仅与机炉协调控制系统的控制策略和控制品质有关,而且与机组自身的运行特性相关。

1) 负荷范围

对自动发电控制而言,最好能做到机组负荷的全程控制。而现有机组的机炉协调控制系统尚未能做到负荷控制的全程自动化,主要体现在锅炉燃烧器的控制上。当负荷变化范围较大时,需运行人员手动操作干预;对于直吹式制粉系统,有磨煤机组切/投的操作;对于中间储仓式制粉系统,有给粉机切/投和相关风门的操作。当锅炉负荷低于一定值后,为稳定锅炉的燃烧情况,则要投用油燃烧器,锅炉不投油稳定燃烧的负荷一般在额定负荷的 50% 左右。根据各电厂锅炉的实际情况,投用机炉协调控制系统和自动发电控制系统的最低负荷一般在额定负荷的 50%~70%。

2) 阶跃负荷指令的幅度和负荷变化率

由于机炉协调控制系统对负荷指令有给定负荷变化率的功能,因此机炉协调控制系统给锅炉和汽轮机发电机组的负荷信号是按给定负荷变化率给出的。因锅炉热惯性很大,机组对负荷指令的响应有较大的迟延,实发电功率的平均变化率总要小于负荷指令的变化率,调度端对机组每次给定的负荷变化幅度一般控制在额定负荷的 10%~15% 的范围内,且负荷变化的时间间隔也应足够长,要大于锅炉主要参数的动态调节过程周期,否则电厂端为保证机组自身运行的安全与稳定,只得进一步限制负荷变化率。机组由于容量、炉型(汽包炉、直流炉)、制粉系统类型(中间储仓式、直吹式)以及机炉协调控制系统控制策略上的不同,各台机组实发电功率的迟延时间和平均变化率差异很大。通过对现有机炉协调控制系统从控制策略到控制参数整定的进一步完善和提高,可既满足将机组各主要参数控制在有关规程允许的范围之内,又可提高机组实发电功率平均变化率满足快速响应负荷的需求。

9.4　超超临界压力机组特点及其协调控制

普遍认为,超超临界机组是指过热器出口主蒸汽压力超过 27 MPa,且温度高于 593 ℃的锅炉和汽轮机发电机组。目前运行的超超临界机组运行压力大多在 30 MPa 左右或更高,温度达到 600 ℃以上。而超超临界机组的参数还将继续向更高的方向发展,国外超超临界机组近期的蒸汽参数目标为 620 ℃、31 MPa。下一代机组的主蒸汽温度将达到 700 ℃以上,压力在 35~40 MPa。提高蒸汽参数并与发展大容量机组相结合是提高常规火电厂效率及降低单位容量造价最有效的途径。

理论上,水的状态参数达到临界点(压力 22.129 MPa、温度 374.15 ℃)时,水会在一瞬间完成完全汽化,即在临界点时饱和水和饱和蒸汽之间不再有汽、水共存的二相区存在,二者的参数不再有区别。超超临界机组的水的状态参数远远超过了临界点参数,因此称之为超超临界机组。由于在临界参数下汽、水密度相等,因此一旦达到了超临界状态,它们无法维持自然循环,也就不能采用汽包锅炉,直流锅炉成为唯一形式。

9.4.1 直流锅炉的运行特点

直流锅炉的运行特点之一是工质强制循环,并将给水一次性加热成过热蒸汽。通常,在锅炉中把水在沸腾之前的受热面称为加热段;水开始沸腾到全部变为饱和蒸汽的区段叫作蒸发段;蒸汽开始过热到达到额定的过热温度的区段称为过热段。直流锅炉内的工质流动全部依靠给水泵的压头。给水在给水泵的压力作用下,顺次流过直流锅炉的加热、蒸发、过热区段,一次将给水全部加热成过热蒸汽。

如图9-23所示,沿管子长度方向,工质的状态和参数大致的变化情况是:在加热段,水的焓和温度逐渐升高,比体积略有增大,压力则由于流动阻力而有所降低;在蒸发段,由于水的蒸发而使汽、水混合物的焓继续提高,比容急剧增加,压力降低较快,相应的饱和温度随压力的降低而降低;在过热段,蒸汽的焓、温度和比容均增大,压力则由于流动阻力较大而降低。

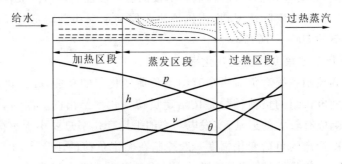

图9-23 直流锅炉内工质的状态和参数大致变化情况

p—压力;θ—温度;h—焓;ν—比容

直流锅炉的运行特点之二是各受热面的大小没有固定的界限,过热蒸汽温度受燃/水比(燃料量/给水量)影响显著。即当直流锅炉给水流量不变而燃烧率增加时,由于蒸发所需的热量不变,因而加热和蒸发的受热面减小,过热受热面增加,所增加的燃烧热量全部用于蒸汽过热,使蒸汽温度急剧上升。相反,当给水量增加而燃烧率不变时,由于加热及蒸发段的伸长使蒸发量增加,同时过热段的减少,会导致蒸汽温度下降。

在直流锅炉运行中,燃料量与给水量对过热蒸汽温度(或焓)有着如下影响。

一次工质在稳定工况下的热平衡方程式为

$$h_{gr} = h_{gs} + \frac{Q_{1x}}{W_{gs}} \tag{9-6}$$

式中:h_{gr}为过热蒸汽焓值;h_{gs}为给水焓值;W_{gs}为给水流量;Q_{1x}为一次工质的有效吸热量。

若假定一次工质的有效吸热量Q_{1x}占锅炉内工质的有效吸热量的份额为ψ_1,可得

$$Q_{1x} = MQ_{ar}\eta\psi_1 \tag{9-7}$$

式中:M为燃料量;Q_{ar}为燃料应用基低位发热量;η为锅炉热效率。

综合以上两式,得

$$h_{gr} = h_{gs} + \frac{M}{W_{gs}}Q_{ar}\eta\psi_1 \tag{9-8}$$

由式(9-8)可知,在实际运行中,由负荷变化等原因引起的燃料量M与给水流量W_{gs}的比例失调会使过热蒸汽温度(h_{gr})发生很大的变化。所以仅采用改变喷水流量作为调温手段将很难有效校正出口蒸汽温度。因此,对直流锅炉来说,调节蒸汽温度的根本手段应是使燃

烧率和给水流量保持适当比例(粗调)。虽然在直流锅炉中也需要采用喷水减温作为调温手段,但这仅作为过热蒸汽温度的细调手段,使过热蒸汽温度精确地等于给定值。

直流锅炉的运行特点之三是锅炉的蓄能量小,主蒸汽压力对外界负荷扰动十分敏感。蓄能以两种形式存在——工质储量和热量储量。由于在直流锅炉中没有汽包,汽水容积小,所用金属也少,因此锅炉蓄能显著减小且呈分布特性。直流锅炉的蓄能量小,热惯性小,负荷调节的灵敏性好,可实现快速启停和调节负荷;但是,当有外界负荷扰动时,主蒸汽压力反应比较敏感,其波动比汽包锅炉剧烈得多,这使得机组变负荷性能差,保持主蒸汽压力比较困难。

汽包锅炉对压力变化速度有严格的要求,但在直流锅炉中,工质流动依靠给水泵压力推动,压力下降引起的水的蒸发不会阻碍工质的正常流动。因此直流锅炉允许主蒸汽压力有较大的下降速度,这有利于有效地利用锅炉的蓄能能力。在主动变负荷时,由于直流锅炉的热惯性小,其蒸汽流量能迅速变化,因此它在负荷适应性方面比汽包锅炉更好,有利于机组对电网尖峰负荷的响应。汽包锅炉和直流锅炉的特性比较如图 9-24 所示。

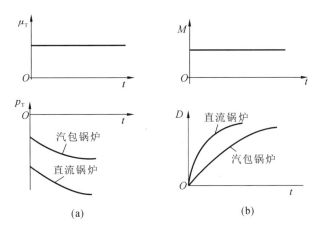

图 9-24　汽包锅炉和直流锅炉的特性比较

μ_{T}—汽轮机进汽调节阀开度;p_{T}—主蒸汽压力;M—燃料量;D—蒸汽流量

9.4.2　直流锅炉的动态特性

从控制特性角度来看,直流锅炉与汽包锅炉的主要不同点在于:燃/水比的变化会引起锅炉内工质储量的变化,从而改变各受热面积比例。对于不同压力等级的直流锅炉,各段受热面积比例不同。压力越高,蒸发段的吸热量比例越小,而加热段与过热段吸热量比例越大。因而,不同压力等级直流锅炉的动态特性通常存在一定差异。

直流锅炉是一个多输入/多输出的控制对象,其主要输出量(需要调节的变量)为蒸汽温度、蒸汽压力和蒸汽流量(负荷)等,主要的输入量(引起蒸汽温度、蒸汽压力和蒸汽流量变化的主要原因)为给水流量、燃料量和汽轮机进汽调节阀开度等。它们之间的动态特性如图 9-25 所示。

1.进汽调节阀开度扰动(开大)时

(1) 主蒸汽流量迅速增加,而后随主蒸汽压力的下降而逐渐下降直至等于给水流量。

(2) 主蒸汽压力迅速下降,随着主蒸汽流量和给水流量逐步接近,主蒸汽压力的下降速度逐渐减慢直至稳定在新的较低压力上。

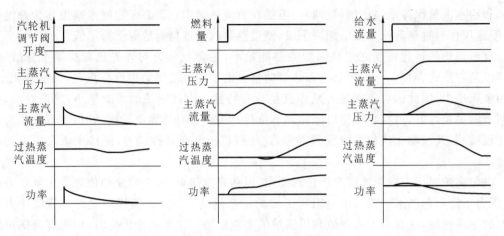

图 9-25 直流锅炉的动态特性

（3）过热蒸汽温度一开始由于主蒸汽流量增加而下降，但因为过热器金属释放蓄能的补偿作用，蒸汽温度下降并不多，最终主蒸汽流量等于给水流量，且燃/水比未发生变化，故过热蒸汽温度近似不变。

（4）由于蒸汽流量急剧增加，功率也显著上升，这部分多发功率来自锅炉的蓄能。由于燃料量没有变化，功率又逐渐恢复到原来的水平。

2. 燃料量扰动（增加）时

（1）由于燃料量增加，加热段和蒸发段缩短，从而使蒸发量增加，锅炉中储水量减少，主蒸汽流量在燃料量扰动后经过一段时间的迟延会有一个上升的过程。但由于给水流量保持不变，因此主蒸汽流量最终恢复到原来的数值上。

（2）主蒸汽压力在短暂迟延后逐渐上升，最后稳定在较高的水平。最初的上升是由于蒸发量的增加所致，随后保持在较高的水平是由于过热蒸汽温度升高，蒸汽容积流量增大，而汽轮机调速阀开度不变，流动阻力增大所致。

（3）过热蒸汽温度经过一段时间的迟延，随后由于主蒸汽流量的增加而略有下降，当燃料量的增加发挥作用时又逐渐上升，最后稳定在较高的水平。

（4）功率最初由于主蒸汽流量的增加而上升，随后由于过热蒸汽温度（新蒸汽焓）的增加，功率进一步上升。

3. 给水流量扰动（增加）时

（1）当给水流量增加时，由于加热段、蒸发段延长而推出一部分蒸汽，主蒸汽流量也会随之增大。但由于燃料量不变，主蒸汽流量上升到一定程度后趋于一个新的稳定状态，此时，主蒸汽流量等于给水流量。

（2）主蒸汽压力开始随着蒸发量的增加而增加，然后由于过热蒸汽温度的下降而有所回落。

（3）过热蒸汽温度由于过热段缩短，经过一段较长时间的迟延后单调下降直至稳定在较低的温度值上。

（4）功率最初随蒸汽流量增加而增加，随后则由于蒸汽温度降低而降低。因为燃料量未变，因此最终的功率基本不变，只是由于蒸汽参数的下降而稍低于原有水平。

9.4.3 超超临界机组控制中的突出问题

由于直流锅炉没有汽包这类参数集中的储能元件,在直流运行状态时汽、水之间没有一个明确的分界点,给水从省煤器进口就被连续加热、蒸发与过热。根据水、湿蒸汽与过热蒸汽物理性能的差异,直流锅炉可以划分为加热段、蒸发段与过热段三大部分,但是,在流程中每一段的长度都受到燃料、给水、汽轮机进汽调节阀开度等的扰动,从而导致了功率、压力、温度的变化。控制对象不同,势必导致控制方案与控制策略不同,因此,实施超超临界机组的运行控制,应首先明确其相对汽包锅炉机组所具有的突出问题。

1. 机组内部各设备之间的耦合更为严重

汽包锅炉由于汽包的存在,解除了蒸汽管路与水管路及给水泵间的耦合,而采用直流锅炉的机组则不同,机组从给水泵到汽轮机,汽、水直接关联,使得锅炉各参数间、汽轮机与锅炉间具有强烈的耦合特性,整个受控对象是一个多输入、多输出的多变量耦合系统。分析直流锅炉的动态特性可知:直流锅炉在汽、水流程上的一次性循环特性,使机组的主要被控参数——主蒸汽压力、主蒸汽温度、负荷(主蒸汽流量或机组功率)均受到汽轮机进汽调节阀开度、燃料量、给水量的严重影响。说明直流锅炉是一个三输入、三输出、相互耦合、关联极强的被控对象。

2. 超超临界机组具有强烈的非线性特征

超超临界机组采用远高于临界参数的蒸汽,其机组的变负荷运行特性好,多采用滑参数方式运行,机组在大范围的变负荷运行中,蒸汽压力可能低于 22.129 MPa 的临界压力,因此超超临界机组实际运行在超临界和亚临界两种工况下。由于亚临界运行工况给水具有加热段、蒸发段与过热段三大部分,超临界运行工况汽、水密度相同,水在瞬间转化为蒸汽,因此这两种不同工况下机组具有完全不同的控制特性,即超超临界机组是复杂多变的被控对象。具体体现为汽水的比热容、比容、热焓与它的温度、压力的关系是非线性的;传热特性、流量特性是非线性的,各参数间存在非相关的多元函数关系,使得受控对象的增益和时间常数等动态特性参数在负荷变化时有大幅度变化。

9.4.4 超超临界机组的控制特点

超超临界机组采用的是直流锅炉,直流锅炉在稳定运行期间,必须维持某些参数的比例为常数;在变动工况时,必须使这些比例按一定规律变化,以得到稳定的控制效果;在启动和低负荷运行时,要求大幅度改变这些比例,以得到宽范围的控制效果。这些比例如下。

(1) 输入热量/给水流量(即燃/水比):在稳定运行工况时,燃/水比必须维持不变,以保证过热器出口蒸汽温度为设计值;在变动工况时,燃/水比必须按一定规律改变,以便充分利用锅炉储能能力,同时按需求增减燃料,将锅炉热负荷调整到与新的机组负荷相适应的水平。

(2) 给水流量/蒸汽流量:直流锅炉的给水系统与蒸汽系统是直接连通的,给水流量和蒸汽流量的比例偏差过大将导致主蒸汽压力有较大的波动。鉴于直流锅炉的存储能力较小,在其负荷增加时,给水流量和蒸汽流量的比例必须予以限制。

(3) 喷水流量/给水流量:喷水减温对直流锅炉而言仅能瞬间快速改变蒸汽温度,但不能起到维持蒸汽温度稳定的作用,这是因为过热器出口蒸汽温度受过热器受热面的大小及热焓的影响且它们占主导地位,而过热器受热面的大小及热焓又是变化不定的。所以,改变喷水流量只能起到动态调温的作用,稳态时必须不断地将喷水流量和给水流量之比调整到设计值。

9.4.5 直流锅炉控制中的微过热蒸汽温度应用

由于直流锅炉的运行特点,直流锅炉的燃/水比控制至关重要。选择什么信号反映燃/水比的变化和如何校正燃/水比十分关键。

由上述动态特性可知,过热蒸汽温度能正确反映燃/水比的改变,但存在较大的滞后,通常为 400 s 左右,如图 9-26 所示。因此不能以过热蒸汽温度作为燃/水比的校正信号。通常采用微过热蒸汽温度作为燃/水比的校正信号。

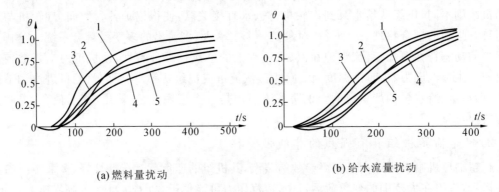

(a) 燃料量扰动 (b) 给水流量扰动

图 9-26 微过热蒸汽温度的动态特性

微过热蒸汽温度又称为"中间点温度"或"导前蒸汽温度"。在流程上它是锅炉出口蒸汽温度之前略有过热的蒸汽温度。微过热蒸汽温度的特点是:不论是在燃料量扰动下,还是在给水量扰动下,微过热蒸汽温度的变化趋势与过热蒸汽温度是一致的,而且,微过热蒸汽温度变化的滞后(≤100 s)比过热蒸汽温度变化的滞后(400 s 左右)要小得多,这对于控制直流锅炉燃/水比的动态过程品质是非常重要的。

以微过热蒸汽温度作为燃/水比的校正信号时,过热度的选择是非常重要的。从控制系统品质指标的角度考虑,所取的微过热蒸汽温度过热度越小,迟延越小。然而,若焓值小于 2847 kJ/kg(680 kcal/kg),则在图 9-27 中虚线以下,曲线进入明显的非线性区,蒸汽温度随焓值变化的放大系数明显减小,而受蒸汽压力变化的影响很大,变得不稳定,会影响微过热蒸汽温度对燃/水比关系的代表性。经验证明,微过热蒸汽的焓值在 2847 kJ/kg 时,其特性比较稳定。

微过热蒸汽温度通常是按照反应较快和便于检测等原则,在过热段的起始部分选取一个合适的地点(称为中间点)来测量的,并由此控制燃/水比。这一中间点微过热蒸汽温度变化的滞后应不超过 30～40 s。

应当说明,中间点的蒸汽温度不是固定不变的,而是机组负荷的函数。图 9-28 所示给出了微过热蒸汽温度推荐值与压力的关系。

对于设有内置式汽水分离器的超超临界机组,通常以汽水分离器的出口温度作为微过热蒸汽温度,进行燃/水比控制。

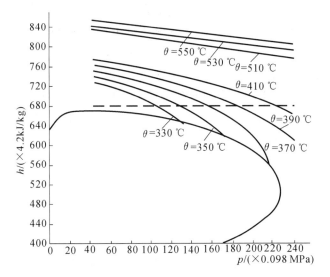

图 9-27　蒸汽等温线的焓值与蒸汽压力的关系

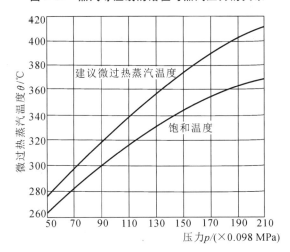

图 9-28　微过热蒸汽温度推荐值与压力的关系

9.4.6　超超临界机组协调控制的基本策略

经过几十年的发展,目前超超临界机组技术已经相当成熟,其控制系统从总体上来说与常规亚临界发电机组相比并没有本质上的区别。超超临界机组的协调控制系统依然用来处理机组的负荷适应性与运行的稳定性这一矛盾:既要控制汽轮机充分利用锅炉蓄能,满足机组负荷要求;又要动态超调锅炉的能量输入,补偿锅炉蓄能,要求既快又稳。但是,就超超临界机组本身来说,其采用直流锅炉和大范围变压运行,这使超超临界机组具有特殊的控制特点和难点。

(1)超超临界机组采用直流锅炉,不同于采用亚临界汽包锅炉的机组,直流锅炉的控制是不同的(如给水和燃料控制、过热蒸汽温度控制),而其他设备及系统的控制基本相同(如空气、负压和再热蒸汽温度等控制)。

(2)直流锅炉做功的工质占汽、水循环中总工质的比例增大,锅炉惯性相对于汽包锅炉大大降低;且工质刚性提高,动态过程加快。

（3）直流锅炉的蓄能能力相对较小,在锅炉跟随运行方式下表现出一定的局限性。

（4）超超临界机组对扰动反应敏感,故其协调控制需要更快速的控制作用,更短的控制周期,以及锅炉给水、蒸汽温度、燃料、送风等之间更强的协同配合。

（5）超超临界机组具有强烈的非线性特征,且机组内部各设备之间的耦合更为严重,对于此控制对象,应采用更为合理的控制方案和更为先进的控制策略。

（6）主蒸汽压力在直流锅炉中作为最重要的被控参数,其变化不仅影响机组负荷的变化,还会影响给水流量的变化,从而影响温度。

（7）直流锅炉要求有效控制燃/水比,对过热蒸汽温度进行粗调,因此需要利用微过热蒸汽温度信号构成燃/水比控制系统。由于主蒸汽压力与微过热蒸汽温度不直接影响减温水流量,因此在维持燃/水比的前提下,过热蒸汽温度的细调可采用简单的单回路减温水控制系统。

鉴于超超临界机组的运行特点和控制特点,其协调控制系统的基本策略是强化锅炉的燃烧率、增大机前压力的波动幅度来充分合理利用机组蓄能,制约汽轮机对负荷指令的响应速度,采取有效的扰动补偿措施等来改善调节品质的。具体地说协调控制策略应考虑以下几点。

1. 合理选择功率平衡信号

与汽轮机相比,锅炉系统的动态响应慢、时滞大;合理地选择直流锅炉的功率平衡信号,有利于满足直流锅炉对快速控制的要求。因此,功率平衡信号的选择对整个机组动态特性的影响极大。表 9-2 所示给出了常见的三种功率平衡信号的选择方案。

显然,机组负荷指令（MWD）信号出现时间最早,在快速性上具有优势,由此信号构成的锅炉负荷控制系统是一种前馈控制系统,其控制精度不高,还必须采取其他措施来提高控制精度。p_1（或 MW）信号出现时间较慢,在快速性上处于劣势,但由此信号构成的锅炉负荷控制系统为反馈控制系统,具有较高的控制精度,若采用还必须采取其他措施来提高其快速性。表 9-2 中的第一、第二方案在大型机组中应用较多,具体采用何种策略,视设计思想和机组控制系统的整体设计而定。

表 9-2　功率平衡信号的选择方案

选择信号	第一方案 机组负荷指令（MWD）	第二方案 汽机第一级压力（p_1）	第三方案 机组实发功率（MW）
物理意义	MWD 代表了机组的应发功率,也代表了锅炉应提供的蒸汽功率	p_1 可换算为汽轮机当前的耗汽量,即锅炉当前应提供的蒸汽功率	MW 代表了当前机组承担的负荷,即锅炉应产生的蒸汽功率
特点	机组为达到一定负荷应需要的功率	当前汽轮机实际消耗的功率	机组的实发电功率
时间关系	MWD 信号出现最早	比 MWD 信号出现慢,相差一个锅炉侧时间常数	比 p_1 信号出现慢,相差一个汽轮机/发电机侧时间常数
控制策略	根据 MWD 控制锅炉侧是一种前馈控制	当实际的 p_1（或 MW）信号出现后,再反馈到锅炉侧,是基于反馈的锅炉跟随汽轮机方式	

2. 加强克服锅炉内部扰动

机炉协调控制的一个目标,就是稳定主蒸汽压力 p_T,使之与设定值 p_0 的偏差越小越好。在锅炉侧,任何引起其内部状态变化的扰动,最终都会通过主蒸汽压力的变化表现出来。因此,有效克服锅炉内部扰动至关重要。

克服锅炉内部扰动有多种途径,其中一种是将 $\Delta p = p_{\mathrm{T}} - p_0$ 偏差信号反馈到锅炉侧,使主蒸汽压力调节回路发挥消除内扰的作用。图 9-29 所示给出了利用 Δp 克服锅炉内扰的一种协调方案。

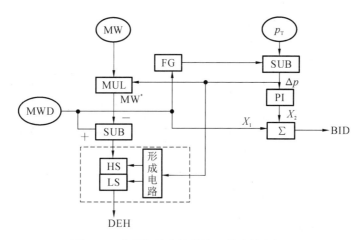

图 9-29　克服锅炉内扰的控制策略基本框图

该方案是采用 MWD 信号前馈、主蒸汽压力信号反馈的一种克服锅炉内扰的协调方案。它以 MWD 信号作为功率平衡信号,并行控制机组的汽轮机侧和锅炉侧。其基本原理如下。

对锅炉侧而言,MWD 信号为功率前馈信号(X_1);并且在功率前馈信号 X_1 之上叠加主蒸汽压力调节器输出的调节分量 X_2,形成锅炉负荷主指令(BID $= X_1 + X_2$),用 BID 指令并行控制锅炉各子系统(系统调整时,尽可能使 BID 逼近 X_1,保证锅炉侧快速响应负荷需求,使主蒸汽压力 PI 调节器处于小偏差状态,克服锅炉内扰对主蒸汽压力的影响,这样机组运行的动态特性好,稳定性高)。另外,由 MWD 信号通过 FG 环节生成主蒸汽压力设定值 p_0,可适应机组定压-滑压-定压工作状态的需求。

对汽轮机侧而言,MWD 信号作为汽轮机控制的负荷指令,考虑到锅炉蓄能能力,该方案采用 MW 信号反馈和主蒸汽压力偏差信号 Δp 反馈,经校正环节 MUL 形成反映机组实际运行状态的校正信号 MW^*,MW^* 对 MWD 加以校正,从而制约机组负荷指令 MWD 对汽轮机侧的控制作用,以稳定主蒸汽压力。

HS/LS 与形成电路组成的环节起到调节保护作用,无论何种原因使主蒸汽压力偏差 Δp 过大,通过该环节对汽轮机的调节作用,可达到安全保护的目的。

3.有效实行并行前馈控制

所谓"并行前馈"是指若干控制回路并行接收某一前馈信号。例如为了在机组负荷变化时机、炉同时响应,机组负荷指令作为前馈信号分别送到锅炉和汽轮机的主控制系统;而锅炉的众多子控制系统(给水、燃料、蒸汽温度等)的运行状态也与机组的负荷相关,可采用锅炉主控制系统输出的负荷指令信号对它们实行并行前馈控制,加快各子控制系统和机组的动态响应,便于将被控参数维持在一个可接受的限度之内。图 9-30 所示给出了一种并行前馈的基本方案。

该方案中锅炉控制系统采用了双信号并行前馈控制,即锅炉负荷主指令 BID 和机组负荷指令并行前馈。这两个前馈信号一个用于子控制系统静态前馈,一个用于子控制系统动态前馈。

静态前馈:由锅炉负荷主指令并行地通过各子控制系统的静态前馈函数发生器 FG,形

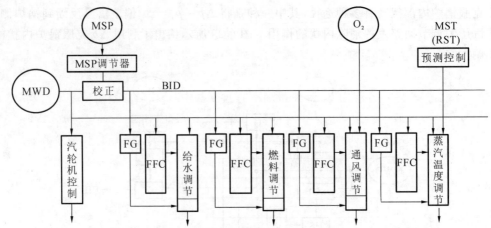

注：FG是静态前馈环节；FFC是动态前馈环节。

图 9-30　并行前馈控制策略示意图

成一套稳态前馈信号，送到各子系统，建立一个稳态工作点。在 FG 的参数调整时，应使各子控制系统的实际工作点逼近理想工作点，使燃料、风、水、汽等物料、能量关系处于平衡点邻域，此时各子控制系统的反馈调节器进入小偏差调节状态，再调整好各子控制回路的参数，可加快机组的动态响应过程。

动态前馈：当机组负荷变化时，由于锅炉侧的纯时延和大滞后是影响机组动态响应的关键因素，故此处选择早于 BID 动作的 MWD 信号，并行地通过各子控制系统的动态前馈函数发生器 FFC，生成一组动态前馈信号，分别作用于燃料、送风、给水、喷水减温等控制系统，加快锅炉对负荷指令的响应速度，起先动作、早控制的作用。FFC 输出的动态前馈信号在变负荷时具有微分环节的初始强化作用，在稳态负荷下，不发生作用。

有效实行并行前馈不仅可提高各子控制系统和机组的快速性，而且也可加强各子控制系统间的协调性。协调控制策略中不乏并行前馈控制。

4. 充分利用锅炉蓄能

在协调控制中，充分利用锅炉蓄能及时响应负荷请求是一个策略，各协调控制系统皆非常重视。通常在机组负荷偏差和机前压力的给定值之间引入一个双向限幅的比例器（非线性环节），它可以输出与机组负荷偏差成比例的信号，动态修改机前压力的给定值。当负荷指令增加时，通过该非线性环节降低主蒸汽压力的给定值，使汽轮机控制器发出开大汽轮机进汽调节阀指令，迅速增加输出功率 MW；当减负荷时，通过该非线性环节增大主蒸汽压力给定值，使汽轮机控制器发出关小汽轮机进汽调节阀的指令，迅速减小输出功率 MW，使锅炉的蓄能得到充分利用。该非线性环节的另一个作用是限制起始控制过程中负荷变化对汽轮机进汽调节阀开度的影响，保证机前压力偏差不会波动太大。

5. 适时引入汽轮机压力校正

超超临界机组为了稳定机前压力，在传统协调控制策略的基础上引入了汽轮机调节校正压力的概念。传统协调控制策略中，当机组运行在协调或锅炉跟随方式下时，由锅炉侧调节压力，由汽轮机侧调节负荷。而在超超临界机组中多采用锅炉侧调节负荷，汽轮机侧同时调节压力和负荷的方案。即当机组负荷指令变化时，锅炉侧根据负荷指令调节各子系统，以适应负荷请求；汽轮机侧依据主蒸汽压力的高低选择调节方式，当机前压力在设定值±0.3

MPa以内时,汽轮机侧自动选择负荷调节模式,此时牺牲了汽轮机一部分机前压力,利用了锅炉微小的蓄能能力,尽量满足电网负荷请求,当机前压力高于或低于设定值±0.3 MPa时,汽轮机侧自动选择机前压力和负荷调节,但压力校正回路的作用强于负荷。所以当机前压力变化较大时,协调控制系统能够迅速稳定机前压力,保证机组内部稳定运行。

6.采用实发功率修正系数

超超临界机组在协调控制策略中,常以蒸汽压力偏差作为修正系数,以此修正实发功率。当负荷变化时,将此修正后的实发功率与负荷指令进行比较,产生汽轮机进汽调节阀控制指令,改变汽轮机进汽调节阀开度从而改变汽轮机的实发功率来适应负荷指令的变化。此时蒸汽压力偏差修正作用是使汽轮机控制在适应负荷的同时防止蒸汽压力偏差过大。蒸汽压力偏差信号同时送入锅炉控制器,加强对锅炉侧的调节作用,以补充由于蒸汽压力变化引起的锅炉蓄能变化所需附加的燃料量。引入的修正功率可大大改善汽轮机控制特性。

7.选用适宜的控制系统结构

对于控制项目多、特性不一的超超临界机组,采用单一的、简单的单回路控制系统往往不足以满足实际控制需求。通常根据具体控制项目的任务、所控对象的动态特性以及控制品质的要求等,采用诸如多冲量、多回路、多执行机构、串级、前馈、反馈、比值等控制中的某一种或某几种综合的方案,构成复杂控制系统结构。

8.确立控制运算的规律

控制运算是实施控制的核心。各控制回路的基本控制运算规律,按照实用、实时、简洁、易掌握、易调整、能满足控制过程运行规律需求的原则来确定。对于火力发电机组的运行控制,长期的实践证明,应用常规的PID控制运算规律最为普遍,且足以满足实际生产过程控制的基本要求,所以,协调控制中依然以PID控制运算规律为主,必要时辅以其他高级的控制运算规律。

9.设置供选的多种控制方式

协调控制系统需要控制的最主要的过程参数有两个,即机组功率和机前主蒸汽压力。为有效地控制这两个参数,协调控制系统应提供满足机组各种运行需求的控制方式。通常协调控制系统设立有四种独立的控制方式。

(1)协调控制(CCS)方式(锅炉主控制器自动,汽轮机主控制器自动):该方式是机组最高级的运行方式,机组正常运行时采用。一般,主蒸汽压力通过锅炉侧燃烧率自动控制,机组功率通过汽轮机进汽调节阀自动控制。即采用以锅炉跟随为基础的协调控制方式。

(2)锅炉跟随(BF)方式(锅炉主控制器自动,汽轮机主控制器手动):当汽轮机响应负荷请求指令受到限制时采用。在此方式下,主蒸汽压力由锅炉侧燃烧率自动控制,机组功率由汽轮机主控制器手动给定负荷,通过数字电液调节系统独立控制汽轮机进汽调节阀实现。

(3)汽轮机跟随(TF)方式(锅炉主控制器手动,汽轮机主控制器自动):当锅炉出力受到限制或锅炉发生RB情况时采用。在此方式下,主蒸汽压力由汽轮机进汽调节阀自动控制,机组功率由锅炉侧运行人员手动控制。

(4)基本(BASE)方式(锅炉主控制器手动,汽轮机主控制器手动):或称手动方式。在此方式下,主蒸汽压力由锅炉侧燃烧率手动控制,机组功率由数字电液调节系统独立控制汽轮机进汽调节阀实现。

在协调控制和锅炉跟随方式下,可以采用滑压控制。滑压控制时,主蒸汽压力的设定值根据机组负荷经函数发生器自动设定。在机组定压控制时,主蒸汽压力的设定值由运行人员在画面上手动设定。

针对不同机组的实际应用,还有其他的协调控制策略。

图 9-31 所示给出了某超超临界机组的协调控制策略框图。

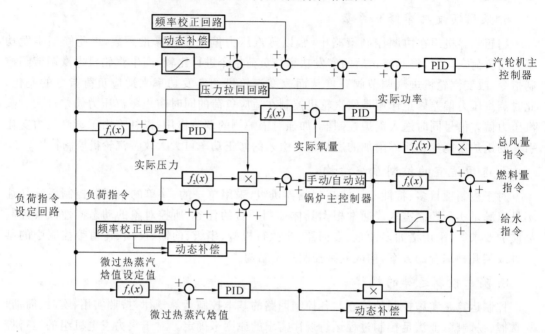

图 9-31　某超超临界机组的协调控制策略

该协调控制策略在协调控制模式下,被调量为实际功率,而给定值由机组负荷指令、频率校正回路输出的频差信号、压力拉回回路的输出信号等部分构成。其中压力拉回回路的输出信号是经过死区特性和限幅特性的压力偏差信号。压力拉回回路的作用是对汽轮机调节进行压力校正,当机前压力偏差较大,超过锅炉主控制器的维持能力时,汽轮机主控制器参与调压,迅速使机前压力回到设定值,以加快整个响应的动态过程,保证机组内部稳定运行。

机组的协调控制策略一般较集中地体现在汽轮机主控制器和锅炉主控制器之中。在此策略中:汽轮机主控制器指令由机组负荷指令、负荷动态补偿信号、频率校正回路输出的频差信号、压力拉回回路输出的压力校正信号、反馈的实际功率信号等综合形成偏差,在经PID 运算后产生,其中机组负荷指令是产生汽轮机主控制器指令的基本指令。当机前压力偏离设定值不大时,压力拉回回路不起作用,汽轮机侧控制实发功率(负荷),当机前压力偏离设定值较大时,由于压力拉回回路的投入,汽轮机侧以控制压力为主,同时也控制实发电功率(负荷)。

锅炉主控制器指令来自三个方面。

(1) 机组负荷指令＋频率校正回路的频差信号。该指令作为锅炉主控制器指令的基本指令去控制燃料量,使锅炉主控制器指令对应于负荷及频率的改变有一个绝对变化量。

(2) 频差的动态补偿信号。主要在负荷与频率变化时,动态地补偿锅炉蓄能的变化。

(3) 压力调节器的输出信号。压力的变化代表了机炉能量的不平衡,因此需根据压力的变化相应地改变燃料量,使机炉达到新的平衡,该输出根据函数 $f_2(x)$ 在不同负荷状况下进行自动修正。

第10章 燃烧控制系统

在协调控制系统中,主控制系统的协调指挥作用要由机、炉各子控制系统来具体执行,才能最终完成整个系统的控制任务。燃烧控制系统是锅炉侧最主要的子控制系统之一。

机组的能量输入是靠燃料及时供给和在炉膛内良好燃烧来保证的。大型火电机组大多采用直吹式制粉系统向锅炉供应煤粉。燃烧控制系统主要包括以下子控制系统:

（1）燃料控制系统;

（2）风量控制系统;

（3）炉膛压力控制系统;

（4）磨煤机一次风量和出口温度控制系统;

（5）一次风压力控制系统;

（6）辅助风控制系统;

（7）燃料风（周界风）控制系统和燃尽风控制系统等。

10.1 概　　述

10.1.1 燃烧过程控制的意义与任务

锅炉的燃烧过程是一个将燃料的化学能转变为热能的能量转换过程,并以热传递和热交换方式产生具有一定品位的蒸汽,向以汽轮机为代表的负荷设备提供热能动力。燃烧过程的好坏,不仅影响着锅炉生产蒸汽的数量、质量以及对负荷需求的响应能力和适应性,也影响燃料燃烧的充分性和经济性、燃烧产物的环保性、炉内工况的稳定性和安全性,以及燃料制备系统工作的正常性,等等。因此,有效控制锅炉的燃烧过程,对保证锅炉及火电机组的安全、经济运行有着十分重要的意义。

燃烧过程控制的基本任务是:调整锅炉的燃烧率水平,使进入锅炉的燃料燃烧所产生的热量与外界负荷对锅炉要求的蒸发量和蒸汽压力相适应,并能确保燃烧过程、燃烧设备、燃料制备系统等处在安全、经济的工况下进行。

10.1.2 燃烧过程控制的主要内容

锅炉燃烧过程（系统）是一个相当复杂的过程（系统）,涉及燃料种类、燃料制备系统、燃烧设备、风烟系统、锅炉运行方式等。因此,燃烧过程控制的内容比较丰富,且关联性强,复杂程度高。燃烧过程控制的主要内容为:

（1）控制燃料量,维持主蒸汽压力恒定;

（2）控制送风量,保证燃烧过程经济性;

（3）控制引风量，维持炉膛内压力稳定；

（4）控制燃料制备，维持燃烧系统正常运行。

1. 燃料量控制

进入锅炉的燃料量控制，是控制燃烧所需的燃料提供的能量，满足负荷需求（汽轮机耗汽量）所带走的蒸汽能量要求，即维持进出锅炉的能量平衡。

反映该能量供需平衡的重要参数是锅炉的主蒸汽压力（过热器出口压力），主蒸汽压力稳定则表明进出锅炉的能量是平衡的。因此，此项控制以燃料量为调节变量，以主蒸汽压力为被调量，以维持主蒸汽压力稳定为目标。

2. 送风量控制

锅炉的送风量控制，是控制进入炉膛的空气量，满足燃料经济燃烧所需的最佳过剩空气量，即使炉内燃料充分燃烧，减少排烟的热损失，提高锅炉效率，保证燃烧过程的经济性。

燃烧经济性指标有过剩空气系数、烟气含氧量、风/煤比等，这些参数达到对应负荷的最佳值，表明锅炉处于经济燃烧状态下。通常，过剩空气系数难以测量，实际应用中往往采用烟气含氧量或风/煤比参数反映燃烧状态。因此，此项控制以送风量为调节变量，以烟气含氧量（或风/煤比）为被调量，以获得最佳烟气含氧量（或风/煤比）为目标。

3. 引风量控制

锅炉的引风量控制，是控制抽出锅炉的烟气量，满足与锅炉送风量相适应的物质流量平衡，维持燃烧工况的稳定性，即保障锅炉安全经济运行。

反映炉内物质流量平衡的重要参数是锅炉炉膛压力。炉膛压力高会使炉墙冒烟，污染环境，甚至造成炉膛外爆，危及设备和人身安全；炉膛压力低，冷风漏入炉膛的量大，会降低炉膛温度而影响燃烧工况，还会使引风机耗电增加、排烟热损失加大。在送风量一定的情况下，引风量越小炉膛压力越高（负压越低）；反之亦然。炉膛压力（微负压）稳定，表明进出锅炉的物质流量是平衡的。因此，此项控制以引风量为调节变量，以炉膛压力为被调量，以维持炉膛压力稳定为目标。

4. 燃料制备控制

燃料制备控制，是控制燃料的预处理过程，满足锅炉燃烧对燃料加工和输送的基本要求，即维持燃烧系统的正常运行。

燃料的预处理过程包括燃料的加温及加压（燃油锅炉）、煤粉制备（燃煤锅炉）、燃料输送等。对于采用煤粉直吹的燃煤锅炉，燃料制备与输送系统直接关联燃烧系统（燃烧工况改变，要求的制粉量与送粉量随之改变），因而其控制问题应与燃烧控制一并考虑。

综上所述，燃烧过程控制的几项内容是不可分割的。随着锅炉及热力系统（直流锅炉、汽包锅炉、母管制、单元制）不同，锅炉运行方式（带固定负荷、带变动负荷、滑压、定压）不同，燃料制备系统（中间储仓式、直吹式）不同，燃料品种（煤、油、气）不同，其燃烧过程的具体控制内容和实施方案也会有所差异，也将影响控制系统的具体组成。

10.1.3 燃烧过程控制的特点

燃烧控制对象是一个多输入、多输出的多变量对象，对象之间存在着相互影响，每个被控量都同时受到几个控制量的影响，每个控制量又能同时影响几个被控量，如图 10-1 所示。

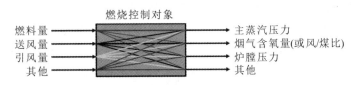

图 10-1　燃烧控制对象示意图

燃烧控制对象的一个输入量影响多个输出量,一个输出量受多个输入量影响,是多变量耦合对象,应采用多变量控制理论设计控制系统。但通常燃烧过程控制采用一些改进措施(如引入前馈信号等)将多变量耦合对象的控制进行解耦,再应用单变量控制理论设计控制系统。

目前燃烧控制策略一般考虑以下方面。

(1) 根据锅炉负荷要求控制燃料量,根据锅炉负荷要求或燃料量控制送风量,根据送风量或负压控制引风量。在燃料量和送风量控制策略中根据具体情况考虑是否采取氧量校正。

(2) 根据锅炉设备及主控制系统的运行方式确定燃烧控制策略,例如,是母管制还是单元制,带变动负荷还是带固定负荷等。

10.2　燃烧过程被控对象的动态特性

锅炉燃烧过程有三个主要被控对象:主蒸汽压力(汽压)被控对象、烟气含氧量被控对象和炉膛压力(负压)被控对象。其中烟气含氧量被控对象和炉膛压力被控对象在扰动作用下的响应很快,可近似为惯性很小的低阶惯性环节。本节重点讨论汽压被控对象的动态特性。

10.2.1　汽压被控对象的结构

汽压被控对象由锅炉燃烧部分(炉膛)、蒸发部分(水冷壁、汽包)、蒸汽加热与输送部分(过热器、主蒸汽管道)、汽轮机及进汽调节阀等组成,如图 10-2 所示。

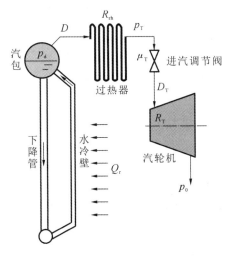

图 10-2　汽压被控对象示意图

图中：Q_r 为炉膛热量；p_d 为汽包压力；D 为锅炉蒸发量；p_T 为主蒸汽压力；μ_T 为进汽调节阀开度；D_T 为汽轮机进汽量；R_T 为汽轮机流通阻力；R_{rh} 为过热器流通阻力。

汽压被控对象的生产过程如图 10-3 所示。燃料与风进入炉膛，燃料燃烧产生的热量被布置在炉膛四周的水冷壁吸收而产生蒸汽，蒸汽流经过热器加热成过热蒸汽，过热蒸汽由蒸汽管送入汽轮机做功。

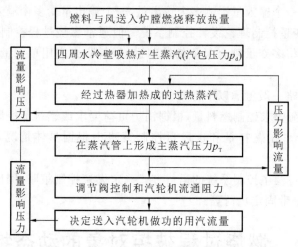

图 10-3　汽压被控对象生产过程

10.2.2　汽压被控对象的函数方框图

汽压被控对象存在的实际扰动包括燃烧率 μ_B、外界负荷（锅炉蒸发量）D、进汽调节阀开度 μ_T、汽轮机进汽量 D_T。汽压被控对象函数方框图如图 10-4 所示。

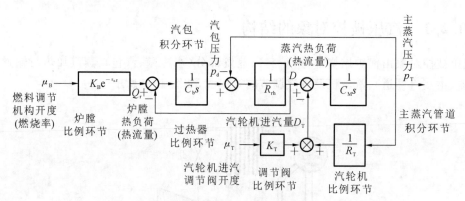

图 10-4　汽压被控对象函数方框图

图中：K_B 为比例系数；τ_B 为迟延时间；C_b 为蓄热系数；R_{rh} 为过热器流通阻力；R_T 为汽轮机流通阻力；K_T 为放大系数；C_M 为容积系数。

1. 燃烧率扰动下汽压被控对象的动态特性

所谓燃烧率扰动是指燃料调节机构开度 μ_B 变化引起燃料量 B 变化，导致炉膛单位时间内燃料燃烧产生的热量扰动。

在热工控制中，若能保证送风机构和引风机构随燃烧率 μ_B（或 B）做相应动作，则可用 μ_B（或 B）变化信号替代燃烧率变化信号。根据火电机组的实际运行情况，μ_B（或 B）扰动对蒸汽压力的影响分两种不同情况:μ_B 扰动,汽轮机进汽量 D_T(负荷)不变,汽轮机进汽调节阀开度 μ_T 变化;μ_B 扰动,汽轮机进汽调节阀开度 μ_T 不变,进汽量 D_T(负荷)变化。

1) μ_B 扰动,D_T 不变,μ_T 变化时汽压对象的动态特性

μ_B 阶跃扰动,D_T 不变,μ_T 变化时,汽压对象的响应特性如图 10-5 所示。

传递函数(由方框图推导得)为

$$\frac{p_d(s)}{\mu_B(s)} = \frac{K_B(1+R_{rh}C_M s)}{(C_b+C_M+C_b C_M R_{rh}s)s}e^{-\tau_B s}$$

$$\frac{p_T(s)}{\mu_B(s)} = \frac{K_B}{(C_b+C_M+C_b C_M R_{rh}s)s}e^{-\tau_B s}$$

当认为主蒸汽管道容积系数忽略不计,即 $C_M\approx 0$ 时,有

$$\frac{p_d(s)}{\mu_B(s)} = \frac{p_T(s)}{\mu_B(s)} \approx \frac{K_B}{C_b s}e^{-\tau_B s}$$

则汽压对象的动态特性近似为具有纯迟延的积分环节。

2) μ_B 扰动,μ_T 不变,D_T 变化时汽压对象的动态特性

μ_B 阶跃扰动,μ_T 不变,D_T 变化时,汽压对象的响应特性如图 10-6 所示。

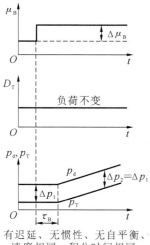
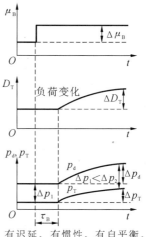

图 10-5　D_T 不变,μ_T 变化时汽压对象的动态特性　　图 10-6　μ_T 不变,D_T 变化时汽压对象的动态特性

传递函数(由方框图推导得)为

$$\frac{p_d(s)}{\mu_B(s)} = \frac{K_B[R_{rh}(1+R_T C_M s)+R_T]}{(1+R_{rh}C_b s)(1+R_T C_M s)+C_b R_T s}e^{-\tau_B s}$$

$$\frac{p_T(s)}{\mu_B(s)} = \frac{K_B R_T}{(1+R_{rh}C_b s)(1+R_T C_M s)+C_b R_T s}e^{-\tau_B s}$$

当认为主蒸汽管道容积系数忽略不计,即 $C_M\approx 0$ 时,有

$$\frac{p_d(s)}{\mu_B(s)} = \frac{p_T(s)}{\mu_B(s)} \approx \frac{K_B R_T}{1+C_b(R_T+R_{rh})s}e^{-\tau_B s}$$

则汽包压力动态特性可近似为具有纯迟延的一阶惯性环节。

2. 负荷扰动下汽压被控对象的动态特性

根据火电机组的实际运行情况,负荷扰动对汽压的影响分为进汽调节阀开度 μ_T 扰动和进汽量 D_T 扰动两种不同情况。

1) μ_T 扰动(μ_B 不变)时汽压对象的动态特性

μ_T 阶跃扰动，μ_B 不变时，汽压对象的响应特性如图 10-7 所示。

传递函数(由方框图推导得)为

$$\frac{p_d(s)}{\mu_T(s)} \approx \frac{K_T R_T}{1 + C_b(R_{rh} + R_T)s}$$

汽包压力传递函数近似为一阶惯性环节。

$$\frac{p_T(s)}{\mu_T(s)} \approx \frac{K_T R_T R_{rh}}{R_{rh} + R_T} - \frac{K_T R_T^2}{(R_{rh} + R_T)[1 + C_b(R_{rh} + R_T)s]}$$

主蒸汽压力传递函数近似为比例环节与一阶惯性环节并联。

2) D_T 扰动(μ_B 不变)时汽压对象的动态特性

D_T 阶跃扰动，μ_B 不变时，汽压对象的响应特性如图 10-8 所示。

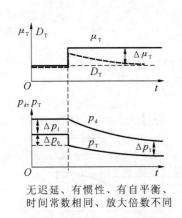

无迟延、有惯性、有自平衡、
时间常数相同、放大倍数不同

图 10-7 μ_T 扰动(μ_B 不变)时汽压对象的动态特性

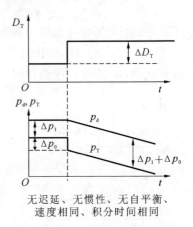

无迟延、无惯性、无自平衡、
速度相同、积分时间相同

图 10-8 D_T 扰动(μ_B 不变)时汽压对象的动态特性

当认为主蒸汽管道容积系数忽略不计，即 $C_M \approx 0$ 时，传递函数(由方框图推导得)为

$$\frac{p_d(s)}{D_T(s)} \approx -\frac{1}{C_b s}$$

汽包压力传递函数近似为积分环节。

$$\frac{p_T(s)}{D_T(s)} \approx -R_{rh} - \frac{1}{C_b s}$$

主蒸汽压力传递函数近似为比例环节与积分环节并联。

10.3　直吹式锅炉燃烧控制策略

10.3.1　燃料控制系统

燃料控制系统的任务是控制进入机组的燃料量，使燃料燃烧所提供的热能满足蒸汽负荷的需求。

燃料控制系统的结构方案与制粉系统设备的选型以及设计有关。由于大型火电机组普遍采用直吹式制粉系统，燃煤量的直接测量目前尚未很好得到解决，煤质(如发热量、挥发物、灰分、水分等)是个变量，很难在线检测，因此燃料量的控制通常采用热量信号间接代表进入炉膛的燃料量(包括油)，通过热量信号的反馈控制给煤机的转速来实现。示意图如图

10-9 所示。

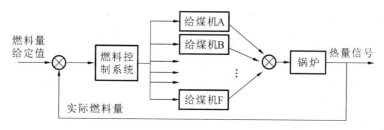

图 10-9　燃料控制系统示意图

燃料控制系统的执行级为多输出(一般为 6 台给煤机)控制系统,同步控制各台给煤机的转速,以达到总给煤量与锅炉需求燃料量之间的平衡。

某燃料控制系统的工作原理如图 10-10 所示。

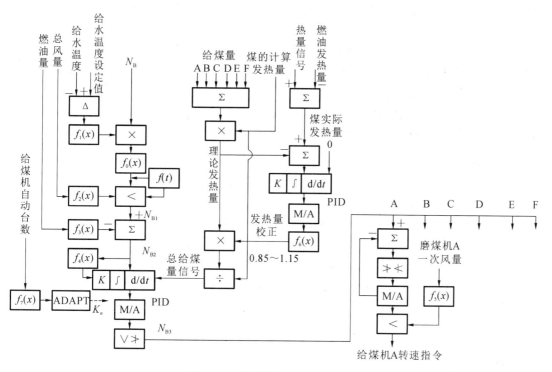

图 10-10　燃料控制系统工作原理

1. 系统的工作原理

(1) N_B 指令经给水温度校正后,与总风量比较,选择其中小者(称为风煤交叉限制)作为总燃料量指令 N_{B1}。

(2) 总燃料量指令减去实际燃料量得到燃料量指令 N_{B2}。

(3) N_{B2} 作为给定值与实际总给煤量信号进行比较,其偏差值经 PID 运算、手动/自动站、速率限制后,形成并行控制在役 6 台给煤机的转速指令 N_{B3}。

(4) N_{B2} 还作为给煤量的前馈控制信号,通过函数器 $f_4(x)$ 作用于 PID 调节器,以提高系统的动态适应性。

(5) $f_4(x)$ 用来设置前馈作用的强度。其设置原则为:在机组出力改变的初始阶段,控制燃料量有足够的幅度,使主蒸汽压力尽快恢复到设定值,且控制过程动态偏差较小,但又不能使燃料量波动太大而影响燃烧的稳定性。

2.给水温度校正信号

给水温度校正信号是给水温度与其设定值的差值通过函数器 $f_1(x)$ 产生一修正系数，它与锅炉负荷指令相乘，使之在对锅炉燃烧率进行控制之前得以校正。

如当给水温度低于其设定值时，适当增强锅炉负荷指令，多加些煤和风，以满足锅炉蒸汽负荷需求，提高系统的适应性和稳定性。

3.总风量的限制作用

正常燃烧时，要求保证总燃料量不大于总风量，以保证安全风/煤比和燃烧的安全性，使机组在增、减负荷时保证有充足风量和一定的过剩空气系数，即总保证"过氧"燃烧。

系统中，经给水温度校正的锅炉负荷指令，通过函数器 $f_0(x)$ 转换为总燃料量指令；而锅炉的总风量信号通过函数器 $f_2(x)$ 转换为最大允许燃料量指令（燃料量上限值）。二者经低值选择器，选择其中低者作为输出。

正常情况下，一般总燃料量指令会通过低值选择器，只有实际风量因某种原因偏低时，由此生成的燃料量上限值才会通过低值选择器，实现对总燃料量指令的限制，始终保证总风量大于总燃料量，以达到良好的燃烧经济性。

另外，$f_0(x)$ 输出的总燃料量指令还通过超前/滞后滤波器 $f(t)$ 加到低值选择器的入口端，$f(t)$ 在锅炉主控制器投入自动时起作用，其目的是当 N_B 增加时，保证先加风后加煤。

4.热量信号

系统每台给煤机的给煤量信号由电子重力式皮带给煤机称重装置给出，总燃料量是所有给煤机给煤量的总和。

由于燃煤的品质、水会随时发生变化，即燃煤的发热量非恒定，因此，燃料量不能与进入锅炉的热量精确对应，仅用燃料量信号参与反馈控制难以保证控制的质量。为解决这一问题，需对燃料量信号进行发热量校正。目前，煤的发热量尚不能实现瞬时测量，故通常采用热量信号（锅炉的实际吸热量）作为燃煤信号发热量校正的基本依据。

通常以主蒸汽流量和汽包压力微分之和作为热量信号：

$$HR = D + C_K \frac{dp_b}{dt}$$

式中：HR 为热量；D 为主蒸汽流量；p_b 为汽包压力；C_K 为锅炉蓄能系数。

蒸汽流量代表稳态时的机组负荷，即锅炉的稳态发热量。汽包压力的微分信号代表变动工况时锅炉蓄能的改变。当锅炉燃烧率增大时，蒸汽流量的变化有一定的惯性，但汽包压力的微分信号会马上反映出来，两者之和正好与燃烧率的变化一致。而当汽轮机进汽调节阀突然开大时，汽包压力降低，释放出来的锅炉蓄能正好补偿蒸汽流量的增加，故热量信号将基本不变。HR 只反映热量的变化。

5.燃料量的测量与校正

系统中总给煤量与煤的计算发热量之积为煤的理论发热量；热量信号减去燃油的发热量为煤的实际发热量；实际发热量与理论发热量的偏差信号经给定值为 0 的 PID 调节器、手动/自动站和函数器 $f_6(x)$ 运算，输出发热量校正信号；煤的理论发热量经校正后再除以煤的计算发热量，得到额定发热量下的总给煤量信号。

发热量校正系统在锅炉负荷指令 N_B 变化较大时，将自动挂起，输出保持；而在满足下列条件之一时,切为手动:蒸汽流量信号故障,燃料信号故障,汽包压力信号故障,燃料主控制器切为手动。

6. 磨煤机一次风量的限制作用

从燃料主控制器发出的给煤机转速指令,还受到磨煤机入口的一次风量的限制。即一次风量信号输入函数器 $f_5(x)$,产生一次风量下最大允许给煤量(给煤量上限值)对应的转速信号,该信号与给煤机转速指令通过低值选择器选择小者输出,以保证磨煤机在运行中空气量有一定富裕度,防止磨煤机堵塞。

7. 控制回路的增益修正

燃料主控制器输出的总燃煤指令对 6 台给煤机转速进行并行控制,当投入自动的给煤机台数不同时,整个控制回路的控制增益是不同的。

为了保证各工况下控制系统的稳定,必须按投入自动的实际给煤机台数,进行系统的增益修正。

采用函数器 $f_7(x)$ 和适配器 ADAPT 来实现这一功能,考虑到给煤机在正常情况下,5 台运行 1 台备用,所以取 5 台给煤机自动运行时,系统增益修正系数为 1。当 n 台给煤机投入自动运行时,系统增益修正系数为 $K_n = 5/n$。

10.3.2　送风控制系统

保证燃料在炉膛中充分燃烧是送风控制系统的基本任务。

在单元机组锅炉的送风系统中,一、二次风各用两台风机分别供给。一次风通过制粉系统并带煤粉进入炉膛。一次风的控制涉及制粉系统和煤粉喷燃的要求,各台磨煤机的一次风量要根据各台磨煤机的工况分别控制。锅炉的总风量主要由二次风来控制,即这里的送风控制系统是针对二次风控制而言的。

目前,国产机组的送风控制一般设计成调整送风机动(静)导叶开度控制进入炉膛的二次风量,利用二次风挡板来维持二次风箱压力为给定值。有少数进口机组的送风控制设计成调整送风机动(静)导叶开度维持二次风箱压力为给定值,利用二次风挡板控制进入炉膛的二次风量。前者更具有普遍性,是这里讨论的对象。

大型火电机组的送风量控制系统一般设计为具有氧量校正的串级控制系统。其设计构思是:首先由风量控制(副调)保持一定的风/煤比,再由氧量校正(主调)做精确的细调。

1. 系统的基本结构

某机组送风控制系统的基本结构如图 10-11 所示。

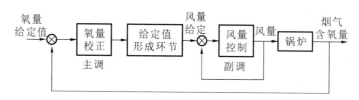

图 10-11　送风控制系统结构

结构组成:两个控制器(调节器)(主调、副调);两个控制回路(氧量校正、风量控制);一个给定环节(形成风量给定值)。

目的:为燃料燃烧提供充足的空气(氧量)。

解决:风量易测,但难以反映其适应燃料的合适度;烟气含氧量可反映合适度,但测量迟缓。

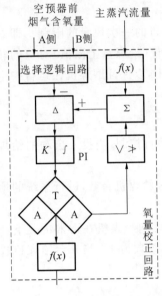

图 10-12　氧量校正回路控制图

2.氧量校正回路及工作原理

氧量校正回路控制图如图 10-12 所示。

该回路以 PI 调节器为核心,PI 调节器根据空预器前烟气含氧量测量值与氧量给定值的偏差进行运算,其输出经手动/自动站和函数器 $f(x)$ 后,形成氧量校正信号。PI 调节器的控制作用最终使测量值与给定值相等,使炉膛燃料充分燃烧。

氧量给定值是锅炉负荷的函数,是由代表机组负荷的主蒸汽流量信号经函数运算后,与运行人员设定的具有速率限制的偏量值叠加而形成的。氧量测量值通过测量两侧空预器前烟气含氧量,并在其中筛选一个恰当的值作为测量值。选择逻辑回路的处理原则如下:

(1) 如果 A、B 侧的烟气含氧量信号均正常,且 A、B 侧两台送风机动叶均处于自动状态,则选择 A、B 侧两个烟气含氧量信号之小者作为最终氧量信号。

(2) 如果 A 侧烟气含氧量信号正常,且 A 侧送风机动叶处于自动状态,但 B 侧烟气含氧量信号故障或 B 侧送风机动叶未投自动,则选择 A 侧信号作为氧量信号。

(3) 如果 B 侧烟气含氧量信号正常,且 B 侧送风机动叶处于自动状态,但 A 侧烟气含氧量信号故障或 A 侧送风机动叶未投自动,则选择 B 侧信号作为氧量信号。

(4) 如果 A、B 侧烟气含氧量信号均故障,或 A、B 侧两台送风机动叶均未投自动,则选择 B 侧烟气含氧量信号作为最终的氧量信号(实际上已通过逻辑回路将氧量校正回路切为手动状态)。

3.风量给定值 V_0 的形成

风量给定值 V_0 的形成如图 10-13 所示。

V_0 由下列四种信号中的最大值形成:

(1) 总燃料量信号经函数运算和氧量信号校正后的风量请求值;

(2) 燃料主控制器指令经函数运算和氧量信号校正后的风量请求值;

(3) 燃料主控制器指令经函数运算、氧量信号校正和 $f(t)$ 的超前/滞后处理后的风量请求值;

(4) 吹扫风量或最小风量指令经速率限制后的风量请求值。

其目的是:保证点火前的吹扫风量;保证点火初期的最小风量;保证增负荷时先加风后加煤;减负荷时先减煤后减风,使锅炉始终处于富氧燃烧状态。

4.风量控制回路及工作原理

风量控制回路如图 10-14 所示。

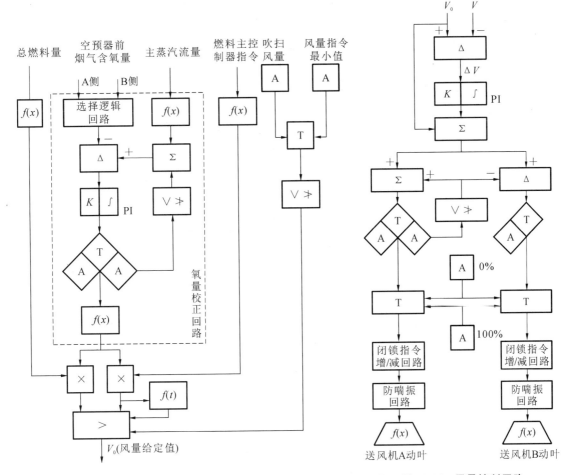

图 10-13　风量给定值 V_0 的形成示意图　　图 10-14　风量控制回路

送风调节器(PI)接收经过氧量校正的总风量给定值 V_0 与实际总风量反馈信号 V 的偏差值 ΔV,对此进行控制运算。

为加强送风控制,保证送风量及时适应燃烧需求,该回路以总风量给定值 V_0 为前馈信号,与送风调节器的输出叠加后,形成送风机控制指令,分别送至两台送风机的手动/自动站。

在手动/自动站中,根据设定的偏置值,分别对送风机动叶控制指令进行偏置处理,然后经切换器、闭锁指令增/减回路和防喘振回路改变送风机动叶的开度,从而控制送入炉膛的二次风量,使 $V=V_0$。

当燃烧器管理系统(BMS)发出"请求自然通风"信号时,两台送风机均切换到手动状态,并以一定速率开至 100%。

当顺序控制系统(SCS)发出"关闭送风机动叶"信号时,两台送风机也切至手动状态,并以一定速率关至 0%。

5. 系统的闭锁、联锁和保护功能

(1) 当炉膛压力高于某一值时,闭锁氧量校正调节器的输出增加。

(2) 当满足如下条件之一时,氧量校正调节器的输出减小闭锁:炉膛压力低于某一值;风量指令小于或等于最小风量指令;风量指令小于实测总燃料量所需的风量。

（3）当满足如下条件之一时，将氧量校正控制站切为手动：主蒸汽流量信号（由汽轮机调节级压力换算而得）故障；两台送风机均为手动状态；两个氧量信号均故障。

（4）当满足如下条件之一时，风量调节器的输出增加闭锁：炉膛压力高于某一值；A送风机处于自动状态且控制指令≥100％，B送风机处于手动状态；B送风机处于自动状态且控制指令≥100％，A送风机处于手动状态。

（5）当满足如下条件之一时，风量调节器的输出减小闭锁：炉膛压力低于某一值；A送风机处于自动状态且控制指令≤0％，B送风机处于手动状态；B送风机处于自动状态且控制指令≤0％，A送风机处于手动状态。

（6）当满足如下条件之一时，将A（B）送风机动叶控制站切为手动：A（B）引风机处于手动状态；A（B）送风机停止；燃烧器管理系统发出"请求自然通风"信号；顺序控制系统发来"关A（B）送风机动叶"信号；总风量信号故障（包括A、B两侧送风量信号和A、B两侧一次风量信号，四者只要其一故障）或总燃料量信号故障（包括燃料量指令信号、总煤量信号和总油量信号三者只要有一个故障）。

（7）当顺序控制系统发出"建立A（B）引风机空气通道"信号时，两台送风机动叶以一定速率开至100％。

（8）系统在A（B）送风机控制通道上设计了防喘振回路。它根据二次风量指令和送风机的特性曲线，计算出不同流量下的最大动叶开度，以此作为A（B）送风机动叶开度的限制值。防喘振回路无论风机动叶处于自动还是手动状态均有效。

（9）当炉膛压力高于（或低于）某一值时，将禁止两台送风机动叶的动态开大（或关小），以确保锅炉的安全。

送风机动叶控制和引风机动叶控制密切相关。在投自动时，必须严格遵循如下程序：引风机→送风机→氧量校正。

10.3.3　炉膛压力控制系统

炉膛内的压力直接影响燃烧质量和锅炉的安全性。炉膛压力控制的基本任务是通过控制引风机动（静）导叶或入口挡板维持炉膛压力为给定值（略低于外界大气压力，如小于20 Pa），以稳定燃烧、减少污染、保障安全。

目前，大型火电机组的每台锅炉一般配有两台引风机。

1. 系统的基本结构与工作原理

某机组炉膛压力控制系统的基本结构如图10-15所示。

该控制系统是一个具有送风前馈的单回路系统。

压力调节器（PI）接收炉膛压力偏差信号Δp_1并对此进行控制运算，其结果与送风指令（前馈信号）叠加，形成引风机的控制指令，分别送至两台引风机的手动/自动站。

在手动/自动站中，根据设定的偏置量，对控制指令进行偏置处理，然后经切换器、防喘振回路、闭锁指令增/减逻辑去改变引风机动叶开度，从而控制引风量以及炉膛内的压力。

当燃烧器管理系统发出"请求自然通风"信号时，两台引风机的控制站均切换到手动状态，并延时一段时间（约30 s）后使两台引风机的动叶以一定的速率开至100％。

当顺序控制系统发出"建立A（B）引风机空气通道"信号时，B（A）引风机控制站切换至手动状态，并使B（A）引风机动叶以一定速率开至100％。

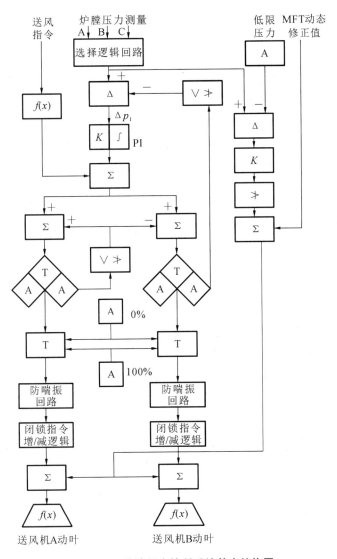

图 10-15　炉膛压力控制系统基本结构图

当顺序控制系统发出"关 A(B)引风机动叶"信号时,引风机控制站切换至手动状态,并使引风机动叶以一定速率关至 0%。

2. 系统中的信号及其作用

1) 炉膛压力测量值

三个炉膛压力信号(设为 A、B、C)经过选择逻辑回路处理后,作为炉膛压力信号的最终值。三个压力信号应在操作员接口站上预选,可以选择其中之一或三者的中值。

若选择其中之一,一旦选定,即按如下逻辑工作:当选定 A 时,如果 A 故障,则自动选B;当选定 B 时,如果 B 故障,则自动选 C;当选定 C 时,如果 C 故障,则自动选 A。

选择这种按顺序循环的方式,如果被选者故障且将要切换到的信号也故障时,则无法转到剩下的唯一正常的信号上去。

若预选三个信号的中值,按如下逻辑工作:若三个信号均正常,则自动选择其中间值;若其中之一故障,则自动选择另外两个信号的平均值;若三者中的两个均故障,则将自动选择第三者。

由此可见,选择中值的方式较安全。

2)给定值设定

系统的炉膛压力定值通过 B 引风机动叶控制站设定,两台引风机动叶的控制指令的偏置量则通过 A 引风机动叶控制站来设定。

3)动态前馈信号

系统引入两台送风机动叶指令的平均值作为引风机动叶的前馈信号,使送、引风机协调动作,以减小送风量变化时对炉膛压力的影响。

当负荷变动时,送风量和引风量按比例变化,维持炉膛压力基本恒定。

4)低限压力

当炉膛压力低于某一值(负压过高)时,动态关小引风机动叶开度,以保证运行安全。

5)MFT 动态修正值(防爆)

当发生 MFT(主燃料跳闸)时,由于灭火瞬间炉膛压力会急剧下降,因此根据当时的负荷值,瞬间动态关小引风机动叶开度,以保证锅炉的安全性。

6)闭锁指令

炉膛压力偏低(如小于−1000 Pa)或引风机将进入喘振区(失速)时闭锁增;炉膛压力偏高(如大于 1000 Pa)时闭锁减。

7)其他

控制器内设有死区,当炉膛压力偏差在死区内时,其输出不变,执行器不动作,有效避免了炉膛压力经常波动使执行机构频繁动作,提高了系统稳定性,延长了执行机构使用寿命。

3. 系统的闭锁、联锁和保护功能

(1)当如下任一情况发生时,调节器的输出增加闭锁。

① A 引风机处于自动且控制指令≥100%,B 引风机处于手动;

② A 引风机处于自动,B 引风机处于手动,且炉膛压力低于某一值;

③ B 引风机处于自动且控制指令≥100%,A 引风机处于手动;

④ B 引风机处于自动,A 引风机处于手动,且炉膛压力低于某一值。

(2)对每台引风机动叶的控制指令还设计了闭锁增和闭锁减功能,即:

① 当炉膛压力高于某一值时,禁止动态关小引风机动叶;

② 当炉膛压力低于某一值时,禁止动态开大引风机动叶。

(3)为防止引风机发生喘振,系统中设计了风机防喘振回路。

(4)当满足如下条件之一时,引风机动叶控制站切为手动控制状态。

① 燃烧器管理系统发出"请求自然通风"信号;

② 顺序控制系统发出"建立 A(B)引风机空气通道"信号;

③ 顺序控制系统发出"关 A(B)引风机动叶"信号;

④ 三个炉膛压力信号均发生故障时,使两台引风机动叶开度瞬间跟踪 30 s 前调节器的输出,并将两台引风机动叶的控制站均切为手动状态。

10.3.4 磨煤机控制系统

磨煤机控制系统包括磨煤机风量控制系统、磨煤机出口温度控制系统。

600 MW 机组一般为中速磨直吹制粉系统,它的锅炉配置有 6 台磨煤机,有 6 套完全一样的磨煤机风量控制系统和磨煤机出口温度控制系统。

由于磨煤机冷、热风门的配置不同,因此有不同的磨煤机风量和出口温度控制策略。

1. 每台磨煤机配有冷风、热风、总风调节门

用总风调节门控制磨煤机的风量,用冷风调节门和热风调节门共同(用差动方式)控制磨煤机出口温度。

磨煤机负荷变化需调节风量时:改变总风调节门开度,以满足磨煤机风量的需求,而热风和冷风调节门保持相对位置不动,即仍保持原有的冷、热风量的比例不变,则磨煤机出口温度基本不变。

煤种、煤质变化需调节磨煤机出口温度时:差动调节热风调节门和冷风调节门。即需降低磨煤机出口温度时,则按比例同时开大冷风调节门,关小热风调节门;当需增大磨煤机出口温度时,则按比例同时关小冷风调节门,开大热风调节门。

由于冷、热风调节门是按比例差动的,因而对整个通风管道系统来说阻力不发生变化,总的风量维持不变。在这样的磨煤机风门配置下,磨煤机风量和出口温度的控制之间是“解耦”的,控制系统易于调整;但对管道系统来说,增加了一个总风调节门,不仅给管道布置带来一定的困难,还因增加了管道系统的阻力而增加了一次风机的耗电。

2. 每台磨煤机只配冷风调节门和热风调节门

磨煤机风量和出口温度控制系统是一个 2×2 多变量系统,两个输入量分别为冷、热风挡板的开度,两个输出量分别为一次风量和磨煤机出口温度,如图 10-16 所示。

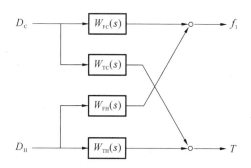

图 10-16　磨煤机风量和出口温度控制系统输入、输出示意图

图中:D_C 为冷风调节门开度;D_H 为热风调节门开度;f_1 为一次风量;T 为一次风温度;$W_{FC}(s)$、$W_{TC}(s)$ 为冷风调节门开度变化引起的一次风量和出口温度变化的传递函数;$W_{FH}(s)$、$W_{TH}(s)$ 为热风调节门开度变化引起的一次风量和出口温度变化的传递函数。

$W_{FC}(s)$、$W_{FH}(s)$ 为时间常数较小的惯性环节;$W_{TC}(s)$、$W_{TH}(s)$ 为时间常数较大的多容环节。两者特性相差较大,在负荷变动时,风量变化较大,故该系统的磨煤机一次风量和出口温度的控制较难。

为了改善调节品质,可采用解耦控制。由于 $W_{FC}(s)$ 与 $W_{FH}(s)$ 以及 $W_{TC}(s)$ 与 $W_{TH}(s)$ 的特性较相似,故可以采用静态解耦——在用温度调节器的输出去控制热风调节门的同时,通过一个负比例环节去控制冷风调节门,使温度调节器的动作基本上不影响一次风量;同样在用风量调节器的输出控制冷风调节门的同时,通过一个正比例环节去控制热风调节门,使风量调节器动作基本不影响温度,如图 10-17 所示。

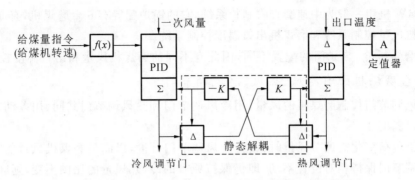

图 10-17　磨煤机风量和出口温度控制系统静态解耦示意图

为了提高磨煤机一次风量和出口温度控制系统的可靠性,通常分别采用两个变送器测量温度和风量,可手动/自动选择其中一个的值或两者的平均值。如被选中的一个变送器故障,则系统自动切换为手动并报警。若温度和风量测量采用三个变送器,则被测量采用"三选中"方式。

磨煤机一次风量的测量值用磨煤机进口温度和压力进行补偿,补偿公式为

$$q_{m1} = K \sqrt{\frac{p \, \Delta p}{T}}$$

式中:q_{m1} 为一次风量,t/h;Δp 为差压,Pa;p 为风压(绝对压力),kPa;T 为风温,K;K 为流量系数。

风量设定值由对应于该磨煤机的给煤量指令(常用为给煤机转速)通过函数转换再经偏置处理产生;出口温度设定值由操作员手动给定。

10.3.5　一次风压力控制系统

一次风压力控制系统为单回路调节系统,控制系统的测量值为一次风母管与炉膛的差压,设定值为锅炉负荷的函数。

国电浙江北仑第一发电有限公司 600 MW 机组用 6 台给煤机转速的最大值来近似代表锅炉负荷,其一次风母管与炉膛的差压与给煤机转速(最大)的关系曲线如图 10-18 所示。

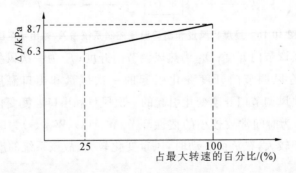

图 10-18　一次风母管与炉膛的差压与给煤机转速(最大)的关系曲线

10.3.6　辅助风控制系统

辅助风控制系统以二次风风箱压力和炉膛压力的压差为被调量,风箱、炉膛压差的设定值取为负荷的函数。辅助风控制系统为单冲量多输出控制系统,控制系统输出同时控制各

层的辅助风挡板。在运行时各层磨煤机的负荷可能各不相同,需要不同的配风,因此每层辅助风门都设有一个操作员偏置站。当油枪程控点火时,相应的辅助风门自动切换到"油枪点火"位置。

10.3.7　燃料风(周界风)控制系统和燃尽风控制系统

燃料风(周界风)控制系统为比值控制系统,燃料风风门的开度由相应的给煤机转速决定,燃料风风门的开度为相应的给煤机转速的函数。

燃尽风控制系统亦为比值控制系统,燃尽风风门的开度为锅炉负荷的函数。

10.4　直吹式锅炉燃烧控制系统实例

10.4.1　300 MW 亚临界机组燃烧控制系统实例

某电厂 300 MW 机组的锅炉,其制粉系统为直吹式,采用中速磨煤机,每台锅炉共有 4台磨煤机,当正常运行时,带 100% 负荷只需 3 台磨煤机运行,一台备用。整个燃烧系统共有32 只燃烧器,分 4 层,每层 8 个,前后墙对称布置。系统共有 2 台送风机(FD FAN)、2 台引风机(ID FAN)、2 台一次风机(PA FAN)。

该系统的燃烧控制系统由以下子系统组成:

(1) 给煤机转速控制系统(共 4 套,对应 4 台磨煤机);

(2) 一次风量控制系统(共 4 套,对应 4 台磨煤机);

(3) 一次风压控制系统;

(4) 二次风量(送风量)控制系统;

(5) 二次风压控制系统;

(6) 磨煤机出口温度控制系统(共 4 套,对应 4 台磨煤机);

(7) 炉膛压力控制系统。

控制挡板等设备的位置如图 10-19 所示,一次风量通过改变一次风挡板开度来控制,一次风压通过改变一次风机入口挡板开度来控制,送风量通过改变二次风箱挡板开度来控制,二次风压通过改变送风机入口叶片位置来控制,磨煤机出口温度通过联动控制一次风的冷、热风挡板来控制。

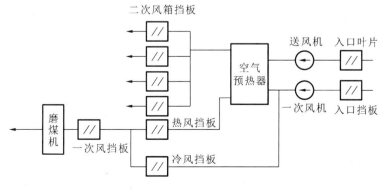

图 10-19　控制机构布置

1. 燃料量控制（给煤机转速控制）系统

1）燃料量的测量

如图 10-20 所示，燃料量由三个部分组成，即重油流量、轻油流量和煤量。

油量测量采用容积式流量计，煤量的测量采用皮带秤，即煤量是根据给煤机的转速和皮带上单位长度内煤的质量经计算而得到的。燃烧系统共 4 台磨煤机，因而总的煤量为 4 台给煤机给煤量之和。

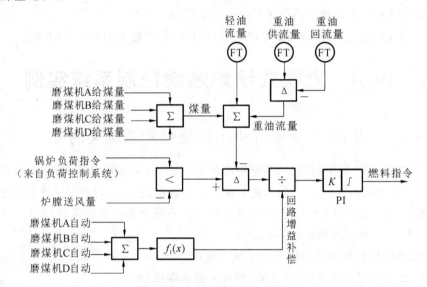

图 10-20　燃料量指令的形成

煤量、重油流量和轻油流量之和即为整个锅炉的燃料量（在求和时每种燃料量应乘以不同的系数）。

2）燃料指令的形成

将总燃料量与锅炉负荷指令求偏差，经回路增益补偿后送入燃料主控制器（PI）。采用回路补偿是为了保证当磨煤机投入台数变化时控制系统的控制质量不受影响，也就是保证整个控制回路增益不变。若磨煤机投入台数增加，被控对象的放大倍数就会加大，需设法使其缩小。图 10-20 中通过函数 $f_1(x)$ 来实现，$f_1(x)$ 的输出随磨煤机投入台数的变化而变化，磨煤机投入台数增加，$f_1(x)$ 的输出增加，反之亦然。

燃料指令送到磨煤机的给煤机转速控制系统（4 套），保证锅炉的燃料量满足锅炉负荷指令的要求。

3）给煤机转速控制

如图 10-21 所示，燃料指令经偏置处理后，即为给煤机转速指令，该指令要经过以下处理再由给煤机执行。

（1）给煤机转速限制。对于直吹式制粉系统，一次风量与给煤量应相匹配，如果一次风量少而给煤机的给煤量过多，则势必造成磨煤机堵塞，影响安全运行。在一次风量一定时，给煤量不应超过一次风量允许的上限，所以一次风量应乘以一个系数后送入小值选择器来限制给煤机的转速。

（2）最大及最小给煤量限制。为了保证中速磨煤机的安全运行，必须对给煤机的最小转速进行限制，保证中速磨煤机正常工作所需的给煤量即最小值。中速磨煤机的负荷能

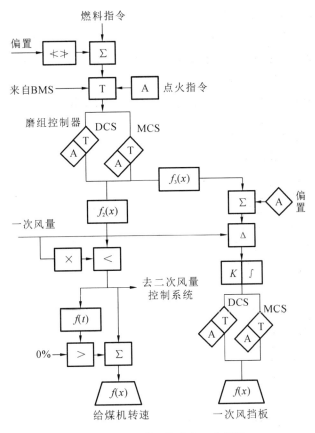

图 10-21　给煤机转速和一次风量

力是有限制的,因此必须限制给煤机的最大转速。对给煤机的最大及最小转速的限制是给煤机转速指令通过函数 $f_2(x)$ 转换实现的。

(3)"过给"问题。直吹式制粉系统在燃烧率指令(锅炉负荷指令)改变时,为保证快速响应,首先将磨煤机中储存的煤粉吹入炉膛。在本系统中,为了补偿这部分先吹出去的煤粉量,磨煤机在燃料指令增加时,对给煤机的给煤量适当地"过给"。"过给"信号是图 10-21 中 $f(t)$ 的输出经大值选择器产生的,可见"过给"信号大于零。

4)磨组控制器投自动的条件

磨组控制器的手动/自动的投/切可通过分散控制系统或模拟量控制系统的有关按钮实现。

磨组控制器投自动必须具备以下条件:

(1)一次风量控制投自动;

(2)二次风量控制投自动;

(3)磨煤机出口温度控制投自动;

(4)煤量测量有效。

一次风量指令取自磨组控制器的输出,该输出经函数 $f_3(x)$ 转换再经偏置处理作为一次风量指令,该指令随锅炉负荷指令变化。一次风量指令与一次风量测量值的偏差送入 PI 控制器中,其中输出经过手动/自动站来控制相应的一次风挡板的开度。

2. 送风量控制(二次风量控制)系统

送风量控制是通过控制二次风箱挡板的开度来完成的。该系统通过一套控制系统发出指令控制所有二次风箱挡板的开度,由于锅炉的燃烧器分 4 层布置,每层与一台磨煤机相对应,因此每层有各自的手动/自动站。

控制系统原理如图 10-22 所示,该系统实际为具有氧量校正的串级送风量控制系统。

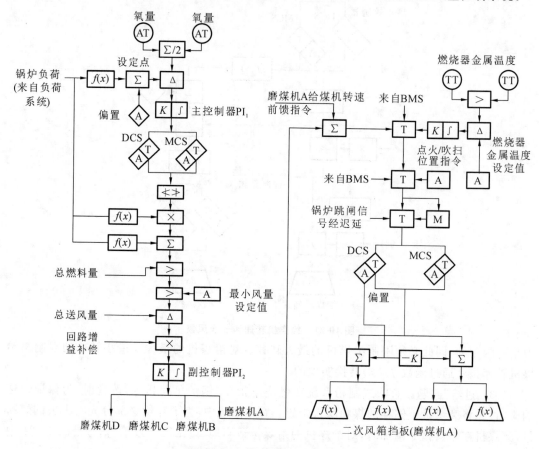

图 10-22　送风量控制系统原理

1)主回路

主控制器 PI_1 即氧量校正控制器接收实测氧量信号和氧量给定值,两者在主控制器 PI_1 入口求偏差,再进行 PI 运算,结果送到副控制器 PI_2。氧量给定值由负荷控制系统来的锅炉负荷指令(燃烧率指令)经 $f(x)$ 运算得到。偏置值在氧量给定值进行修正时使用。

2)副回路

副控制器 PI_2 接收 3 个信号:送风量信号、锅炉负荷指令和主控制器 PI_1 的输出信号。

(1)送风量信号。该信号作为反馈信号送入副控制器 PI_2,当送风量信号发生扰动时,副回路引入该信号可迅速克服扰动。这里送风扰动为内扰。

(2)锅炉负荷指令。锅炉负荷指令是前馈信号,引入这个前馈信号可快速控制二次风箱挡板开度,改变送风量,使送风量快速适应锅炉负荷的要求。

(3)主控制器 PI_1 的输出信号。主控制器 PI_1 的输出信号经修正后作为输出信号,修正根据被控对象实际情况确定,其主要目的是提高控制效果。修正系数由锅炉负荷指令经函数 $f(x)$ 转换得到。

(4) 送风量指令。主控制器 PI_1 的输出信号经修正后与锅炉负荷指令之和作为送风量指令,该指令受到燃料量确定的限值和最小送风量的限定。若送风量指令大于它们,三者通过大值选择器作为送风量给定值,否则以限定值作为送风量给定值。

3) 回路增益补偿

控制器的参数整定是在机组正常运行的情况下完成的,也就是说根据 4 台磨煤机对应的二次风箱挡板都自动的情况来整定。当投入自动的挡板数目发生变化时,被控对象的动态特性显然也随之改变,因此要对送风量控制系统的回路增益进行补偿,从而保证整个回路的增益不变,使系统的控制效果尽量不受影响。

4) 给煤机转速前馈指令

副控制器 PI_2 的输出加入给煤机转速指令作为二次风的前馈信号,确保在动态过程中的风/燃比,提高锅炉燃烧的经济性。

5) 锅炉点火/吹扫

当锅炉点火/吹扫时,煤粉并不投入锅炉,不需要用送风量控制系统来控制二次风箱挡板的开度,通常将二次风箱挡板的开度固定在 25%,系统根据燃烧器管理系统来的"点火/吹扫"指令将控制系统中的控制信号切换成固定值。

6) 锅炉跳闸

接收到锅炉跳闸指令后,系统不立即关闭二次风箱挡板。为防止炉膛爆炸(内爆),应使锅炉跳闸停炉后仍保持炉内通风一段时间。系统将锅炉跳闸指令经迟延后送入切换器,迟延时间达到后通过切换器发出二次风箱挡板关闭的指令信号,关闭二次风箱挡板。迟延时间按锅炉运行规程的规定来定。

7) 燃烧器保护

当燃烧器的金属温度高达一定程度后,燃烧器会被损坏,需要进行高温保护。根据燃烧器管理系统发来的指令,控制系统进行切换,使二次风箱挡板的控制切换为燃烧器金属温度控制系统。该系统为单回路控制系统,通过改变二次风箱挡板开度来控制燃烧器金属温度,使其达到金属保护温度的设定点,即回到允许的范围。这时燃烧器管理系统发来的逻辑指令改变,重新使二次风箱挡板开度转为送风量控制。

3. 炉膛压力控制系统

炉膛压力控制系统如图 10-23 所示。

1) 正常工况

图 10-23 中,压力测量值与设定值在比较模块中求偏差。其偏差经函数 $f_1(x)$ 运算后送入控制器模块进行 PID 运算,运算结果与前馈指令相加后经手动/自动站输出作为引风机入口挡板开度指令,最终使炉膛压力等于给定值。

由于炉内燃烧过程是急剧的化学变化过程,炉膛负压处于快速波动状态。如果控制系统直接对负压偏差进行 PID 运算,则 PID 控制器的输出会使引风机入口挡板处于不断的快速振荡状态,因此要采取措施消除不必要的振荡。图 10-24 所示为函数 $f_1(x)$ 的输入输出关系曲线。

当负压偏差较小(小于 ± 0.02 Pa)时,$f_1(x)$ 的输出为零,即负压偏差小时,引风机入口挡板不动作,避免挡板快速振荡。当负压偏离设定值较大时,增益系数随偏差呈正比变化,

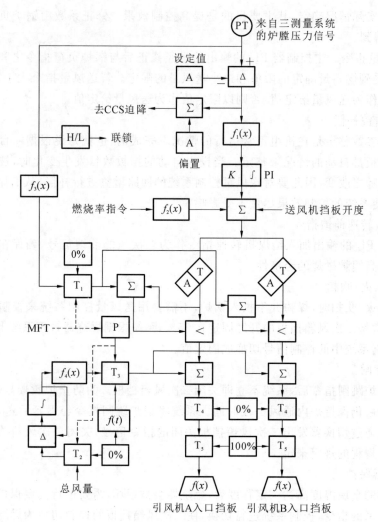

图 10-23　炉膛压力控制系统

偏差大则控制作用加强。

　　锅炉燃烧率指令及送风机挡板开度指令作为前馈信号,当负荷变化或送风量变化时,用来提前改变引风机入口挡板开度,而不必等到负压已经出现较大偏差后再进行控制,从而避免负压出现较大的动态偏差,提高系统的控制质量。

　　图 10-25 所示的是函数 $f_2(x)$ 的输入输出曲线。当燃烧率指令变化时,送风量增加,燃料量增加,炉膛温度也将增加,这些因素合成后,将引起炉膛压力非线性增加。故以燃烧率指令作为前馈信号,能够增加前馈补偿的准确性。

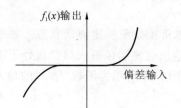

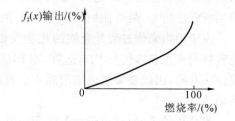

图 10-24　函数 $f_1(x)$ 的输入输出关系曲线　　　　**图 10-25　函数 $f_2(x)$ 的输入输出关系曲线**

2）异常工况

（1）高负压工况。当炉膛压力过低时应采取措施，自动防止故障进一步扩大。系统一方面闭锁增加送风机入口挡板开度信号，另一方面强制关小引风机入口挡板开度。如图 10-26 所示，当炉膛压力小于-0.178 kPa 时，函数 $f_3(x)$ 的输出减小，通过切换器 T_1 后与控制器的输出信号相加，经小值选择器后，强制将引风机入口挡板关小。

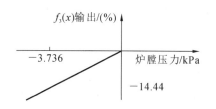

图 10-26　函数 $f_3(x)$ 的输入输出关系曲线

需要指出的是，当主燃料跳闸动作时，切换器 T_1 接收 0％的信号，即在主燃料跳闸动作的情况下，函数 $f_3(x)$ 不参与控制。

（2）高正压工况。炉膛压力出现高正压情况往往是控制系统执行机构或引风机故障，如控制挡板不能开启、引风机出力不够等原因造成的（不考虑炉膛局部爆燃情况）。控制系统应考虑这种情况。当炉膛压力大于 1.25 kPa 时，应适当减小负荷或关小送风机入口控制挡板开度，以减小总空气流量维持炉膛压力。

该功能由协调控制系统完成。如图 10-23 所示，炉膛压力测量值与设定值的偏差，经加法器与偏置处理后相加输出，作为协调控制系统按一定速率减负荷（迫降）的依据。

（3）主燃料跳闸。烟气中含有燃烧时产生的二氧化碳和水蒸气。当锅炉灭火时，二氧化碳和水蒸气大大减少。灭火后烟气温度下降，烟气体积流量进一步减小。如果引风机入口挡板仍保持原来的开度，会造成很大的炉膛负压，将产生内爆现象。为防止炉膛负压过大造成内爆现象，避免由内爆造成的水冷壁变形和损坏，控制系统应强制关小引风机入口挡板开度。

一般认为锅炉在满负荷或接近满负荷运行时，燃烧产生的二氧化碳和水蒸气将导致引风机出力的增加不大于 10％，因此在锅炉灭火时，先强制引风机入口挡板开度关小 10％，然后逐步释放，保证引风机出力与总风量平衡。

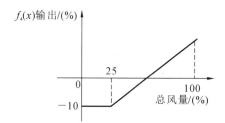

图 10-27　函数 $f_4(x)$ 的输入输出关系曲线

如图 10-23 所示，未发生主燃料跳闸时，自动控制系统独立控制引风机入口挡板。切换器 T_3 接收 0％的信号，输出为 0％。切换器 T_2 输出为 0％，函数 $f_4(x)$ 的输入输出关系曲线如图 10-27 所示，此时输出为-10％。

当主燃料跳闸动作时，切换器 T_3 动作，将输入切换至函数 $f_4(x)$ 的输出，切换器 T_3 的输出为-10％，强制引风机入口挡板开度关小 10％，切换器 T_2 动作，将输入端切至总风量信号，比较模块和积分模块组成一个惯性环节，输出逐步增加，最终等于总风量，函数 $f_4(x)$ 的输出也随之逐步增加。与此同时，控制系统仍处于自动状态，控制器根据炉膛压力情况自动输出引风机入口挡板开度指令，该指令与强制信号相加作为控制挡板开度的信号。主燃料跳闸动作信号由脉冲定时模块 P 保持 3 min 后消失，切换器 T_3 复位，输入端切换至惯性模块 $f(t)$ 的输出，这样切换器 T_3 的输出信号按 4％/min 的变化率减至 0，从而使控制系统恢复到仅由炉膛压力控制引风机入口挡板的状态。

（4）其他异常工况。在任何情况下，如果一台引风机跳闸，控制系统将强制全关跳闸引风机的入口挡板，这一动作由切换器 T_4 根据引风机跳闸逻辑情况完成，同时通过联锁关闭引风机出口挡板。如果两台引风机均跳闸,控制系统将强制全开跳闸引风机入口挡板,这一动作通过切换器 T_5 完成,并通过联锁开启引风机出口挡板实现自然通风。

此外,如果由于某种原因,炉膛压力达到 ± 3.74 kPa,通过报警模块 H/L 发出信号至分散控制系统的逻辑系统,使所有送、引风机跳闸。

综上所述,该系统具有如下一些特点。

(1) 在稳定工况下,能防止引风机入口挡板频繁动作,有利于机组安全运行。传统的控制策略采用惯性环节对炉膛压力信号进行滤波,其缺点是增加了测量信号的反应时间,使控制速度降低。该系统采用死区函数 $f_1(x)$ 来改善控制性能。

(2) 该系统在采用送风机的叶片开度作为前馈信号的同时,增加了燃烧率指令作为前馈指令,提高了控制系统的动态品质。

(3) 在传统的控制系统中,炉膛压力偏差达到限定值时,系统立即切至手动,让运行人员自行处理。而本系统除测量系统发生故障外,在任何工况下,控制系统都不会自动退出自动状态,有效地避免了由于运行人员手动操作不及时而使事故扩大的情况。

(4) 具有功能完善的联锁保护功能。

10.4.2 660 MW 超超临界机组燃烧控制系统实例

某电厂 660 MW 超超临界机组采用中速磨煤机冷一次风机正压直吹式制粉系统,有 6 台给煤机和磨煤机,标号为 ABCDEF,每台给煤机和磨煤机的型号均相同。给煤机的型号为 CS2024HP;磨煤机采用 MPS212 中速磨。每台炉配 6 台磨煤机,每台磨煤机带一层燃烧器。每层燃烧器的数量为 6 只。

1. 燃料控制系统

每台给煤机和磨煤机的控制系统是相同的,这里以给煤机和磨煤机 A 为例进行说明。该机组的燃料控制系统由实际给煤量和燃料量计算单元、煤主控单元、给煤机调速单元和磨煤机一次风形成单元组成。

1) 实际给煤量和燃料量计算单元

给煤量计算组态如图 10-28 所示。总给煤量和燃料量的计算通过以下两个步骤完成:

(1) 计算所有在运行的给煤机总给煤量;

(2) 对总给煤量进行煤质和燃油校正,得到校正后的总给煤量和总燃料量。

计算环节计算所有正在运行的给煤机的给煤量,然后求和。校正环节的功能包括燃油量校正和煤质校正,分别对应由于加入燃油助燃和由于煤的发热量不同造成的总燃料量的扰动。燃油量校正计算实际燃烧的燃油量,然后折算到燃煤量;由于煤发热量的在线测量是一件很困难的事情,煤质校正采用 BTU(British thermal unit)校正,给出煤质校正系数。它是考虑了给水温度、机组给定负荷、给水量、调速级压力、总燃料量等很多方面,综合计算得出的一个系数。但是这个系数也只是在稳态运行时能起一定作用,当机组负荷变动或主蒸汽压力偏差过大时,BTU 校正停止计算;当设计煤种与实际煤种的发热量偏差很小时,BTU 校正停止计算;任一给煤机启动或停止时 5 min 内 BTU 校正停止计算。

2) 煤主控单元

该单元组态如图 10-29 所示。机组所需燃料量的影响因素很多,其中很重要的一个就是送风量信号。煤主控单元的输出由校正后的总燃料量、送风量、锅炉负荷等共同形成,由于该单元输出值为每台给煤机的给煤量,因此还要考虑当前可用的给煤机数量。

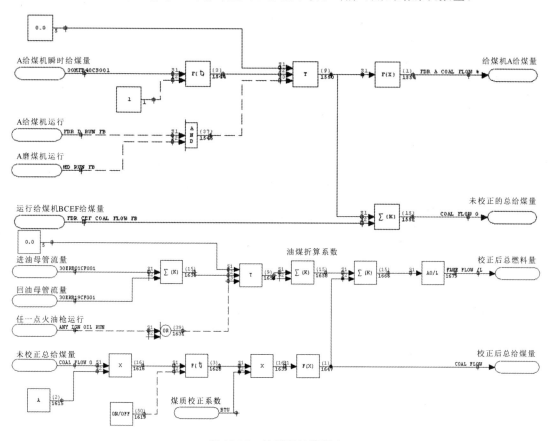

图 10-28　给煤量计算组态

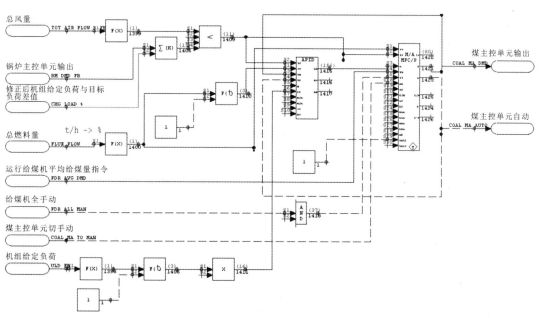

图 10-29　给煤机主控单元组态

当某种情况下需要手动给定燃料量时,可将煤主控单元切换到手动,由操作人员给定给煤量数值。

为了防止投入自动的给煤机台数太少时,投入自动的给煤机给煤量波动太大,当投入自动的给煤机台数少于 2 台时不允许煤主控单元投入自动。

当所有给煤机都在手动控制时,煤主控单元输出强制手动,输出值跟踪运行给煤机平均给煤量指令。下列情况下煤主控单元强制手动:总风量信号故障、实际燃料量信号故障、送风机都不投自动、任一运行给煤机给煤率信号故障、给煤机全部手动。

手动/自动站的作用是当热量信号的测量变送器故障或锅炉负荷变化过大使校正调节器退出自动时,由运行人员手动给出一个适当的校正值。

当手动/自动站处于自动模式时,PID 放弃跟踪模式,输入值 PV－SP(测量值与燃料需求值的差值,即总燃料量的修正值和总风量与负荷修正值的小选结果的差值)经 PID 运算后作为手动/自动站的输出。给煤机投入自动的数量计算后,经自适应模块,动态调整 PID 参数的增益,达到将输出平均分配给几个给煤机的效果。

手动/自动站不处于自动模式时,PID 为跟踪模式,跟踪手动/自动站的输出值,为切换到自动模式提供无扰切换。

给煤机全手动时,手动/自动站处于跟踪模式,跟踪给煤机平均指令,输出为当前给煤量平均为 6 份后的值。

3) 给煤机调速单元

该单元组态如图 10-30 所示。该部分的功能是根据煤主控单元输出、平均偏置、A 给煤机偏置等,调整每台给煤机的实际给煤量。在以速度调节给煤量的系统中,输出为调速信号。同时,给煤信号最终还要与 A 磨煤机的一次风量进行对比,经小值选择器后,最终形成给煤机调速指令。

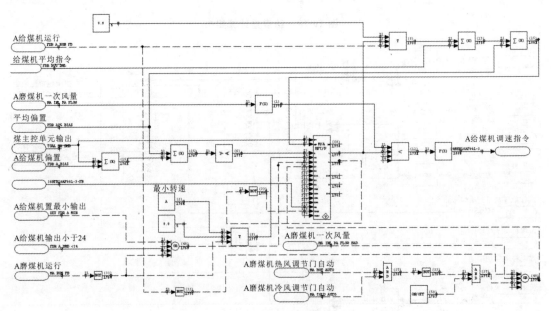

图 10-30 给煤机调速组态图

当至少 2 台给煤机煤量操作器在自动且本给煤机煤量操作器在自动时,允许运行人员对本给煤机的给煤量进行手动偏置。

下列情况下给煤机给煤量控制强制手动:给煤机没有运行;给煤率信号故障;磨煤机热

风调节门不在自动;磨煤机冷风调节门不在自动。

手动/自动站处于自动状态时,输出为经偏置修正后的煤主控单元输出信号;处于跟踪状态时,若 A 磨煤机没有运行,则跟踪 0 信号,即给煤机给煤量指令强制为零,否则跟踪 A 磨煤机的最小转速信号;当手动/自动站处于手动时,由操作人员设定输出值。

手动/自动站的输出信号与修正后的 A 磨煤机一次风量进行小选,得出最终 A 给煤机调速指令。

4) 磨煤机一次风形成

一次风形成组态如图 10-31 所示。主要原理是将一次风信号根据一次风出口风温的要求,合理配置冷、热风调节门的开度,达到稳定一次风出口风温,且按一次风量要求供给一次风的目的。

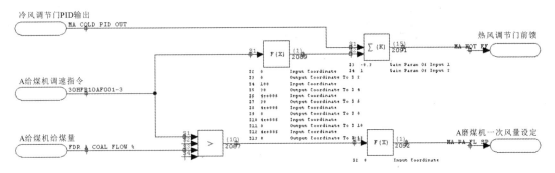

图 10-31　磨煤机一次风形成组态

正常运行时,用磨煤机热风调节门控制进入磨煤机的一次风量,用磨煤机冷风调节门控制磨煤机出口的一次风温度。

如图 10-31 所示,给煤机给煤量指令和给煤机实际给煤量取大值经函数发生器作为磨煤机入口一次风量的设定值。

2. 风量控制系统

风量控制系统的目的是根据锅炉主控单元发出的指令,自动控制进入炉膛的总风量,维持燃烧稳定,保持合适的风/燃比。烟气含氧量是测量燃烧效果的重要依据。

某电厂 660 MW 超超临界机组的风量控制包括一次风和二次风的控制,涉及送风机 2 台,引风机 2 台,一次风机 2 台。其中送风和引风分为 A、B 侧,两侧的配置完全相同。

1) 实际风量计算

二次风由 A、B 两侧的传感器测量实际的送风量,然后分别通过三选一,选定最终的风量信号;一次风由安装在每个磨煤机上的 3 个传感器测量实际的一次风量,然后分别通过三选一,选定最终的每个磨煤机上的一次风量。由一次风量和二次风量,得出二次风总量和最终总风量,其中超前滞后环节为 10 s 的滞后,如图 10-32 所示。

2) 烟气含氧量校正

烟气含氧量校正中,用锅炉尾部烟道的烟气含氧量作为总风量是否合适的校正指标。根据机组负荷自动产生锅炉尾部烟道烟气含氧量的设定值,在氧量校正操作站投入自动的情况下可以由运行人员对氧量设定值进行手动偏置,如图 10-33 所示。

以 A、B 两侧烟气含氧量测量值的平均值作为 PID 模块和 M/A 站的过程变量 PV;烟气含氧量平均值减去经函数生成器 $F(X)$ 后的机组负荷,然后再与后者相加,或者当氧量操纵

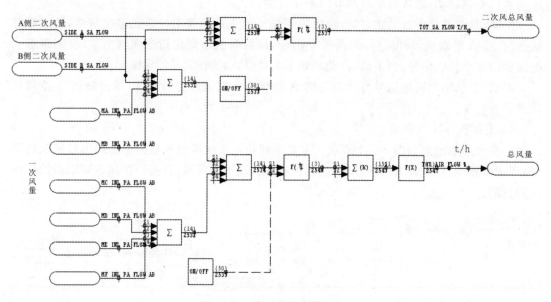

图 10-32　实际风量计算组态

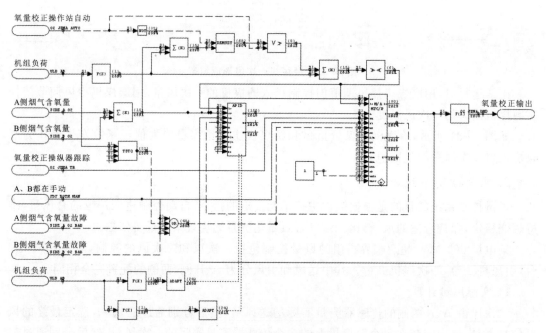

图 10-33　烟气含氧量校正组态

站自动时,保持原有值,但是要将烟气含氧量平均值减去经函数生成器 $F(X)$ 后的机组负荷,并进行限速处理,作为 PID 模块和 M/A 站的设定值 SP;M/A 站的控制输出作为 PID 的跟踪信号,当 M/A 站不处于自动状态时,PID 跟踪此信号,可实现无扰切换,当 M/A 站处于自动状态时,输出为 SP−PV 的 PID 运算结果;PID 的输出端作为 M/A 站的自动输入端;氧量校正操纵器跟踪信号作为 M/A 站的跟踪信号 TR,当 A、B 都在手动时,跟踪此信号;当 A、B 都在手动或者烟气含氧量任意一个故障,或者机组负荷信号故障,则 M/A 站切换到手动状态。M/A 站输出为氧量校正输出,用以形成最终的控制指令。

　　当 M/A 站为自动状态时,输出为 PV−SP 的 PID 运算值;当 M/A 站处于跟踪状态时,跟踪氧量校正操纵器跟踪信号；当 M/A 站处于手动状态时，则手动给定 M/A 站氧量校正的输出值，并且 M/A 站自动输入端跟踪当前氧量校正输出值，可实现投入自动时的无扰切换。机组负荷经修正后，再经过自适应模块，动态修改 PID 的比例系数和积分时间常数。

3）总二次风量指令形成

有两种总二次风选择方法，通过一个 ON/OFF 选择器实现，如图 10-34 所示。

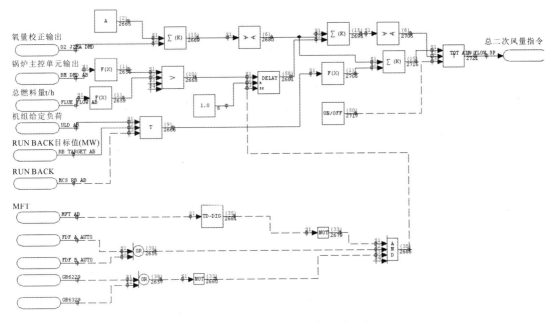

图 10-34　总二次风量指令形成组态

当未发生主燃料跳闸，A、B 有任一个处于自动且送风机动叶指令没有达到设定上限值时，选择锅炉主控单元输出和总燃料量分别经函数生成器 $F(X)$ 后的最大值，与氧量校正输出值之和，经限速后作为总二次风量指令，即根据燃料量和锅炉主控单元输出确定送风量。当发生主燃料跳闸，或 A、B 没有处于自动或送风机动叶指令达到设定上限值时，则用常量 1 与氧量校正输出相加，经限速后，作为总二次风量指令。

第二种选择方案是，当 MCS 发生 RB 时选择 RB 目标值，否则选择机组给定负荷，经 $F(X)$ 校正后，与氧量校正输出相加，作为总二次风量指令。

4）公共控制

公共控制即根据测量值与需求值之间的差值，通过 PID 运算，得出控制指令，其组态如图 10-35 所示。二次风总量（实际测量值）与总二次风量（经烟气含氧量修正的负荷指令，代表需求的二次风量）指令差值的修正值作为 PID 的设定值 SP；过程变量 PV 设为常数 0；跟踪值为 A、B 侧输出风量的平均值，当没发生主燃料跳闸并且至少有一个风机处于自动，同时送风机均没有发生自动状态下送风量高于设定值时，PID 输出跟踪此值；总二次风量修正后作为 PID 的前馈输入。

当 PID 处于跟踪模式时，跟踪 A、B 侧送风量的平均值作为输出，即跟踪当前值不变；当 PID 不处于跟踪模式时，跟踪二次风需求值与测量值的差值经 PID 运算后的输出。

当没有发生主燃料跳闸时，PID 的输出经限速后作为送风机动叶公共指令值；当发生主燃料跳闸时，送风机动叶公共指令值保持当前值不变，即送风量保持不变。

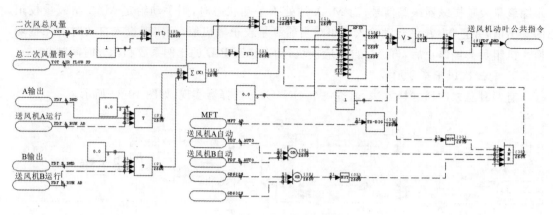

图 10-35　公共控制组态

5）风机控制指令形成

如图 10-36 所示，二次风总量作为过程变量 PV；总二次风量指令作为设定值 SP 跟踪信号；送风机动叶公共指令偏置后作为 M/A 站的自动输入指令。

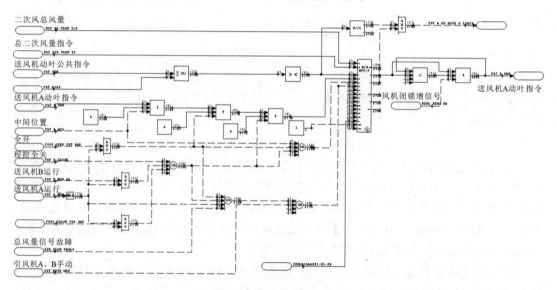

图 10-36　风机控制指令形成组态

发生程控全关，或者送风机 A 不运行但送风机 B 运行，或者送风机 A 不运行但 FSSS 关闭送风，则选择 0 为跟踪信号，即关闭送风机 A；否则，当送风机 A 不运行且全程开时，将 100 设定为跟踪值；否则，当送风机 A 处于中间位置时，跟踪值为 20；否则，将送风机 A 动叶指令作为跟踪值，即跟踪当前值。当处于以上状态时，M/A 站进行跟踪操作。

未发生闭锁增信号时，控制输出作为送风机 A 动叶指令，否则选择当前值与 M/A 控制输出的最小值作为送风机 A 动叶指令。

处于手动状态时，送风机 A 动叶指令由操作人员在 PGP 上手动设定。

送风机动叶指令经闭锁显示后，最终形成执行器调节指令，其组态如图 10-37 所示。

3. 炉膛压力控制系统

锅炉炉膛内的压力直接影响炉膛内燃料的燃烧质量和锅炉的安全性。炉膛压力控制系统的基本任务，是通过控制引风机动（静）导叶或入口挡板来维持炉膛压力为给定值，以稳定

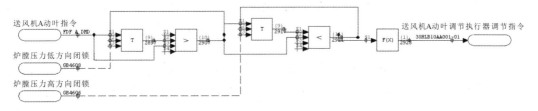

图 10-37　送风机执行器调节指令组态

燃烧、减少污染、保障安全。

　　某电厂 660 MW 超超临界机组炉膛压力控制系统的基本结构如图 10-38 所示,主要由引风机的控制来实现。炉膛压力为单回路控制系统,在至少有一台引风机投入自动的情况下,可以由运行人员手动设定炉膛压力设定值。

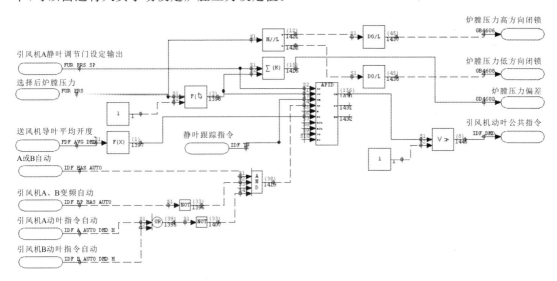

图 10-38　660 MW 超超临界机组炉膛压力控制组态

　　系统中,实际炉膛压力信号通过三个测点测量,正常情况下取其中值。选择后炉膛压力经 $F(t)$ 后作为 PID 的过程变量 PV;引风机 A 的 M/A 输出设定作为 PID 的输出设定,即期望的炉膛压力(或者引风机应有的输出);风机变频控制中的静叶跟踪指令作为 PID 的跟踪值,当有引风机处于自动,且没有引风机处于变频自动,且引风机动叶指令没有自动时,PID 退出跟踪状态,输出为 SP－PV 的 PID 计算值;否则 PID 处于跟踪状态,跟踪静叶跟踪指令。送风机导叶平均开度经函数生成器后作为该 PID 的前馈信号。该单元根据炉膛压力偏差,计算出引风机动叶公共指令,调节引风机输出,从而调节炉膛内压力。

　　系统设计中,考虑了炉膛压力偏差过大时引风机的方向闭锁。当炉膛压力过高时,引风机静叶只许开大,不许关小;当炉膛压力过低时,引风机静叶只许关小,不许开大。

　　除上述的基本控制功能外,该系统还设计有以下功能。

　　(1) 设置偏置功能。当两台引风机静叶控制站都在自动控制方式时,可对两台引风机的开度指令进行偏置,以使得两台引风机的负荷平衡。

　　(2) 超驰保护功能。该系统在两台引风机静叶控制指令的输出端加了一个引风机超驰信号,当锅炉发生 MFT 工况时,根据由送风机代表的 MFT 前的锅炉负荷水平,强制关小引风机静叶一个定值(该值与 MFT 前的锅炉负荷水平有关),延迟若干秒(可调)后再缓慢回到零。该超驰信号的目的主要是使炉膛压力控制系统尽量补偿 MFT 时炉膛灭火而导致的炉膛压力下降过多。超驰信号不管引风机静叶操作器在自动方式还是在手动方式都是起作用的。

（3）强制输出功能。当顺控系统发出"开引风机静叶"信号时，引风机静叶操作站将强制输出至定值；当顺控系统发出"关闭 A（或 B）引风机静叶"信号时，引风机 A（或 B）静叶操作站将强制输出 0%。

（4）强制手动功能。当出现炉膛压力偏差大、相应引风机未运行、炉膛压力信号故障等中的任一情况时，引风机静叶操作站强制切到手动控制。

第11章 给水控制系统

11.1 概　　述

锅炉给水控制系统是协调控制系统中的主要子系统之一。锅炉给水控制的根本任务是使锅炉的给水量跟踪锅炉的蒸发量，保证锅炉进出的物质平衡和正常运行所需的工质。

从给水控制系统的发展来看，大型电站锅炉给水控制的方式有以下三种。

1. 电动定速给水泵＋给水调节阀

早期投产的中小型机组，通常采用电动定速水泵，通过控制给水调节阀开度来维持汽包水位为给定值。这种在全负荷范围内均由调节阀来控制汽包水位的方案的节流损失较大。

2. 电动调速给水泵＋给水调节阀

20世纪80年代及以后投产的200 MW机组，大都采用了电动调速给水泵和调节阀相结合的方式来控制汽包水位。在低负荷阶段，用给水调节阀（或给水旁路调节阀）来调节汽包水位；在高负荷阶段，采用电动调速给水泵来控制汽包水位。这种方案虽然减少了调节阀的节流损失，但由于电动泵始终在运行，消耗电能较多。

3. 汽动给水泵＋电动调速给水泵＋给水调节阀

现在国内300 MW及以上机组，除极个别进口机组外，几乎全部采用汽动给水泵、电动调速给水泵及调节阀三者相结合的方式来控制汽包水位。在低负荷阶段利用电动调速给水泵保证泵出口与汽包之间的差压（或泵出口压头），由给水调节阀（或给水旁路调节阀）来控制汽包水位；在负荷超过某一值（对应的给水流量需求接近调节阀的最大通流能力）且汽动给水泵尚未启动时，由电动调速给水泵来控制汽包水位；在汽动给水泵启动后，逐步由电动调速给水泵过渡到由汽动给水泵来控制汽包水位。电动调速给水泵只在机组启动阶段或汽动给水泵故障时使用。这种方案克服了前两种方案的缺点，是一种效率较高的给水控制方式。

现代大型电站锅炉一般可分为直流锅炉和汽包锅炉。由于汽包锅炉和直流锅炉的结构特点、运行特性等有着较大的差异，因此二者给水控制系统的被控对象、控制任务等也有所不同，汽包锅炉和直流锅炉的给水控制系统设计也是不同的。以下分别介绍汽包锅炉和直流锅炉的给水控制系统。

11.2　汽包锅炉给水控制系统

11.2.1　汽包锅炉给水控制的任务与意义

对于汽包锅炉来说，给水控制就是维持汽包水位在允许范围内变化，所以又称为"锅炉水位控制"。

汽包锅炉水位间接地反映了锅炉内物质平衡状况（主要是蒸汽负荷与给水量的平衡关系），它是表征锅炉安全运行的重要参数之一，也是保证汽轮机安全运行的重要条件之一。汽包水位过高，会降低汽包内汽水分离装置的分离效果，导致出口蒸汽带水严重，使含盐浓度增大，过热器受热面结垢而导致过热器烧坏；同时还会使过热蒸汽温度产生急剧变化；而且汽轮机叶片易于结垢，降低汽轮机的出力，甚至会使汽轮机产生水冲击造成叶片断裂等事故。汽包水位过低，则会破坏锅炉的水循环，以致某些水冷壁管束得不到炉水冷却而烧坏，甚至引起锅炉爆炸事故。

实现汽包锅炉水位的自动控制，不仅可提高锅炉汽轮机组的安全性，同时还可提高锅炉运行的经济性。采用自动控制会使锅炉的给水连续均匀、相对稳定，从而使锅炉蒸汽压力稳定，保证锅炉在合适的参数下稳定运行，使锅炉具有较高的运行效率。否则，当水位较低时，大量给水会大大降低锅炉的蒸汽压力，为保证负荷就得增加燃料和燃烧设备的负担，可能使锅炉排烟损失和不完全燃烧损失增加。当给水不稳定时，省煤器中的水温随之发生周期性变化，给水流量偏小时，水温升高，使温差降低，导致排烟温度升高，降低锅炉效率；而且，不稳定的间断给水，对省煤器等的安全运行也是不利的。因此，电厂锅炉实现给水自动控制以及自动控制系统保持优良的工作性能是十分重要的，特别是对于高参数、大容量的锅炉。其原因如下：

（1）汽包体积相对减小，使汽包的相对蓄水量和蒸发受热面面积减小，从而加快了汽包水位的变化速度；

（2）容量增大，显著地提高了锅炉蒸发受热面的热负荷，加剧了锅炉负荷变化对汽包水位的影响；

（3）锅炉工作压力提高使给水调节阀和给水管道系统相应复杂，调节阀的流量特性更不易满足控制系统的要求。

因此，现代大型火电机组锅炉给水自动控制的必要性和重要性更为突出。

11.2.2　给水控制对象的动态特性

汽包锅炉给水控制对象结构如图 11-1 所示。可以看出，影响水位的因素主要有锅炉蒸发量（负荷 D）、给水流量 W、炉膛热负荷（燃烧率 M）和汽包压力 p_b。

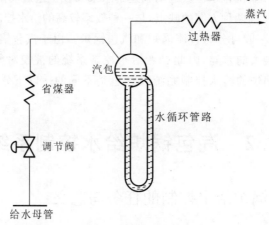

图 11-1　汽包锅炉给水控制对象结构

1.给水流量扰动下水位变化的动态特性

图 11-2 所示是给水流量阶跃扰动下的水位响应曲线,可将给水看作单容量无自平衡过程,水位阶跃响应曲线如图 11-2 中的曲线 1 所示。

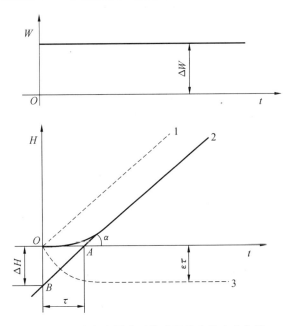

图 11-2　给水流量阶跃扰动下的水位响应曲线

实际水位曲线如图 11-2 中的曲线 2 所示,当突然加大给水流量后(这时假定蒸汽流量不变),给水流量大于蒸汽流量,但汽包水位开始并不立即升高,而呈现出一段起始惯性段。这是因为温度较低的更多的给水进入水循环系统,它从原有的饱和汽水中吸收一部分热量,由于热量的损失,汽包和汽水管路中的汽水混合物中的气泡体积减少。经省煤器进入汽包的给水,首先必须填补由于汽包和汽水管路中气泡体积减少所让出的空间。这时,虽然给水流量增加,但水位基本不变。当水面下汽包容积变化过程逐渐平静时,汽包水位才由于给水流量的增加而逐渐上升。当水面下汽包容积不再变化、完全稳定下来时,水位变化就随着给水流量的增加而直线上升。

由此可见,水位在给水扰动下的传递函数可表示为

$$\frac{H(s)}{W(s)} = \frac{\varepsilon}{s} - \frac{\varepsilon\tau}{1+\tau s} = \frac{\varepsilon}{s(1+\tau s)} \tag{11-1}$$

水位对象可近似认为是一个积分环节和一个惯性环节并联的形式。

2.蒸汽流量扰动下水位的动态特性

在蒸汽流量扰动作用下,水位的阶跃响应曲线如图 11-3 所示。当蒸汽流量突然增加时,从锅炉的水位平衡关系来看,蒸发量大于给水量,水位应下降,如图 11-3 中曲线 H_1 所示。但实际情况并非如此,汽包内水的沸腾突然加剧,水中气泡迅速增加,由于气泡容积增加而使水位变化的曲线如图 11-3 中曲线 H_2 所示。而实际显示的水位响应曲线为 H。

从图 11-3 可以看出,当蒸汽负荷增加时,虽然锅炉的给水量小于蒸发量,但在一开始时,水位不仅不下降反而上升,然后再下降(反之亦然),这种现象称为"虚假水位"。应当指出的是:当负荷突然变化时,水面下气泡容积变化而引起水位变化的速度是很快的,一般为 $10\sim20\ \text{s}$。变化幅度与蒸发量扰动大小成正比,也与压力变化速度成正比,这给控制带来一

定困难,在设计控制方案时,必须加以注意。

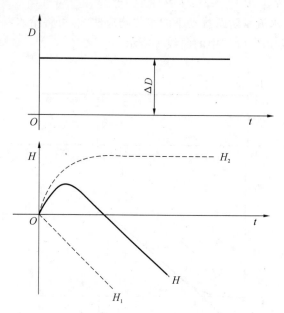

图 11-3　蒸汽流量阶跃扰动下的水位响应曲线

由此可见,水位在蒸汽流量扰动下的传递函数可表示为

$$\frac{H(s)}{D(s)} = \frac{k_2}{(1+T_2 s)} - \frac{\varepsilon}{s} \tag{11-2}$$

3. 炉膛热负荷扰动下水位的动态特性

炉膛热负荷扰动即指燃烧率 M 的扰动。燃烧率增加时,锅炉吸收更多的热量,使蒸发强度增大,如果不调节蒸汽阀门,由于锅炉出口蒸汽压力提高,蒸汽流量也增大,这时蒸发量大于给水量,因此水位应下降。但由于在热负荷增加时蒸发强度提高,汽水混合物中的气泡容积增加,而且这种现象必然先于蒸发量增加之前发生,从而使汽包水位先上升,引起"虚假水位"现象。当蒸发量与燃烧量相适应时,水位便会迅速下降,这种"虚假水位"现象比蒸汽量扰动要小一些,但其持续时间长。

显然,"虚假水位"现象主要来自蒸汽流量的变化。对给水控制系统而言,蒸汽流量是一个不可调节的量,但它是一个可测量的量,在系统中引入该扰动信息来改善调节品质是非常必要的。

11.2.3　汽包锅炉给水控制系统的基本结构

无论采用何种控制手段,汽包锅炉给水控制系统一般都采用以下三种基本结构。

1. 单冲量给水控制系统

单冲量给水控制系统的基本结构如图 11-4(a)所示,该系统是只采用一个汽包水位信号和一个 PI 调节器的反馈控制系统。这种给水控制系统结构简单,整定方便,但克服给水自发性扰动和蒸汽流量扰动的能力较差。汽包水位在动态过程中的超调量较大,稳定性较低。在大型机组的给水控制中,这种系统也有应用,主要应用在低负荷阶段。这是因为在低负荷阶段,锅炉疏水和排污等因素的影响使给水流量和蒸汽流量存在严重的不平衡,且流量太小,测量误差较大,不宜采用三冲量控制。此时,一般采用单冲量给水控制方式。

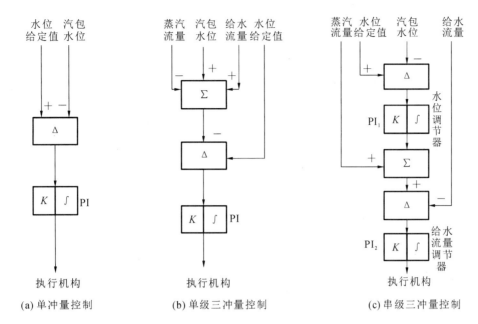

图 11-4　给水控制系统的基本结构

2. 单级三冲量控制系统

单级三冲量给水控制系统的基本结构如图 11-4(b)所示,该系统采用一个 PI 调节器,并根据汽包水位、蒸汽流量和给水流量等三个信号的变化去控制给水量。与单冲量给水控制系统相比,该系统引入了两个物质流量信号,即引入用于克服虚假水位的蒸汽流量信号(前馈信号)和用于抑制给水自发性扰动的给水流量信号(局部反馈信号)。当蒸汽流量(负荷)改变时,通过前馈控制作用,可及时改变给水流量,维持进出锅炉的物质平衡,这有利于克服虚假水位现象;当给水流量发生自发性扰动时,通过局部反馈控制作用,可抑制这种扰动对给水流量以及汽包水位的影响,这有利于减少汽包水位的波动。因此,单级三冲量给水控制系统在克服扰动、维持汽包水位稳定、提高给水控制质量方面优于单冲量给水控制系统。

原则上,在负荷达到一定值以上、疏水和排污阀逐渐关闭、汽和水趋于平衡、流量逐渐增大、测量误差逐渐减小时,可采用单级三冲量给水控制方式。但单级三冲量给水控制系统要求蒸汽流量和给水流量的测量值在稳态时必须相等,否则汽包水位将存在静态偏差。事实上由于检测、变送设备的误差等因素的影响,蒸汽流量和给水流量这两个信号的测量值在稳态时难以做到完全相等,且单级三冲量给水控制系统一个调节器参数的整定需兼顾较多的因素,所以,在现实中很少采用单级三冲量给水控制系统。

3. 串级三冲量给水控制系统

串级三冲量给水控制系统的基本结构如图 11-4(c)所示,该系统由主、副两个 PI 调节器和三个冲量(汽包水位、蒸汽流量、给水流量)构成。与单级三冲量给水控制系统相比,该系统多采用一个 PI 调节器,且两个调节器分工明确,串联工作。主调节器 PI_1 为水位调节器,它根据水位偏差产生给水流量给定值;副调节器 PI_2 为给水流量调节器,它根据给水流量偏差控制给水流量。蒸汽流量信号作为前馈信号用来维持负荷变动时的物质平衡,由此构成一个前馈-反馈双回路控制系统。该系统结构较为复杂,但各调节器的任务比较简单,系统参数整定相对单级三冲量给水控制系统要容易些。而且该系统不要求稳态时给水流量与蒸汽流量测量信号严格相等,并可保证稳态时汽包水位无静态偏差,其控制品质较高,是现场广泛采用的给水控制系统。

11.2.4　汽包锅炉给水全程控制系统

所谓给水全程控制,是指机组从启动到带满负荷的全过程所实现的给水控制。汽包锅炉给水全程控制系统并不是某种单一的单冲量或三冲量给水控制系统,而是单冲量和三冲量给水控制系统的有机结合所构成的给水控制系统,且具有完善的控制方式自动切换和联锁逻辑。下面以某 300 MW 亚临界机组的汽包锅炉给水全程控制为例予以说明。

该 300 MW 亚临界机组的汽包锅炉给水热力系统示意图如图 11-5 所示。

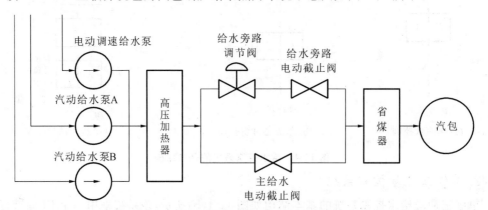

图 11-5　汽包锅炉给水热力系统示意图

该机组配有一台 50% 容量的电动调速给水泵和两台各为 50% 容量的汽动给水泵,作为给水系统的调节机构。在高压加热器与省煤器之间装有一只主给水电动截止阀、一只给水旁路电动截止阀和一只约 15% 容量的给水旁路调节阀。两台汽动给水泵由小汽轮机驱动,其转速的控制由独立的小汽轮机电液控制系统完成。电液控制系统的任务是控制小汽轮机从转速为零升到一阶临界转速以上,当达到某一转速(例如 3100 r/min)后,转速给定值由协调控制系统的给水控制系统设置,此时,电液控制系统相当于给水控制系统的执行机构。

该机组应用 INFI-90 分散控制系统实现给水全程控制。给水全程控制系统的原理框图如图 11-6 所示。

该系统涉及较多的输入信号。为了提高信号的可用率和系统的可靠性,所应用的汽包压力、汽包水位、汽轮机调节级压力、省煤器前给水流量等信号均采用三个通道检测。三个通道检测的信号由选择逻辑回路做出选择后,形成对应的最终测量值参与控制。

由图 11-6 可知,该系统是一个单冲量和三冲量给水控制系统结合而成的给水全程控制系统。PI_2 或 PI_3 调节器所在的回路为单冲量给水控制回路,PI_4 和 PI_5 所在的回路为串级三冲量给水控制回路。该控制系统三冲量的形成如下。

(1) 汽包水位。三个汽包水位检测信号首先分别经过压力补偿,然后经过选择逻辑回路,选取恰当的值作为最终的汽包水位冲量。

(2) 主蒸汽流量。由汽轮机调节级压力的最终测量值经函数器 $f_2(x)$ 运算,形成主蒸汽流量冲量。用汽轮机调节级压力代替主蒸汽流量信号,是为了避免高温高压下节流测量元件因磨损带来的误差。这种方法是由美国 Leeds & Northrup 公司提出的,实践证明它是准确且行之有效的。

(3) 给水流量。由省煤器前给水流量最终测量值加上 Ⅰ、Ⅱ 级过热器减温水流量测量值后,减去锅炉连续排污流量测量值,形成给水流量冲量。

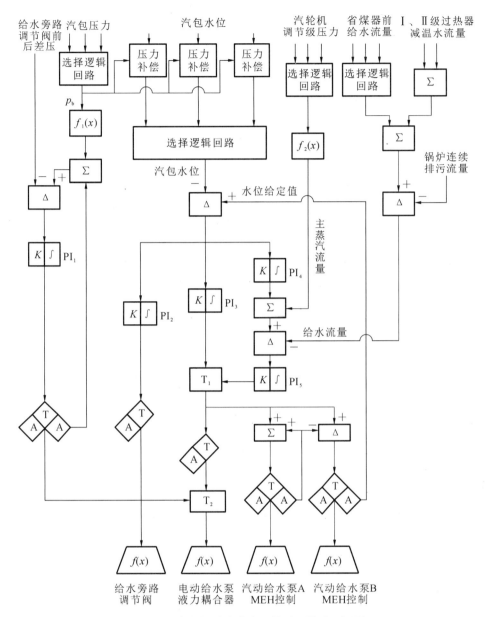

图 11-6　汽包锅炉给水全程控制系统原理框图

除上述汽包水位控制回路外,系统中还设计有一个给水旁路调节阀前后差压的反馈控制回路。该回路的 PI$_1$ 调节器根据旁路调节阀前后差压的偏差进行控制运算,并由切换器 T$_2$ 选通,可通过电动给水泵控制给水旁路调节阀前后差压。该差压的给定值是由汽包压力最终测量值经函数器 $f_1(x)$ 处理后与运行人员的设定信号综合而形成的。

图 11-6 所示的给水全程控制系统包含了多种给水控制方式,这些控制方式是根据机组不同的运行负荷,通过联锁逻辑及其切换器(如 T$_1$、T$_2$ 等)来选取的。也就是说,该系统是根据机组不同的负荷阶段和不同的给水控制特性,选择与之相适应的控制方式,对给水实现连续控制的,且各控制方式之间的切换是无扰动的。具体地说,各个负荷阶段的给水控制方式如下。

1) 0％～14％负荷阶段

在此负荷阶段范围内,主给水电动截止阀关闭,联锁逻辑通过切换器 T$_2$ 选通 PI$_1$ 调节器的输出,此时由电动调速给水泵控制给水旁路调节阀前后的差压,以保证调节阀的线性度以及给水泵出口与汽包之间的差压,使汽包上水自如;而汽包水位的控制则是采用单冲量给水控制方式通过 PI_2 调节器控制给水旁路调节阀开度予以实现的。这是因为此阶段负荷低,给水流量小,只有通过给水旁路调节阀才能有效控制汽包水位。

2) 14%~25%负荷阶段

当机组负荷升至14%(接近给水旁路调节阀的最大流量)时,顺序控制系统自动开启主给水电动截止阀,联锁逻辑自动地将给水旁路调节阀前后差压控制切为手动,并通过切换器 T_1、T_2 将汽包水位控制转换到由 PI_3 调节器控制的单冲量给水控制方式,通过控制电动调速给水泵来控制给水流量,进而控制汽包水位。

当主给水电动截止阀已全开时,顺序控制系统自动关闭给水旁路电动截止阀。一旦给水旁路电动截止阀离开全开位置,给水旁路调节阀就切为手动方式,且强制开至100%,以避免调节阀承受过大的差压而损坏。

从14%负荷至给水旁路电动截止阀离开全开位置期间,汽包水位由给水旁路调节阀和电动调速给水泵共同控制。从给水旁路电动截止阀离开全开位置至25%负荷期间,汽包水位由电动调速给水泵采用单冲量给水控制方式控制。

3) 25%~35%负荷阶段

当机组负荷升至25%时,联锁逻辑通过切换器 T_1 将汽包水位控制转换到由 PI_4 和 PI_5 调节器控制,即实现电动调速给水泵的串级三冲量给水控制。

4) 35%~50%负荷阶段

当机组负荷升至35%附近时,启动一台汽动给水泵。当汽动给水泵由电液控制系统控制转速达临界转速以上的某一值(例如 3100 r/min)时,将无扰动地转入由协调控制系统控制汽动给水泵转速的方式。此时,一台汽动给水泵和一台电动调速给水泵并列运行,且采用串级三冲量给水控制方式控制汽包水位。

5) 50%负荷以上阶段

当机组负荷升至50%附近时,另一台汽动给水泵启动,当其转速由电液控制系统控制达临界转速以上某一值(例如 3100 r/min)时,将无扰动地转入由协调控制系统控制的方式,并逐步降低电动调速给水泵负荷而增加汽动给水泵负荷。当电动调速给水泵负荷降到接近最低值,汽动给水泵工作正常,汽包水位稳定时,可停运电动调速给水泵以作备用。至此,系统由两台汽动给水泵采用串级三冲量给水控制方式控制汽包水位。

机组降负荷时,各负荷阶段的控制过程与升负荷阶段大致相反。

在汽包锅炉给水控制系统中,通常需对汽包水位检测信号进行压力补偿。这是因为汽包中饱和水、饱和蒸汽的密度都随压力变化而改变,它们将影响水位测量的精度,所以应引入压力补偿(校正)回路,对水位测量差压变送器后的信号进行压力校正,以保证水位信号的准确性。

11.3　直流锅炉给水控制系统

11.3.1　直流锅炉给水控制的特点与任务

超超临界机组应用的直流锅炉与汽包锅炉不同,它没有汽包,给水一次性地流过加热

段、蒸发段和过热段,且这三段受热面没有固定的分界线。直流锅炉的汽水流程如图 11-7
所示。

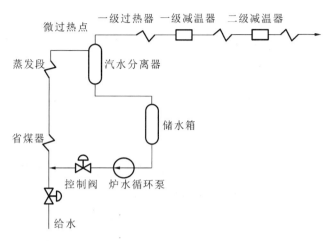

图 11-7　超超临界机组直流锅炉的汽水流程

与汽包锅炉相比,直流锅炉给水控制具有以下特点。

(1) 超超临界直流锅炉在启动或较低负荷时,其运行方式和汽包锅炉相似,用汽水分离器来分离汽水。但是,在转为纯直流状态运行后,汽水分离器不再起作用,给水经省煤器、水冷壁、过热器,直接变成高温高压的过热蒸汽进入汽轮机。

(2) 当给水流量或燃烧率发生变化时,锅炉的加热段、蒸发段和过热段受热面的吸热比例将发生变化,锅炉出口蒸汽温度以及蒸汽流量和蒸汽压力都将发生变化。超超临界直流锅炉的给水、蒸汽温度、燃烧系统是密切相关的,整台锅炉是一个多变量的控制对象,因此,不能像汽包锅炉那样把给水与蒸汽温度分割开来独立控制,应整体考虑。

(3) 超超临界直流锅炉随着蒸汽压力的升高,蒸发段的吸热比例逐渐减小,而加热段和过热段的吸热比例增加,因此,随着蒸汽压力的升高,锅炉汽水分离器出口蒸汽温度和锅炉出口蒸汽温度的惯性增加,时间常数和迟延时间增加。

(4) 超超临界直流锅炉的燃/水比是否合适,直接反映在过热蒸汽温度上。因此,保证合适的燃/水比对超超临界直流锅炉至关重要。通常用过热蒸汽温度的偏差来校正燃/水比。工程上一般采用能较快反映燃/水比的汽水过渡区(分离器)出口处的温度(中间点温度,也叫微过热温度)作为燃/水比的校正信号。

(5) 超超临界直流锅炉在点火前就必须不间断地进水,以建立足够的启动流量,保证给水连续不断地强制流经受热面,使其得到冷却。为防止低温蒸汽进入汽轮机后凝结,造成汽轮机的水冲击,超超临界直流锅炉需要设置专门的启动旁路系统来排除这些不合格的工质。

(6) 超超临界直流锅炉有最低给水流量(本生流量)要求,在低负荷时,如锅炉指令有较大幅度变化时,很容易引起省煤器入口流量低使得锅炉主燃料跳闸。所以,在直流锅炉给水控制中需采取保护措施保证锅炉的最低给水流量,而汽包锅炉没有该项保护要求。

超超临界直流锅炉给水控制的具体任务是:通过控制给水流量和燃/水比,保持锅炉干态运行条件下进入汽水分离器的蒸汽具有合适的过热度。一方面是维持汽水分离器的干态运行,防止其返回湿态;另一方面是控制汽水分离器出口蒸汽的过热度(温度),以达到防止水冷壁和过热器超温、粗调主蒸汽温度、维持锅炉总能量平衡(恰当的燃/水比)的目的。

11.3.2 直流锅炉给水控制的基本方案

超超临界机组在燃烧率低于40%（或35%）BMCR（锅炉最大连续蒸发量）时，锅炉处于非直流运行方式，汽水分离器处于湿态运行。汽水分离器水位由汽水分离器至除氧器及疏水扩容器之间的组合调节阀进行控制，给水系统处于循环工作方式。在机组燃烧率大于40%（或35%）BMCR后，锅炉逐步进入直流运行状态。因此，超超临界机组直流锅炉给水控制分40%（或35%）BMCR以下低负荷时的汽水分离器水位调节、40%（或35%）BMCR以上直流运行时的燃/水比调节。在此分别介绍直流锅炉给水控制中的汽水分离器水位调节方案、燃/水比调节方案。

1. 汽水分离器水位调节（汽水分离器湿态运行、非直流运行方式下）

在非直流运行方式下，直流锅炉给水控制任务是保证锅炉给水的最小流量和维持汽水分离器水位。汽水分离器水位调节系统示意图如图11-8所示。

直流锅炉在汽水分离器至除氧器及疏水扩容器之间设置有组合调节阀。组合调节阀一般由2～3个调节阀组成（图11-8中为2个），且由液压控制系统控制，开启速度快，通流量满足疏水的排放要求。每个调节阀前都有1个电动截止阀，当符合一定条件后，电动截止阀会自动联锁开启或关闭。

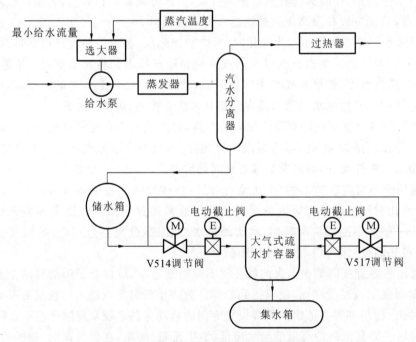

图11-8 汽水分离器水位调节系统示意图

在非直流运行方式下，是通过采用蒸汽温度校正的给水控制系统输出信号和最小给水流量信号二者中的大者来控制给水泵转速控制锅炉给水的。锅炉给水控制对汽水分离器的水位有着一定的调节作用，但是，当汽水分离器的水位过高时，则需通过组合调节阀来进行辅助控制，及时疏水，即根据压力修正后的汽水分离器水位控制组合调节阀的开度。当汽水分离器水位在额定下限（如11.3 m）以下时调节阀全关，当汽水分离器水位在额定上限（如15.4 m）以上时调节阀全开。

正常运行时,汽水分离器压力很高,为保证除氧器的安全,一般在通往除氧器的调节阀和截止阀上都加有联锁保护。当除氧器压力大于一定值时,此门将强制关闭,只有当除氧器压力降至一定值以下时,才允许重新开启。

当出现调节阀交流电源丢失、调节阀直流电源丢失、控制指令信号故障、汽水分离器的压力信号故障、水位信号故障等情况时,汽水分离器的水位控制将强制手动。

2. 燃/水比调节(汽水分离器干态运行、直流运行方式下)

在直流运行方式下,直流锅炉给水控制任务是通过调节给水流量维持锅炉的燃/水比和控制主蒸汽温度在额定的范围内。超超临界机组直流运行方式下燃/水比调节方案有两种:中间点温度控制方案和焓值控制方案。下面分别介绍。

1) 中间点温度控制方案

该方案又称"微过热蒸汽温度控制方案"。锅炉给水的中间点温度控制方案示意图如图11-9 所示。

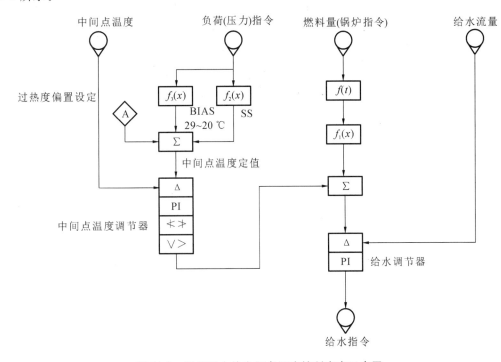

图 11-9 锅炉给水的中间点温度控制方案示意图

在该方案中,燃料量(锅炉指令)经 $f_1(x)$ 函数变换后,作为给水流量的需求信号,它代表不同负荷(燃料量)对给水流量的要求。$f_1(x)$ 为燃/水比环节,用以保证不同负荷下锅炉燃烧率与给水流量合适的比例。

由于蒸汽温度对给水流量的动态响应要比燃烧率快,因此设置了一个惯性环节 $f(t)$,使给水迟于燃烧率的改变,以减小蒸汽温度的动态变化。

负荷(压力)指令通过 $f_2(x)$ 和 $f_3(x)$ 分别生成所要求的饱和温度和过热度,它们与过热度偏置信号相加,形成中间点温度给定值。

中间点温度取自汽水分离器出口温度。中间点选在汽水分离器出口的原因如下。

(1) 能快速反映燃料量的变化。当燃料量增加时,水冷壁最先吸收燃烧释放出的辐射热量,分离器出口温度的变化比依靠吸收对流热量的过热器快得多。

（2）选在两级减温器之前，基本不受减温水流量变化的影响，即使发生减温水流量大幅度变化，按锅炉给水流量＝给水泵入口流量－减温水流量，中间点温度送出的调节信号仍保证正确的调节方向。

（3）在锅炉负荷 35％～100％ BMCR 范围内，汽水分离器出口始终处于过热状态，温度测量准确、灵敏。

（4）汽水分离器出口温度能更早、更迅速、不受其他因素影响地反映出主蒸汽温度变化趋势。

中间点温度与其给定值进行比较，其偏差经中间点温度调节器运算后，输出中间点温度控制所需的给水流量信号。

给水流量信号与中间点温度调节器的输出信号叠加，形成给水调节器输入端的给定值。给水调节器根据给定值与实际给水流量之间的偏差运算，输出给水指令控制给水泵进行给水流量调节。

中间点温度控制采用的是一个串级控制系统，可有效保证中间点温度的调节品质。该给水控制系统通过燃料量（锅炉指令）粗调给水流量，通过中间点温度对给水流量进行微调，既保证了锅炉内的物质动态平衡，又保证了中间点蒸汽温度相对稳定。而中间点温度控制又是主蒸汽温度控制的粗调，对保证主蒸汽温度的品质起到关键作用。

2）焓值控制方案

锅炉给水的焓值控制方案示意图如图 11-10 所示。

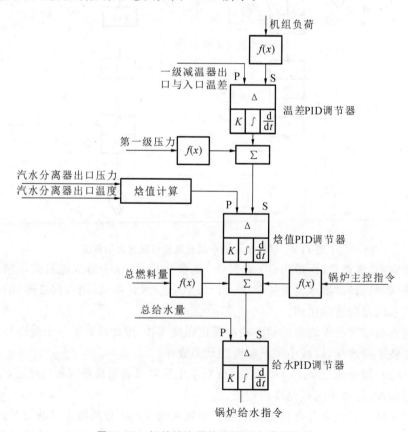

图 11-10　锅炉给水的焓值控制方案示意图

该方案中,A、B 两侧一级减温器前后温差经二取一后,与负荷经 $f(x)$ 形成的给定值进行比较,其偏差送入温差 PID 调节器进行运算。温差 PID 调节器输出与调速级压力等前馈量相加后,作为焓值给定值与用汽水分离器出口温度和出口压力计算出的实际焓值进行比较,其偏差送入焓值 PID 调节器进行运算。焓值 PID 调节器的输出加上燃料偏差作为给水量的给定值,再与实际总水量进行比较,其偏差送入给水 PID 调节器进行运算。给水 PID 调节器的输出为给水指令信号,给水指令经平衡算法,送入气泵和电泵,控制给水流量。

其中,温差 PID 调节器的作用是保持一级减温器前后温差为一常数。这是因为如果各受热面的吸热比例不变,过热器出口焓值为一常数,那么减温器后蒸汽焓值也是一常数,与负荷无关。保持减温器前后温差为一常数,也就间接保持了减温器前蒸汽温度为一常数,相当于用减温器前微过热蒸汽温度作为校正燃/水比的信号。

在运行过程中,由于上下排喷燃器的切换、蒸汽吹灰的投入与否、过热器所处的对流或辐射换热特性等诸多因素的影响,锅炉受热面在不同负荷时吸热比例变化较大。若要保持微过热段蒸汽温度和各级减温器出口蒸汽温度为定值,则各级喷水量变化应较大。为了克服上述缺点,采用保持减温器前后温差为一常数的调节系统,与直接调节微过热段蒸汽温度的系统相比,其调节品质有所降低,但有改善一级减温器工作条件的优点。

系统中的总给水流量是主给水流量与总喷水流量之和。总喷水流量是 A、B 两侧一级减温水流量和二级减温水流量经平滑处理后相加而得的;主给水流量是由采取三个测点测量,经主给水温度修正后三取中而得的。

由该系统发出的给水流量信号,将送到给水泵转速控制器,通过改变给水泵转速来维持给水流量。而给水母管压力由给水调节器控制,当给水母管压力发生偏差时,通过给水调节器的调节来维持给水母管压力,以保证对过热器的喷水压力。

电动给水泵和汽动给水泵都设计有最小流量控制系统,通过给水再循环,保证给水泵出口流量不低于最小流量给定值,以保证给水泵设备的安全。给水泵最小流量控制系统通常为单回路调节系统,流量测量一般采用二取一。给水泵最小流量控制系统仅工作在给水泵启动和低负荷阶段;锅炉给水流量只要大于最小流量给定值,给水再循环调节阀就关闭。最小流量给水再循环调节阀通常设计为反方向动作,即控制系统输出为 0 时,阀门全开;输出为 100% 时,阀门全关。这样在失电或失去气源时,阀门全开,可保证设备的安全。

11.3.3　某 660 MW 超超临界机组直流锅炉给水控制系统

在直流锅炉中,给水流量的波动将对机组负荷、主蒸汽压力、主蒸汽温度等机组运行重要过程参数产生较大影响。由于机组负荷和主蒸汽压力还有其他控制手段,而一旦给水流量控制回路工作欠佳,导致煤/水比动态失调,锅炉出口的主蒸汽温度仅靠其后的喷水减温控制是无法满足机组运行对主蒸汽温度的控制要求的。因此,直流锅炉中的给水流量控制是控制锅炉出口主蒸汽温度的一个最基本手段。

实际上,给水流量控制回路仅当锅炉运行在纯直流(干式分离器)工况下时才能对锅炉出口的主蒸汽温度起到粗调的作用。为了保证锅炉本身的安全运行,要求任何工况下省煤器入口给水流量不低于 35%BMCR 的值。当锅炉在低负荷下运行(湿式分离器)时,多余的给水流量经汽水分离器疏水阀进行再循环。

某 660 MW 超超临界机组直流锅炉给水控制系统的控制方案思路如下:当锅炉燃料量指令改变时,根据设计煤种的发热量自动改变给水流量设定值;如果煤种发热量变化或其他因素的影响,导致煤/水比偏离设定值,再用给水流量对中间点温度进行校正。锅炉中间点温度的设定值根据汽水分离器出口压力经函数发生器自动给出,并在必要时可以由运行人员手动设定偏置。设计中考虑了中间点温度最小过热度限制,当过热器喷水流量占总给水流量的比例与设定值偏差过大时,再对中间点温度设定值进行小范围的增减。给水流量控制系统可分为以下几个部分。

1. 给水流量计算回路

该计算回路采用三个测点测量省煤器入口给水流量,正常情况下取其中间值。同时在省煤器入口布置三个测点测量给水温度,正常情况下取其中间值经运算对给水流量信号进行温度校正。给水流量的计算回路组态如图 11-11 所示。

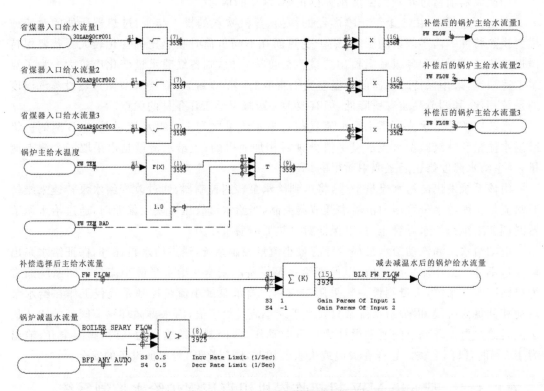

图 11-11　660 MW 超超临界机组给水流量计算回路组态

"补偿后的锅炉主给水流量 1""补偿后的锅炉主给水流量 2""补偿后的锅炉主给水流量 3"经三选一后,得到补偿选择后的主给水流量。该流量值是一个总量,包括锅炉给水流量和减温水流量。因此在计算最终的锅炉给水流量时,需要减去锅炉减温水流量以得到最终锅炉给水泵的给水流量。

2. 中间点温度(水冷壁出口温度)计算回路

计算回路通过三个传感器监测水冷壁出口温度,通过三选一,选择中间温度值代表水冷壁的实际温度值。该过程关键是设定水冷壁出口温度,控制方案以测定压力下的水的饱和温度为基础,设定水的过热度。水冷壁出口集箱温度的设定过程如下:汽水分离器储水罐压力经计算后得到对应的水的饱和温度,再加上设定的最小过热度,得到所需的温度 1;汽水分离器储水罐压力计算后,加入喷水比例调节参数,再加上操作人员手动设定的过热器温度偏置,得到所需的温度 2;选择温度 1 与温度 2 中的大值作为水冷壁出口集箱温度设定值。当汽水分离器储水罐压力信号故障时,选择主蒸汽压力经换算后代替汽水分离器储水罐压力。中间点温度计算回路组态如图 11-12 所示。

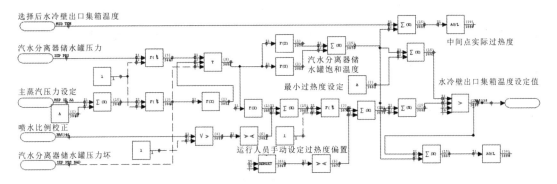

图 11-12　660 MW 超超临界机组中间点温度计算回路组态

3.给水流量控制回路

给水指令的形成组态如图 11-13 所示,该单元的工作原理如下。设定值 SP 设为常数 0;"给水流量设定值"与"减去减温水后的锅炉给水流量"的差,经投入自动的给水泵数目校正后,作为 PID 的控制变量(PV),也是进行 PID 运算的输入偏差量;选择 A 和 B 气泵的转速最大值作为 PID 的跟踪值(TR);当任意一个泵处于自动,并且泵的输出指令没有超过最大值时,PID 退出跟踪模式,输出为 SP－PV 的 PID 运算值,否则 PID 处于跟踪模式,跟踪 A、B 气泵转速的最大值。

当泵运行正常时,输出 PV 的 PID 运算值,作为给水泵公用指令;否则输出 A、B 气泵转速的最大值,跟踪现有给水指令。

机组给定负荷经修正后,再经自适应模块,自动修正 PID 的积分常数和比例常数。

由图 11-13 可知,M/A 的过程变量(PV)为水冷壁出口集箱介质温度偏差信号;设定值(SP)跟踪信号为"A 小机转速指令"减去"给水泵公用指令"的值,由于 S29 端引入的是 M/A 输出自动方式信号,当输出方式不是自动时,将 M/A 的输出设定值设为此差值,否则 M/A 的输出设定由操作人员手动设定;"给水泵公用指令"与 M/A 输出的设定值的和,经过限幅限速处理后作为 M/A 自动信号输入;♯1 给水泵小汽轮机处于协调控制方式时,则选择 A 小机转速指令经修正后作为输出跟踪信号,♯1 给水泵小汽轮机不处于协调控制方式时,选择 A 小机转速设定值或者♯1 给水泵小汽轮机转速定值信号,经函数生成器 $F(x)$ 后的值作为跟踪信号;未开出口门前升速或者开出口门后升速或者♯1 给水泵小汽轮机未投入协调控制时,则将 M/A 设定为跟踪状态,♯1 给水泵小汽轮机处于协调控制方式时,选择 A 小机转速指令经校正、限速后的指令作为跟踪信号;♯1 给水泵小汽轮机未投入协调控制或者给水控制切手动,或者气泵 A 没有运行时,则切换到手动状态。顺序控制系统发出 A 给水自动信号时,M/A 处于自动模式。M/A 的控制输出作为♯1 给水泵小汽轮机初步转速指令,自动状态和输出设定值是 M/A 模块的另外两个输出。

M/A 处于自动模式时,输出值为给水泵公用指令与 M/A 输出设定值的和(此时输出设定为手动设定值),即用给水泵公用指令调节手动给定的给水泵转速指令期望值作为最终的输出转速指令;当处于跟踪模式时,若 A 小机协调控制方式未投入,则跟踪泵的额定转速或手动给定的转速,若 A 小机投入协调控制,则跟踪修正后的当前 A 小机实际转速指令;当处于手动方式时,由操作人员手动给定 A 小机的转速指令。

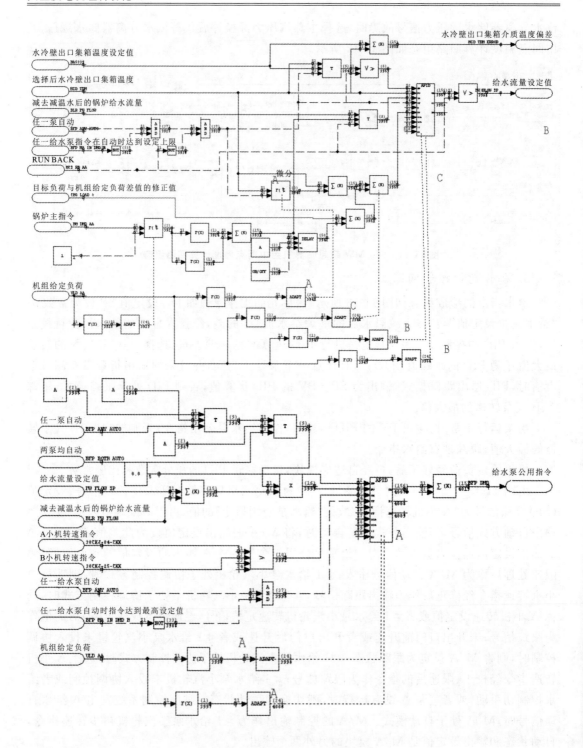

图 11-13　给水指令的形成组态

　　下列情况下锅炉给水泵控制强制手动：汽水分离器出口压力信号故障；中间点温度测点坏；锅炉一级减温水流量信号故障；锅炉二级减温水流量信号故障；锅炉给水流量信号故障，机组给定负荷信号故障。

第 12 章　锅炉蒸汽温度控制系统

12.1　过热蒸汽温度控制系统

12.1.1　过热蒸汽温度控制的意义与任务

锅炉过热蒸汽温度(汽温)是影响锅炉生产过程安全性和经济性的重要参数。现代锅炉的过热器是在高温、高压的条件下工作的,锅炉出口的过热蒸汽温度是全厂整个汽水行程中工质温度的最高点,也是金属壁温的最高点。过热器的材料采用的是耐高温、高压的合金钢,过热器正常运行时的温度已接近材料所允许的最高温度。如果过热蒸汽温度过高,容易烧坏过热器,也会使蒸汽管道、汽轮机内某些零部件产生过大的热膨胀变形而毁坏,影响机组的安全运行;如果过热蒸汽温度过低,又会降低全厂的热效率,一般蒸汽温度每降低 5～10 ℃,热效率约降低 1%,不仅增加燃料消耗量、浪费能源,而且,还将使汽轮机最后几级的蒸汽湿度增加,加速汽轮机叶片的水蚀。另外,过热蒸汽温度降低还会导致汽轮机高压部分级的焓降减小,引起各级反动度增大,轴向推力增大,也对汽轮机的安全运行带来不利影响。因此,过热蒸汽温度过高或过低都是生产过程所不允许的。

为了保证过热蒸汽的品质和生产过程的安全性、经济性,过热蒸汽温度必须通过自动化手段加以控制。过热蒸汽温度的控制任务是:维持过热器出口蒸汽温度在生产允许的范围内,一般要求过热蒸汽温度与额定值(给定值)的偏差不超过 −10～+5 ℃。

12.1.2　过热蒸汽温度的影响因素

对于一个已经设计定型的机组,在运行中影响过热蒸汽温度的主要因素有如下几点。

(1) 锅炉负荷。随着锅炉负荷的变化,过热器辐射吸热面和对流吸热面的吸热比例会随之变化,例如:布置在对流吸热区的过热器,其出口蒸汽温度一般随负荷的上升而上升,而布置在辐射吸热区的过热器则具有相反的特性。在单元制机组中,锅炉负荷和机组负荷是一致的。

(2) 过剩空气系数。锅炉过剩空气系数增大,引起对流吸热面吸热增大,布置在对流吸热区的过热器出口蒸汽温度上升。

(3) 炉膛火焰中心。对四角布置燃烧器的锅炉来说,如投入运行的磨煤机台数或组合发生变化或火嘴摆动倾角发生变化,都将引起炉膛火焰中心的变化。火焰中心上移将导致炉膛出口烟气温度上升,势必引起对流吸热面吸热量增加。

除以上因素外,燃煤煤质的改变、煤粉细度的改变、锅炉受热面的清洁程度等因素也会对过热蒸汽温度产生影响,但是这些因素对蒸汽温度的影响相对较小,且在线实时测量不易实现。

12.1.3 过热蒸汽温度的控制策略

在锅炉设计时,为了保证锅炉在负荷小于额定值时某一范围内过热蒸汽温度仍能达到额定值,一般总是要使额定负荷下过热蒸汽温度高于其额定值。一般而言,对于中压锅炉,在额定负荷时过热蒸汽温度比额定值高 25～40 ℃;对于高压锅炉,过热蒸汽温度比额定值高40～60 ℃。因此,需要采取适当的减温方式改变过热器入口的蒸汽温度,从而控制出口的过热蒸汽温度。改变过热器入口蒸汽温度有喷水式减温和表面式减温两类方法。现代大型锅炉最常采用的是喷水减温方法。

从理论上讲,对过热蒸汽喷水将引起熵增,会导致系统做功能力(即机组循环效率)下降,但是为了维持机组的安全运行,喷水减温又是最为简单且有效的手段,因而被广泛采用。

对于采用喷水减温器的过热蒸汽温度控制系统,有的机组只采用一级喷水减温控制方式,这种系统比较简单。对于大型锅炉,因被控对象在基本扰动下的迟延时间太长,所以在机组负荷变动等扰动下蒸汽温度偏差往往较大。目前绝大多数大型机组都采用二级喷水减温控制方式。

对于采用二级喷水减温控制方式的过热蒸汽温度控制系统,如果仅从锅炉出口蒸汽温度的调节效果来考虑,则一级喷水减温相当于粗调,二级喷水减温相当于细调。对于每级喷水减温控制系统,最常见的典型组态都采用串级控制系统,控制器采用 PID 规律,二级喷水减温器入口蒸汽温度定值随负荷改变,锅炉出口蒸汽温度为定值控制。也有的控制系统设计考虑了机组负荷等前馈信号。

蒸汽温度调节对象是一个大延时环节,加上锅炉设计中对喷水减温器配置可控能力不足,往往使调节回路难以良好运行。因此在常规控制方法的基础上有许多人研究提出加入史密斯(Smith)预估器,或者采用人工神经网络等先进蒸汽温度控制策略来改善调节品质,收到较好效果。这在分散控制系统中是不难做到的,宜积极推广。

12.1.4 过热蒸汽温度控制系统的基本结构

1.三级喷水减温控制

三级喷水减温控制示意图如图 12-1 所示。

Ⅱ级喷水减温器入口温度控制一般设计成一套串级调节系统。Ⅲ级喷水减温器入口温度控制由左、右两侧两套完全独立的串级调节系统组成。主蒸汽温度控制系统由左、右两侧两套完全独立的串级调节系统构成。

(1) 主蒸汽温度控制系统以Ⅲ级喷水减温器出口蒸汽温度为副调节回路被调量,以主蒸汽温度为主调节回路的被调量。

为了改善变负荷时的动态调节品质,系统常采用前馈信号,如蒸汽流量微分信号、燃料指令微分信号、主蒸汽压力设定值微分信号、汽包压力信号、空气流量信号、摆动火嘴摆动倾角位置信号等。合理地使用前馈信号,可以改善主蒸汽温度的动态调节品质,获得最佳的调节效果。

主蒸汽温度的给定值在定压和滑压两种运行方式下都设计为负荷的函数。某电厂600 MW 机组的主蒸汽温度给定值与负荷的关系曲线如图 12-2 所示。

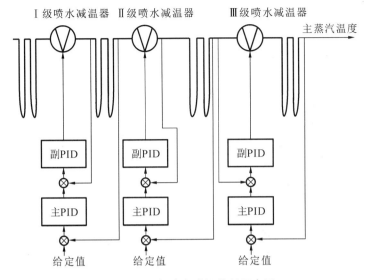

图 12-1　三级喷水减温控制示意图

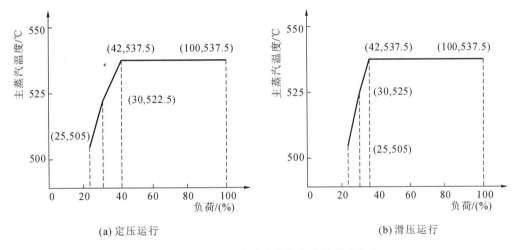

(a) 定压运行　　　　　　　　　　(b) 滑压运行

图 12-2　主蒸汽温度给定值与负荷的关系曲线

（2）Ⅱ级喷水减温器入口蒸汽温度控制以Ⅰ级喷水减温器出口蒸汽温度为副调节回路的被调量，以Ⅱ级喷水减温器入口蒸汽温度为主调节回路的被调量。为了改善负荷变化时的动态调节品质，系统常引入各种前馈信号，如主蒸汽压力设定值微分信号、汽包压力信号、空气流量信号、摆动火嘴摆动倾角位置信号等。

Ⅲ级喷水减温器入口蒸汽温度控制系统以Ⅱ级喷水减温器出口蒸汽温度为副调节回路的被调量，以Ⅲ级喷水减温器入口蒸汽温度为主调节回路的被调量。为了改善变负荷工况下的调品品质，控制系统亦常引入各种前馈信号，如主蒸汽压力设定值微分信号、汽包压力信号、空气流量信号、摆动火嘴摆动倾角位置信号等。

各蒸汽温度测量信号均采用二取一，选择可以手动/自动，可选择 A 侧、B 侧的信号或两者的平均值。

2. 二级喷水减温控制

Ⅱ级喷水减温器入口温度控制由左、右两侧两套完全独立的串级调节系统组成，如图 12-3 所示。

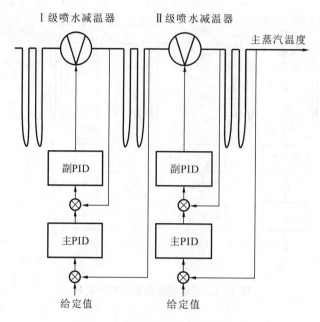

图 12-3　二级喷水减温控制示意图

12.1.5　过热蒸汽温度控制对象的动态特性

过热蒸汽温度控制对象的动态特性是指引起过热蒸汽温度变化的各种扰动与蒸汽温度之间的动态关系。引起过热蒸汽温度变化的因素很多,如过热蒸汽流量变化、炉膛燃烧工况变化、锅炉给水温度变化、进入过热器的热量、流经过热器的烟气温度和流速等的变化。但归纳起来,过热蒸汽温度控制对象的扰动主要来自三个方面:蒸汽流量变化(负荷变化)、烟气传热量变化和减温水流量变化(过热器入口蒸汽温度变化)。

1. 蒸汽流量扰动下蒸汽温度对象的动态特性

蒸汽流量变化是由锅炉负荷变化引起的。当锅炉负荷变化时,过热器出口蒸汽温度的阶跃响应的特点是有迟延、有惯性、有自平衡能力,且迟延和惯性较小,一般迟延时间约为20 s。这是因为沿整个过热器管路长度上各点的蒸汽流速几乎同时改变,从而改变过热器的对流放热系数,使过热器各点蒸汽温度几乎同时改变,直到达到平衡状态为止。另外,随着过热器出口温度的增加,蒸汽带出的热量增加,由于蒸汽温度增加,温差减小,烟气传给蒸汽的热量也减小,使对象有一定的自平衡能力。

虽然蒸汽负荷扰动下,蒸汽温度变化特性较好,但蒸汽负荷是由用户决定的,不可能作为控制蒸汽温度的手段,只能看作蒸汽温度控制系统的外部扰动。

对于不同结构形式的过热器,过热蒸汽温度随锅炉负荷变化的静态特性是不同的,如图12-4 所示。对于对流式过热器,随着蒸汽流量 D 的增加,通过过热器的烟气量增加,炉烟温度随之升高,使得过热器出口蒸汽温度升高。但对于辐射式过热器,蒸汽流量 D 增加时,炉膛温度升高较小,炉膛辐射给过热器受热面的热量比蒸汽流量的增加所需热量要少,因此,其出口蒸汽温度反而会下降。实际生产中,通常结合使用两种过热器,且锅炉过热器的对流方式比辐射方式吸热量多。因此,总的蒸汽温度随负荷增加而升高。

应当注意,如果蒸汽流量的增加是汽轮机侧扰动引起的,则在锅炉燃烧未调整之前,过

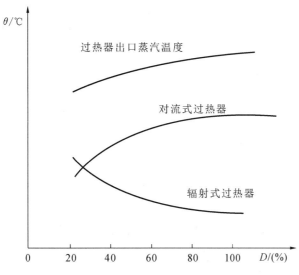

图 12-4　过热蒸汽温度控制对象的静态特性

热蒸汽温度会随蒸汽流量的升高而下降。

2. 烟气传热量扰动下蒸汽温度对象的动态特性

引起烟气传热量扰动的原因很多,如给粉机给粉不均匀、煤中水分的变化、蒸发受热面结渣、过剩空气系数改变、汽包内水温度变化、燃烧火焰中心位置改变等,但归纳起来是烟气流速和烟气温度对过热蒸汽温度的影响。在这种烟气侧扰动作用下,蒸汽温度对象的阶跃响应曲线是有迟延、有惯性、有自平衡能力的。但由于烟气侧的扰动是沿整个过热器管路长度进行的,因此迟延较小。

从动态特性角度考虑,利用烟气侧扰动作为过热蒸汽温度控制手段较好,如改变燃烧器角度、烟气再循环、烟气旁通等。但是,这类控制方法会导致锅炉结构复杂化,而且实现起来较麻烦,所以一般较少采用。

3. 减温水流量扰动下蒸汽温度对象的动态特性

减温水流量变化是引起过热器入口蒸汽温度变化的主要因素,也是目前广泛采用的过热蒸汽温度调节方法。减温器有直接喷水式、自凝喷水式和表面式等类型,一般均采用直接喷水式减温器。减温水扰动时,蒸汽温度控制对象也是有自平衡、迟延和惯性的控制对象。减温器位置对对象动态特性有显著的影响,减温器离过热器出口越远,则迟延越大。由于大型锅炉的过热器管路很长,故减温水扰动时控制对象的迟延和惯性是比较大的。

综上所述,在各种扰动下蒸汽温度控制对象都是有迟延、惯性和自平衡能力的,其典型的阶跃响应曲线如图 12-5 所示。在不同扰动下,其动态特性还是有较大差别的,对于一般中高压锅炉,当减温水流量扰动时,蒸汽温度的迟延时间 $\tau = 30 \sim 60$ s,时间常数 $T = 100$ s;而当烟气侧扰动时,$\tau = 10 \sim 20$ s,$T = 100$ s。可见 τ / T 是很大的。

尽管减温水扰动时控制对象的动态特性不够理想,但由于采用喷水减温结构简单,且对过热器安全运行比较有利,目前仍广泛采用喷水减温作为控制蒸汽温度的手段。这时,如果只根据蒸汽温度的偏差采用单回路反馈系统不可能满足生产要求。为此,在设计控制系统时,常常选择迟延和惯性都小于过热器出口蒸汽温度 θ_2 的减温器出口处蒸汽温度 θ_1 作为辅助被调量(称为导前蒸汽温度信号),来提前反映调节效果(喷水量的改变)。这样,对象调节

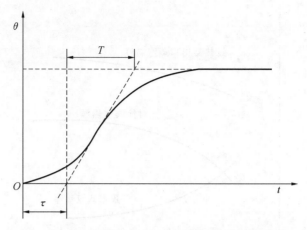

图 12-5　过热蒸汽温度控制对象的典型阶跃响应曲线

通道可以看作由两部分组成：以减温水流量 W_j 为输入信号，减温器出口温度 θ_1 作为输出信号的导前区和以减温器出口蒸汽温度 θ_1 为输入信号，过热器出口蒸汽温度 θ_2 为输出信号的惰性区，其传递函数分别用 $G_1(s)$、$G_2(s)$ 表示，如图 12-6 所示。

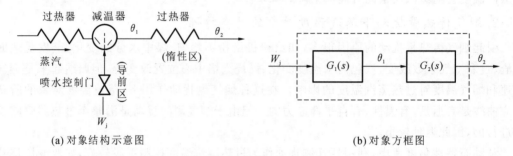

|(a) 对象结构示意图| (b) 对象方框图|

图 12-6　被控对象及方框图

12.1.6　过热蒸汽温度控制系统实例

1. 亚临界机组过热蒸汽温度控制系统

这里针对某机组应用分散控制系统实现过热蒸汽温度控制的系统结构及其工作原理进行介绍。

该机组的过热蒸汽温度控制采用二级喷水减温控制方式。过热器设计成两级喷水减温方式，除可以有效减小过热蒸汽温度在基本扰动下的纯迟延，改善过热蒸汽温度的调节品质外，一级喷水减温还具有防止屏式过热器超温，确保机组安全运行的作用。

锅炉汽包产生的蒸汽经顶棚过热器、后烟道侧墙管等加热后，在立式低温过热器出口联箱后汇集到一根管道内，经一级喷水减温器后分 A、B 侧进入屏式过热器。在后屏过热器出口联箱后又汇集到一根管道内，经二级喷水减温器后进入末级过热器。最后，在末级过热器出口联箱后由一根主蒸汽管道送至汽轮机高压缸入口。

过热减温器喷水由锅炉主给水泵出口引来，就地分成两路，分别经各自的减温水流量测量孔板、气动隔离阀、气动调节阀和电动隔离阀后送往一、二级喷水减温器。

电动隔离阀和气动隔离阀除可由运行人员在 OIS 上手动操作外，当对应的调节阀稍微开启后电动隔离阀将自动联锁打开；锅炉主燃料跳闸后自动联锁关闭。当对应调节阀稍微开启,且相应的电动隔离阀打开时,气动隔离阀将自动联锁打开;当对应的调节阀全关后自动联锁关闭。

机组过热器一、二级喷水减温器的控制目标,就是在机组不同负荷下维持锅炉二级喷水减温器入口和二级过热器出口的蒸汽温度为给定值。

1) 一级喷水减温控制系统

过热器一级喷水减温控制系统的组态如图 12-7 所示。

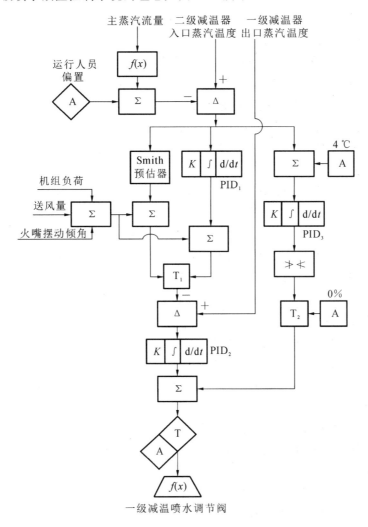

图 12-7　过热器一级喷水减温控制系统组态

该系统是在一个串级双回路控制系统的基础上,引入前馈信号和防超温保护回路而形成的喷水减温控制系统。

主回路的被控量为二级喷水减温器入口的蒸汽温度,它由一个温度测点测得,并送入主回路与其给定值进行比较,形成二级喷水减温器入口蒸汽温度的偏差信号。主回路的给定值由代表机组负荷的主蒸汽流量信号经函数器 $f(x)$ 产生,运行人员在 OIS 上可对此给定值给予正负偏置。主回路的控制器由 PID_1 调节器和 Smith 预估器互相切换形成。两者只能有一个起控制作用,它们是由工程师在 EWS 上设定组态软件中的开关选择的,运行人员无法干涉。主回路控制器接收二级喷水减温器入口蒸汽温度偏差信号,经控制运算后输出送至副回路。

副回路的被控量为一级喷水减温器出口的蒸汽温度。同样,它由一个温度测点测得,并送入副回路与其给定值进行比较,形成一级喷水减温器出口蒸汽温度的偏差信号。副回路的给定值是由主回路控制器输出与前馈信号叠加而形成的。副回路采用 PID_2 调节器,它接收一级喷水减温器出口蒸汽温度的偏差信号,其输出与防超温保护回路输出叠加后经手动/自动站去控制一级喷水减温器。

系统引入的前馈信号有机组负荷、送风量、喷燃器火嘴摆动倾角等外扰信号。这些扰动信号会引起过热蒸汽温度的明显变化,因此,将它们作为前馈信号引入系统,可抑制它们对过热蒸汽温度的影响,改善一级过热蒸汽温度的控制品质。

防超温保护回路以 PID_3 调节器为核心构成。正常情况下,这一回路不起作用,它由工程师在 EWS 上将此功能封闭(该回路的切换器 T_2 输出为0),只有当某种原因导致二级喷水减温器入口蒸汽温度比给定值高4 ℃以上时,该回路才会使一级喷水减温调节阀动态过开,以防止屏式过热器超温。防超温保护回路的控制作用受到限幅器的限制,以避免喷水减温调节阀的动作太大。

当机组负荷较低、汽轮机跳闸、锅炉主燃料跳闸或一级喷水电动隔离阀异常关闭时,过热器一级减温喷水调节阀将自动关闭。

由于机组的负荷不同,控制对象的动态特性也不同。为了使在较大的负荷变化范围内系统都具备较高的控制品质,在大型机组的蒸汽温度控制中,可充分利用计算机分散控制系统的优势,将主、副调节器设计成自动随负荷修改整定参数的调节器。上述蒸汽温度控制系统就是如此。

2) 二级减温控制系统

过热器二级减温控制系统的组态如图 12-8 所示。

该系统与一级减温控制系统的结构基本相同,也是一个串级双回路控制系统,不同之处在于:主、副调节器输入的偏差信号不同,采用的前馈信号不同。在此,仅对不同之处予以补充说明。

二级减温控制系统的主回路的被控量为二级过热器出口蒸汽温度。该蒸汽温度设有两个测点,可由运行人员在 OIS 上选择 A 侧、B 侧的信号或两侧信号的平均值作为蒸汽温度测量值与主回路的给定值比较,形成二级过热器出口蒸汽温度偏差信号。主回路的给定值由运行人员手动设定,机组在正常负荷时,给定值一般为540 ℃。

副回路的被控量为二级喷水减温器出口蒸汽温度,它由一个温度测点测得,并送入副回路与其给定值比较,形成二级喷水减温器出口蒸汽温度的偏差信号。副回路给定值是由主回路控制器输出与前馈信号叠加形成的。

二级过热蒸汽温度控制是锅炉出口蒸汽温度的最后一道控制手段。为了保证汽轮机的安全经济运行,要求尽可能提高锅炉出口蒸汽温度的调节品质。因此,二级减温控制的主回路前馈信号采用了基于焓值计算的较为完善的方案。

蒸汽的焓值是温度和压力的二元函数,用数学公式表示这种函数关系是相当困难和难以保证精度的。在蒸汽热力性质表上,蒸汽焓值和温度、压力的关系是用实验数据以表格形式体现的。若要查出某一压力、温度下蒸汽的焓值,必须采用查表和内插的方法,计算工作量相对较大。为此,在 INFI-90 系统中,专门开发了采用内插法求取二元函数的内插器(功

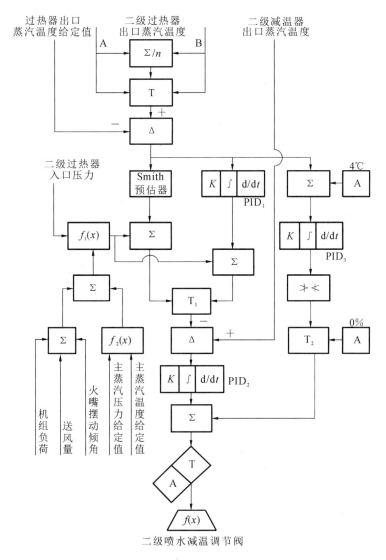

图 12-8　过热器二级喷水减温控制系统组态

能码 168）。只要知道二元函数的数值表格，不需要该二元函数的数学表达式，即可采用内插法求出这两个输入变量所对应的函数值。利用这个功能码解决类似蒸汽焓值在线计算之类的问题非常方便。

　　在二级减温控制系统中，先根据主蒸汽温度和压力的给定值用内插器计算出锅炉出口蒸汽要求的焓值，再减去由主蒸汽流量代表的机组负荷、送风量、燃烧器火嘴摆动倾角等因素经函数发生器给出的对二级过热器焓值的影响，求得二级过热器入口要求的蒸汽焓值。二级过热器入口蒸汽无压力测点，可由主蒸汽压力加上随负荷变化的二级过热器内蒸汽的压降，求得二级过热器入口蒸汽压力，再根据二级过热器入口蒸汽压力和要求的焓值，采用内插器求出二级过热器入口要求的温度，以此作为二级减温控制主回路的前馈信号，作为二级过热器入口蒸汽温度给定值的前馈信号。

　　除上述内容外，二级减温控制系统的其他部分及其工作原理与一级减温控制系统完全相同，此处不再赘述。

3）Smith 预估器

在一、二级减温控制系统的主回路中，均设置了可供选择的 Smith 预估器。这是因为长期以来，对于像过热器蒸汽温度这种具有大纯迟延、大惯性动态特性的控制对象，采用常规的 PID 控制规律难以获得较为满意的控制效果。近年来，对于锅炉过热蒸汽温度控制，国内外都在尝试采用新的控制规律取代常规的 PID 规律，如模糊控制、Smith 预估器、状态观测器等控制规律及方法。在上述一、二级减温控制系统组态中，充分利用 INFI-90 系统所具有的 Smith 预估器功能码，可提高蒸汽温度控制的品质。

Smith 预估器仍采用经典控制理论设计。Smith 预估器的应用原理是将被控对象在基本扰动作用下的动态特性，简化为一个纯迟延与一个一阶惯性环节相串联的数学模型，预估器根据这个数学模型，预先估计出所采用的控制作用对被控量的可能影响，而不必等到被控量有所反应之后再采取控制动作，从而达到提高控制效果的目的。

从理论上讲，对于一个准确的纯迟延和一阶惯性环节相串联的被控对象，被控量在外扰和给定值扰动下应用 Smith 预估器进行控制，可以达到非常理想的效果。实际被控对象动态特性越逼近纯迟延和一阶惯性串联环节，控制效果越好。被控量在给定值和外部扰动下，以传递函数形式表达的关系式为

$$P_V(s) = \frac{1}{Ts+1} e^{-\tau s} \cdot S_P(s) + \left(1 - \frac{e^{-\tau s}}{Ts+1}\right) U(s) \qquad (12\text{-}1)$$

式中：$P_V(s)$ 为被控量；T 为对象模型惯性时间；$S_P(s)$ 为给定值；τ 为对象模型纯迟延时间；$U(s)$ 为外部扰动。

实践证明，应用 Smith 预估器，一、二级减温控制系统的控制品质大有提高。当然，为了进一步改善外扰下的控制效果，在系统组态时，引入对被控量有明显影响且可测量的外扰作为前馈信号，也是非常必要的。

2. 超超临界机组过热蒸汽温度控制系统

1）超超临界机组过热蒸汽温度控制的基本方案

影响过热蒸汽温度的主要因素较多，如燃烧率、给水、燃/水比、给水温度、过剩空气系数、火焰中心高度、受热面结渣等。对于超超临界机组的直流锅炉，在水冷壁温度不超限的条件下，后四种影响过热蒸汽温度的因素都可以通过调整燃/水比来消除。所以，只要有效地调节和控制好燃/水比，在相当大的负荷范围内，直流锅炉的过热蒸汽温度可保持在额定值，这个优点是汽包锅炉无法比拟的。因此，超超临界机组过热蒸汽温度的控制是以调节燃/水比为主（粗调），以一、二级喷水减温调节为辅（细调）的。而燃/水比和喷水减温的调节，只有依靠自动控制才能保证可靠完成。

过热蒸汽温度的粗调（燃/水比的调节）的主要参照点是汽水分离器出口的温度（或焓值），即所谓的中间点温度（或焓值）。当汽水分离器呈干态运行时，中间点温度为过热温度。由直流锅炉蒸汽温度控制的动态特性可知：过热蒸汽温度控制点离工质开始过热点越近，蒸汽温度控制时滞越小，即蒸汽温度控制的反应明显。因此，过热蒸汽温度的粗调选取中间点温度（或焓值）为被控量。过热蒸汽温度的粗调是通过锅炉给水控制系统予以实现的。这里主要介绍过热蒸汽温度细调——喷水减温调节系统。

过热蒸汽温度的细调（喷水减温调节）是保证过热器出口温度在额定范围内的最后手段。这是由于锅炉的运行受到许多因素的影响，只靠燃/水比的粗调还不能确保过热器出口温度在额定范围内；另外，左、右两侧过热器出口温度还可能出现偏差；再则，喷水减温器调

温惰性小、反应快，从开始喷水到喷水后蒸汽温度开始变化只需几秒的时间，可以实现精确的细调。所以，在整个负荷范围内，采用喷水减温来消除燃/水比调节所存在的偏差，以精确控制过热蒸汽温度是非常必要的。

　　某超超临界机组直流锅炉蒸汽温度控制的基本方案如下。该机组在屏式过热器和高温过热器（末级过热器）的入口分别布置了一级和二级减温水（每级分 A、B 侧）。其过热蒸汽温度的粗调（燃/水比的调节）采用焓值修正燃/水比的给水控制方案，过热蒸汽温度的细调（喷水减温调节）方案如下。

　　屏式过热器出口温度控制系统又称一级减温控制系统。它由 A、B 两侧结构相似的两套系统构成，都采用典型的串级蒸汽温度控制方案，如图 12-9 所示。

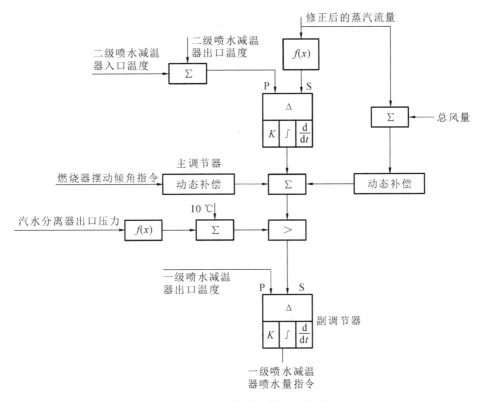

图 12-9　一级喷水减温控制系统原理

　　该系统采用二级喷水减温器入口温度与出口温度的温差信号作为主调节器的被控量，主调节器的给定值可由运行人员手动设定或由修正后的蒸汽流量经 $f(x)$ 形成。主调节器的输出作为副调节器的给定值。为了保证机组的经济性，防止喷水过多，由汽水分离器出口压力经 $f(x)$ 形成饱和温度，再加上 10 ℃ 的过热度，作为喷水的最低温度限值。

　　副调节器的被调量为一级喷水减温器出口温度，副调节器的输出为一级喷水减温器的喷水量指令。该指令控制一级喷水减温入口水调节阀，使进、出二级喷水减温器的温差随负荷（蒸汽流量）而变化。这可防止负荷增加时一级喷水量的减少和二级喷水量的大幅度增加，从而使一级和二级喷水量相差不大，各段过热器温度相对比较均匀。

　　蒸汽流量、总风量、燃烧器摆动倾角（燃料指令）经动态滤波处理后，加到主调节器的输出端，作为系统的前馈量，其目的是在负荷变化引起烟气侧扰动时，及时调整喷水量，消除负荷扰动，减小过热蒸汽温度波动。

末级过热器温度控制系统又称二级减温控制系统。它也由 A、B 两侧结构相似的两套系统构成,都采用典型的串级蒸汽温度控制方案,如图 12-10 所示。该系统除主、副调节器的被控量分别为末级过热器出口温度和二级喷水减温器出口温度外,系统的结构及工作原理与屏式过热器出口温度控制系统是一致的。

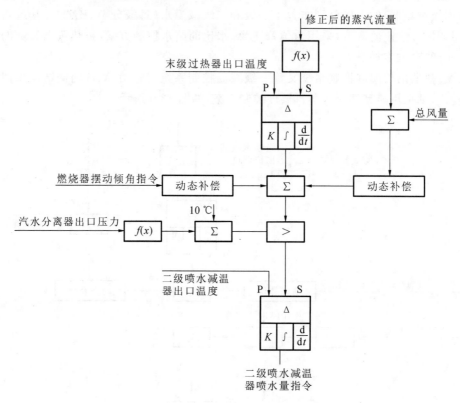

图 12-10　二级喷水减温控制系统原理

2)某超临界机组过热蒸汽温度控制系统

某超临界机组的过热蒸汽温度分两级,每级分为 A、B 两侧喷水减温控制。

一级喷水减温的 A、B 两侧控制系统的结构相同,其组态如图 12-11 所示。

一级喷水减温控制由主 PID 调节器和副 PID 调节器构成一个串级控制系统,控制目的是维持二级过热器入口的蒸汽温度在给定值上。

二级过热器入口蒸汽温度的给定值由两部分组成:①由蒸汽流量代表的锅炉负荷经函数发生器后给出的基本给定值;②运行人员根据机组的实际运行工况在上述基本给定值的基础上的手动偏置值。二级过热器入口蒸汽温度采用三个测点测量,正常情况下取其中值信号。二级过热器入口蒸汽温度与其给定值之间的偏差经主 PID 调节器运算后输出副 PID 调节器的给定值。

副 PID 调节器的被控量为一级过热器出口蒸汽温度。该信号采用三个测点测量,正常情况下取其中值信号。一级过热器出口蒸汽温度与主 PID 调节器输出的给定值比较,其偏差经副 PID 调节器运算后,产生一级喷水减温自动控制指令。

二级喷水减温的 A、B 两侧控制系统的结构相同,且与一级喷水减温控制系统类似,其组态如图 12-12 所示。

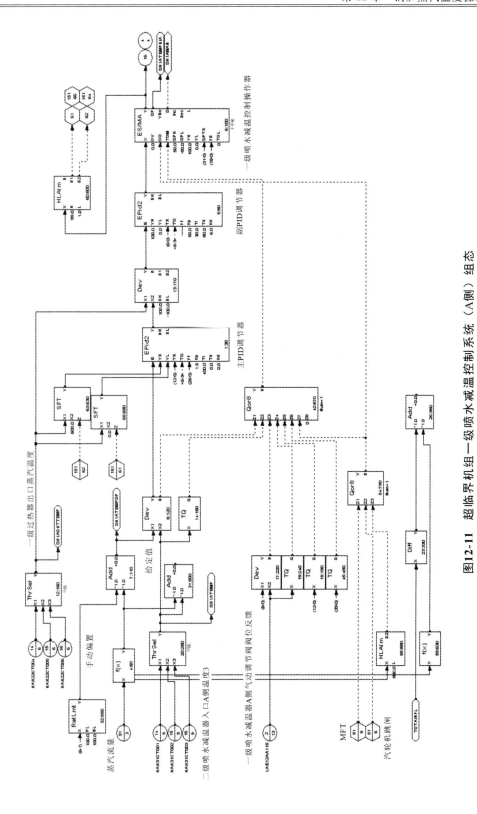

图12-11　超临界机组一级喷水减温控制系统（A侧）组态

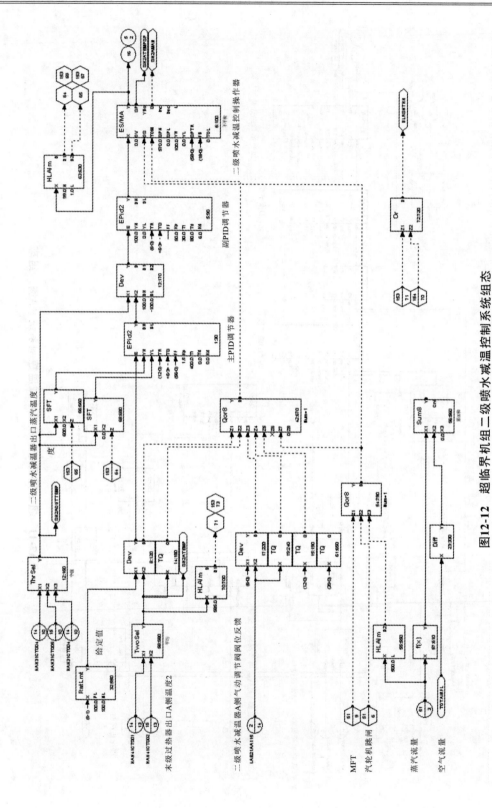

图12-12 超临界机组二级喷水减温控制系统组态

二级喷水减温控制由主 PID 调节器和副 PID 调节器构成一个串级控制系统,控制目的是维持末级过热器出口的蒸汽温度在给定值上。

末级过热器出口蒸汽温度的给定值由运行人员设置。末级过热器出口蒸汽温度采用两个测点测量,正常情况下取其平均值信号。末级过热器出口蒸汽温度与其给定值之间的偏差经主 PID 调节器运算后输出副 PID 调节器的给定值。

副 PID 调节器的被控量为二级喷水减温器出口蒸汽温度。该信号采用三个测点测量,正常情况下取其中值信号。二级喷水减温器出口蒸汽温度与主 PID 调节器输出的给定值比较,其偏差经副 PID 调节器运算后,产生一级喷水减温自动控制指令。

过热蒸汽温度控制系统是将锅炉末级过热器出口的主蒸汽温度控制在运行人员设定的数值上,以确保整个机组的安全经济运行。

12.2　再热蒸汽温度控制系统

12.2.1　再热蒸汽温度控制的任务

在大型机组中,新蒸汽在汽轮机高压缸内膨胀做功后,需再送回锅炉再热器中加热升温,然后再送入汽轮机中、低压缸继续做功。采取蒸汽中间再热可以提高电厂循环热效率,降低汽轮机末端叶片的蒸汽湿度,减少汽耗等。为了提高电厂的热经济性,大型火电机组广泛采用了蒸汽中间再热技术。因此,再热器出口蒸汽温度的控制必然成为大型火电机组不可缺少的一个控制项目。

再热蒸汽温度控制的意义与过热蒸汽温度控制一样,是为了保证再热器、汽轮机等热力设备的安全,提高机组的运行效率,提高电厂的经济性。再热蒸汽温度控制的任务,是保持再热器出口蒸汽温度在动态过程中处于允许的范围内,稳态时等于给定值。

12.2.2　再热蒸汽温度的影响因素

影响再热蒸汽温度的因素很多,例如,机组负荷的大小,火焰中心位置的高低,烟气侧的烟温和烟速(烟气流量)的变化,各受热面积灰的程度,燃料、送风和给水的配比情况,给水温度的高低,汽轮机高压缸排汽参数等,其中最为突出的影响因素是负荷扰动和烟气侧的扰动。

由于再热蒸汽的蒸汽压力低,质量流速小,传热参数小。因此,再热器一般布置在锅炉的后烟井或水平烟道中,它具有纯对流受热面的蒸汽温度静态特性——单位质量工质的吸热量随负荷的下降而降低的特性,如图 12-13 所示。

而且,当机组蒸汽负荷变化时,再热蒸汽温度的变化幅度比过热蒸汽温度的变化幅度要大,例如,某机组负荷降低 30% 时,再热蒸汽温度下降 28~35 ℃,即负荷每降低 1%,再热蒸汽温度差不多下降 1 ℃。因此,负荷扰动对再热蒸汽温度的影响最为突出。

由于烟气侧的扰动是沿整个再热器管长进行的,因此它对再热蒸汽温度的影响也比较显著。但烟气侧的扰动对再热蒸汽温度的影响存在着管外至管内的传热过程,所以它的影响程度次于蒸汽负荷的扰动。

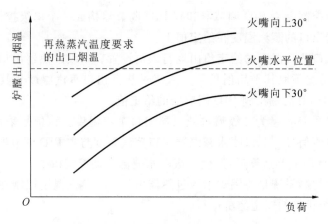

图 12-13　负荷与炉膛出口烟温的关系

12.2.3　再热蒸汽温度的控制策略

从控制角度讲,将控制对被控量影响最大的因素作为控制手段对控制最为有利。但在再热蒸汽温度控制中,由于蒸汽负荷是由用户决定的,不可能用改变蒸汽负荷的方法来控制再热蒸汽温度。因此,对于再热蒸汽温度,几乎都将控制烟气流量作为主要控制手段,采用喷水减温作为辅助控制手段。

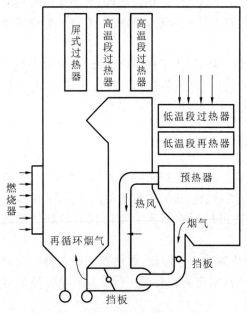

图 12-14　烟气再循环调节再热蒸汽温度

改变烟气流量有三种方式:

(1) 改变再循环烟气流量;

(2) 改变通过低温再热器的烟气流动状态;

(3) 改变燃烧器(火嘴)的摆动倾角。

1.改变再循环烟气流量

再循环烟气是通过再循环风机从烟道尾部抽取的,低温烟气送入炉膛底部可降低炉膛温度,以减少炉膛的辐射传热,从而提高炉膛出口烟气的温度和流速,使再热器的对流传热加强,达到调温的目的,如图 12-14 所示。

例如:当负荷降低使再热蒸汽温度降低时,可通过开大再循环风机的出口挡板开度来增加再循环烟气流量,使再热蒸汽温度升高。

再循环设备停用时,热风门自动打开,引入压力稍高的热风将炉膛烟气封锁,以防止炉膛高温烟气倒入再循环烟道而烧坏设备。这种方法的优点是反应灵敏,调温幅度大;缺点是设备结构比较复杂。

2.改变通过低温再热器的烟气流动状态

尾部烟道分为主烟道和旁路烟道两部分,在主烟道和旁路烟道中分别布置低温再热器,在烟气温度较低的省煤器下面布置可控制的烟气挡板,通过控制烟气挡板的开度控制再热蒸汽温度。挡板开度与蒸汽温度变化呈非线性关系。为此,通常将主、旁两侧挡板按相反方向联动连接,以加大主烟道烟气量的变化和克服挡板的非线性。

这种方法的优点是设备结构简单、操作方便;缺点是调温的灵敏度较差、调温幅度也小。

3.改变燃烧器(火嘴)的摆动倾角

实际上是改变炉膛火焰中心位置来使再热器的入口烟气温度改变,从而达到控制再热蒸汽温度的目的,如图 12-15 所示。

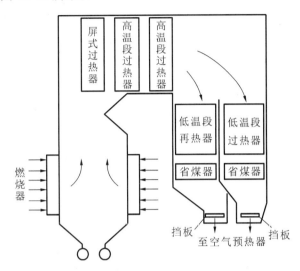

图 12-15　通过燃烧器(火嘴)摆动倾角或烟气挡板调节再热蒸汽温度

采用上述手段控制再热蒸汽温度比采用喷水减温控制再热蒸汽温度有较高的经济性,因为再热器采取喷水减温方式时,将降低效率较高的高压缸内的蒸汽流量,降低电厂热效率,所以在正常情况下,再热蒸汽温度控制不采用喷水减温方式。但喷水减温方式简单、灵敏、可靠,所以可以把它作为再热蒸汽温度超过极限值的事故情况下的一种保护手段。600 MW 机组再热蒸汽温度控制系统,大多采用改变燃烧器(火嘴)的摆动倾角或调节烟气旁路挡板开度作为再热器出口蒸汽温度的正常控制手段,减温喷水方式作为辅助控制手段和事故情况的控制手段。

12.2.4　再热蒸汽温度控制系统的特点

(1)和主蒸汽温度控制系统一样,再热蒸汽温度在定压和滑压运行方式时,在不同的负荷下有不同的设定值,即再热蒸汽温度的设定值是负荷的函数。

图 12-16 所示为某 600 MW 机组再热蒸汽温度设定值与负荷的关系曲线。

(2)再热蒸汽温度的主要控制手段是控制燃烧器(火嘴)的摆动倾角或烟气旁路挡板的开度,辅助控制手段为微量喷水。喷水减温和主蒸汽温度喷水减温控制一样常采用串级调节系统,以再热器出口蒸汽温度为被调量,以再热器减温器出口蒸汽温度为前馈信号,分左、右两侧分别控制。

(3)为克服来自燃烧方面的扰动,再热器出口蒸汽温度控制系统常用送风量作为前馈信号,以改善控制系统的动态品质。

(4)为防止再热蒸汽温度过高,引起再热器超温,可设置保护性的事故喷水调节,用再热蒸汽温度设定值加上一定的偏置(如 5.6 ℃)作为其设定值。由于设定值高于正常控制的设定值,所以正常情况下不工作,保持事故喷水阀关闭,一旦再热蒸汽温度偏高,超过设定值加偏置时,喷水减温自动投入。

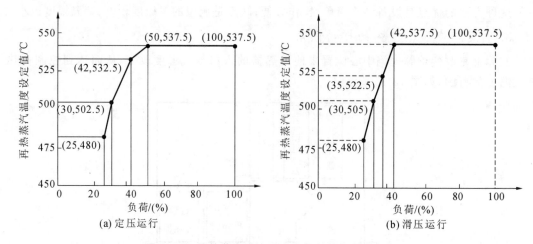

图 12-16　再热蒸汽温度设定值与负荷的关系曲线

（5）喷水减温控制常有以下两种设计方案：

① 微量喷水作为再热蒸汽温度的辅助控制手段，另设事故喷水调节；

② 只设一组喷水减温调节，既作为再热蒸汽温度控制的辅助手段，又作为保护性的事故喷水调节。

对再热蒸汽喷水会降低机组效率，作为辅助手段，应尽量减少对再热蒸汽的喷水量。

12.2.5　再热蒸汽温度控制系统实例

超临界机组和亚临界机组的再热蒸汽温度控制系统没有本质区别，其构成原理和结构基本相同，以下分别介绍。

1. 亚临界机组再热蒸汽温度控制系统

某亚临界机组的再热蒸汽温度控制系统，采用的是摆动火嘴＋喷水减温控制手段。该机组的汽轮机高压缸排汽通过一根输送管引至锅炉上部，然后分成两路经各自的喷水减温器送入低温再热器。经中间交叉混合后的两路再热蒸汽最后汇集在锅炉 A、B 侧的两个末级出口联箱内，然后由一根管道送至汽轮机。按照再热蒸汽温度控制系统的设计思想，再热蒸汽温度正常情况下由燃烧器摆动火嘴倾角的摆动来控制。如果摆动火嘴将炉膛火焰中心摆至最下而再热器出口蒸汽温度仍高，则将摆动火嘴控制切至手动，或由于某种原因导致再热蒸汽温度动态偏高时，再热器的喷水减温器才开始工作。也就是说，控制再热蒸汽温度的喷水调节阀平常是全关的，它对再热蒸汽温只起一种辅助或保护性质的控制作用。相应的再热蒸汽温度控制系统结构如图 12-17 所示。

1）再热蒸汽温度的测量

在锅炉 A、B 侧末级再热器出口联箱上各装有两个出口蒸汽温度测点，再热蒸汽温度由热电偶测量，用补偿导线直接引入计算机。运行人员在 OIS 上可手动选择每侧的某一测点的测量值或两个测点的测量平均值供本侧再热蒸汽温度控制使用。

如果每侧的两个测点中有一个出现故障，计算机将自动选取无故障的信号供控制系统使用，并禁止切换到故障测点。

如果每侧至少有一个正常测点，则摆动火嘴控制系统的再热蒸汽温度信号自动取两侧运行人员选择的信号或平均值。

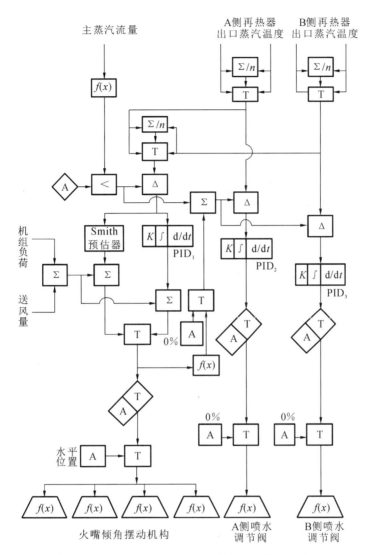

图 12-17　某亚临界机组再热蒸汽温度控制系统

如果某侧的两个测温信号同时出现故障,则摆动火嘴控制系统的再热蒸汽温度信号自动取另一侧运行人员选择的蒸汽温度信号。

2)摆动火嘴控制

摆动火嘴控制系统是一个带前馈信号的单回路控制系统,它在再热蒸汽温度的控制中起到经常性的作用。

该系统中,根据主蒸汽流量经函数发生器给出的随机组负荷变化的再热蒸汽温度设定值,与运行人员手动设定值经小值选择器后与再热蒸汽温度测量值进行比较,偏差送入控制器。控制器设计为 Smith 预估器和 PID 调节器互相切换的方式,两者只能有一个起控制作用,可由热控工程师通过 EWS 设置软件开关来选择。

为了提高再热蒸汽温度在外扰下的控制品质,控制回路设计了机组负荷和送风量经函数发生器给出的前馈信号。再热蒸汽温度的偏差经控制器的控制运算后再加上前馈信号,形成了火嘴倾角的控制指令,这个指令信号分四路并行输出。从计算机输出的四路同样大小的 $4\sim20$ mA 电流信号,经各自的电/气转换器后分别送至锅炉四角的气动定位器,最终由汽缸连杆机构推动本角的火嘴改变倾角,倾角调节范围约为±30°。当进行炉膛吹扫时,火嘴倾角将被自动联锁到水平位置。

3)喷水减温控制

由于喷水减温控制只起辅助或保护性质的减温作用。故系统的设计比较简单,再热蒸汽温度测量值与其设定值的偏差经 PID 调节器后,直接作为喷水调节阀开度指令。控制器中未设计 Smith 预估器,也未设计任何前馈信号。

当摆动火嘴在自动控制状态时,喷水减温的再热蒸汽温度设定值为在摆动火嘴控制系统设定值的基础上加上根据摆动火嘴控制指令经函数发生器给出的偏置量,意在当摆动火嘴有调节余地时抬高喷水减温控制系统设定值,以确保喷水调节阀关死。当摆动火嘴控制指令接近下限值而将失去调节余地时,该偏置量应减小到零,以便再热蒸汽温度偏高时喷水调节阀接替摆动火嘴的减温手段。如果摆动火嘴处于手动控制状态,该偏置量自动切换到零,根据主蒸汽流量或运行人员手动给出的再热蒸汽温度设定值,则为两侧喷水减温控制系统共用的设定值。

该机组再热器减温水来自给水泵中间抽头,经再热减温水流量测量孔板和气动隔离阀后分为两路,分别经各自的气动调节阀和电动隔离阀通往锅炉 A、B 侧再热器入口的喷水减温器。

每侧减温水的电动隔离阀由运行人员在 OIS 上手动打开,锅炉主燃料跳闸后自动联锁关闭。气动隔离阀除可由运行人员在 OIS 上手动打开外,在两个电动隔离阀至少有一个打开且有一个调节阀稍微开启时将自动打开,当两侧调节阀全部关闭后将自动联锁关闭。

当锅炉主燃料跳闸、汽轮机跳闸或本侧减温喷水的电动隔离阀非正常关闭时,喷水调节阀自动联锁关闭。因机组带低负荷时再热蒸汽温度不会达到额定值,故设计了当机组负荷小于 10%额定负荷时强制关闭喷水调节阀的功能。

2.超临界机组再热蒸汽温度控制系统

某超临界机组的再热蒸汽温度控制系统,采用的是烟气挡板+喷水减温控制的手段。正常情况下再热蒸汽温度由烟气挡板的开度来控制。若由于某种原因导致再热蒸汽温度动态偏高,而烟气挡板调节无法按要求维持再热蒸汽温度在允许范围内,再热器的喷水减温器才开始工作。也就是说,控制再热蒸汽温度的喷水调节阀是常闭状态,它对再热蒸汽温度只起一种辅助或保护性质的控制作用。

1)烟气挡板再热蒸汽温度控制

烟气挡板再热蒸汽温度控制系统是一个简单的单回路控制系统,其组态如图 12-18 所示。

该系统根据再热器出口蒸汽温度与其设定值之间的偏差,经烟气挡板 PID 调节器运算后产生控制烟气挡板开度的自动控制指令。为加强再热蒸汽温度控制过程的动态响应,系统引入了前馈信号。前馈信号由代表机组负荷的蒸汽流量信号经函数发生器后给出。

2)喷水减温控制

再热蒸汽温度喷水减温控制分 A、B 两侧进行,两侧的控制系统结构相同,其 A 侧的控制系统组态如图 12-19 所示。

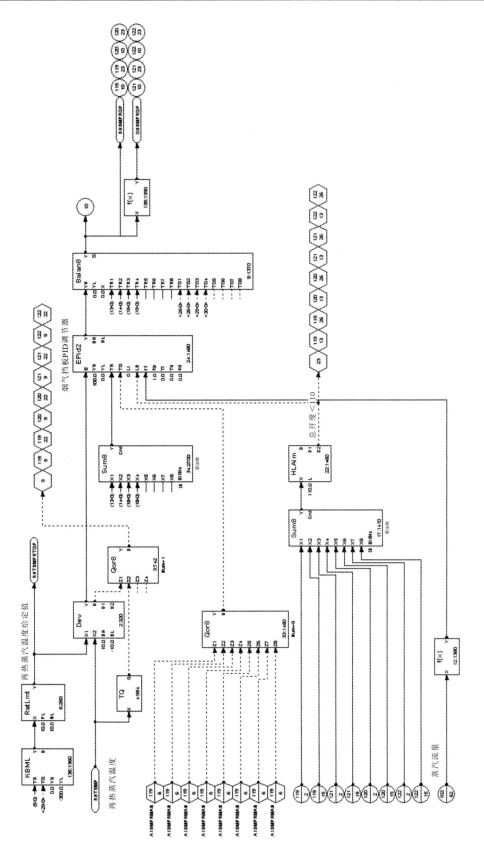

图12-18　超临界机组再热蒸汽烟气挡板调温控制系统组态

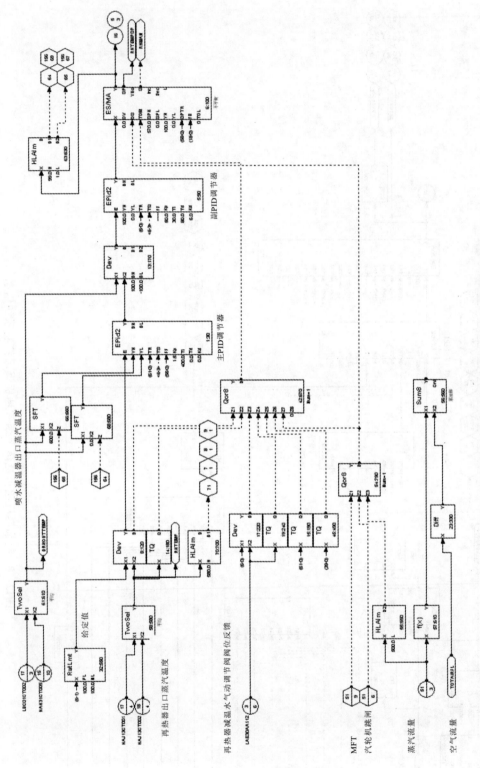

图12-19 超临界机组再热蒸汽喷水减温控制系统组态

　　该系统是由主 PID 调节器和副 PID 调节器构成的串级控制系统,控制目的是维持再热器出口蒸汽温度在设定值上。

　　再热器出口蒸汽温度的设定值由运行人员设置。再热器出口蒸汽温度采用两个测点测量,正常情况下取其平均值信号。再热器出口蒸汽温度与其设定值之间的偏差经主 PID 调节器运算后输出副 PID 调节器的设定值。

　　副 PID 调节器的被控量为再热器的喷水减温器出口蒸汽温度,采用两个测点测量,正常情况下取其平均值信号。再热器的喷水减温器出口蒸汽温度与主 PID 调节器输出的设定值比较,其偏差经副 PID 调节器运算后输出再热器的喷水减温自动控制指令。

第13章　旁路控制系统

从汽轮机安全运行角度出发,在冲转启动时,对来自锅炉的冲转蒸汽的温度、压力和流量有一定的要求,从冲转启动到并网带负荷,也要求蒸汽参数能随汽轮机的需要而变化。锅炉设计首先是按最大连续出力和额定蒸汽参数设计布置受热面,由于锅炉在汽轮机冲转启动和并网带负荷过程中往往不能按汽轮机所需的蒸汽温度、压力和流量来工作,特别是再热机组,也就是说在启动、停机过程中锅炉和汽轮机的运行是不协调的。在满足蒸汽温度和压力时,锅炉的产汽量往往比汽轮机冲转进汽量大得多。设置汽轮机旁路控制系统(简称旁路系统)就是为了使锅炉和汽轮机能以非协调方式运行。另外,对于超临界机组来说,固体颗粒侵蚀现象要比亚临界机组严重,采用旁路系统可以减少启动过程中因过热器的温度变化而产生的固体颗粒的数量,同时把产生的颗粒全部排到凝汽器,使汽轮机免受其害。

设有旁路系统的机组特别适应调峰机组快速启动或停机的要求,同时能大量节省暖机和稳燃的费用与时间。

火力发电机组中的汽轮机和锅炉在工作特性上存在较大的差异,同时根据中间再热式汽轮发电机组的运行要求,再热蒸汽的压力一般要随机组的负荷变化而变化。因此,目前大多数中间再热式汽轮发电机组均配备了不同形式和容量的旁路系统,该系统是中间再热式汽轮发电机组的重要辅助系统。旁路系统使锅炉产生的蒸汽能部分或全部地绕过汽轮机,通过减温减压直接排入凝汽器或大气。这种设计不但改善了机组的安全性,而且增强了机组运行的稳定性、灵活性和经济性。

13.1　旁路控制系统概述

13.1.1　旁路系统的形式

汽轮机旁路系统一般有三种构成形式:高压旁路串联低压旁路,再并联大旁路的三级旁路;高低压二级串联旁路;一级大旁路。

1.一级大旁路系统

此种旁路系统的蒸汽旁通整台汽轮机,直接引至凝汽器,其特点是系统简单,投资小,适用于采用高压缸启动的机组。在启动过程中,汽轮机中压调节阀在机组运行过程中处于全开状态,不参与调节,便于操作,可满足机组启动、停机过程中回收工质并加快启动速度的要求。另外在启动过程中高压缸排汽容积流量大,鼓风损失小,不用担心高压缸排汽温度的升高。

图13-1所示的是一级大旁路系统组成示意图,它仅由位于锅炉和凝汽器之间的减温减压装置组成,由锅炉来的新蒸汽经旁路系统减温、减压后直接排入凝汽器。

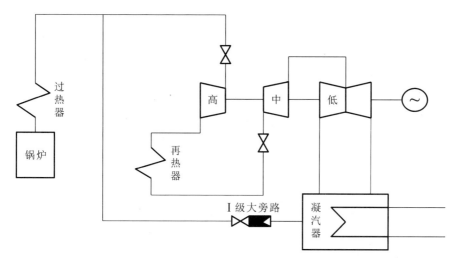

图 13-1　一级大旁路系统组成示意图

一级大旁路系统的主要作用是为锅炉产生一定参数和流量的蒸汽以满足机组启动和事故处理的需要,并回收工质。这种结构方式的旁路系统设备简单,但不能保护再热器,故只能应用在再热器不需要保护的机组上。

由于再热器流量来自高压缸排汽,流量较小,再热器基本处于干烧状态,因此一级大旁路系统的缺点是再热蒸汽系统的暖管升温受到限制,对机组的热态启动不利,也使锅炉再热系统的材质、布置及再热器区的烟气温度受到限制。在运行中一级旁路系统调节灵活性不高,负荷适应性较差,不能完全起到旁路系统应有的作用。

2. 二级旁路系统

如图 13-2 所示,该系统由高压和低压旁路串联组成,其特点是在机组启动和甩负荷时保护再热器,防止其干烧损坏;能够满足热态启动时蒸汽温度与汽缸壁温度的匹配要求,缩短机组在各种工况下的启动时间,满足机组带中间负荷及调峰的需要。此系统的适应性较强,是目前国内大容量火电机组普遍采用的一种旁路系统形式。图中,SSB 指旁路液动阀的安全控制系统,其他调节阀参见 13.2.2 节。

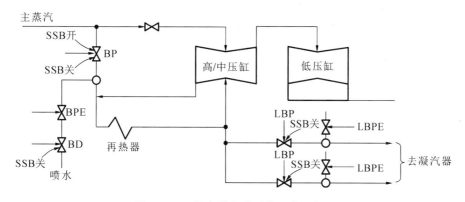

图 13-2　二级串联旁路系统组成示意图

欧洲大容量超超临界机组的二级旁路系统一般采用三用阀,如德国西门子主机的大部分旁路系统,法国阿尔斯通(ALSTOM)主机的部分超(超)临界机组亦采用三用阀旁路系统。该系统的特点是高压旁路阀兼有启动调节阀、减温减压阀和安全阀的作用,故称为三用阀。三用阀系统容量配置较大,一般推荐采用 100% 容量的高压旁路,60%～70% 容量的低压旁路,并设置带有附加控制的再热器安全阀。三用阀是可控的,能实现快速自动跟踪超压保护,省去了锅炉过热器安全阀,通过调节控制蒸汽压力以适应机组不同工况的滑参数启停和运行。机组甩负荷后,锅炉不立即熄火,能带厂用电运行,事故排除后机组即可重新带负荷。既减少了锅炉启停次数,又减轻了对汽轮机的热冲击,缩短恢复带负荷时间。三用阀的结构尺寸小,便于布置和检修。但由于三用阀具有多种功能,对热控和调节系统等方面的要求较高,因此液压控制难度增大,功耗较高,全容量旁路系统的管道尺寸增加,使其投资增加很多。

3. 三级旁路系统

如图 13-3 所示,该系统由一级与二级旁路系统并联而成,系统的适应性强,运行灵活,适应机组的各种运行工况,兼有一级大旁路系统和二级串联旁路系统的优点,但其系统复杂,钢材消耗量大,投资昂贵,现在已基本不再采用。

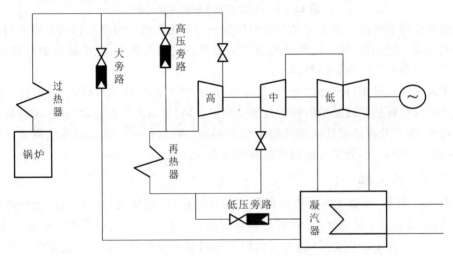

图 13-3　三级旁路系统组成示意图

13.1.2　旁路系统的主要功能

(1) 改善机组启动性能。机组冷态或热态启动初期,当锅炉产生的蒸汽参数尚未达到汽轮机冲转条件时,这部分蒸汽由旁路系统通流到凝汽器,以回收工质和热能,适应系统暖管和储能的要求。

(2) 适应机组的各种启动方式。在机组启动时,可通过控制高压旁路阀和高压旁路喷水调节阀来控制新蒸汽压力和中、低压缸的进汽压力,以适应机组定压运行或滑压运行的要求。单元机组滑参数运行时,先以低参数蒸汽冲转汽轮机,随着汽轮机暖机和带负荷的需要,不断提高锅炉的主蒸汽压力和主蒸汽流量,使蒸汽参数与汽轮机的状态相适应。

(3) 保护再热器。在锅炉启动或汽轮机甩负荷工况下,锅炉新蒸汽经旁路系统进入再热器,以确保再热器不超温。部分再热器能承受干烧的机组可选择一级大旁路系统。

(4) 汽轮机短时故障,可实现停机不停炉运行。停机时,锅炉产生的新蒸汽经旁路系统减温减压后进入凝汽器,回收工质。

(5) 电网故障时,通过旁路系统的能量转移,机组可带厂用电运行。

（6）当主蒸汽压力或再热蒸汽压力超过规定值时,旁路阀迅速开启,进行减压泄流,从而对机组实现超压保护。

总之,汽轮机旁路系统具有启动、泄流和安全三项功能,较好地解决了机组启动过程中机、炉之间的不协调问题,改善了启动性能,可解决再热器保护问题、回收工质问题,特别是对于调峰机组,旁路系统的作用更显著。

13.1.3　旁路控制系统功能

汽轮机旁路系统的功能要想得到充分的应用,必须配备一套完善的控制设备,旁路控制系统的功能也应该是完备的。国内大多数单元机组配置两级串联旁路系统,其控制系统应包括以下子系统。

高压旁路控制系统应包括的子系统:

（1）主蒸汽压力及汽轮机甩负荷保护回路;

（2）主蒸汽压力自动给定和手动给定控制回路;

（3）高压旁路后蒸汽温度控制回路。

低压旁路控制系统应包括的子系统:

（1）再热蒸汽压力及汽轮机甩负荷保护回路;

（2）再热器出口蒸汽压力控制回路;

（3）低压旁路后蒸汽温度控制回路;

（4）凝汽器保护回路。

设置了以上子系统的旁路控制系统,可起到以下控制作用。

1. 高压旁路控制系统

（1）当主蒸汽压力超过限值,汽轮机甩负荷或紧急停机时,高压旁路系统可迅速自动开启,进行泄流,维持机组的安全运行。

（2）在机组启动过程中,主蒸汽压力给定值依据机组启动过程中各阶段对其值的不同要求,自动或由运行人员依据运行现状手动给出,控制系统按给定值自动调整旁路阀开度,保证主蒸汽压力随给定值变化。

（3）高压旁路开启后,为保证高压旁路出口蒸汽温度满足再热器的运行要求,控制系统自动调整喷水调节阀开度,控制喷水量达到调整温度的目的。

2. 低压旁路控制系统

（1）当再热蒸汽压力超过限值,或汽轮机甩负荷时,控制系统可立即自动开启低压旁路调节阀和喷水调节阀,以保证机组安全运行。在手动或自动停机时,低压旁路阀也会自动快速开启。

（2）在机组运行期间,再热蒸汽压力是一个与机组出力有关的变量。低压旁路控制系统可依据机组的出力给出再热蒸汽压力给定值,通过调整低压旁路阀的开度来保证再热蒸汽压力为给定值,满足机组的运行要求。

（3）为保证凝汽器正常运行,低压旁路后蒸汽温度应在规定的范围内变化,低压旁路控制系统可自动调整喷水量来保证温度在该范围内变化。

（4）由于低压旁路系统出口蒸汽直接排入凝汽器,为保证凝汽器的安全运行,不能对凝汽器的真空和水位造成影响。因此,当出现凝汽器真空度过低、水位过高、喷水调节阀出口水压过低或喷水调节阀打不开等情况时,控制系统可迅速关闭低压旁路阀,解列低压旁路系统。

无论是进口旁路系统还是国产旁路系统,均应有完善的调节、控制和保护功能。压力控制应能控制主蒸汽和再热蒸汽压力,设有定阀位控制、定压控制和跟踪滑压控制以适应机组定压、滑压运行。低压旁路设有低压力限值,以保证启动阶段再热器的最小通流量;设有高压力限值,以保证机组升负荷后低压旁路阀全关。温度控制应能控制高、低压旁路阀后蒸汽温度,保持再热器冷段蒸汽温度及不使凝汽器温度过高,以实现不同蒸汽流量工况下的变参数调节。

快开功能指在机组事故工况下,旁路阀快开,起超压保护作用。快关功能指高压旁路出口温度过高或低压旁路关闭均使高压旁路阀快关;在凝汽器真空度低、凝汽器温度高、凝汽器水位高、低压旁路减温水压力低等情况下均使低压旁路阀快关。为了机组及设备的安全,旁路阀快关功能优先于快开功能;高压旁路阀开,低压旁路阀开;低压旁路阀关,高压旁路阀关。

13.1.4 旁路系统的控制特性

旁路系统的控制特性是指系统中的阀门特性,衡量旁路系统性能优劣的重要标志是阀门特性的好坏以及执行机构的动作速度和可靠性。目前,旁路系统中的执行机构一般分为气动执行机构、液动执行机构和电动执行机构三种,其性能如表 13-1 所示。

表 13-1 旁路系统的控制特性

比较内容	气动执行机构	液动(电液)执行机构	电动执行机构
行程速度	较快,在实现回收工质功能的同时,对高压缸、凝汽器等系统设备起保护作用	动作快,能及时保护系统设备	较慢,对系统设备的保护作用较小
动力要求	仅需要电厂常规的 $5\sim7\ kg/cm^2$ 的压缩空气。执行机构本身备有过滤减压阀,对气源品质无特殊要求,且执行机构本身备有储气罐,提高了安全性、可靠性	体积小,提升力大,关闭严密	要求满足最低电压,否则电动机无法动作
失电、失气保护	在无动力下,靠储气罐使阀门动作到安全位置,保障安全生产	运行费用高,耗电大	在无动力下,阀门无法动作
可靠性	无转动部件,运行非常可靠,免维护	油系统接头易漏,需采用抗燃油	必须通过机械转动来实现动作,频繁工作,转动部件易损坏
维修	因系统简单,无转动部件,维修最为简单	维修工作量大	转动部件易损坏,需经常更换部件或电动机
重量	较轻	较重	很重
价格	较贵	贵	较便宜

由表 13-1 可以看出,气动执行机构的优点在于系统简单,功能完善,能完全达到简易旁路系统的功能——回收工质。而液动执行机构的动作速度快,可以实现快速开启和关闭,对

系统设备特别是对高压缸和凝汽器等重要设备起到保护作用。电动执行机构较液动执行机构调试维护方便,省去了复杂的液压系统,但动作时间稍长。需注意以下几点:一般气动执行机构调节精度有限,执行机构阀门定位器维修较困难,气源带水等因素易造成阀门定位器损坏(堵塞生锈)。

目前国内大型火电机组旁路系统较多采用两种引进型设备,即瑞士苏尔寿(SULZER)公司的旁路系统和 SIEMENS 公司的旁路系统。SULZER 公司的旁路系统采用液动执行机构,SIEMENS 公司的旁路系统以电动执行机构为典型,现在也生产液动执行机构系统。

13.1.5　旁路系统的容量选择

汽轮机旁路系统的容量,是指经旁路系统的最大蒸汽量占锅炉额定蒸发量的百分数。一般来说,旁路系统的容量越大,对加快机组的启动越有利。图 13-4 所示给出了一个停机 10 h 后启动时间与旁路系统容量关系的例子。由图中可以看出,当旁路系统容量大于 50% 后,增加旁路系统容量对加快机组的启动不如旁路系统容量小于 50% 时那样显著。对于主要为改善机组启动性能的旁路系统来说,其容量一般在 30%～50%。

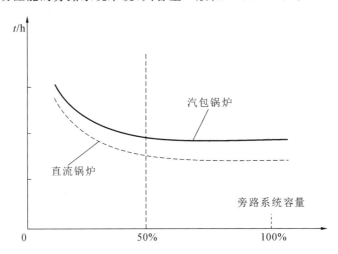

图 13-4　旁路系统容量与启动时间的关系

旁路系统容量的选择应考虑如下因素。

(1) 锅炉稳定燃烧的最低负荷。锅炉稳定燃烧的最低负荷与炉型、煤种有关,有时需要通过试验来确定,对于停机不停炉工况,其旁路系统的容量应按最低负荷考虑。

(2) 保护再热器所需的最小蒸汽量。满足保护再热器所需的最小蒸汽量为机组容量的 30%～40%,根据运行经验,保护再热器所需的蒸汽量为锅炉额定蒸发量的 10%～20%。

(3) 冲转汽轮机所需的蒸汽量。对于承担基本负荷的机组,其启动工况多为冷态或温态,启动次数较少。滑参数启动时所需冲转压力及相应的蒸汽量较低,一般旁路系统容量为 30% 时就可以满足。对于调峰机组,热态启动较多。为保证主调速汽门及中压调速汽门后的蒸汽温度比汽轮机最热部分高 50 ℃,其进汽温度需为 500 ℃ 左右,对于这样高的蒸汽温度,必须增加锅炉的蒸发量,旁路系统的容量也随之增大。

选择机组旁路系统的容量时应保证锅炉最低稳燃负荷运行的蒸汽量能从旁路通过,同时能保证机组启动或甩负荷工况下,为保护再热器所需的冷却蒸汽量通过。对于大容量旁路系统,其结构上无其他不同,只是依据容量要求在原有的旁路系统上再并联旁路管道而已。

13.2 旁路控制装置

目前,国内大型火电机组中配备的汽轮机旁路控制装置几乎都是引进型。国内旁路控制装置有 Teleperm-C 型的以集成运算放大器为核心的组件组装式仪表,以及 Teleperm-M 型的以微处理机为核心的微机分散控制系统。SULZER 公司的旁路控制装置有 AV-4 型、AV-5 型和 AV-6 型。AV-4 型是以集成运算放大器为核心的组件组装式仪表,AV-5 型则是一种过渡型产品,AV-6 型为微机分散控制系统。目前,在 300 MW 以上等级机组中应用的 SIEMENS 公司的旁路系统或 SULZER 公司的旁路系统均为微机分散控制系统,具有可靠性高、组态灵活、修改方便等特点,是目前较先进的过程控制系统。

SULZER 公司生产的高温高压旁路阀在国际上享有一定的声誉,其从 20 世纪 40 年代开始就为电站提供包括阀门、液动执行结构、供油装置及控制装置在内的整套汽轮机旁路系统。采用电液伺服机构的旁路阀门具有较大的提升力和快速启闭的性能,因而能适应大型机组高蒸汽参数的汽轮机旁路阀门快速动作要求。我国从 20 世纪 70 年代中开始从该公司引进汽轮机旁路系统,目前引进的旁路系统主要应用在 300 MW、600 MW 机组上,控制装置也都为以微处理机为核心的分散控制系统 AV-6。

13.2.1 旁路系统的组成

在旁路系统中,没有做功的主蒸汽和再热蒸汽将要分别旁通到再热器和凝汽器,为了防止再热器超压、超温和凝汽器过负荷,必须对旁通蒸汽进行减温减压。

汽轮机旁路系统主要由三大部分组成:

(1) 高、低两级旁路管道和阀门;

(2) 高、低压旁路站的执行机构系统(采用电液执行机构的系统还包括高压抗燃油供油系统);

(3) 高、低压旁路站的自动控制系统。

图 13-2 所示是某 300 MW 亚临界机组旁路系统的组成示意图,该旁路系统是由高压旁路和低压旁路以串联方式组成的二级串联旁路系统,其中,高压旁路由一条蒸汽管路及减温减压阀组成,而低压旁路则由两条容量相同的蒸汽管路及阀门组成。

13.2.2 旁路系统的调节阀

旁路系统的调节阀是旁路系统中完成减压减温和流量调节的主要部件。由图 13-2 可以看出,旁路系统的调节阀主要有高压旁路调节(减压)阀(BP)、高压旁路喷水调节阀(BPE)、高压旁路喷水隔离阀(BD)、低压旁路调节(减压)阀(LBP)和低压旁路喷水调节阀(LBPE)。

除此之外,有些机组根据需要在旁路系统还设计有低压旁路喷水隔离阀(LBD)、低压旁路三级减温喷水阀(TSW)。

高压旁路调节阀的主要作用是对主蒸汽进行减温减压,使其参数下降到正常条件下高压汽轮机的排汽压力和温度值(再热器冷段参数)。阀门为双阀室结构,蒸汽通道为"Z"字形布置。高压旁路喷水隔离阀的作用是,当旁路阀关闭后作为隔离阀使减温水可靠切断,防止减温水漏入再热器甚至汽轮机,保证汽轮机和锅炉的安全。该阀为开关型阀门,采用二位逻辑控制。

低压旁路调节阀的主要作用是将中压蒸汽参数减压至凝汽器进口压力参数,是汽轮机旁路中体积最大的阀门。低压旁路喷水调节阀的主要作用是根据低压旁路调节阀出口温度信号调节减温水水量。

机组正常运行时,高压旁路系统应保持热备用状态,为此,用一条管路将汽轮机主汽门前的主蒸汽管道与高压旁路管道相连,利用两个连接点处的压差,使一定的主蒸汽流入管道对其加热。

13.2.3　旁路系统的执行机构

旁路系统的执行器(机构)应用最多的是电动执行器和电液执行器。

电动执行器的基本原理与常用的电动执行器的相似,控制系统输出的控制脉冲经动力开关组件直接控制交流电动机的转动,再经传动机构转换为阀杆的位移,带动阀芯运动完成调节任务。

电液执行器是将控制系统输出的电流信号经电液伺服阀(电液转换器)转换为液压控制信号,经放大后以高压动力油驱动油动机活塞运动,带动调节阀阀杆和阀芯移动完成调节作用。

1. 电动执行器

旁路系统不同阀门一般采用不同结构的电动机作为电动执行器。

高压旁路调节阀、低压旁路调节阀的执行机构一般为双电动机电动执行器,其中一台用于常速控制,另一台用于快速控制。

高压旁路喷水调节阀、低压旁路喷水调节阀的执行机构一般为变极的单电动机执行器,可快速控制和常速控制。

双电动机电动执行器结构如图 13-5 所示。图中 1 为力矩开关,2 为转矩碟簧,3 为快速电动机,4 为行星齿轮系统,5 为蜗轮蜗杆传动机构Ⅱ,6 为控制电动机,7 为减速齿轮,8 为蜗轮蜗杆传动机构Ⅰ,9 为行程开关,10 为位置变送器,11 为输出轴。

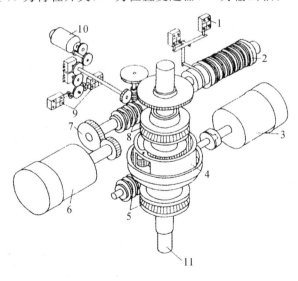

图 13-5　双电动机电动执行器结构示意图

齿轮机构由一个主动轮、两个自锁蜗轮和行星齿轮等组成,在低速运行时,由控制电动机驱动,通过蜗轮蜗杆传动机构Ⅰ→行星齿轮的环轮,将行星齿轮的中心轮制动在合适位置上。于是输出轴通过行星齿轮的行星支座带动。

在高速运行时,由高速电动机驱动,通过蜗轮蜗杆传动机构Ⅱ→行星齿轮的环轮,将行星齿轮的中心轮制动在合适位置上。于是输出轴通过行星齿轮的行星支座带动。

行程开关、力矩开关、位置变送器等用于完成控制任务。其中,力矩开关用来控制常速电动机(控制电动机)电源,保证关严阀门。

控制电动机的转速比为1:8,高速电动机的转速比为1:16。如果控制电动机动作的全行程时间为32 s,则快速时间为4 s和2 s。

两电动机内装有热敏电阻,如果线圈温度超过高限值,它将给出报警信号。与电动执行器配合使用的PI调节模块为步进控制式,其输出的控制脉冲信号经动力切换开关,将控制信号转换成强电(380 V)开关动作信号,直接驱动执行器电动机旋转,省略了伺服放大环节。

2.电液执行器

这里以SIEMENS公司的低压旁路调节阀电液执行器为例,说明其工作原理。该电液执行器的工作原理如图13-6所示。

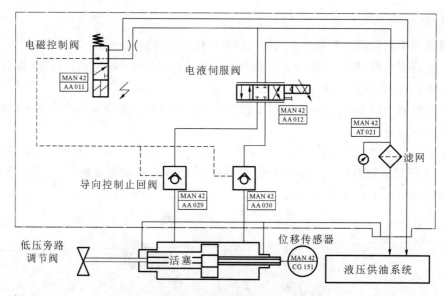

图 13-6　低压旁路调节阀电液执行器工作原理

旁路调节阀液压缸与汽轮机调节阀液压缸工作原理不同,虽然也执行位置控制功能,但无保安紧急关闭功能,调节不设杯形关闭弹簧,同时液压回路中也没有跳闸阀。油缸内活塞依靠两侧压力差移动,故液压缸采用双侧进油、排油。油流方向由电液伺服阀控制。电液伺服阀的结构示意图与工作原理如图13-7所示。电液伺服阀输出的控制油有两个油口,即油口A、油口B,它们均具有进油、排油双抽功能。作旁路阀控制时,两个油口都打开,分别经过导向控制止回阀与液压缸相连接。

导向控制止回阀的工作原理如图13-8所示。有控制油压Z_1时,球形阀芯克服弹簧力使止回阀开启,油流由X(Y)油口流入,经Y(X)油口排出,双向均可流通。当卸掉控制油压Z_1时,只有单向流通作用,即油仅可以从Y油口流入,X油口排出,反向则被止回。

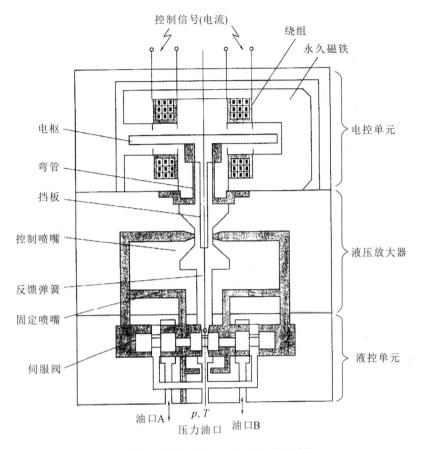

图 13-7 电液伺服阀的结构与原理示意图

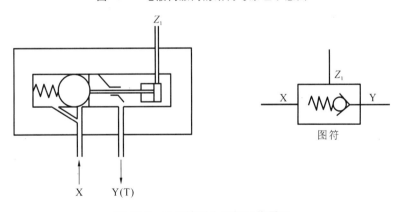

图 13-8 导向控制止回阀工作原理

系统正常工作时,供油系统来的压力油经电磁控制阀给导向止回阀提供控制油压 Z_1,使两阀开启,可以双向流通。当控制电流信号出现后电液伺服阀移动,压力油经一个导向止回阀注入液压缸,而液压缸的排油经另一个导向止回阀和伺服阀送回供油系统。于是活塞在压力差的作用下移动,开大或关小阀门。阀位的变化由位移传感器转换为反馈信号,在控制回路中与阀位指令进行比较。两者相等时控制电流为 0,伺服阀阀芯回到中间位置,封闭连接液压缸的两个油口,活塞停止移动,调节过程结束。电磁控制阀用于高压动力油低压保护。当高压供油压力低于 11.9 MPa 时,控制回路使调节阀关闭;当电磁控制阀失电,导向止

回阀控制油压 Z_1 失压时,切断液压缸与伺服阀之间的联系,液压缸活塞两侧的油被封闭,执行器保持在关闭位置,不再移动,避免系统误动作。对于旁路系统电液执行器的供油系统,有的机组设立了单独的供油系统,有的设计为与汽轮机 DEH 系统共用一套高压抗燃油供油系统。

13.3 旁路系统的工作方式

13.3.1 启动过程的工作方式

旁路系统启动过程的工作方式是指机组冷态启动时,高压旁路系统的工作方式。从原理上讲,机组冷态启动时,高压旁路系统存在三种运行方式,即机组从锅炉点火、升温、升压到机组带负荷运行至满负荷,旁路控制系统经历阀位方式、定压方式、滑压方式三个控制阶段。

由于 SIEMENS 公司和 SULZER 公司的旁路系统的工作原理基本相同,这里主要介绍 SIEMENS 公司的旁路系统。SIEMENS 公司旁路系统的三种工作方式之间的逻辑关系如图 13-9 所示。

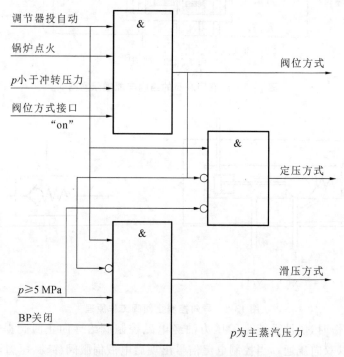

图 13-9 旁路系统工作方式逻辑

SIEMENS 公司高压旁路系统冷态启动时,各工作方式下主蒸汽压力、压力设定值、高压旁路阀开度和汽轮机进汽量等的变化曲线如图 13-10 所示。

1. 阀位工作方式

阀位工作方式也称启动方式,这是从锅炉点火到汽轮机冲转前的旁路运行方式。锅炉

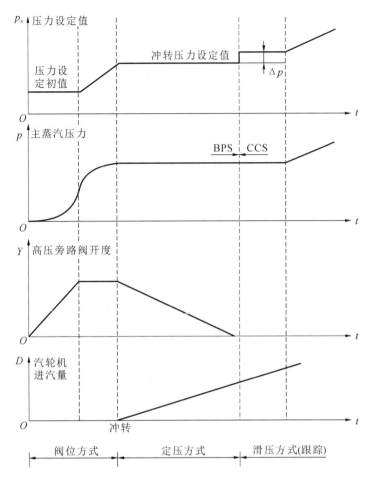

图 13-10　高压旁路系统冷态启动各参数变化曲线

点火至汽轮机冲转之前,为了保护过热器和再热器,应有适量的蒸汽流过,在蒸汽循环的过程中,使得压力和温度得以提高。这要依靠调节旁路阀的开度来满足启动参数要求。随着传热过程的进行,工质压力和温度不断提高,为了满足启动曲线要求,高压旁路阀逐渐开大,直至达到所设定的最大开度。

系统处在阀位工作方式时,高压旁路压力先设为压力设定初值,该设定值低于冲转压力,使工质在启动初期以较慢的速率升温升压。主蒸汽压力设定值将按给定值发生器所设定的升压率逐渐增加。给定值发生器还具有限制主蒸汽压力上升速率的功能。当旁路阀开度达到最大值后,保持最大开度不变,于是主蒸汽压力、温度逐渐上升,随着主蒸汽压力的上升,其设定值也相应升高。低压旁路的情况与高压旁路相似。

2.定压工作方式

高压缸启动方式下,主蒸汽压力上升到所设定的压力值(冲转压力)时,系统自动转为定压工作方式,汽轮机高压调节阀开启,汽轮机开始进汽。随着汽轮机调节阀开度加大,进入汽轮机的蒸汽流量逐渐增大,为了保持主蒸汽压力稳定,旁路调节阀会逐渐关小,让主蒸汽流量由旁路系统切换到主蒸汽系统上,直至旁路调节阀完全关闭。当所有旁路调节阀全关且再热蒸汽压力小于某一值后,进入旁路切除方式。至此,高压旁路定压方式结束,所有旁路调节阀关闭,但旁路系统仍处于热备用状态。

中压缸启动方式下,高压旁路阀保持最大开度,主蒸汽压力按运行人员设定的升压率上升,再热蒸汽压力也随之上升。当主蒸汽压力升高到所设定的压力值时,旁路系统自动转为定压运行方式,这时压力设定值保持一定,以保证汽轮机启动时的主蒸汽压力稳定,实现定压启动。当满足冲转条件所要求的主蒸汽压力和主蒸汽温度时,汽轮机开始冲转升速,随着耗汽量增加,高压旁路阀相应关小,以维持机前主蒸汽压力为给定值。

汽轮机升速到 3000 r/min 并网带初始负荷后,旁路系统仍然处于定压运行状态,高压旁路阀起调节主蒸汽压力的作用。当主蒸汽压力大于设定值时,高压旁路阀打开,当主蒸汽压力小于设定值时,高压旁路阀关闭。

随着锅炉燃烧率的增加,汽轮机负荷逐渐上升,高压旁路调节阀应逐渐关闭。高压旁路阀完全关闭时,主蒸汽压力的控制由单元机组协调控制系统来完成,旁路系统自动切至滑压工作方式。

3. 滑压工作方式

滑压工作方式又称为旁路跟踪方式或旁路热备用方式。

这时旁路控制系统给出的主蒸汽压力设定值和再热蒸汽压力设定值自动跟踪主蒸汽压力和再热蒸汽压力实际值,并且只要蒸汽压力的升压率小于所设定的升压率限制值,压力设定值总是稍大于实际压力值,即 $p_{定值} = p_{实际} + \Delta p$,以保证汽轮机正常运行时旁路调节阀严密关闭。

运行中若主蒸汽压力出现大的扰动,旁路调节阀将在较短时间内快速打开。扰动消失后,压力设定值大于实际压力,旁路调节阀再次关闭,维持主蒸汽压力的稳定。

13.3.2 异常工况下的工作方式

针对机组发生不同类型的故障,SIEMENS 公司的旁路系统可以执行快开或快关功能,以确保设备的安全。

1. 快开功能

当机组发生汽轮机跳闸或者大幅度甩负荷时,主蒸汽压力升高很快,旁路调节阀应快速开启,以减少锅炉安全门的启座次数和启座持续时间,并使机组在跳闸或大幅度甩负荷时实现停机不停炉或维持汽轮机带厂用电运行。

2. 快关功能

出现下列故障时,低压旁路阀应快速关闭,以保护凝汽器:
(1) 凝汽器真空度低;
(2) 凝汽器温度高;
(3) 凝汽器水位高;
(4) 低压旁路喷水压力低;
(5) 低压旁路流量超负荷。

高压旁路调节阀后蒸汽温度高时,要快关高压旁路,以保护再热器。

旁路系统是否设置异常工况下的快开、快关专用回路以及什么状态下要执行快开、快关功能,不同的机组和不同类型的旁路系统的考虑因素是不一样的。

13.4　高压旁路控制系统

高压旁路系统安装在汽轮机高压段的旁路管道上,用于锅炉启动和甩负荷时将主蒸汽排入再热器。高压旁路系统主要由高压旁路压力控制系统、高压旁路出口温度控制系统及阀门的快开和快关控制逻辑组成。

13.4.1　高压旁路压力控制系统

高压旁路压力控制系统的功能是:在锅炉启动过程中,通过调节高压旁路阀的开度,调节主蒸汽压力,以使其满足启动要求;在机组正常运行中,当主蒸汽压力超压时,高压旁路阀快速动作,使主蒸汽压力恢复正常。

高压旁路压力控制系统是一个简单的 PI 调节系统,将测量值和设定值进行比较形成控制偏差。PI 调节器对偏差进行控制运算,输出控制信号,通过动力转换单元转换,使电动机带动阀杆移动改变阀门的开度,从而使主蒸汽压力改变。

由于旁路系统的特殊工作方式,旁路压力设定值的形成需要考虑较多因素。SIEMENS公司旁路系统的压力设定值设计为两种运行模式:定压模式和滑压模式。可在控制台上选择二者之一。压力设定值形成原理如图 13-11 所示。

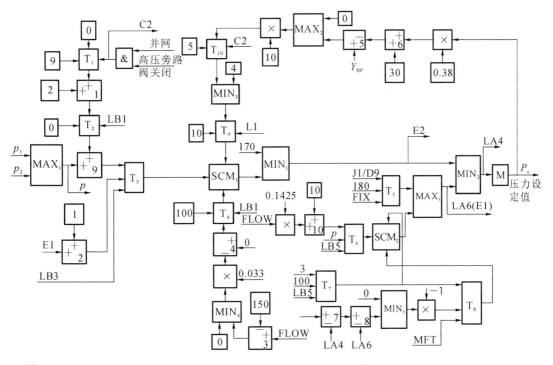

图 13-11　SIEMENS 公司旁路系统压力设定值形成原理

图 13-11 中相关逻辑信号 LB1、LB2、LB5、L1 由图 13-12 产生。

图 13-12 中,"SR"为 SR 触发器:S 端为置位输入;R 端为复位输入。S 为 0,R 为 1 时,输出为 0;S 为 1,R 为 0 时,输出为 1;S 为 0,R 为 0 时,输出为以前记忆;S 为 1,R 为 1 时,输出为指定的超驰状态。"&"为逻辑"与":当所有输入皆为 1 时,输出才为 1,否则输出为 0。

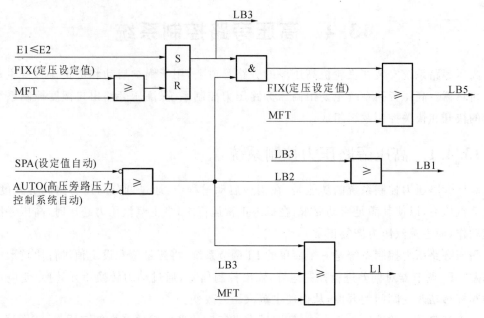

图 13-12　逻辑信号取值原理

"≥"为逻辑"或"：当所有输入皆为 0 时，输出才为 0；只要有一个输入为 1 时，输出就为 1。

1. 定压模式压力设定值

在定压模式下，有 E1≤E2（输入为 0），FIX=1，MFT=0。由图 13-12 可知，LB3=0，LB5=1。此时，由图 13-11 可知，切换器 T_3 选择 $p+2$ 或 $p+9$ 作为输出，切换器 T_5 选择 180 输出送到大选模块 3，使大选模块 3 的输出为 180，该值送到小选模块 2，小选模块 2 不会选 180 作为输出，所以，压力设定值由主控模件 SCM_1 决定。

2. 滑压模式压力设定值

锅炉点火前，相关的逻辑条件如下：E1≤E2（输入为 0），FIX=0，MFT=1，SPA=1，AUTO=1。由图 13-12 可知，LB1=0，LB2=0，LB3=0，LB5=1，L1=1。

此时，由图 13-11 可知，设定值主控模件 SCM_1 的输出信号总是跟踪输入信号。但只有当正向限制信号（T_9 输出）为正时，输出信号才能增加，只有当负向限制信号（T_4 输出）为负时，输出信号才能减小。在锅炉停炉时，设定值主控模件 SCM_1 的输入信号为 $p+2$，设定值主控模件 SCM_1 的负向限制速率为负，SCM_1 的输出负向跟踪 $p+2$，直至 $p=0$；另一个主控模件 SCM_2 的输入信号为实际压力，正向速率限制信号为 100，负向速率限制信号为大于或等于 0，此时，SCM_2 用以保持停炉前的实际主蒸汽压力值不变。

随着主蒸汽压力不断下降，小选模块 2 将选中 $p+2$ 作为输出，使高压旁路阀不断关小。若主蒸汽压力 $p=0$，则 SCM_1 的输出保持为 0.2 MPa(2 bar)，经小选模块 1、小选模块 2 后送到存储器模块 M，此时的压力设定值为 0.2 MPa。因实际压力为 0，所以此时高压旁路阀严密关闭。

冷态启动锅炉点火后，相关的逻辑条件如下：E1≤E2（输入为 0），FIX=0，MFT=0，SPA=1，AUTO=1。由图 13-12 可知，LB1=0，LB2=0，LB3=0，LB5=0，L1=0。

因为有 L1=0，高压旁路阀开度小于设定的最大开度，所以加法器 5 的输出为负，经大选模块 2 后输出为 0,切换器 T_{10} 的输出为 0,经小选模块 3 后到切换器 T_9,所以切换器 T_9 的输出为 0。此时,虽然 SCM_1 的输入信号 $p+2$ 随着主蒸汽压力 p 增加而增加,但其输出(设定值)并不能增加,依然保持为 0.2 MPa(2 bar)。当 $p \leqslant 0.2$ MPa 时,高压旁路阀保持关闭;当 $p > 0.2$ MPa 时,高压旁路阀开启,维持 p 为 0.2 MPa。

当高压旁路阀开度达到预先设定的一个最大阀位值时,大选模块 2 将选择 $Y_{BP} - (30 + p_5 \times 0.38) > 0$ 作为输出,经乘法器、切换器 T_{10}、小选模块 3 后送到 SCM_1 的正向速率端,此时 SCM_1 的输入信号 $p+2$ 增加,其输出也增加,增加的速率由小选模块 3 的输出决定,最大不超过 0.4 MPa(4 bar)/min。此时,高压旁路进入最大阀位阶段。

在压力设定值增加后,压力调节器的入口偏差减小,使高压旁路阀的开度维持在最大开度附近,此时主蒸汽压力主要由锅炉的蒸汽量决定,锅炉通过调整燃烧率,使主蒸汽压力逐渐达到冲转压力。在主蒸汽参数达到汽轮机冲转参数后,汽轮机开始进汽冲转。

当汽轮机为高中压缸联合启动方式时,主蒸汽进入汽轮机做功,使主蒸汽压力有下降趋势。但因主蒸汽流量 FLOW 小于 150 t/h,则小选模块 4 的输出为负(FLOW$-150 < 0$),经加法器 4、切换器 T_4 到 SCM_1,使 SCM_1 的负向速率为正,所以 SCM_1 维持冲转时的压力设定值不变。因此,在高压旁路压力控制系统的作用下,高压旁路阀开度逐渐减小,维持主蒸汽压力为冲转压力,随着启动的进行,高压旁路阀开度不断减小,直至全关。

在机组并网且高压旁路阀全关后,使 C2=1。C2 控制切换器 T_1 的输出为 9,切换器 T_{10} 的输出为 5,并使 SCM_1 的输入信号变为($p+11$),SCM_1 的输出按一定的速率跟踪输入信号,避免因蒸汽压力波动使高压旁路阀开启,确保高压旁路阀关闭。高压旁路阀此时的工作方式为跟踪方式。

当高压旁路阀关闭后,负荷达到 35% 时,机组可投入滑压运行。滑压运行的起始点与启动状态有关,图 13-13 中所示的逻辑表示了不同启动状态下的滑压值。

由图 13-13 可知,在高中压缸联合启动方式下,冷态启动的滑压点为 5.88 MPa(58.8 bar),温态启动的滑压点为 7.85 MPa(78.5 bar),热态启动的滑压点为 9.81 MPa(98.1 bar),极热态启动滑压点为 11.78 MPa(117.8 bar)。在中压缸启动方式下,热态启动的滑压点为 7.85 MPa(78.5 bar),极热态启动的滑压点为 9.81 MPa(98.1 bar),其余为 5.88 MPa(58.8 bar)。

主蒸汽压力达到滑压值时,小选模块 2 选中 E1 信号作为输出,同时使 LB3=1,使切换器 T_3 选择(E1+1)作为输出,这样 E2 总比 E1 大,小选模块 2 只选中 E1 作为输出,高压旁路进入跟踪方式,以一定的速率跟踪实际压力。因滑压过程的压力设定值与负荷有关,所以压力设定值是通过实际流量得到的。通过 SCM_2 限速后送到大选模块,随着机组负荷的增加,大选模块 3 将选中 SCM_2 的输出作为输出,作为压力设定值。

操作盘上有压力设定值手动/自动切换按钮,切换到压力设定值手动方式时可通过操作盘上的增、减按钮手动改变压力设定值。

3. 压力控制回路

由上述设定值形成回路形成的设定值和实际压力比较,得到控制偏差,该偏差经 PI 运算后输出脉冲信号,经动力转换开关转换后控制高压旁路阀的电动机转动,逻辑如图 13-14 所示。

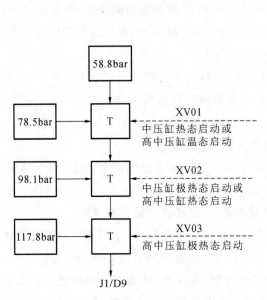

图 13-13　不同启动状态下的滑压值

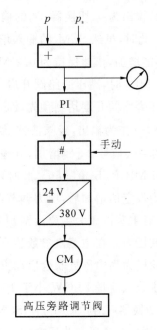

图 13-14　高压旁路压力控制回路逻辑

13.4.2　高压旁路出口温度控制系统

高压旁路出口温度控制系统的任务是:保证再热器进口蒸汽温度不超过某一定值,以保护再热器不致过热损坏。高压旁路出口温度控制系统通常有简单的单回路控制系统和前馈-反馈控制系统两种结构。

1. 简单的单回路控制系统结构

高压旁路出口温度设定值由控制面板上的按钮手动调整,一般设为 350 ℃左右。设定值的大小在面板上由指示表显示。测量值为高压旁路出口温度,设定值和测量值相比较,求偏差,并对偏差进行 PI 运算,PI 调节器的输出经动力转换开关转换后控制喷水调节阀电动机,如图 13-15 所示。

高压旁路压力调节为自动时,高压旁路喷水调节也联锁切到自动,高压旁路调节阀起到闭锁高压旁路喷水调节阀的作用。当高压旁路调节阀不开时,高压旁路喷水调节阀也不开;高压旁路调节阀开时,高压旁路喷水调节阀才能打开,防止高压旁路调节阀未开就喷水的误操作发生。在高压旁路喷水管道上装有喷水隔离阀,为两位式控制,只有开、关两种状态,可以选择手动/自动两种运行方式。在自动方式下,高压旁路调节阀关闭,喷水隔离阀也关闭,高压旁路调节阀打开,喷水隔离阀也打开。高压旁路喷水隔离阀的控制逻辑如图 13-16 所示。

2. 前馈-反馈控制系统结构

高压旁路前馈-反馈控制系统结构如图 13-17 所示。

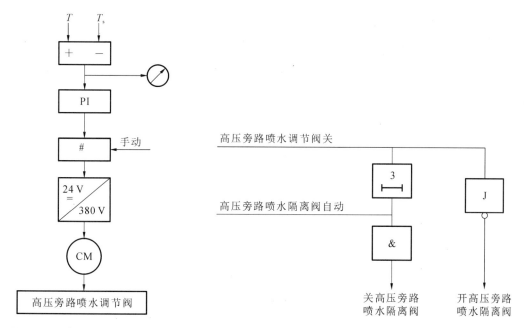

图 13-15　高压旁路出口温度单回路控制系统

图 13-16　高压旁路喷水隔离阀控制逻辑

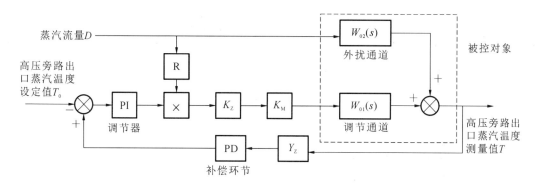

图 13-17　高压旁路前馈-反馈控制系统结构

　　如图 13-17 所示,该系统用取自高压旁路调节阀后的温度测量信号经比例微分动态补偿,以克服温度迟延的影响;用高压旁路蒸汽流量信号 D 作为前馈信号,以减小高压旁路调节阀后蒸汽温度的动态偏差。

　　汽轮机甩负荷时,高压旁路调节阀将全部打开,这时蒸汽流量前馈信号使减温喷水阀迅速打开,从而保证再热器入口蒸汽温度不致过分升高。高压旁路蒸汽流量信号用高压旁路调节阀阀位与锅炉过热器出口蒸汽压力的乘积代表。当高压旁路调节阀关到一定限度后,则−10 VDC 外设信号被引入高压旁路蒸汽温度控制系统,它一方面将温度调节器(PI)的输出降至最小,另一方面经前馈装置将高压旁路减温水调节阀迅速关闭。

13.4.3　高压旁路快开和快关控制逻辑

　　为防止事故或甩负荷时机组超压,高压旁路调节阀和高压旁路喷水调节阀设有快速动作回路。

1. 高压旁路调节阀快开逻辑

高压旁路调节阀快开逻辑如图 13-18 所示。

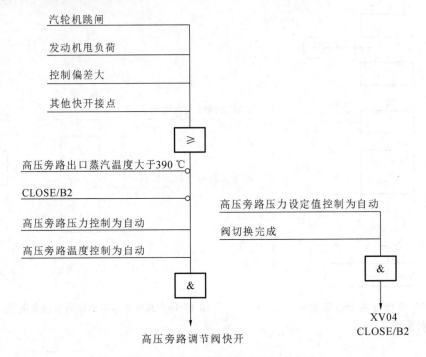

图 13-18　高压旁路调节阀快开逻辑

在无保护条件 CLOSE/B2、高压旁路出口蒸汽温度不高,且高压旁路压力和温度控制为自动时,出现以下任一条件,高压旁路将快开:

(1) 汽轮机跳闸;

(2) 发电机甩负荷;

(3) 控制偏差大。

2. 高压旁路喷水调节阀快开逻辑

高压旁路调节阀快开联锁高压旁路喷水调节阀快开,且要求高压旁路喷水控制为自动,其逻辑如图 13-19 所示。

3. 高压旁路调节阀保护关、保护开逻辑

高压旁路调节阀保护关、保护开逻辑为常速控制。系统根据闭环控制回路的控制方案和现场存在的条件,送至执行器的指令有三种形式:手动、自动和保护命令。这三种指令有不同的优先级别,其中保护命令优先级最高,有保护命令时,可直接使执行机构开或关。高压旁路调节阀保护关逻辑如图 13-20 所示。

当高压旁路出口温度大于 390 ℃或高压旁路压力设定值控制为自动,且阀切换完成时,高压旁路调节阀保护关闭。当高压旁路调节阀快开时,发出保护开命令,使常速电动机转动到开位置。

4. 高压旁路喷水调节阀保护开、保护关逻辑

高压旁路喷水调节阀保护开、保护关逻辑也是常速控制。当高压旁路调节阀关闭时,高压旁路喷水调节阀保护关。当高压旁路调节阀快开时,高压旁路喷水调节阀(常速控制)保护开。

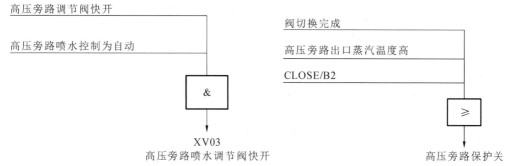

图 13-19　高压旁路喷水调节阀快开逻辑　　　图 13-20　高压旁路调节阀保护关逻辑

13.5　低压旁路控制系统

低压旁路装在汽轮机低压段旁路管道上,在机组启动或甩负荷时,将再热器的蒸汽排入凝汽器。低压旁路控制系统包括低压旁路压力控制系统、低压旁路温度控制系统、低压旁路调节阀和喷水调节阀快开、快关控制逻辑。

低压旁路压力控制系统在机组启动期间,通过调节低压旁路减压阀开度来调节再热器出口蒸汽压力,使之满足启动特性要求。

低压旁路温度控制系统用于控制低压旁路阀后的蒸汽温度,使之达到汽轮机低压缸排汽温度。低压旁路温度调节范围比高压旁路的大,在机组故障快开低压旁路时,会有高温再热蒸汽经低压旁路直接排入凝汽器,故低压旁路喷水减温的幅度是比较大的。

低压旁路控制系统的快开是为了保护再热器,快关是为了保护凝汽器。

13.5.1　低压旁路压力控制系统

1. 低压旁路压力设定值

低压旁路压力设定值的形成逻辑如图 13-21 所示。压力设定值由两个设定值经过大选模块得到,其中一个设定值称为固定压力设定值或最小压力设定值;另一个设定值称为可变压力设定值。

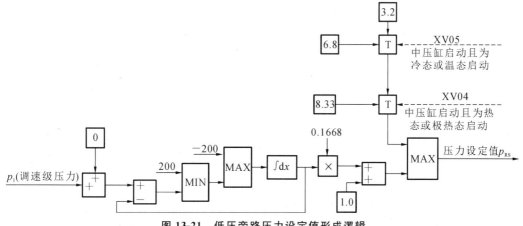

图 13-21　低压旁路压力设定值形成逻辑

固定压力设定值是为了满足机组启动而汽轮机调节阀尚未开启时的需要而设置的,该值根据汽轮机启动方式及启动状态的不同而有所不同。汽轮机为高中压缸联合启动时,固定压力设定值为 0.32 MPa(3.2 bar),汽轮机为中压缸(冷态或温态)启动时,固定压力设定值为 0.68 MPa(6.8 bar),汽轮机为中压缸(热态或极热态)启动时,固定压力设定值为 0.833 MPa(8.33 bar)。

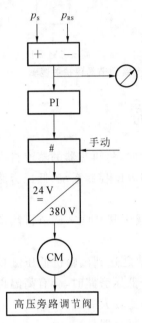

**图 13-22 低压旁路压力
控制回路**

在机组启动初期,控制系统根据固定压力设定值和实际再热蒸汽压力的偏差进行调节,改变低压旁路阀的开度,使再热蒸汽压力与设定值相等。当汽轮机进汽冲转带负荷时,低压旁路调节阀逐渐关闭,机组正常运行时,低压旁路调节阀应保持关闭状态。汽轮机带负荷后,再热器出口蒸汽压力的大小与汽轮机负荷有关,而且两者成正比例关系。

可变压力设定值以高压汽轮机速度级压力作为汽轮机负荷信号,经一阶惯性环节滤波及标度变换后,在加法模块中增加一个偏置信号,作为可变压力设定值信号,满足低压旁路系统滑压运行的要求。固定压力设定值与可变压力设定值经大选模块可实现平滑切换,大选模块的输出即为实际的低压旁路压力设定值 p_{RS},送入压力调节器入口。

2.低压旁路压力控制回路

低压旁路压力控制回路如图 13-22 所示。

低压旁路压力调节系统有自动、手动两种方式,可在控制台上选择切换。自动方式下,再热蒸汽压力与设定值相减后送到 PI 控制模块,PI 控制模块的输出经动力转换组件转换后控制常速电动机转动,从而改变低压旁路调节阀的开度,最终使实际再热蒸汽压力与设定值相等;手动方式下,可通过控制台上的增、减按钮改变低压旁路调节阀的阀位,实现手动控制。

低压旁路调节阀的开度及压力调节器的偏差由控制盘上的双针表显示。

13.5.2 低压旁路温度控制系统

低压旁路温度控制系统的任务是将减压后的低压旁路蒸汽冷却到低压缸排汽温度,使进入凝汽器的蒸汽温度不超过某一定值。这时的工质已处于饱和或过饱和状态。由热工原理可知,水蒸气在发生相变时,存在一个潜热问题,仅用温度一个参数不能反映工质的能量状态。所以,低压旁路温度控制系统不能像高压旁路温度控制系统那样取低压旁路调节阀后的蒸汽温度值作为被调量信号。有两种方法可以解决该问题:一是根据单位质量低压旁路蒸汽冷却到减温器出口焓值所需要的冷却喷水量和当前状态下低压旁路蒸汽质量流量,二者相乘求出总的喷水量,形成喷水量设定值,和实际的喷水量比较,构成喷水量控制系统;二是由低压旁路调节阀的开度修正后,求出喷水阀的阀位设定值,和实际的喷水阀阀位比较,构成阀位控制系统。

这里就第二种方法进行实例说明。某低压旁路温度控制系统的控制方案如图 13-23 所示。根据低压旁路调节阀的开度、再热蒸汽温度和再热蒸汽压力求出低压旁路喷水阀的阀位设定值。PI 调节器依据阀位偏差进行运算,其输出经动力转换组件转换后控制喷水阀电动机,使喷水阀的阀位改变,直至 PI 调节器入口偏差为 0。控制面板上的双针表指示喷水阀阀位和控制偏差,有手动/自动两种方式,可在控制面板上选择切换。

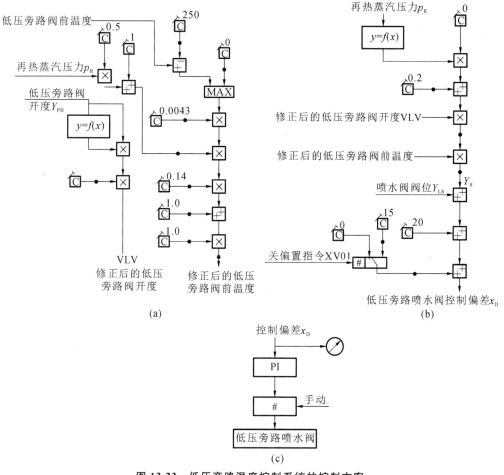

(a)　　　　　　　　　　　　　　(b)

(c)

图 13-23　低压旁路温度控制系统的控制方案

图 13-23 中,关偏置指令的形成逻辑如图 13-24 所示。机组启动初期,低压旁路调节阀关闭,且再热蒸汽压力很小,而最小压力设定值为 0.32 MPa,即满足如下条件:$p_R - p_{RS} < -0.2$ MPa;低压旁路调节阀关闭,并使触发器置位,即 XV01=1,该信号使低压旁路喷水调节阀的阀位偏差负向叠加 15,使喷水调节阀关闭。

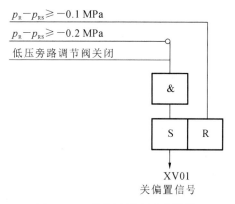

图 13-24　关偏置指令形成逻辑

当再热蒸汽压力升高时,有 $p_R-p_{RS}<-0.1$ MPa,使触发器复位,即 XV01＝0,解除喷水调节阀关偏置信号,同时开偏置信号起作用,使低压旁路喷水调节阀开启,以保证进入凝汽器的蒸汽不超温。

低压旁路喷水调节阀加开偏置信号,可解除低压旁路调节阀的保护关偏置信号,使低压旁路调节阀能够开启。当再热蒸汽压力升高到最小压力设定值时,低压旁路调节阀开启,通过低压旁路压力控制系统使再热蒸汽压力与设定值相等。

13.5.3 三级减温喷水阀的控制逻辑

在凝汽器入口,另设置有一个低压喷水控制阀,进行三级减温。三级减温喷水阀可以手动也可自动控制。当低压旁路温度控制为自动时,三级减温喷水阀也联锁投自动。三级减温喷水阀为两位式控制,其开启或关闭受低压旁路调节阀和喷水调节阀联锁控制。低压旁路调节阀或喷水调节阀开启,三级减温喷水阀也开启;低压旁路调节阀和喷水调节阀都关闭时,三级减温喷水阀也关闭,如图 13-25 所示。

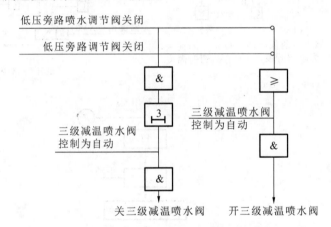

图 13-25 三级减温喷水阀的控制逻辑

13.5.4 低压旁路调节阀和喷水调节阀快开、快关控制逻辑

1.低压旁路调节阀快开逻辑

低压旁路调节阀快开主要是为了保护再热器,防止再热器超压。当控制偏差 $p_R-p_{RS}>0.3$ MPa(3 bar),且没有保护条件 CLOSE/B2,低压旁路温度控制为自动,低压旁路压力控制为自动时,低压旁路调节阀快开,如图 13-26 所示。

2.低压旁路调节阀快关逻辑

低压旁路调节阀快关是为了保护凝汽器。当出现凝汽器真空度低、凝汽器水位高、凝汽器温度高任一条件时,系统将发出低压旁路调节阀快关指令,如图 13-27 所示。

3.低压旁路喷水调节阀快开逻辑

低压旁路喷水调节阀快开逻辑如图 13-28 所示。当低压旁路喷水控制为自动时,若低压旁路调节阀快开,则低压旁路喷水调节阀快开。

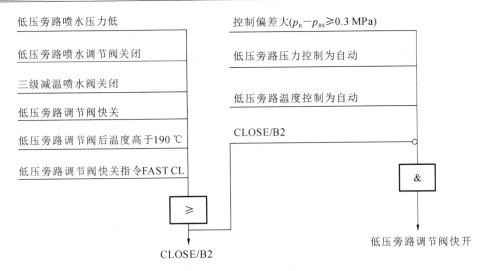

图 13-26　低压旁路调节阀快开逻辑

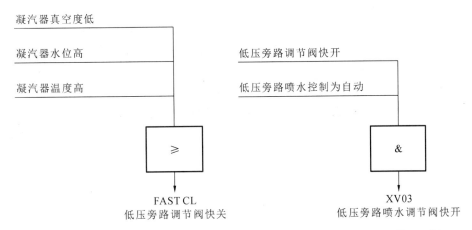

图 13-27　低压旁路调节阀快关逻辑　　图 13-28　低压旁路喷水阀快开逻辑

4. 低压旁路调节阀保护关、保护开条件

低压旁路调节阀的快开、快关通过快速电动机实现,当执行快关、快开时,常速电动机也保护性关闭或开启。保护关、保护开指令的优先级比自动或手动指令的高,低压旁路调节阀的保护关逻辑如图 13-29 所示。

当有下列任一情况时,低压旁路调节阀将发生保护性关闭:

(1) 低压旁路喷水压力低;

(2) 低压旁路喷水调节阀关;

(3) 三级减温喷水阀关;

(4) 低压旁路调节阀快关;

(5) 低压旁路调节阀后蒸汽温度大于 190 ℃;

(6) 有低压旁路调节阀快关指令 FAST CL=1;

(7) 低压旁路调节阀后蒸汽温度信号故障;

(8) 阀切换在进行。

低压旁路调节阀的保护开逻辑如图 13-30 所示。当低压旁路调节阀快开,且没有 CLOSE/B2 条件时,低压旁路调节阀将发生保护性开启。

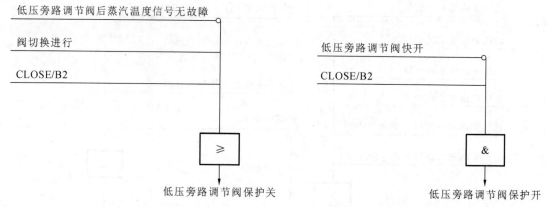

图 13-29　低压旁路调节阀的保护关逻辑　　　图 13-30　低压旁路调节阀的保护开逻辑

13.6　某电厂 660 MW 超超临界机组旁路系统介绍

某电厂 660 MW 超超临界机组采用了高压旁路(主蒸汽)和低压旁路(再热蒸汽)二级串联旁路系统装置,容量为 45%,采用气动执行器。系统的设计主要考虑实现以下功能。

(1) 使机组能适应频繁启停和快速升降负荷的要求,并将机组压力部件的热应力控制在合适的范围内。

(2) 改善机组的启动性能,缩短机组启动时间,降低汽轮机的寿命损耗。

对于直流锅炉来说,汽轮机旁路系统更具有重要作用。例如:直流锅炉有最低直流运行的负荷工况,此工况下产汽量往往大于汽轮机耗汽量,因此需要旁路系统按设定压力维持升压和稳压,协调机炉之间的差别。

13.6.1　旁路系统简介

该 660 MW 超超临界机组的旁路系统参数及执行器规范如表 13-2 和表 13-3 所示。

表 13-2　旁路系统参数

项目		高压旁路			低压旁路		
		高压旁路调节阀	喷水调节阀	喷水隔离阀	低压旁路调节阀	Ⅰ级喷水调节阀	Ⅱ级喷水隔离阀
型号		BMF-1	BMF-2	BMF-3	BMF-4	BMF-5	BMF-6
型式		角阀	角阀	直通阀	角阀	直通阀	直通阀
驱动方式		气动	气动	气动	气动	气动	气动
故障后状态		关闭	关闭	关闭	关闭	关闭	关闭
阀前	压力/MPa	25	31.4	31.8	4.356	3.45	3.49
	温度/℃	600	190.1	190.1	600	35.1	35.1
阀后	压力/MPa	4.84	16.2	31.4	0.59	1.80	3.45
	温度/℃	364.1	190.1	190.1	158	35.1	35.1
关闭压差/MPa		25	31.8	31.8	4.356	3.49	3.49
额定流量/(t/h)		927	151.1	151.1	539	189	189
最大流量/(t/h)		973	158	158	566	198	198
流量/(%)		45	—	—	—	—	—

表 13-3　旁路气动执行器技术规范

项目		单位	HPB 气缸			LPB 气缸		
			高压旁路	高压旁路喷水	高压旁路喷水隔离	低压旁路	低压旁路喷水	低压旁路喷水隔离
气源压力		MPa	0.4～0.8	0.4～0.8	0.4～0.8	0.4～0.8	0.4～0.8	0.4～0.8
全程时间	快开	s	3	3	3	3	3	3
	快关		3	3	3	3	3	3
	调节		10	10	—	10	10	—

13.6.2　旁路系统的功能

(1) 改善机组的启动性能:机组在各种工况(冷态、温态、热态和极热态)下用中压缸启动、高中压缸联合启动时,投入旁路系统控制锅炉蒸汽温度,使之与汽轮机汽缸金属温度较快地相匹配,从而缩短机组启动时间及减少蒸汽向空排放,降低汽轮机循环寿命损耗,实现机组的最佳启动。

(2) 机组正常运行时,高压旁路装置具有超压安全保护的功能。锅炉超压时高压旁路开启,减少 PCV(曲轴箱强制通风)阀和安全阀起跳,并按照机组主蒸汽压力进行自动调节,直到恢复正常值。

(3) 能适应机组定压运行和滑压运行两种方式:当汽轮机负荷低于锅炉最低稳燃负荷(不投油稳燃负荷)时,通过旁路装置的调节,使机组稳定在低负荷状态下运行。

(4) 在启动和甩负荷时,可保护布置在烟气温度较高区域的再热器,以防烧坏。

(5) 回收工质,减少噪声。

13.6.3　旁路系统的控制方式

旁路系统的控制纳入单元机组分散控制系统,旁路控制系统能与协调控制系统、汽轮机数字电液控制系统配合,满足各种不同运行工况的要求。

启动模式:

由操作员选择“启动模式”或由分散控制系统的“Boiler Fire On”来激活。高压旁路压力在启动模式下设定有三种状态,分别为 Min Pressure(最小压力模式)、Pressure Ramp(升压模式)和 Restart(重启模式)。

当旁路压力设定处于“Min Pressure”或“Pressure Ramp”模式时,高压旁路就产生“启动模式”信号。在锅炉升压时,如果锅炉燃烧不稳定,燃料量下降将使高压旁路调节阀关闭,锅炉升压中断,激活“Restart”模式。在“Restart”模式下,压力设定值一直跟随主蒸汽压力,经调整,锅炉燃烧稳定后,主蒸汽压力开始增大,重新开启高压旁路调节阀。打开旁路调节阀后,若压力仍小于汽轮机的冲转压力 p_{syne},压力设定继续处于“Pressure Ramp”;若压力大于汽轮机的冲转压力 p_{syne},启动模式自动解除,机组旁路自动进入定压模式。

当锅炉点火时,主蒸汽压力低于最小设定值,压力设定处于“Min Pressure”。高压旁路系统要有少量蒸汽,以防止再热器干烧,高压旁路调节阀应有一定的开度 $Y_{min}=10\%$ 并保持该最小开度直至主蒸汽压力达到最小设定值 p_{min} 为止,维持压力最小设定值 p_{min}。高压旁路调节阀的开度随着锅炉燃烧量的增加而开大,直到达到预先设定的开度值 $Y_{ramp}=30\%$。压力达到汽轮机的冲转压力 p_{syne} 时,启动模式自动解除,机组旁路系统自动进入定压模式。随着汽轮机高压调门的开度增大,高压旁路调节阀逐渐关小,维持主蒸汽压力直至全关。一旦高压旁路调节阀全关,高压旁路系统即投入跟随模式,处于热备用状态。

根据机组启动状态确定冲转再热蒸汽压力。低压旁路调节阀再热蒸汽压力小于低压旁路压力最小设定值 p_{min} 时,低压旁路调节阀一直处于关闭状态。把低压旁路压力设定设为自动,在自动方式下,低压旁路压力设定由汽轮机中压缸第一级压力产生。低压旁路调节阀的开度根据低压旁路压力设定和再热蒸汽实际压力的偏差通过比例积分得到,同时受低压旁路最大压力 $p_{max}=0.5$ MPa 限制。机组带负荷后,为了维持再热蒸汽压力与机组负荷匹配,低压旁路阀逐渐关小,达到一定负荷高压旁路调节阀关闭后低压旁路调节阀也全关。

汽轮机选择中压缸冲转方式,当机组负荷大于 5% 时,汽轮机进行切缸操作,将逐步关闭高、低压旁路。

13.6.4 旁路系统的运行参数

该 660 MW 超超临界机组的旁路系统运行参数如表 13-4 所示。

表 13-4 旁路系统运行参数

技术参数名称		设计工况	冷态启动	温态启动	热态启动	极热态启动
高压旁路调节阀	入口压力/MPa	25	8	8	8	8
	入口温度/℃	600	410	460	492	513
	入口流量/(t/h)	927	196.9	196.9	286.4	286.4
	出口压力/MPa	4.84	0.89	0.89	0.89	0.89
	出口温度/℃	364.1	~240	~260	~280	~300
	出口流量/(t/h)	1 078.1	196.9	204.9	306.6	312.1
	进/出口管道设计压力/MPa	27.563/6.316				
	进/出口管道设计温度/℃	610/383				
高压喷水调节阀	计算温度/℃	190.1	120	120	120	120
	计算流量/(t/h)	151.1	—	8	20.2	25.7
	减温水管道设计压力/MPa	40				
	减温水管道设计温度/℃	260				

13.6.5 旁路系统的动作设定

该 660 MW 超超临界机组旁路系统的旁路调节阀动作设定如表 13-5 所示。

表 13-5 旁路调节阀动作设定

条件		高压旁路调节阀的开度在 95% 以下时
动作	主蒸汽压力上升	阀门随之逐渐开启
	主蒸汽压力下降	阀门随之逐渐关闭
条件		高压旁路调节阀的开度在 95% 以上时
动作	主蒸汽压力上升	阀门不动
	主蒸汽压力下降	旁路调节阀关小直至达到设定压力
条件		主蒸汽流量在旁路装置设计容量以下时
动作	主蒸汽压力下降	旁路调节阀不动
条件		主蒸汽流量在旁路装置设计容量以上时
动作	主蒸汽压力下降	旁路阀随之逐渐关闭

13.6.6　旁路系统的装置联动保护

该 660 MW 超超临界机组旁路系统的旁路装置联动保护设定如表 13-6 所示,高、低压旁路系统联锁项目如表 13-7 所示。

表 13-6 旁路装置的联动保护设定

情况	联动保护
旁路喷水调节阀打不开	旁路调节阀关闭
高压旁路调节阀先开启	高压旁路喷水调节阀滞后开启,不能超前
高压旁路调节阀快速关闭	喷水调节阀超前关闭,并自动闭锁温度自动控制系统
低压旁路调节阀快速打开	低压旁路喷水调节阀超前开启
低压旁路调节阀快速关闭	—

表 13-7 高、低压旁路系统联锁项目

序号	设备名称	阀门类型	SCS功能	联锁条件
1	高压旁路减压阀	模拟量控制系统控制气控调节阀,具有快开、快关功能,无快开、快关信号为调节状态	单操联锁	满足下列条件之一,联锁关闭: ① 高压旁路减温水压力<1.2 MPa(测点:3LCC10CP001); ② 低背压凝汽器真空度低(测点:3MAG02CP202,定值:60 kPa); ③ 高背压凝汽器真空度低(测点:3MAG01CP202,定值:60 kPa); ④ 低背压凝汽器温度高(测点:3MAG02CT201,定值:80 ℃); ⑤ 高背压凝汽器温度高(测点:3MAG01CT201,定值:80 ℃); ⑥ 旁路开启后 10 s 内,一级减温水隔离阀仍未开启; ⑦ 高背压凝汽器真空破坏门开启; ⑧ 低背压凝汽器真空破坏门开启; ⑨ 循环泵均停运; ⑩ 两台凝泵均停运; ⑪ 高压旁路后蒸汽温度大于 160 ℃,延时 10 s; ⑫ 高压旁路后蒸汽压力大于 0.8 MPa

序号	设备名称	阀门类型	SCS功能	联锁条件
2	高压旁路减压阀	模拟量控制系统控制气控调节阀,具有快开、快关功能,无快开、快关信号为调节状态	单操联锁	满足下列条件,即快速开启调节:总燃料量不大于25%,发电机跳闸。 满足下列条件,即允许投旁路: ① 低背压凝汽器真空度高(测点:3MAG02CP201,定值:70 kPa); ② 高背压凝汽器真空度高(测点:3MAG01CP201,定值:70 kPa); ③ 低背压凝汽器温度低于80 ℃(测点:3MAC00CT064); ④ 高背压凝汽器温度低于80 ℃(测点:3MAC00CT066); ⑤ 高压旁路减温水压力大于1.2 MPa(测点:3LCC10CP001)
3	低压旁路电动门	模拟量控制系统控制气控调节阀,具有快开、快关功能,无快开、快关信号为调节状态	单操联锁	—

13.6.7　旁路安全保护系统

当机组正常运行时,如果主蒸汽压力过高,而越过规定的限值,逻辑回路动作,作用到执行机构的快开装置,执行机构快速动作开启旁路调节阀,进行泄流减压,待压力恢复时,自行关闭,起着安全阀作用。

在启动过程中,若旁路调节阀开启,旁路调节阀后蒸汽温度过高,或减温水压力低,控制系统给出快关指令,强制性关闭旁路调节阀。

旁路管道来的蒸汽直接进入凝汽器,对凝汽器的安全运行影响很大。通常出现下列情况之一时,应快速解列旁路系统:

(1)凝汽器真空度低;

(2)凝汽器温度高;

(3)主燃料跳闸。

发生上述情况之一时,逻辑控制回路发出快关指令,快速关闭低压旁路调节阀,并联锁关闭喷水阀。

旁路的保护功能如表13-8所示。

表13-8　旁路的保护功能

主蒸汽管保护	条件	主蒸汽压力超限	主蒸汽压力低于额定值
	动作	高压旁路自动开启	高压旁路自动关闭
再热蒸汽管保护	条件	再热蒸汽压力超限	再热蒸汽压力恢复正常值
	动作	低压旁路自动开启	低压旁路自动关闭

凝汽器保护	条件	凝汽器真空度降到设定值	凝汽器温度高于设定值	热井水位高于设定值	低压旁路出口压力或温度高于设定值	低压旁路减温水压力低于设定值
	动作	低压旁路均自动关闭				

13.6.8　旁路减温调节系统

在机组启动过程中,旁路调节阀流通的蒸汽将直接进入凝汽器,根据凝汽器的运行要求,其入口温度要保持在一定范围,不减温的蒸汽是不能进入凝汽器的。

旁路后蒸汽温度的控制是通过改变喷水调节阀的开度,调节喷水量来实现的。

13.7　旁路系统及控制系统的技术探讨

13.7.1　旁路系统的功能概括

利用旁路系统,机组可以实现"启动、溢流、安全"三大功能。

1.启动功能

启动功能指的是利用旁路系统改善机组的启动条件。用旁路系统控制锅炉蒸汽温度可以使汽轮机的进汽温度与汽缸温度的匹配过程更加合理和快速。旁路系统还可以配合有条件的汽轮机实现中压缸启动并带低负荷,在较低的热应力和寿命消耗条件下缩短机组的启动时间。

2.溢流功能

在事故情况下,旁路系统可以排放机组在负荷突降的过渡过程中的剩余蒸汽,从而保证在汽轮机低负荷(带厂用电运行或空载运行)或停止运行的情况下,维持锅炉在不投油的最低稳燃负荷下运行。其目的是当事故排除后,机组可以最快的速度恢复带负荷运行。

3.安全功能

当蒸汽压力过高时旁路系统可以快速开启,将多余蒸汽排入凝汽器,以保证锅炉安全,且不会产生工质损失和噪声。

13.7.2　旁路系统非必备系统

高低压二级串联旁路系统是大容量再热机组的重要辅助系统,但并不是大容量再热机组必须具备的系统。国际上有两种做法。

(1) 机组不配备旁路系统。如美国西屋公司,通用(GE)公司,英国通用(GEC)公司等生产的大机组。

(2) 在机组的设计中就考虑了旁路系统。将旁路系统作为机组不可分割的一部分,如ABB公司和阿尔斯通公司生产的机组。

我国元宝山电厂 1 号 300 MW 机组由 ABB(原瑞士 BBC)公司生产;元宝山电厂 2 号机组(600 MW)和姚孟电厂的 3、4 号机组(300 MW),均由阿尔斯通公司生产,全部为原设计配置有 100％ MCR 容量的二级串联旁路系统。

因为机组是原设计就考虑配备旁路系统的,所以机组各个局部性能与旁路系统的工作相协调。如凝汽器具有接收旁路系统的全部排汽量的能力,机组能滑压运行,锅炉不设安全门,锅炉具有合适的不投油稳燃负荷,汽轮机能适应长时间低负荷运行和中压缸启动工况等。

13.7.3 增设旁路系统的效果

旁路系统的"启动、溢流、安全"功能的全部实现,必然会将大机组的运行水平提高到一个新的高度。因此,人们普遍对旁路系统产生了浓厚兴趣,不仅要求为新建的大容量机组配备旁路系统及其控制系统,甚至在成套进口大机组时,也要求原设计不配旁路系统的机组增设旁路系统,希望这些机组能实现上述功能。

然而"启动、溢流、安全"三大功能并不是单由旁路系统本身完成的,而是由旁路系统配合主机共同完成的。如果主机不具备实现这些功能的条件,增设旁路系统的效果并非十分理想。

对于那些原设计不配旁路系统的锅炉、汽轮机组,增设旁路系统后的功能是有限的。一般只在机组启动时,通过旁路将不符合参数要求的蒸汽排入凝汽器,建立锅炉的启动负荷,直到蒸汽参数满足汽轮机冲转要求,从而缩短机组的启动时间(尤其热态启动),减少启动期的工质损失。但是这类机组有些在控制上设计了快速甩负荷(FCB)功能,即机组甩负荷后带厂用电运行或空载运行,这些功能实际上也是无法实现的。对于那些不具备中压缸启动功能的机组,虽设置了旁路系统及其控制系统,中压缸启动的功能仍无法实现。

第14章 炉膛安全监控系统

14.1 概　　述

14.1.1 炉膛安全监控系统的地位

大容量锅炉需要控制的燃烧设备数量比较多,有点火装置、油燃烧器、煤粉燃烧器、辅助风(二次风)挡板、燃料风(周界风)挡板等,不仅类型比较复杂,而且它们的操作过程也很复杂。例如:点火油枪的投入操作包括点火油枪推进、开雾化蒸汽(或雾化空气)门、开进油门等;停用操作包括关进油门、油枪吹扫、油枪退出等。煤粉燃烧器的投入操作包括开磨煤机出口挡板、开热风门、暖磨、磨煤机启动、给煤机启动;煤粉燃烧器停用操作包括停给煤机、关热风门、停磨煤机、磨煤机吹扫等。一般不能伸进和退出的点火装置(点火器)以及燃烧器的火焰监视器等装置要有冷却措施,为此设置了冷却风机(由交、直流电动机拖动,其中直流电动机备用)。火焰监视器是判断燃烧器点、熄火成功与否及对火焰进行监视的重要装置。由此可见,即使投入或切除一组燃烧器也需要有相当多的操作步骤和监视判断的项目,在锅炉启动或发生事故工况下,燃烧器的操作工作更加繁复。所以大容量锅炉的燃烧器必须采用自动顺序控制。

国内机组过去缺少这种燃烧安全监控系统,使国产锅炉的运行性能受到严重的影响,锅炉的安全运行也受到威胁。由于近年来大机组日益增多,锅炉防爆问题也日趋严重,据电力部门统计,近几年来较大型锅炉爆炸事故每年发生十余起,损失巨大。另外大容量锅炉爆炸力较大,采用防爆门已无法承受炉内压力,增加防爆门面积又不现实,因此为国产锅炉装备炉膛安全监控系统已势在必行。

炉膛安全监控系统(furnace safeguard supervisory system,FSSS),也称燃烧器管理系统(burner management system,BMS),或称燃烧器控制系统、燃料燃烧安全系统,是现代大型火电机组锅炉必须具备的一种监控系统。它能在锅炉正常工作和启停等各种运行方式下,连续地密切监视燃烧系统的大量参数与状态,不断地进行逻辑判断和运算,必要时发出动作指令。通过各种联锁装置,使燃烧设备中的有关部件(如磨煤机组、点火器组、燃烧器组等)严格按照既定的合理程序完成必要的操作,或对异常工况和未遂性事故做出快速反应和处理,防止炉膛的任何部位积聚燃料与空气混合物,防止锅炉发生爆燃而损坏设备,以保证操作人员和锅炉燃烧系统的安全。

炉膛安全监控系统实际上是把燃烧系统的安全运行规程用一个逻辑控制系统予以实现。采用炉膛安全监控系统不仅能自动地完成各种操作和保护动作,还能避免运行人员在手动操作时的误动作,并能及时执行手动操作不及时的快动作,如紧急切断和跳闸等。

炉膛安全监控系统要求自动化程度高。运行人员可以通过阴极射线显像管(CRT)、键盘和运行人员控制盘(BTG盘)或其他接口设备,发出各种指令,启停燃烧系统有关设备。燃烧设备可以分别单独启停,也可以根据一定的组合成组自动启停。如它能将同一层的给煤机、磨煤机、有关风门挡板及其他附属设备一起组成一个自动系统,运行人员只需发出启动某台磨煤机的指令,当所要求的许可条件都满足时,系统将自动按照适当的时间程序进行一系列动作;另外也能将准备投入运行的所有磨煤机层组合在一起,运行人员只要发出一个启动指令,系统就将所有磨煤机层按顺序逐层自动投入运行。无论是自动启停或遥控操作单台设备的启停,系统逻辑通过各种安全联锁条件,保证这些设备及整个系统的安全,防止危险情况的发生。

按照美国防火协会标准设计的炉膛安全监控系统,功能多,控制范围广,而且与控制对象密切相关,即不但与锅炉结构、燃烧器布置、制粉系统、油系统、点火器及它们的运行方式等有关,而且与一次仪表取样点、火焰检测器的安装位置、执行机构的工作性能都有直接关系。因此,炉膛安全监控系统是根据不同的控制对象和不同的控制要求来确定功能的。一般,炉膛安全监控系统应由设计院、运行单位和锅炉制造厂共同研究,并选择配套设备、风机、测点布置和合适的执行机构,以提高炉膛安全监控系统的工作可靠性。

由于国外在炉膛安全监控系统方面有成熟的经验,系统具有高度的可靠性,因此在许多锅炉中已取消了目前国产锅炉还普遍设置的防爆门。

如今,炉膛安全监控系统与协调控制系统一起被视为现代大型火电机组锅炉控制系统的两大支柱。

14.1.2 炉膛安全监控系统的作用

炉膛安全监控系统一般可分为两大部分:燃烧器控制系统和燃料安全系统。各部分及其作用简介如下。

1.燃烧器控制系统(burner control system,BCS)

BCS的主要作用是连续监视运行,控制点火及暖炉油枪,实现磨煤机、给煤机等制粉设备的自启停或远程操作,分别监视油层、煤层及全炉膛火球火焰。当吹扫、点火和带负荷运行时,控制风箱挡板位置,以便获得炉膛所需的空气分布。同时,还提供状态信号到模拟量控制系统(MCS)、计算机监视系统(CMS)、旁路控制系统(BPS)及汽轮机控制系统(TCS)等。

2.燃料安全系统(fuel safety system,FSS)

FSS的主要作用是在锅炉运行的各个阶段,包括启停过程中,预防在锅炉的任何部分形成可爆燃的气粉混合物,防止炉膛爆炸。设备和人身有危险时产生主燃料跳闸(MFT)信号,并提供首次跳闸原因,以便事故查找和分析。MFT信号发出后,切除所有燃烧设备和有关辅助设备,切断进入炉膛的一切燃料。MFT以后仍需维持炉内通风,进行跳闸后的炉膛吹扫,清除炉膛及尾部烟道中的可燃混合物,防止炉膛爆炸。

由上述可见,不管在锅炉启停和正常运行,还是在事故处理中,炉膛安全监控系统都起着重要作用。由于炉膛安全监控系统的主要功能是在锅炉启停和运行的任何阶段防止锅炉的任何部位积聚爆炸性燃料和空气混合物,防止损坏锅炉和燃烧设备的恶性爆炸事故发生。因此,必须弄清炉膛爆炸的原因及其防止方法。

14.1.3　炉膛爆炸的原因及预防

1. 炉膛爆炸的原因

炉膛爆炸的主要原因在于炉膛或烟道中积聚了一定数量未经燃烧的燃料与空气形成的可燃混合物,在有点火源时,如锅炉启动点火、锅炉熄火后重新点火或炉膛内燃料本身所积存的热能等,可燃混合物突然点燃。由于火焰传播速度极快,积存的可燃混合物近于同时点燃,生成烟气后体积突然增大,一时来不及由炉膛排出,因而使炉膛压力骤增,这种现象称为爆燃(俗称"打炮")。严重的爆燃即为爆炸。当炉膛压力过高,超过炉膛结构所能承受的压力时,炉墙会向外崩塌,称为"外爆"。

锅炉点火时更容易发生爆炸,且破坏更加严重。这可以通过热力学定律加以说明。设进入炉膛的燃料为 $B(\text{kg})$,其发热量为 $Q(\text{kJ/kg})$,炉膛体积为 $V(\text{m}^3)$,吸热后的温度变化为 $\Delta T(\text{K})$,炉膛里介质的定容比热容为 $c_V(\text{kJ/(m}^3 \cdot \text{K}))$,可得出以下方程式:

$$BQ = V\Delta T c_V \tag{14-1}$$

在爆炸瞬间,炉膛的传热过程假定为定容绝热过程,根据热力学定律得:

$$\frac{P_1}{P_2} = \frac{T_1}{T_2} = \frac{T_1}{T_1 + \Delta T} \tag{14-2}$$

式中:P_1、P_2 分别为爆炸前、后的介质压力;T_1、T_2 分别为爆炸前、后的介质温度。

将式(14-1)、式(14-2)联立求解得

$$P_2 = P_1 \left[1 + \frac{BQ}{VT_1 c_V} \right] \tag{14-3}$$

由式(14-3)可以得出以下结论。

爆炸前温度越低,则爆炸后产生的压力 P_2 越大。在锅炉点火时,炉膛温度 T_1 越低,点火时的燃油发热量 Q 较高,因而点火时炉膛爆炸造成的破坏性很大。而正常运行时温度 T_1 较高,且采用的燃煤发热量 Q 较低,因而破坏性较前者小。点火时的爆燃称冷态放炮,它一般损坏炉膛下部,严重时破坏整个炉膛。运行时的爆燃称为热态放炮,一般损坏炉顶和水平烟道。由于锅炉在启运、运行和停炉的全过程都可能发生爆燃甚至爆炸的恶性事故,因此在考虑锅炉安全保护时,必须全程投入炉膛安全监控系统。

除了炉膛外爆,有时还会发生炉膛内爆。当炉膛压力过低,炉膛内外差压超过炉墙所能承受的压力时,炉墙就会向内坍塌,这种现象称为炉膛内爆。

发生炉膛内爆的主要原因:一是炉膛在瞬间突然熄火,造成炉膛负压过大;二是由于控制系统失灵或运行人员误操作使得引风机出力较大,造成较大的负压力。这是由于控制系统失灵或运行人员误操作造成的。

烟气的物理状态可近似按理想气体来描述,根据理想气体定律得到

$$P = \frac{MRT}{V} \tag{14-4}$$

式中:P 为介质的绝对压力;M 为介质的质量;R 为气体常数;T 为介质的热力学温度;V 为炉膛体积。

当 M、R、V 均确定后,炉膛熄火后 T 下降,T 下降又引起 P 下降。当这个下降幅度超过炉膛结构所能承受的压力时,炉墙就会向内坍塌而造成内爆。炉膛的熄火速度越快,P 下降幅度也就越大。另外,锅炉熄火时负荷越大,炉膛压力下降幅度也就越大。

2. 炉膛爆炸的预防

理论和实践证明,炉膛爆燃大多发生在点火和暖炉期间,炉膛熄火和锅炉低负荷运行也经常会发生炉膛爆燃。为此,应根据不同的运行工况采取不同的防范措施。防止炉膛爆燃的原则性措施一般如下。

(1) 在主燃料与空气混合物进口处有足够的点火能源,点火器的火焰要稳定,要有恰当的位置和一定的能量,能将进入炉膛的燃料迅速点燃。

(2) 当进入炉膛的燃料未点燃时,应尽快采取措施缩短未点燃的时间,以减少可燃混合物在炉膛的积存体积。

(3) 已进入炉膛的可燃混合物应尽快冲淡,使之不在可燃范围内,并不断地将它吹扫出去。

(4) 当进入炉膛的燃料只有部分燃烧时,应继续冲淡,使之成为不可燃的混合物。

一般说来,点火时最危险的情况为点火器已点着,但能量太小,不足以将主燃烧器点燃。此时火焰检测器显示为"有火焰"(点火器火焰),而实际上主燃烧器并未点燃,此期间进入炉膛的燃料未点燃而积存在炉膛内,待主燃烧器点燃后又将积存的燃料一起点燃,形成爆燃。因此应尽可能缩短主燃烧器的点火时间,若在 10 s 内未点燃主燃烧器就应切断燃料,重新吹扫,然后再点火。

点火期间所用的燃烧器数量应尽可能少些,每只燃烧器的燃烧率不应太低。这样既可使火焰稳定、操作简化,又可减少误操作。但为了使炉膛均匀加热,在暖炉期间应有足够的燃烧器投入工作,使整个炉膛充满火焰。

不论在何种情况下,当某一燃烧器火焰熄灭时,应立即切断该燃烧器或一组燃烧器的燃料,若全炉膛火焰熄灭,则应切断全部燃料,实行紧急停炉。

为了防止炉膛内爆,在燃烧控制系统设计中应注意以下几点:

(1) 锅炉甩负荷时,炉膛的送风量应维持在甩负荷前的数值;

(2) 机组甩负荷后,应尽可能地减少炉膛中燃烧产物的流量;

(3) 若能在 10~14 s 的期限内(不是立即地)消除炉膛中的燃料,则机组甩负荷后炉膛压力偏离正常值的幅度就能减小。

防止炉膛内爆是一个新问题,现在仍在摸索过程中。

14.2 炉膛安全监控系统构成

14.2.1 系统的基本组成

从目前的应用来看,有的机组采用专门配置的炉膛安全监控系统独立产品,有的机组则将炉膛安全监控系统用机组配套的分散控制系统实现。无论何种形式,通常一套完整的炉膛安全监控系统的硬件设备可以分为四个部分,即人机接口、逻辑控制系统、驱动装置和检测敏感元件,如图 14-1 所示。

1. 人机接口

炉膛安全监控系统的人机接口随不同应用系统的设计和配置而异。一般包括运行人员控制盘(BTG 盘)、操作员终端与键盘、就地控制盘、系统模拟盘等。

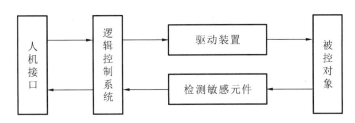

图 14-1　炉膛安全监控系统组成示意图

1）运行人员控制盘（BTG 盘）

炉膛安全监控系统的运行人员指令主要通过运行人员控制盘实现。运行人员控制盘包含将有关设备投入运行所必要的操作开关和按钮、反映设备运行状态的指示灯等。主要用来操作燃料燃烧设备（如锅炉启动时的燃烧器点火与停炉时燃烧器的熄火等操作）和监视燃烧设备的状态，向运行人员提供一些如阀门和挡板的开或关、电动机的启或停、燃烧器运行工况、异常工况报警等状态信息，以及时、准确地判断发生故障的设备，便于及时处理。运行人员控制盘上设有逻辑系统的控制开关，如"清扫开始""清扫完成""开启油跳闸阀""点火器启动"等。此外，盘上还可选用"首出"指示器、数据采集、CRT 显示等设备。当机组发生紧急停炉时，盘上能显示首次跳闸的原因。

运行人员控制盘安装在主控制室中，通过电缆与位于继电器室内的逻辑控制柜相连。在正常运行时，系统的所有命令均可由运行人员控制盘发出，运行人员通过控制盘、逻辑控制系统、燃烧器控制系统与燃料安全系统中的检测敏感元件和驱动装置取得联系。

2）操作员终端与键盘

炉膛安全监控系统的绝大部分运行人员指令和状态信息，都可通过分散控制系统的操作员终端与键盘予以实现。

3）就地控制盘

就地控制通常限制在最低限度，主要用于维修、测试和校验现场设备，如给煤机就地盘、磨煤机液力和润滑油系统就地盘等。在正常运行时，就地控制盘上所有控制开关均放置在遥控位置，使被控设备均处在逻辑系统的控制之下。

4）系统模拟盘

系统模拟盘位于炉膛安全监控系统的逻辑柜内，可对各层燃烧设备及总体功能进行模拟操作试验，检查相应的逻辑功能是否正常，它是系统调试和寻找故障的有力工具；在进行模拟试验前，应停运有关燃烧设备。在各模拟板上装有现场设备的状态指示灯。

2. 逻辑控制系统

逻辑控制系统比较复杂，是整个炉膛安全监控系统的核心。所有运行人员的指令都是通过逻辑控制系统实现的，所有驱动装置和检测敏感元件的状态都通过逻辑控制系统进行连续监测。该系统根据运行人员发出的操作命令和控制对象传出的检测信号进行综合判断和逻辑运算，只有在逻辑控制系统验证满足一定的安全许可条件后，才将运算结果送到驱动装置，用以操作相应的控制对象（如燃烧系统的燃料阀门、风门挡板等）。逻辑控制对象完成操作动作后，经检测，再由逻辑控制系统发出返回信号送至控制台，告知运行人员设备的操作运行状况。当出现危及设备和机组安全运行的情况时，逻辑控制系统会自动发出停掉有关设备运行的操作指令。

炉膛安全监控系统与其他控制系统有联系，它可以改变机组协调控制系统的命令。如当协调控制系统的引、送风量调节指令超过安全许可范围时，炉膛安全监控系统可以修正这些指令，使一次风挡板和二次风挡板维持现状不变。

逻辑控制系统采用分层控制的方式，即对每一个层分别进行控制。这样一个层的故障就不会影响整个机组的运行，从而大大提高了整体的可靠性和可用率。

3. 驱动装置

驱动装置用于控制和隔离进入炉膛的燃料（油、煤）和空气的执行机构，燃烧系统的驱动装置包括：

（1）电动阀门、气动阀门、挡板的驱动机构，如暖炉油跳闸阀、热风门等；

（2）电动机启动器，如给煤机、磨煤机、风机等电动机的启动器；

（3）油枪伸缩机构等。

它们可分别控制各辅机、设备的状态。运行人员通过逻辑控制系统监控这些装置。

由于炉膛安全监控系统是逻辑控制系统，它给这些驱动装置的指令不是开，就是关，不是投入，就是退出。因此某些燃烧控制任务是由协调控制系统承担的，如一次风和二次风调节挡板开度大小的控制。

4. 检测敏感元件

检测敏感元件是用来监测炉内燃烧和燃料空气系统状态的装置，包括反映驱动器位置信息的元件（如限位开关等），反映诸如燃料压力、温度、流量和火焰出现与否等各种参数及状态的器件，如：

（1）压力开关，用于反映炉膛压力、燃油和空气压力等，当超过允许值时发出报警或跳闸等信号；

（2）温度开关，用于反映空气、燃料的温度，如磨煤机出口温度、燃油温度等；

（3）流量开关，用于反映空气、燃料的流量，或用差压表示，如某一管道、空气预热器、风机的进出口差压；

（4）火焰检测器，用于燃烧器的火焰判别或炉膛火球监视；

（5）限位开关，用于限制阀门和挡板的行程，以保证它们运行在规定的安全限度之内，或提供一个证实信号，证实某设备是开还是关。

检测敏感元件常与一些反馈元件（如控制盘上的指示灯、光字牌）相连接。

14.2.2 逻辑控制系统的类型

目前国内投运的炉膛安全监控系统的类型很多，常见的有美国燃烧工程（CE）公司的炉膛安全监控系统，美国福尼（Forney）公司的 AFS-1000 型燃烧器管理系统，日本三菱公司的自动燃烧器控制系统（DABS），美国贝利（Bailey）公司 Network-90、INFI-90 分散控制系统的燃烧器管理系统，还有引进机组随主机配套提供的其他形式的炉膛安全监控系统，以及国内生产的炉膛安全监控系统等。逻辑控制系统是任何炉膛安全监控系统的最主要、最关键的控制设备，不同类型系统的差异也主要体现在其逻辑控制系统上。

炉膛安全监控系统中的逻辑控制系统有继电器式、逻辑组件式、可编程控制器式和以微处理器为中心的计算机式等几种类型。

1. 继电器式

即逻辑控制系统由继电器组成。电磁式继电器的抗干扰能力强、结构简单，能提供足够的动力去指挥驱动器,但其系统装置体积太大。过去国内采用这种类型的系统用于燃烧器自动控制。

2.逻辑组件式

采用专用固定接线顺序控制器的系统被称为逻辑组件式控制系统。它是继电器式逻辑控制系统的换代产品,克服了电磁式继电器体积大、数量多、控制柜庞大的弊端。由于这种系统所控制的对象的操作规律是固定不变的,因此可对某些功能控制实行固定接线方式,这使得装置简单可靠,可做成积木式组件。但是,当在运行调试中发现部分功能设计不能满足使用要求而需改进时,则必须改动逻辑功能卡或改动逻辑接线,将耗费一定的工作量。

我国早期引进大型锅炉机组的某电厂,其炉膛安全监控系统采用的是意大利 SIE 公司的逻辑组件。这套以分立元件为主,采用少量的小规模数字集成电路的组件是 SIE 公司 20 世纪 60 年代的产品,整个系统由 18 个品种、700 余块逻辑组件组装在 7 个控制柜中,其分立元件多达 5 万个以上。这种产品代表了 20 世纪 60 年代的水平,现已基本淘汰。某电厂采用的三菱公司的自动燃烧器控制系统由 24 种、共计 168 块大规模功能卡构成,各功能卡具有集中控制功能,即一张功能逻辑图相应有一张功能卡,每张功能卡相当于一个小的子系统控制组件。它既利于设计和制造,又方便正常维护和故障处理。

3.可编程控制器(PLC)式

指利用可编程控制器(PLC)构成的控制系统。近年来 PLC 发展较快,它在炉膛安全监控系统的应用也日益广泛。其中一种应用方式是利用单独的 PLC 控制单个燃烧器,然后将各 PLC 挂接到上位计算机上,进行综合控制。另一种应用方式是由几个 PLC 采用冗余的组态方式配置成一个环形控制系统,控制所有的燃烧器,以提高炉膛安全监控系统的可靠性。如日本三菱公司的自动燃烧器控制系统(DABS)就属于前者,美国 CE 公司 FSSS 的近期产品则属于后者。

4.计算机式

早期的计算机式炉膛安全监控系统采用单板计算机构成,它是在固态硬接线控制系统的基础上发展而成的。如荆门、锦州、淮北、焦作、黄埔等电厂配置的美国 Forney 公司的 AFS-1000 型燃烧器管理系统等。它是一个以微处理机为基础的多回路系统,具有多功能的数字/模拟控制回路。整个系统可分为若干个子系统,每个子系统的控制均由一台单板计算机完成。AFS-1000 共有 30 多种卡件、70 多种应用软件模块,可以实现炉膛安全监控的各种控制功能,具有 20 世纪 80 年代初的技术水平。

20 世纪 80 年代开始,以微处理器为基础的分散控制系统迅猛发展,许多机组的炉膛安全监控系统采用机组配套的分散控制系统实现,即将炉膛安全监控系统作为电厂整个分散控制系统中的一个功能系统。分散控制系统将局部的功能系统(如炉膛安全监控系统、协调控制系统、数据采集系统等)视为某些结点,用通信环路将诸多结点联系起来,炉膛安全监控系统作为其中一个结点通过接口模件与通信环路相连,使机组的控制系统更完善、更可靠、更为整体化。

目前,以微处理器为基础是控制系统的发展方向。采用微处理器的控制装置具有速度快、可靠性高、控制系统构成简单、功能强、程序可变等优点。

炉膛安全监控系统的产品在不断更新换代,尽管各种类型的控制装置差别很大,但它们的基本功能是大同小异的。

14.2.3 炉膛安全监控系统的主要功能

炉膛安全监控系统在锅炉启(停)阶段,按运行要求启(停)油燃烧器和煤粉燃烧器。在机组事故情况下,炉膛安全监控系统与顺序控制系统配合完成主燃料跳闸、机组快速甩负荷及主要辅机局部故障自动减负荷等功能。当机组发生严重故障而需主燃料跳闸时,由炉膛安全监控系统发出主燃料跳闸指令,并指出跳闸原因,由顺序控制系统完成相应的调节任务,实行紧急停炉。当电网、发电机或汽轮机故障而需机组快速甩负荷时,炉膛安全监控系统迅速将一层油投入,并将与该油层不相邻的煤层磨煤机全部切除,使锅炉带最低稳定负荷运行,实现停机不停炉。当锅炉辅机故障而发生自动减负荷时,炉膛安全监控系统将与顺序控制系统配合按要求迅速切除部分磨煤机,使机组负荷降低到预先规定的负荷目标值。

由上述可知,炉膛安全监控系统不实现调节功能,不直接参与燃料量和送风量的调节等,仅完成锅炉及其辅机的启停监视和逻辑控制功能,但是它能行使超越运行人员和过程控制系统的功能,可靠地保证锅炉安全运行。锅炉的调节功能是由顺序控制系统完成的,炉膛安全监控系统与顺序控制系统相互之间有着一定联系与制约,其中炉膛安全监控系统的安全联锁功能的等级是最高的。例如在锅炉启动后,只要出现风量低于启动允许的最低值(如25%)等情况,炉膛安全监控系统会自动发出主燃料跳闸信号将锅炉停掉。同样,如果运行人员违反安全操作规程,设备也将自动停掉。又如点火油枪过早撤出,也会引起有关主燃料自动切除。炉膛安全监控系统的具体安全联锁条件要根据各个机组的燃烧系统结构、特性和燃料种类等因素决定。对于大部分大型燃煤机组来说,炉膛安全监控系统包括下述主要安全功能。

1. 炉膛点火前的清扫

炉膛点火前清扫的目的是在启动前把炉膛及管道内积存的没有燃烧的燃料和气体清除掉,避免锅炉爆炸事故的发生。对于大容量锅炉来说,从炉膛内可燃混合物积存到发生爆燃往往在 $1\sim2$ s 的时间内,运行人员不可能对这种情况做出及时的反应。同时随着锅炉容量的增加,设备日益复杂,要监控的项目很多,特别是在启停过程中操作十分频繁,即使是最熟练的运行人员,也难免产生误操作。因此这个任务应依靠炉膛安全监控系统来完成。

2. 油点火控制

油点火控制是控制锅炉正常启动、停运和燃烧器燃烧不稳定时点火器投入运行。锅炉正常启动时,若炉膛清扫完成且满足一定的许可条件,暖炉油才能投入运行,典型的许可条件为:炉膛清扫完成;暖炉油的主油管跳闸阀打开,主油管油温正常,主油管跳闸阀处油压正常;雾化蒸汽压力满足要求;手动油阀打开等。当上述许可条件满足时,通过人机接口设备发出启动命令启动暖炉油枪,点火是自动进行的。

3. 煤粉燃烧器投入控制

当锅炉已经用油暖炉,且满足一定的许可条件时,可以通过接口设备启动磨煤机引入主燃料,使煤粉燃烧器投入运行。煤粉燃烧器投入运行的基本许可条件是:磨煤机已准备好和毗邻层的点火支持能量充足。磨煤机已准备好这一条件中又包含着润滑油压、一次风压、密封空气压力等皆满足要求的许可条件。毗邻层的点火支持能量充足这一许可条件最为重要,只有具备足够的点火支持能量,才能保证主燃料进入炉膛即被点燃。

4. 连续运行的监视

在正常运行的情况下,炉膛安全监控系统能对炉膛燃烧情况进行连续的监测(包括火焰检测);当有异常情况时,炉膛安全监控系统将发出音响警报,提醒运行人员立即进行正确的操作,以避免可能引起的跳闸事故;在运行人员来不及处理某些异常情况的时候,炉膛安全监控系统将自动启动跳闸。

5. 紧急停炉(主燃料跳闸)

在锅炉安全受到严重威胁的紧急情况下,如汽轮机甩负荷、锅炉熄火、失去送风机和引风机、汽包水位过低或过高等,若运行人员来不及进行及时的操作处理,炉膛安全监控系统将实现主燃料跳闸——将正在燃烧的所有燃烧器的燃料全部切断或以层为单位跳掉磨煤机、给煤机等设备。任何时候,当锅炉有关设备安全情况遭受危险时,运行人员可以直接启动主燃料跳闸或跳掉个别设备,而不需要等待炉膛安全监控系统响应。

6. 磨煤机组、燃烧器、点火器停运

磨煤机组、燃烧器、点火器的停运控制包括正常停运和紧急停运。炉膛安全监控系统提供了这两种停运方式的逻辑。当正常停运指令发出或紧急停运条件满足时,炉膛安全监控系统将按一定的逻辑顺序停运相关设备。

7. 燃烧后的吹扫

在锅炉跳闸后和重新点火前,不管停炉和重新点火之间时间间隔多长,都必须对炉膛进行吹扫,以清除可能积存在炉内的可燃物质。

8. 油泄漏试验

为防止燃油的供油管路泄漏(包括漏入炉膛),在机组首次点火或大修后首次点火或燃油系统检修之后必须做油泄漏试验。炉膛安全监控系统提供了油泄漏试验功能,该功能是针对主跳闸阀、单个油角阀以及油管路的密闭性所进行的试验。

14.2.4　炉膛安全监控系统的逻辑结构

不同的炉膛安全监控系统有不同的逻辑结构。两种典型的逻辑结构如下。

1. 公用逻辑-层逻辑-下位逻辑结构

公用逻辑对全部燃烧器进行监控,实现主燃料跳闸或锅炉紧急停炉、快速甩负荷(汽轮发电机全甩负荷、主要辅机局部故障自动减负荷)功能。

层逻辑对层燃烧器进行自动点、熄火控制和状态监控。

下位逻辑控制具体对象,用来实现一台煤粉燃烧器或点火器的控制。

运行中,操作指令(计算机指令或手动控制指令)送至公用逻辑或层逻辑,再由它向各个下位逻辑发出指令,对角逻辑回路实现控制。若公用逻辑或层逻辑发生故障,仍可通过下位逻辑或现场操作对燃烧器实现控制,不会影响锅炉运行。若下位逻辑发生故障,则仅仅影响该逻辑控制的燃烧器运行,而其他燃烧器仍可继续运行。

2. 公用逻辑-燃油控制逻辑-燃煤控制逻辑结构

公用逻辑部分包含锅炉保护的全部内容,如炉膛吹扫、主燃料跳闸及油燃料跳闸(OFT)与首出记忆、点火条件、点火能量判断,以及炉膛安全监控系统公用设备(如火检冷却风机、

密封风机、燃油主跳闸阀、主燃料跳闸继电器、油燃料跳闸继电器）的控制。

燃油控制逻辑包括各油燃烧器投、切控制及层投、切控制。

燃煤控制逻辑包括各制粉系统（煤层）的顺序控制及单个设备的控制。

总之，炉膛安全监控系统采用分层逻辑结构，既使得控制操作灵活，又能确保系统的可靠性，并且便于在线检修。如果系统采用的是专门设计的面向控制问题的语言，还可以方便地修改系统的控制功能。

14.3　燃料安全系统

炉膛安全监控系统是分散控制系统的主要组成部分之一，炉膛安全监控系统的功能决定了系统的可靠性，炉膛安全监控系统指令的优先级别在分散控制系统中是最高的。燃料安全系统是炉膛安全监控系统的核心。它包括整个锅炉安全保护的监控、炉膛安全监控系统辅机控制、炉膛安全监控系统与其他系统的接口。燃料安全系统的功能如下。

（1）确保锅炉点火前炉膛吹扫干净，无燃料积存于炉膛。

（2）实现预点火操作，建立点火条件。点火条件包括炉膛点火条件、油点火条件及煤层点火条件，在未满足相应点火条件时，油层、煤层不得点火。

（3）连续监控有关重要参数，在危险工况下发出报警信号，并在设备及人身安全受到威胁时发生主燃料跳闸。

（4）在主燃料跳闸时，使磨煤机、给煤机、一次风机、燃油快关阀等设备跳闸，并向有关系统（如模拟量控制系统、顺序控制系统、汽轮机跳闸保护系统、旁路系统、吹灰系统、脱硫系统等）传送主燃料跳闸指令。

（5）完成炉膛安全监控系统辅助设备控制，如主跳闸阀、回油阀、火检冷却风机、密封风机等的控制。

燃料安全系统主要包括油泄漏试验、炉膛吹扫、主燃料跳闸及首出记忆、油燃料跳闸及首出记忆、点火允许条件、点火能量判断、火检冷却风机控制、密封风机控制、油系统阀门控制等内容。

14.3.1　油泄漏试验

油泄漏试验是针对主跳闸阀及单个油角阀的密闭性所做的试验。锅炉在首次点火或在大修后首次点火，以及燃油系统检修之后必须进行油泄漏试验。油系统分点火油系统及启动油系统，各油系统依次进行油泄漏试验。操作员直接在操作界面上发出启动油泄漏试验指令。油泄漏试验成功是炉膛吹扫条件之一，机组中分为一次吹扫和二次吹扫，油泄漏试验是二次吹扫所必需的条件。

试验思路如下：打开燃油进油泄漏试验阀来给油母管加压，充油成功即油母管压力正常后关闭该阀。如果油管压力在 300 s 内一直在正常值范围内，则油泄漏试验成功，否则油泄漏试验失败。

具体试验原理如下所述。

1. 油泄漏试验允许条件

首先需要确定油泄漏试验应具备的条件：主燃料跳闸继电器已复位且任一层煤运行或

主燃料跳闸继电器动作且一次吹扫条件满足;油燃料跳闸继电器已跳闸;所有油角阀关闭;吹扫未进行;点火油快关阀关到位;无点火泄漏试验完成信号。

2. 自动启动和停止点火油泄漏试验

自动启动和停止点火油泄漏试验组态如图 14-2 所示。

当吹扫请求发出后,立即向 MSDVDR 模块发出泄漏试验请求。若 MSDVDR 收到的反馈信号中的第一个信号 S3 为 1,即泄漏试验正在进行,则给出正在进行泄漏试验的提示,否则模块发出报警信号。

当有点火油泄漏故障或者充油失败,或者发生主燃料跳闸,或者没有处于点火油油燃料跳闸状态,或者点火油试验完成时,则向 MSDVDR 发出停止点火油泄漏试验请求,同时在操作界面给出相应提示。当有泄漏试验在进行信号时,MSDVDR 模块复位。

发出点火油泄漏试验启动指令后,立即发出泄漏试验强开点火油快关阀指令,延时 3 s 后发出泄漏试验开点火油泄漏试验阀指令。

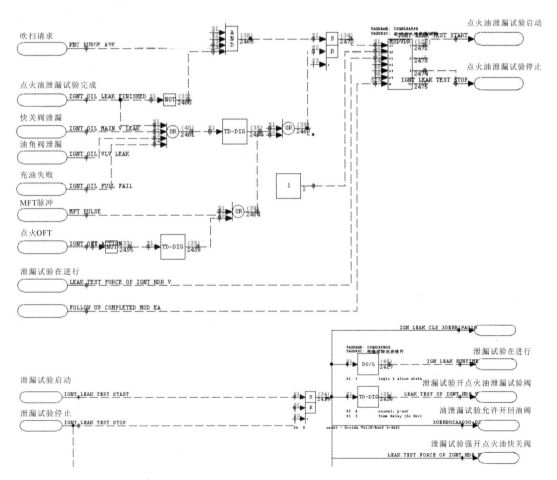

图 14-2　自动启动和停止点火油泄漏试验组态

3. 泄漏判断

当启动泄漏试验后,打开点火油泄漏试验阀和点火油快关阀,开始注油,同时监测进油母管油压,当油压达到设定上限并且达到试验用的压力时,则发出泄漏试验关点火油泄漏试验阀请求;如果在限定时间内,油压达不到设定下限,则充油失败。

当点火油泄漏试验阀关闭到位后,延时 30 s,判断进油母管油压,如果高于设定上限,则表示快关阀泄漏故障;如果油压低于设定下限,则表示油角阀泄漏故障。当发生故障后,立即停止泄漏试验,在操作界面上显示"油泄漏试验失败"报警。若延时 300 s 后没有发生故障,则发出试验停止指令,证明点火油没有泄漏故障,在操作界面上显示"油泄漏试验成功"。其组态如图 14-3 所示。

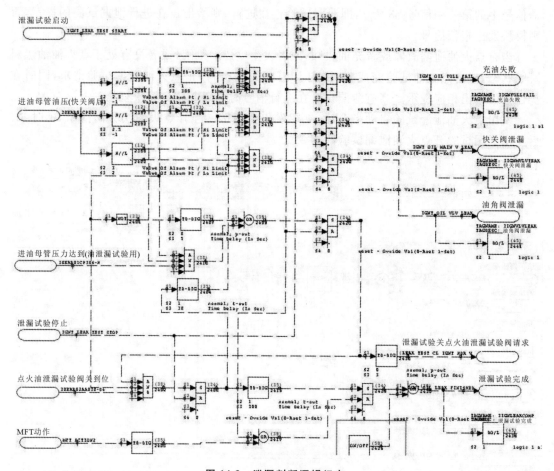

图 14-3 泄漏判断逻辑组态

4. 手动与监视

当没有炉膛吹扫请求时,可手动启动点火油试验,点击 PGP 界面上的启动按钮即可。试验过程中会记录充油时间和整个试验时间,并在 PGP 界面上显示。

14.3.2 炉膛吹扫

锅炉点火前必须进行炉膛吹扫,这是锅炉防爆规程中基本的防爆保护措施。在正常工况下,进入炉膛的燃料立即被点燃,燃烧后,生成的烟气也随时排出。如果炉膛和烟道内没有可燃混合物积存,就不会发生爆燃。如果在锅炉对流烟井、烟道和将烟气送至烟囱的引风机等处均积存过量的可燃物,当这种可燃物与适当比例空气混合,遇到点火源时,就可能引燃,导致炉膛爆炸。炉膛安全监控系统的首要目标是防止锅炉在启、停及运行过程中,任何部位产生积存爆炸性燃料和空气混合物的可能。炉膛吹扫的目的是将炉膛内的残留可燃物质清除掉,以防止锅炉点火时发生爆燃。

某电厂 660 MW 超超临界机组炉膛吹扫分为一次吹扫和二次吹扫,相应的吹扫需要满足的条件如下。

一次吹扫条件:主燃料跳闸继电器跳闸;点火油燃料跳闸;所有磨煤机停运;所有给煤机停运;所有磨煤机出口门关闭;全部油阀及吹扫阀关闭;一次风机全停;任一引风机运行;任一送风机运行;任一空预器运行;无主燃料跳闸条件存在;全炉膛无火焰;吹扫没有完成;泄漏试验完成。

二次吹扫条件:炉膛风量大于 30%且小于 40%;全部二次风挡板开度指令均不小于 85%;点火油泄漏试验成功。

当一次吹扫条件全部满足后,在操作界面上会显示"吹扫准备就绪"信号,这时操作员就可以启动吹扫。吹扫逻辑组态如图 14-4 所示。

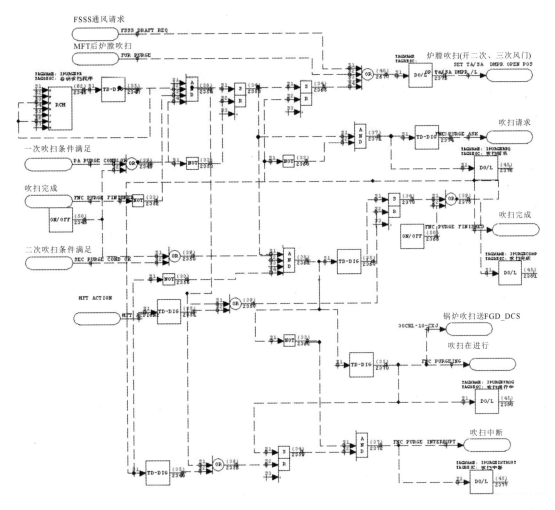

图 14-4　炉膛吹扫逻辑组态

当一次吹扫条件满足,并启动吹扫指令时,打开二次、三次风门,发出吹扫请求,等待二次吹扫条件满足;当炉膛安全监控系统请求通风,或主燃料跳闸后要求通风时,可不必启动吹扫指令,直接打开二次、三次风门,发出吹扫请求,等待二次吹扫条件满足;发出吹扫请求后,立即进行点火油泄漏试验,当试验完成后,则满足了二次吹扫的条件之一,否则不满足二次吹扫条件。当二次吹扫条件满足时,操作界面上会显示"炉膛吹扫进行中",吹扫计时器开始倒计时,时间为 300 s。当吹扫完成,或者一次吹扫条件不满足时,则发送吹扫复位信号,关闭风门,停止吹扫。

当二次吹扫条件满足(同时满足一次吹扫条件,启动了吹扫指令,并且未完成吹扫的情况下)时,发出吹扫在进行指令;延时 300 s 后,完成吹扫(即吹扫时间为 300 s),关闭风门,停止计时。这是为了使炉膛吹扫彻底、干净,吹扫过程必须在 30% 以上额定风量下持续 300 s。300 s 的吹扫可以使炉膛得到 4 次以上的换气。当吹扫条件全部满足并且持续 300 s 后,吹扫完成,在操作界面上显示"炉膛吹扫成功"信号,吹扫结束。

在吹扫过程中,炉膛安全监控系统连续监视一次吹扫条件及二次吹扫条件。一次吹扫条件是炉膛安全监控系统进入吹扫模式所必须具备的条件;二次吹扫条件是启动吹扫计时器所必须具备的条件。在吹扫过程中二次吹扫条件(如锅炉风量大于 30% 额定风量)不满足时,吹扫计时器就会清零,但并不中断吹扫,待二次吹扫条件满足后,吹扫计时器自动开始计时;但如果某个一次吹扫条件不满足了,就会导致吹扫中断,同时吹扫计时器清零。如果吹扫中断,操作员需要重新启动吹扫程序。

主燃料跳闸发生时,通过一个主燃料跳闸脉冲信号清除"炉膛吹扫成功"信号。另外,炉膛吹扫指令也可复位"炉膛吹扫成功"信号。"炉膛吹扫成功"信号也是复位主燃料跳闸的必要条件之一。

14.3.3　主燃料跳闸

主燃料跳闸(MFT)是锅炉安全保护的核心内容,是炉膛安全监控系统中最重要的安全功能。在出现任何危及锅炉安全运行的危险工况时,主燃料跳闸动作将快速切断所有进入炉膛的燃料,即切断所有油和煤的输入,以保证锅炉安全,避免事故发生或限制事故进一步扩大,并将危急报警信号发至各个系统,进行必要的安全操作,同时显示出跳闸的第一原因。主燃料跳闸状态将维持到下次锅炉启动,只有在下次安全启动允许及炉膛清扫完成后才会自动解除主燃料跳闸状态的记忆(主燃料跳闸复置)。

当主燃料跳闸后,有首出跳闸原因显示;当主燃料跳闸复位后,首出跳闸记忆清除。

660 MW 超超临界机组主燃料跳闸条件如下。

(1)炉膛压力过高(3 kPa)三选二,即若有两个以上压力高于 3 kPa,延时 3 s 后发出因炉膛压力过高而主燃料跳闸指令。

(2)炉膛压力过低(−3 kPa)三选二,即若有两个以上压力低于 −3 kPa,延时 3 s 后发出因炉膛压力过低而主燃料跳闸指令。

(3)给水流量低有两个选择,即小于 303 t/h 为低,小于 263 t/h 为低低,判断逻辑相同,三选二,即若有两个给水流量低,则发出因给水流量低而主燃料跳闸指令。

(4)给水泵停"与"的关系,即给水泵 A、B 全停则发出因给水泵停而主燃料跳闸指令。

(5)再热器保护,燃料量指令高过上限(≥20%)、汽轮机高压主汽门或调门(调节阀)关闭、高压旁路调节阀关闭三者同时成立,或者燃料量指令高过上限(≥20%)、汽轮机中压主汽门或调门全关、低压旁路调节阀关闭三者同时成立,或者燃料量指令高过上限(≥20%)、发电机跳闸、高压旁路调节阀关闭或低压旁路调节阀关闭三者同时成立,此时再热器无法被冷却,为了防止发生再热器过热,发出主燃料跳闸指令。

(6)失去全部燃料,即为了防止突然熄火,造成炉膛内爆,需要主燃料跳闸。当 36 个单个点火油阀关闭或点火跳闸阀关状态时,认为失去油燃料;当所有煤层跳闸继电器动作时,认为失去煤燃料;当煤燃料与油燃料都失去时,认为失去全部燃料。该条件还要与有燃烧器投运记忆求"与",即在停炉时不认为失去全部燃料。

(7) 失去全部火焰,即火焰检测器故障,失去了对火焰的监控,炉膛的安全运行失去了可靠保障,需发生主燃料跳闸;或者有燃料投入,但是没有燃烧,也需要立即发生主燃料跳闸。当所有油层火检无火(油层无火采用 5/6 无火判断)时,认为无油火焰检测;当所有煤层火检无火(煤层无火采用 5/6 无火判断)时,认为无煤火焰检测;当等离子起弧未成功时,认为无等离子火焰检测;当无油火焰检测、无煤火焰检测且无等离子火焰检测时,认为无火焰检测。当无火焰检测并且有燃烧器投运记忆时,产生失去全部火焰信号,即在停炉时不认为失去全部火焰。

(8) 主蒸汽压力高(≥29 MPa),三选二,当压力高到超出界限时,是十分危险的,必须发生主燃料跳闸,保护锅炉和汽轮机。

(9) 送风机停机,即失去送风,无法保证炉膛燃烧,必须发生主燃料跳闸。

(10) 引风机停机,即失去对炉膛压力的控制,必须发生主燃料跳闸。

(11) 火检冷却风机停机,同样会造成火检器的损坏或加速磨损,需主燃料跳闸。

(12) 燃料未停,一次风机停止,即燃料进入磨煤机但是无法送出去,容易造成磨煤机内煤粉堆积,更重要的是一次风停即代表没有燃煤进入炉膛,若此时也没有油辅助燃烧,则处于失去燃料的状态,需主燃料跳闸。

(13) 机组负荷过低,汽轮机跳闸,为了保证锅炉的安全运行,需主燃料跳闸。

(14) 水冷壁出口温度过高(≥483 ℃),三选二,即燃/水比严重失调,会造成主蒸汽温度调节困难,这也可能是给水系统故障所致,此时必须主燃料跳闸。

(15) 锅炉总风量低(≤30%),同样无法保证正常燃烧,可能导致燃料不完全燃烧,在炉膛积聚,引起爆炸。

(16) 按下主燃料跳闸按钮。

(17) 主燃料跳闸继电器动作。

(18) 火检风压低,即没有足够的冷却风供给火焰检测器,容易造成火焰检测器的损坏或者加速磨损,因此需要主燃料跳闸。

(19) 失去临界火焰,即当煤层投入层数不小于 4 层且在 9 s 内,已投运的煤层中燃烧器组无火焰数量不小于 40%,则需主燃料跳闸。

(20) 汽轮机跳闸,同时锅炉负荷高于限定值(≥100 MW),需要主燃料跳闸。

当这 20 个条件有一个发生时,则发出主燃料跳闸指令,同时发送相应指令给点火油系统、炉膛吹扫系统。当主燃料跳闸后,无主燃料跳闸条件存在,炉膛吹扫完毕,点火油快关阀开,则复位主燃料跳闸继电器。

当主燃料跳闸发生后,以下设备联锁动作:主燃料跳闸继电器动作;油燃料跳闸动作;所有油燃烧器跳闸;关闭进油关断阀;关闭回油关断阀;所有气泵跳闸;所有磨煤机跳闸;过热器减温水总门关闭;再热器减温水总门关闭;所有一次风机跳闸;所有等离子燃烧器跳闸;送主燃料跳闸指令至脱硫 1 路、汽轮机跳闸保护系统 2 路、分散控制系统 12 路、电气 2 路。

主燃料跳闸设计成软硬两路冗余的方式,当主燃料跳闸条件出现时软件会送出相应的信号来使相关的设备跳闸,同时主燃料跳闸硬继电器也会向这些重要设备送出一个硬接线信号来使它们跳闸。例如,主燃料跳闸发生时逻辑会通过相应输出信号来关闭主跳闸阀,同时主燃料跳闸硬接点也会送出信号来直接关闭主跳闸阀。这种软硬件互相冗余的方式有效地提高了主燃料跳闸动作的可靠性。此功能在炉膛安全监控系统跳闸继电器柜内实现。

14.3.4 油燃料跳闸

油燃料跳闸(OFT)逻辑检测油母管的各个参数,当有危及锅炉炉膛安全的因素存在时,产生油燃料跳闸,关闭主跳闸阀,切除所有正在运行的油燃烧器。

炉膛安全监控系统连续逻辑监视不同的油燃料跳闸条件,如果其中任一个满足,炉膛安全监控系统逻辑就会使油燃料跳闸继电器跳闸。油燃料跳闸继电器是单线圈继电器。当油燃料跳闸继电器跳闸后,有首出跳闸原因显示;当油燃料跳闸复位后,首出跳闸记忆清除。油燃料跳闸逻辑组态如图 14-5 所示。

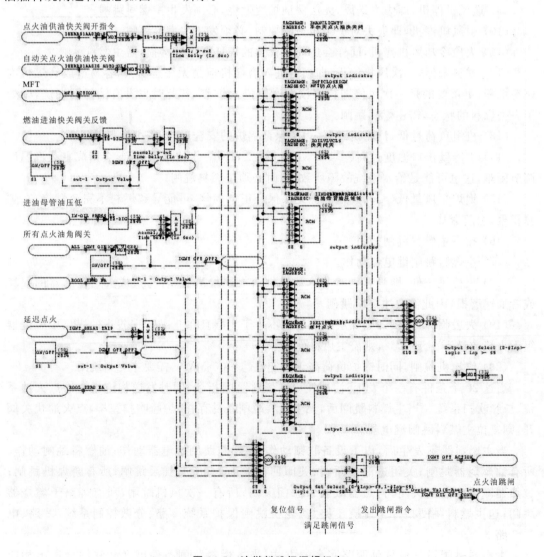

图 14-5 油燃料跳闸逻辑组态

油燃料跳闸条件如下。

（1）燃油进油快关阀关反馈。

（2）主燃料跳闸。

（3）延时点火。包含两层含义，满足任一条件即可：主燃料跳闸复位后，10 min 之内炉膛没有建立第一个火焰；或者主燃料跳闸复位后，或连续 3 次点火失败；或者主燃料跳闸复位、燃油进油快关阀开启、无油枪投运三者同时成立。

（4）燃油调节阀后进油压力低（<1 MPa）跳闸，该信号至少持续 3 s，并且"与"上有任一油角阀不在关状态。

以下条件全部满足，复位油燃料跳闸继电器：主燃料跳闸已复位；无油燃料跳闸条件存在；油燃料跳闸继电器已跳闸；主跳闸阀关闭；所有油角阀关闭；油泄漏试验成功；运行人员打开主跳闸阀指令。

当油燃料跳闸发生后，以下设备联锁动作：油燃料跳闸硬继电器跳闸；所有油燃烧器跳闸；主跳闸阀关闭。

油燃料跳闸设计成软硬两路冗余的方式，当油燃料跳闸条件出现时软件会送出相应的信号来使相关设备跳闸，同时油燃料跳闸硬继电器也会向这些重要设备送出一个硬接线信号来使它们跳闸。例如，油燃料跳闸发生时逻辑会通过相应的模块输出信号来关闭主跳闸阀，同时油燃料跳闸硬接点也会送出信号来直接关闭主跳闸阀。这种软硬件互相冗余的方式有效地提高了油燃料跳闸动作的可靠性。此功能在炉膛安全监控系统跳闸继电器柜内实现。

当满足任意一项跳闸指令时，则发送满足油燃料跳闸信号，并经 SR 触发器，发出跳闸指令，同时，由 RSM 模块向 PGP 发出油燃料跳闸信息。

14.3.5　点火允许条件

点火允许条件是保证锅炉点火安全的前提。点火允许条件包括炉膛点火允许、油层点火允许、煤点火允许三个方面。

1. 炉膛点火允许

炉膛点火允许反映锅炉炉膛已具备点火条件。某 660 MW 超超临界机组炉膛点火允许逻辑如图 14-6 所示。

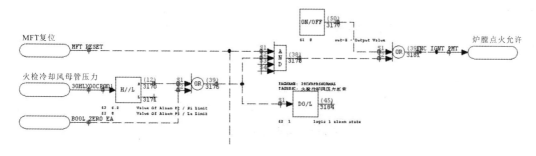

图 14-6　炉膛点火允许逻辑

2. 油层点火允许

油层点火允许的逻辑如图 14-7 所示。

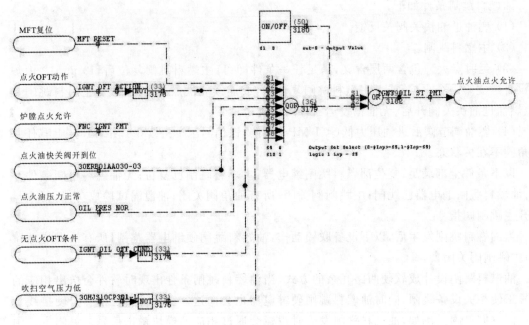

图 14-7　油层点火允许逻辑

3.煤点火允许

煤点火允许反映锅炉风、粉系统已具备点火条件。

660 MW 超超临界煤点火允许条件：主燃料跳闸复位；炉膛点火允许；没有任一一次风机跳闸；任一密封风机运行。满足以上五个条件，则煤点火允许。煤点火允许组态如图 14-8 所示。

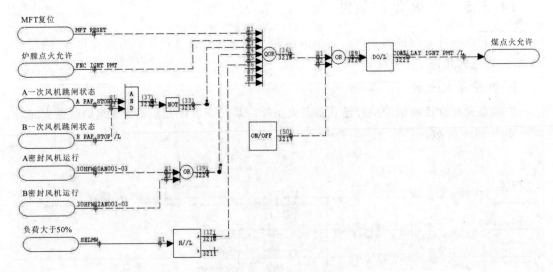

图 14-8　煤点火允许组态

14.4　燃烧器控制系统

燃烧器控制系统是炉膛安全监控系统的一个重要组成部分。它担负着锅炉点火及暖炉油枪控制、对磨煤机和给煤机等制粉设备实现自启停或远程操作、稳定锅炉燃烧过程等控制任务。

14.4.1　锅炉点火的基本方式

目前大容量锅炉的点火方式大致有以下几种。

（1）采用高能点火装置直接点燃轻油点火器，以轻油作为锅炉启动到 20％额定负荷时的燃料，也作为锅炉低负荷时的助燃燃料。每一只轻油点火器配置一只高能点火装置，而煤粉燃烧器不另设置点火装置，煤粉依靠轻油燃烧产生的能量着火。

（2）将若干具有高能点火装置的轻油点火器（或称涡流板式点火器）设置在每一只重油燃烧器和煤粉燃烧器的侧面，轻油点火器由高能点火装置来点燃，其火焰以一定角度与主燃烧器喷射轴线相交，以保证可靠地点燃主燃料（重油、煤粉）。投用重油燃烧器或煤粉燃烧器时必须先投用相应的轻油点火器，而且在点燃煤粉燃烧器时，其点火能量应大一些。若停用重油或煤粉燃烧器，也必须投用相应的轻油点火器，以燃尽残油或余粉。

（3）采用高能点火装置点燃轻油点火器，再由轻油点火器点燃其相应的重油燃烧器，重油燃烧器设置在相邻的两煤粉燃烧器之间。煤粉燃烧器则由相邻的重油燃烧器点燃，即煤粉着火能量是由重油燃烧器提供的。

（4）采用等离子燃烧器，直接点燃煤粉。针对有限的点火功率不可能直接点燃无限的煤粉量的问题，等离子燃烧器采用了多级燃烧结构。煤粉首先在中心筒中点燃，进入中心筒的粉量根据燃烧器的不同在 $500\sim800\ \text{kg/h}$，这部分煤粉在中心筒中稳定燃烧，并在中心筒的出口处形成稳定的二级煤粉的点火源，并依次逐级放大，最大可点燃 $12\ \text{t/h}$ 的粉量。

14.4.2　轻油点火器的基本功能

煤粉锅炉在启动或低负荷运行时，往往需要采用轻油点火器帮助点火启动、助燃和稳定煤粉燃烧。轻油点火器的控制是燃烧器控制系统中的基本职能。

一般轻油点火器有以下几个功能。

（1）为锅炉从启动到机组带 20％～30％额定负荷的全过程提供必需的燃料。

（2）当锅炉主要辅机发生故障，机组减负荷运行；或机组发生甩负荷，停机不停炉；或电网故障，主开关跳闸，机组带厂用电运行时，轻油点火器起稳定燃烧、维持低负荷运行的作用。

（3）点燃煤粉燃烧器。煤粉着火需要一定的能量，投用一定数量的轻油点火器，使锅炉达到 20％额定负荷以上（炉内具有一定热负荷），可以保证煤粉稳定着火燃烧。

14.4.3　轻油点火器及其控制

1.轻油点火器结构原理

轻油点火器按职能可分为引燃、燃烧及火焰检测三部分，主要由高能点火电极、轻油枪、检测器套管、涡流板、喷嘴及二次风口接管等组成。轻油点火器的构成如图 14-9 所示。

轻油点火器使用的液体燃料一般是轻柴油。轻柴油的引燃通常采用高能点火装置，高能点火装置是一种电气引燃装置，引燃方式有电阻丝点火、电弧点火和电火花点火等几种形式。由于电阻丝在高温下容易氧化、发脆，点火头易受油污染，使用寿命短。因此，目前在国

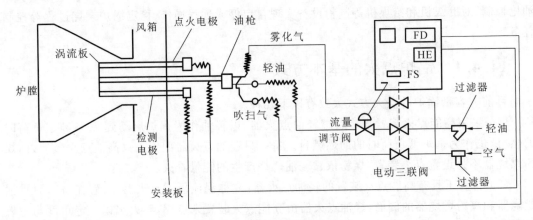

图 14-9　轻油点火器的构成

内大型火电机组上多采用电火花高能点火装置。

电火花高能点火装置是利用低电压大电流放电的原理,通过 220 V 供电,经点火变压器升压、整流并对储能电容充电。当储能电压达到放电管击穿电压时,经电缆导电杆沿半导体电阻放电,发出强烈的火花。电火花高能点火装置的点火能量大,在瞬间能发出具有强大辐射能的白炽光火花,足以点燃经过空气雾化的轻柴油,而且该点火装置的抗污染性能较好,半导体电阻的击穿电压不会受周围介质的影响,即使点火器端部遭受严重的油污染也能正常工作。

图 14-9 所示的轻油(涡流板式)点火器安装在主燃烧器的侧面。二次风(空气)的喷射方向、点火器油枪的火焰与主燃烧器的喷射方向斜交,点火器的喇叭口内有三块导向板分别支撑着三根导向管,涡流板装在点火器二次风进口处。空气在涡流板下方形成涡流,使燃料和空气能充分地混合,混合后气体流速减小,能有效地防止点火能量逸散。

电动三联阀是一组只有关闭与开启两个状态的三个互相机械联锁的阀门,这三个阀门分别是油枪电磁阀、油枪雾化空气阀和吹扫阀。在关闭状态,电磁阀、雾化空气阀处于关闭位置,而吹扫阀处于开启位置;在开启状态,电磁阀、雾化空气阀处于开启位置,而吹扫阀处于关闭位置。

2.轻油点火器工作原理

轻油点火器点火时,应先投高能点火装置,然后开启电动三联阀(即油枪电磁阀、油枪雾化空气阀开启,吹扫阀关闭),使点火油经三联阀流入油枪中心管。而空气经三联阀流入油枪外管,油与空气在油枪头部混合雾化,再从雾化嘴的扁缝中喷出,形成油与空气的混合物。轻油点火器的二次风通过点火器上下两端的接口管引入,经过涡流板后与雾化的油/空气混合物逐渐混合。在三联阀开启的同时,高能点火装置开始连续打火,油雾在点火器的喷嘴内被电火花点燃,然后喷出,进入炉膛形成稳定的火焰,并点燃相应的主燃烧器。当主燃烧器稳定燃烧后,即可停运轻油点火器。轻油点火器停运时,应关闭电动三联阀(即油枪电磁阀、油枪雾化空气阀关闭,吹扫阀开启),停止油枪进油和雾化空气,并使吹扫空气进入油枪,将油枪内的残油吹净。

3.轻油点火器控制

1) 轻油点火器的点火条件

轻油点火器点火必须满足一定的允许条件。在锅炉点火前,燃烧器控制系统将自动确认这些条件信号,只有各点火条件都具备时,控制系统才发出"轻油点火许可"信号,同时向运行人员发出灯光信号,指示可否点火。图 14-10 所示为轻油点火器的点火条件逻辑。

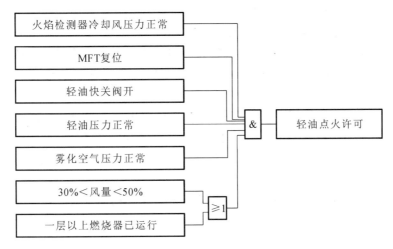

图 14-10　轻油点火器的点火条件逻辑

在上述条件中,油压和雾化蒸汽(或空气)的压力要正常,这是为了保证油的雾化质量,保证着火条件和经济燃烧。锅炉点火器点火时,要提供具有一定压力的空气,风量过大会吹熄火焰,风量过小会使点火器着火困难。如果已有一层以上燃烧器运行,炉内已具有一定风量,则点火风量条件就不再受到限制。

2)轻油点火器的控制

轻油点火器的逻辑控制如图 14-11 所示。

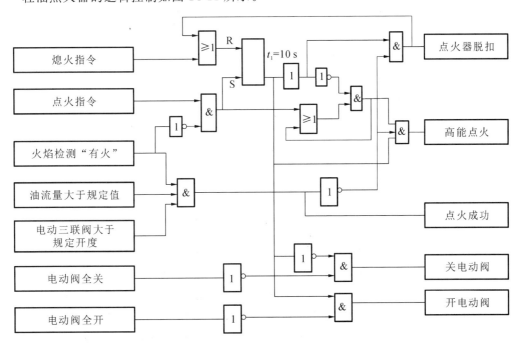

图 14-11　轻油点火器的逻辑控制

当点火允许条件满足,且收到点火指令(手动点火指令或计算机点火指令)后,轻油点火器控制回路中的 RS 触发器置位到点火状态,高能点火装置放电打火,并开启电动三联阀喷油点火。

如果电动三联阀已大于规定开度,轻油流量大于规定值,并且火焰检测器已检测到火焰信号,则表示点火器点火成功。控制回路将停止高能点火装置打火,控制盘上红灯亮(表示点火器投运),同时向点火器控制回路反馈信号。

如果在 10 s 内,点火未成功(电动三联阀未开足、检测不到火焰信号或轻油流量不足),则点火器点火失败,控制回路将点火器脱扣,停止打火,关闭电动三联阀,并将 RS 触发器复置熄火状态。

当接到轻油点火器熄火指令(手动熄火指令或计算机熄火指令)时,其控制回路动作与上述类似。当轻油点火器处于熄火状态时,电动三联阀发出全关信号,火焰检测器发出无火信号。

3) 轻油点火器的动作过程

轻油点火器包括轻油枪、高能点火装置,以及轻油枪和高能点火装置的进退机构。轻油点火器启动顺序如图 14-12 所示。

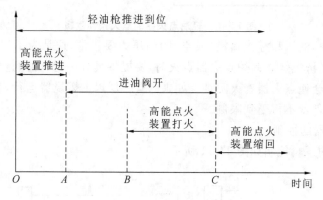

图 14-12　轻油点火器启动顺序

图中:O 点为推进轻油枪和高能点火装置指令发出时刻,此时,油枪开始推进,高能点火装置开始推进;A 点为高能点火装置推进到位、开进油阀指令发出(阀开始开启)、30 s 点火试验时间开始时刻;B 点为电动三联阀从全关位置进入点火位置的途中,经过吹扫位置点,高能点火装置开始通电打火的时刻;C 点为 30 s 点火试验时间结束时刻,如"有火焰"则表示点火成功,轻油燃烧器投入运行,如"无火焰"则自动缩回轻油枪,点火失败。

14.4.4　重油燃烧器控制

1) 重油燃烧器的点火条件

在重油燃烧器投运前,锅炉燃烧器控制系统将自动确认重油燃烧器的点火条件,在满足点火条件时发出"重油点火许可"信号。图 14-13 所示为重油燃烧器的点火条件逻辑。

由于重油燃烧器是由轻油点火器点燃的,所以轻油点火器点火许可是各主燃烧器点火所必需的条件。为了保证重油的雾化质量、着火条件和经济燃烧,重油的油压、温度和雾化蒸汽(或空气)的压力应处于正常值。对于采用上下摆动燃烧器来调节再热蒸汽温度的锅炉,在点火初期投运重油燃烧器时,要求煤粉喷嘴放在水平位置,这是为了保证煤粉稳定着火燃烧。但当有一层燃烧器运行时,可不受此条件限制;为防止炉膛压力波动过大,在任意一层燃烧器正在点火过程中,不允许其他层燃烧器同时点火。

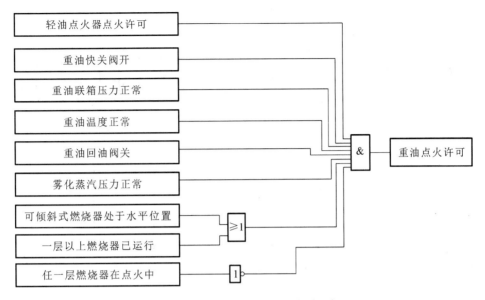

图 14 13　重油燃烧器的点火条件逻辑

2）重油燃烧器点火控制

图 14-14 所示为重油燃烧器点火控制的基本顺序。

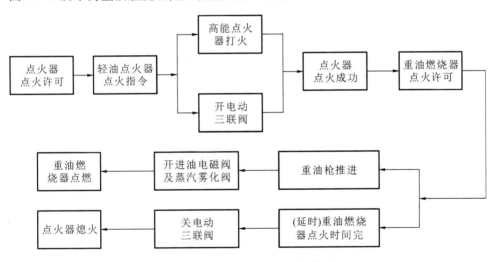

图 14-14　重油燃烧器点火控制的基本顺序

当重油燃烧器的点火条件具备，即重油燃烧器点火许可时，可对重油燃烧器进行点火。重油燃烧器点火时，采用气动或电动式进退机构将重油燃烧器自动推入炉膛，并开启进油电磁阀及蒸汽雾化阀（Y 形油喷嘴），重油喷入炉内与点火器火焰相遇点燃；重油燃烧器进入点燃状态时，通过时间继电器延时若干秒（重油燃烧器允许点火时间），发出"重油燃烧器点火时间完"的信号。该指令送入点火器的熄火程序，点火器自动熄火。当点火时间结束而重油燃烧器火焰监视器仍显示"无火焰"时，则发出"重油燃烧器点火失败"的报警信号，这样必须重新进行点火操作或重发点火指令。

3）重油燃烧器熄火控制

重油燃烧器的"熄火指令"是由运行人员发出，或由计算机发出，或由联锁保护动作（如紧急停炉、灭火保护动作、燃烧器检测无火焰等）发出的。指令发出后，重油燃烧器执行熄火控制顺序。图 14-15 所示为重油燃烧器熄火控制的基本顺序。

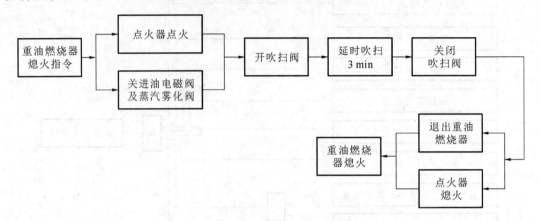

图 14-15　重油燃烧器熄火控制的基本顺序

重油燃烧器熄火时,点火器一般处于熄灭状态,为保证炉膛安全,应由运行人员通过控制台发出点火器点火指令或由顺序控制系统自动发出点火指令,使相应的点火器投入运行,以便将重油燃烧器吹扫出的残油燃尽。

熄火控制的基本顺序包括:关闭进油电磁阀、切断油路、关闭蒸汽雾化阀、开启吹扫阀,将油枪内残油吹扫干净,吹扫一般需要进行 3 min。吹扫结束后关闭吹扫阀,熄灭点火器,重油燃烧器自动从工作位置退出。

14.4.5　等离子点火原理及等离子燃烧器的特点

大型工业煤粉锅炉的点火和稳燃传统上都是采用燃烧轻油、重油或天然气等稀有燃料来实现的。近年来,随着世界性的能源紧张,原油价格不断上涨,火力发电燃油愈来愈受到限制。为了达到进一步减少燃油到最终不用油的目的,等离子煤粉点火燃烧器是一个很好的选择。

1.等离子点火原理

直流电流在一定介质气压的条件下引弧,在强磁场控制下可获得稳定功率的定向流动的空气等离子体。等离子体内含有大量的化学活性粒子,如原子(C、H、O)、离子(O^{2-}、H^+、OH^-)和电子等。它们可加速热化学转换,促进燃料完全燃烧。

等离子体在点火燃烧器中可形成 $T>4000$ K 的梯度极大的局部高温"火核",煤粉颗粒通过该等离子"火核"时,受到高温作用,不仅能在 10 s 内迅速释放出挥发物,而且由于等离子体对煤粉的作用,与通常情况下相比,挥发分可提高 20%～80%,即具有再造挥发分的效应。并且能使煤粉颗粒加剧破裂粉碎,从而加快煤粉的燃烧速度,大大地减少了促使煤粉燃烧所需的引燃能量。这对点燃煤粉(特别是低挥发分煤粉)和强化燃烧起到促进作用并有着特别重要的意义。

2.等离子发生器

等离子发生器是用来产生高温等离子电弧的装置,主要由阳极、阴极、线圈、电源等部分组成,如图 14-16 所示。

阴极和阳极用来形成电弧,它们由高导电率、高导热率及抗氧化的特殊材料制成,以承受高温电弧的冲击;线圈用来产生电磁场将电弧拉出喷管外部,它在高温情况下具有抗直流高压

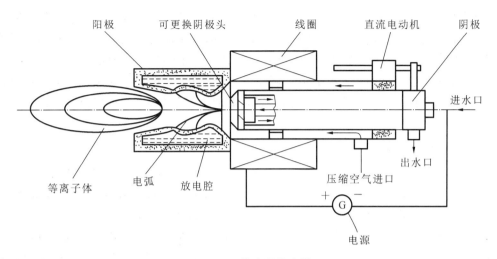

图 14-16　等离子发生器

击穿能力;电源系统是用来产生等离子电弧、维持等离子电弧稳定的直流电源装置,它由三相全控整流桥、大功率直流调速器、直流电抗器、交流接触器、控制 PLC 等组成,具有全波整流和恒流性能;压缩空气是等离子电弧的介质,它在电弧的作用下,被电离为高温等离子体。

　　等离子发生器的点火原理:在两电极间加稳定的大电流,在一定输出电流条件下,当阴极前进同阳极接触时,系统处在短路状态,当阴极缓缓离开阳极时产生电弧,电弧在线圈磁场的作用下被拉出喷管外部;压缩空气以一定的流速吹出阳极的同时在电弧的作用下被电离为具有高温导电特性的等离子体;进入燃烧器的煤粉颗粒通过该等离子体时受到高温作用而迅速燃烧。

3. 等离子燃烧器

　　与煤粉燃烧器不同,等离子燃烧器在煤粉进入燃烧器的初始阶段就用等离子弧将煤粉点燃,并将火焰在燃烧器内逐级放大,属于内燃型燃烧器,可在炉膛无火焰状态下直接点燃煤粉,从而实现锅炉的无油启动和无油低负荷稳燃。为解决有限的点火功率不可能直接点燃无限的煤粉的问题,等离子燃烧器采用了多级燃烧结构,如图 14-17 所示。

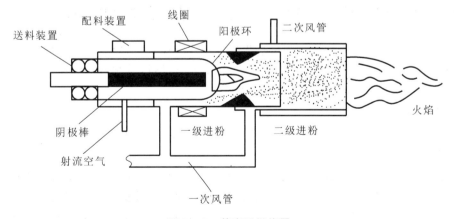

图 14-17　等离子燃烧器

　　煤粉首先在中心筒中点燃,进入中心筒的煤粉为一次进粉,其进粉量根据燃烧器的不同在 $500 \sim 800$ kg/h。这部分煤粉在中心筒中稳定燃烧,并在中心筒的出口处形成稳定的二级煤粉的点火源,并依次逐级放大。

由于等离子燃烧器采用内燃方式,燃烧器壁面要承受高温,因此加入了气膜冷却风,避免了火焰和壁面的直接接触,同时也避免了煤粉的贴壁流动及挂焦。为了减小燃烧器的尺寸,也可采取用一次风直接冷却的办法但需在燃烧器壁面上增加壁温测点,以防止燃烧器因超温而被烧蚀。燃烧器的长期壁温应控制在 600 ℃以内,如果超温,可采取提高一次风速和降低一次风浓度的手段进行降温。等离子燃烧器的高温部分采用耐热铸钢,其余和煤粉接触部位采用高耐磨铸钢。

4. 等离子燃烧器的特点

采用等离子点火燃烧器,点火和稳燃与传统的燃油方式相比有以下几大优点。

(1)经济:采用等离子点火方式的运行和技术维护费仅是使用重油点火时费用的 $15\%\sim20\%$,对于新建电厂,可以节约上千万的初投资和试运行费用。

(2)环保:由于点火时不燃用油品,电除尘装置可以在点火初期投入,因此,可降低点火初期排放的大量烟尘对环境的污染,另外,电厂采用单一燃料后,减少了油品的运输和储存环节,改善了电厂的环境。

(3)高效:等离子体内含有大量化学活性的粒子,如原子(C、H、O)、原子团(OH、H_2、O_2)、离子(O^{2-}、OH^-、H^+)和电子等,可加速热化学转换,促进燃料完全燃烧。

(4)简单:电厂可以单一燃料运行,简化了系统,简化了运行方式。

(5)安全:取消了炉前燃油系统,也自然避免了由于燃油系统造成的各种事故。

目前,等离子点火及稳燃技术已在国内火电机组上得到了成功应用。应用的方式有以下两种。

(1)等离子点火器仅作为点火燃烧器使用。这种等离子点火器用于代替油点火器,起到启动锅炉和在低负荷时助燃的作用。采用该种点火器时需为其附加给粉系统,包括一次风管路及给粉机。

(2)等离子点火器既作为点火燃烧器又作为主燃烧器使用。这种等离子点火器既可起到启动锅炉和在低负荷时助燃的作用,又可在锅炉正常运行时作为主燃烧器投入。采用此种方式不需要单独铺设给粉系统,且等离子点火器和一次风管路的连接方式与油燃烧器相同。

14.4.6　660 MW 超超临界机组油燃烧器控制实例

锅炉经过炉膛吹扫,并且所有油层点火允许条件满足后,锅炉才能点火启动。锅炉用油点火启动或在低负荷稳燃时,为保障油点火过程的安全进行,需对每个油燃烧器及其油枪和高能点火器的运行条件和工作过程加以控制。

1)油层控制

某电厂 660 MW 超超临界机组每层有 6 个油燃烧器,自动启停逻辑如图 14-18 所示。

油层控制是针对某层的 6 个油燃烧器的。

油层控制是根据运行人员的投运或停止指令、油层点火允许条件或油燃料跳闸条件,以及角油燃烧器的工作状态等,分别产生某层 6 个油燃烧器的油枪启动或停运的指令。

从图 14-18 中可看出,当 A 煤层低负荷时助燃或煤层启停请求 A 点火油层启动时,可自动启动点火油 A。当 A 层所有点火油枪跳闸时,则自动停点火油 A。

当点火油全部投入后,启动顺序为 1、2、3、4、5、6,每隔 10 s 启动下一个。当停点火油 A1 后,则按照同样的顺序停其他 5 个点火油,间隔时间也是 10 s。如果某一个点火油没有

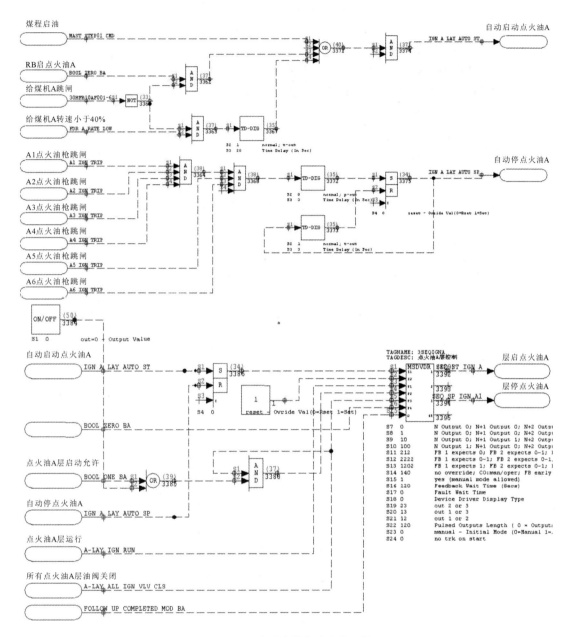

图 14-18 油燃烧器自动启停逻辑

投入,也不影响该顺序。

每一个点火油的投入状态会在 PGP 界面中显示。

除此以外,也可实现手动启停层燃烧器,操作人员在 PGP 中按下启动按钮即可实现。逻辑部分是通过执行模块实现的。

2) 点火油燃烧器控制

点火油燃烧器控制针对某层的单个油燃烧器的油枪和点火器,实现单个油燃烧器的油点火和停运。

由于每个油燃烧器的控制相同,因此,针对某电厂 660 MW 超超临界机组的炉膛安全监控系统,以 A 层 A1 点火油燃烧器为例,对点火油燃烧器控制加以说明。

A1 点火油燃烧器点火的步骤为:推进油枪、关闭吹扫阀→推进点火油枪→高能点火器打火→开启油角阀→油枪火检有火→启动完成(打火时间 20 s)。

(1) 首先推进 A1 油枪;

(2) A1 油枪推进到位后,推进 A1 点火油枪;

(3) A1 点火油枪推进到位后,激励 A1 高能点火器;

(4) A1 高能点火器开始打火,打开 A1 油角阀。

当以下条件全部满足时,认为 A1 角油燃烧器投运:A1 火检有火,A1 点火吹扫阀关到位,A1 点火油枪推进器进到位。

1.油枪自动启停控制

660 MW 超超临界机组油枪自动启停控制逻辑组态如图 14-19 所示。

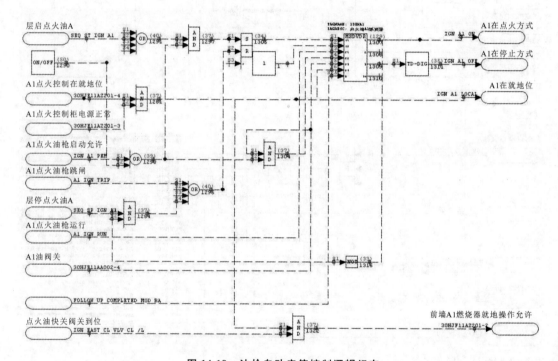

图 14-19　油枪自动启停控制逻辑组态

当有层点火油 A1 和 A1 点火油枪允许时,向 MSDVDR 发出点火要求,模块发出 A1 在点火方式;当反馈值 S3 为 1,即 A1 点火油枪运行,并且反馈值 S5 即 A1 油阀关为 0,即油阀打开时,模块提示点火油 A1 启动成功,否则失败并发出警告。

当 A1 点火油枪跳闸或者层停点火油 A1 并且 A1 处于点火方式时,向 MSDVDR 发出停火要求,模块发出 A1 在停止方式;当反馈值 S3 为 0,即 A1 点火油枪不运行,并且反馈值 S5 为 1,即油阀关闭时,则模块提示点火油 A1 停止成功,否则失败并发出警告。

当点火控制在就地位,A1 点火控制柜电源正常,并且点火油快关阀关到位时,发出前墙 A1 燃烧器就地操作允许。操作人员可实现 PGP 的手动控制。

2.油枪启动允许逻辑

油枪启动允许逻辑组态如图 14-20 所示,以下条件全部满足时,产生 A1 点火油燃烧器点火允许:

（1）点火油启动允许；

（2）炉膛点火允许；

（3）A1 点火油燃油阀关闭；

（4）A1 点火油燃烧器没有火；

（5）A1 点火油枪没有跳闸；

（6）第一次点火允许（任一点火油枪跳闸后 60 s 内禁止本支油枪继续点火）。

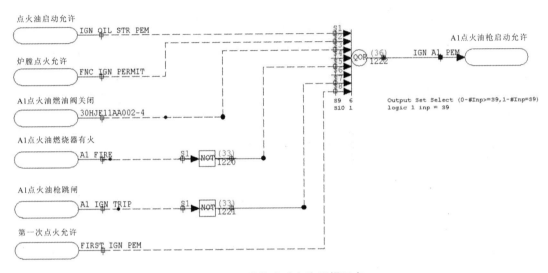

图 14-20　油枪启动允许逻辑组态

3. 油枪推进/退出控制

油枪推进是实施油枪点火的前提，油枪进退控制组态如图 14-21 所示。当 A1 在点火方式，但是 A1 点火油枪没有进到位时，则自动进 A1 油枪；当没有点火 A1 吹扫请求，且 A1 油阀关闭，A1 不在点火方式，且油枪没有退到位时，则自动退 A1 点火油枪。

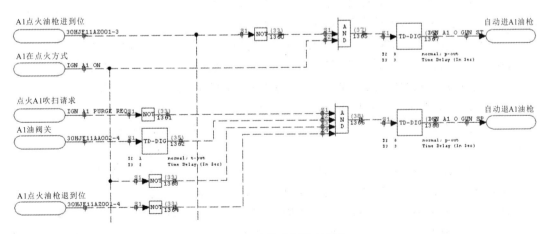

图 14-21　油枪进退控制组态

4. 油枪吹扫控制

油枪吹扫是保证油枪可靠工作的关键，油枪点火之前和停运之后都必须进行吹扫。油枪吹扫是通过控制吹扫阀的开启实现的。660 MW 超超临界机组吹扫控制组态如图 14-22 所示。

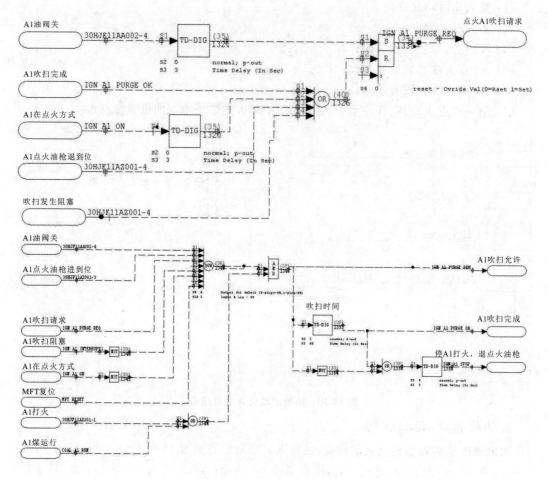

图 14-22　油枪吹扫控制组态

A1 油阀关后延时 3 s 即发出吹扫请求。以下任一条件满足时，复位 A1 油燃烧器吹扫请求：吹扫完成；A1 点火油枪退到位；A1 在点火方式；吹扫发生阻塞。

吹扫允许条件：A1 油阀关；A1 点火油枪进到位；A1 有吹扫请求并延时 2 s；A1 吹扫无阻塞；A1 不在点火方式；主燃料跳闸复位；A1 打火；A1 煤运行。

A1 油燃烧器吹扫顺序为：首先推进 A1 点火油枪；A1 点火油枪推进到位后，激励 A1 高能点火器；A1 高能点火器开始打火时，打开 A1 吹扫阀。

吹扫持续 60 s 后，A1 油燃烧器吹扫完成，复位 A1 油燃烧器吹扫请求信号，并退回 A1 油枪。

在 A1 油燃烧器吹扫过程中，出现吹扫受阻后，炉膛安全监控系统逻辑将关闭 A1 油吹扫阀并且停止高能点火器打火。如果检修人员将 A1 油枪退回，A1 油燃烧器吹扫受阻信号将复位（机械超驰逻辑）；如果吹扫受阻后不做任何处理再次投入 A1 油燃烧器，A1 油燃烧器吹扫受阻信号也将复位（吹扫受阻信号并不影响燃烧器再次投入）；如果在吹扫受阻后希望能再次吹扫，只需运行人员发出停止 A1 油燃烧器指令。此指令可以复位 A1 油燃烧器吹扫受阻信号并且产生 A1 油燃烧器吹扫请求信号，这样就可以再一次启动 A1 油燃烧器吹扫程序。另外，在炉膛吹扫完成，还没有复位主燃料跳闸时，运行人员可以启动 A1 油燃烧器吹扫。

5.点火器推进/退出控制

点火器在油枪点火和停运时都要使用,长期处于点火位置会对其安全和寿命造成严重影响。因此,点火器常处于退出位置,只有在油枪点火或停运时才推进,且在较短的时间内完成任务后又及时退出。其组态逻辑如图 14-23 所示。

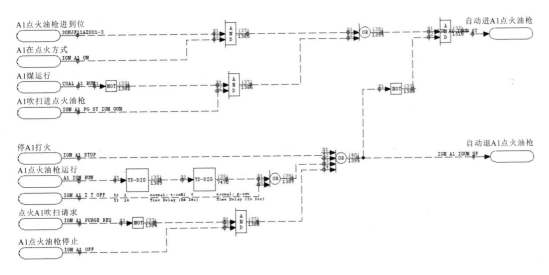

图 14-23　点火器进退控制逻辑组态

当 A1 点火油枪进到位并且 A1 在点火方式,同时没有自动退点火油枪指令时,自动进 A1 点火油枪;当 A1 没有煤运行,并且 A1 吹扫进点火油枪,同时没有自动退点火油枪指令时,也可自动进 A1 点火油枪;当停 A1 打火,或者 A1 点火油枪运行,或者点火 A1 无吹扫请求并且 A1 点火油枪停止时,自动退 A1 点火油枪。

6.高能点火器打火控制

660 MW 打火控制逻辑如图 14-24 所示。

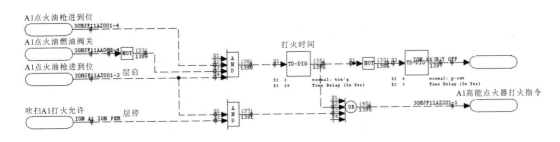

图 14-24　高能点火器打火控制逻辑组态

当点火油枪进到位并且 A1 点火油燃油阀打开,A1 点火油点火枪进到位时,延时 20 s 开始点火;或者吹扫 A1 打火允许,且 A1 点火油点火枪进到位时,则可不经延时,直接打火。

7.燃油阀启/闭控制

燃油阀启/闭控制实际上是控制进入油枪的燃油。自动开 A1 油阀的条件:点火油枪进到位;A1 在点火方式;A1 点火油吹扫阀关;A1 点火油点火枪进到位。

当 A1 在停方式或者 A1 点火油枪跳闸时,自动关 A1 油阀。

8.油枪跳闸控制

油枪跳闸控制是油枪控制中的联锁保护。其跳闸控制逻辑如图 14-25 所示。

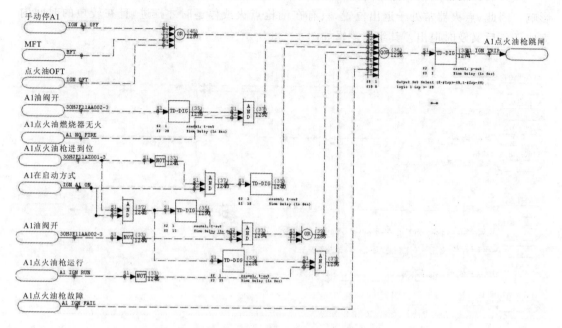

图 14-25　油枪跳闸控制逻辑

当有下列任一条件发生时油枪跳闸:手动停 A1;主燃料跳闸;点火油油燃料跳闸;A1 油阀开并且 20 s 后 A1 点火油燃烧器无火;点火油枪启动过程开始 10 s 后点火油枪未进到位;A1 在启动方式,点火油枪进到位 15 s 后 A1 油阀没有打开;A1 点火油枪运行后吹扫阀未关闭;A1 点火油枪运行后点火油枪未进到位;A1 点火油枪运行后油角阀关闭。

当 A1 油燃烧器在切除方式时,炉膛安全监控系统逻辑将发出关闭 A1 油阀指令,切除 A1 油燃烧器。如果不是由于发生主燃料跳闸而引起油燃烧器切除,炉膛安全监控系统逻辑还将开始一个 60 s 的 A1 油燃烧器吹扫程序。A1 油燃烧器吹扫完成后,退回 A1 点火油枪。

14.4.7　660 MW 超超临界机组等离子燃烧器控制实例

某电厂 660 MW 超超临界机组的等离子系统主要由等离子点火器、等离子冷却水泵、等离子冷却风机、等离子点火切换开关、等离子点火暖风器热风隔绝门、等离子点火暖风器热风调节门、等离子点火暖风器热风隔绝门锁紧电动机等设备组成。在启动运行中有效地使用等离子点火装置可以为电厂节省大量的燃油,带来显著的经济性。

该机组等离子点火器设置在 D 层,分散控制系统设有等离子模式切换按钮,正常情况下使用燃油点火。当运行人员操作界面上的模式切换按钮切换到等离子模式下时,使用等离子点火器点火,相应的磨煤机 D 点火能量判断也转为判断 D 层等离子是否起弧成功。

(1) 等离子模式与正常模式的切换由操作人员在 PGP 操作界面上实现。组态如图 14-26所示。

由图 14-26 可知,当 D 层燃烧器选择等离子模式时,自动放弃正常模式,否则为正常模式。正常模式为油点火/油稳燃方式。

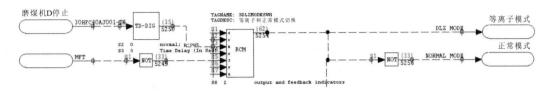

图 14-26　等离子模式与正常模式的切换组态

（2）等离子投入成功的判断：当有两个相邻的等离子体发生器起弧不成功，或者有三个以上等离子体发生器起弧不成功时，等离子模式能量不足跳磨；当没有发生等离子模式能量不足跳磨，且发生了某个等离子体发生器起弧不成功时，关闭对应的 D 磨出口阀。

当有超过 5 个等离子体发生器起弧成功时，D 层等离子点火器起弧成功。

（3）等离子体点火器启动允许条件（以♯1 等离子体点火器为例）：无等离子跳闸指令；无磨煤机跳闸脉冲信号；♯1 等离子体点火器水压满足；♯1 等离子体点火器风压满足；♯1等离子体发生器起弧未成功；♯1 等离子体整流柜正常；♯1 等离子体整流柜在遥控位。

等离子体点火器跳闸条件：♯1 等离子体整流柜正常信号消失；♯1 等离子体点火器风压不满足；♯1 等离子体点火器水压不满足；主燃料跳闸动作；磨煤机 D 跳闸；♯1 等离子体发生器无起弧成功信号。

等离子体点火器启动允许/跳闸组态如图 14-27 所示。

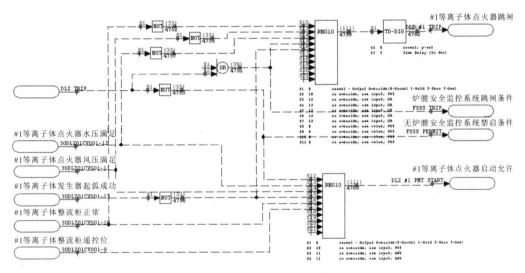

图 14-27　等离子体点火器启动允许/跳闸组态

等离子体发生器启动：当启动允许，且操作员手动发出启动指令时，启动相应的等离子体发生器。

当发生等离子体跳闸或者手动发出停止等离子体发生器，并且对应的等离子体整流柜在遥控位时停止相应等离子体发生器。

该部分组态如图 14-28 所示。

相应的等离子体增减电流、进退阴极、增减间隙，均由操作人员手动完成。在 PGP 界面上会有相应的数值显示，提示操作员等离子系统工作的实际情况。

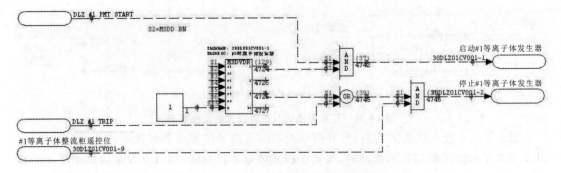

图 14-28　等离子体发生器启动逻辑组态

14.5　火焰检测系统

14.5.1　火焰检测原理

燃烧火焰的各种特性,如发热程度、电离状态、火焰不同部位的辐射、光谱及火焰的脉动或闪烁现象、差压、声响等,均可用来检测火焰的有或无。以煤、油作为锅炉燃料的锅炉在燃烧过程中会辐射红外线(IR)、可见光和紫外线(UV)。图 14-29 所示为油、煤气、煤粉在燃烧过程中以辐射形式向外发射的不同波长的电磁波。从图中可见,所有的燃料燃烧都会辐射一定量的紫外线、可见光和大量的红外线,且光谱范围涉及红外、可见、紫外。整个光谱范围都可以用来检测火焰的有或无。

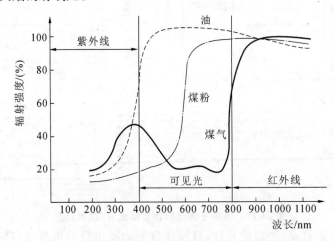

图 14-29　不同燃料火焰的辐射强度与波长的关系

不同种类的燃料,燃烧火焰辐射的光线强度分布是不同的,采用的火焰检测元件也会不一样。一般说来,煤粉火焰中除了含有不发光的 CO_2 和水蒸气等三原子气体外,还有部分灼热发光的焦炭粒子和炭粒,它们会辐射较强的红外线、可见光和一些紫外线,其中,紫外线往往容易被燃烧产物和炭粒等吸收而很快减弱,因此煤粉燃烧火焰宜采用可见光或红外线火焰检测器。而在暖炉油火焰中,除了有一部分 CO_2 和水蒸气外,还存在大量的发光炭黑粒子,它也能辐射较强的可见光、红外线和紫外线,因此可采用对这三种火焰较敏感的检测元件进行测量。而可燃气体(有些电厂的锅炉以此为燃料)燃烧时,在火焰初始燃烧区辐射较强的紫外线,此时可采用紫外线火焰检测器进行测量。

除辐射稳态电磁波外,所有的火焰均呈脉动变化。单燃烧器工业锅炉的火焰监视,可以利用火焰脉动变化特性,采用带低通滤波器(10～20 Hz)的红外固体检测器(通常用硫化铅)。但电厂锅炉多燃烧器炉膛火焰的闪烁规律与单燃烧器工业锅炉的大不一样,特别是在燃烧器的喉部,闪烁频率的范围要宽得多。

图 14-30 所示为燃煤与燃油的多燃烧器炉膛,在投入("有"火)或切除("无"火)单只燃烧器时的火焰闪烁频率分布。

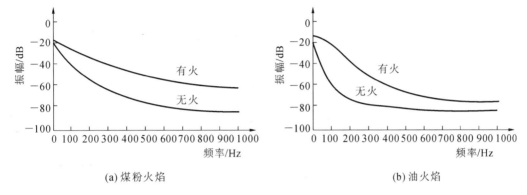

图 14-30　多燃烧器炉膛的煤粉、油火焰闪烁频率

从图 14-30 中可见:在低频范围(10～20 Hz),煤粉与油"有火"与"无火"之间辐射强度的差异很小;煤粉"有火"与"无火"之间辐射强度最大差异之处的闪烁频率约为 300 Hz;油"有火"与"无火"之间辐射强度最大差异处的闪烁频率约为 100 Hz。因此,对煤粉与油而言,"有火"与"无火"要在较高的频率(100 Hz 以上)才能较好地实现检测。

闪烁频率与振幅间的关系,取决于燃烧器结构布置、检测方法、燃料种类、燃烧器的运行条件(燃/空比、一次风速度),以及观测角度等因素。一般来说:

(1) 火焰闪烁频率在一次燃烧区较高,在火焰外围处较低;

(2) 检测器距一次燃烧区越近,检测到的高频成分(100～300 Hz)越强;

(3) 检测器探头视角越狭窄,所检测到的频率越高,反之亦然。

可以推论,全炉膛监视的闪烁频率要比单只燃烧器监视的频率低得多。

在锅炉燃烧现场可以发现,用紫外线光敏管检测器监视煤粉燃烧器时,被监视火焰的信号强度可能等于或低于毗邻的火焰信号强度,这是因为未燃煤粉在靠近燃烧器喉部处往往起到一种遮盖作用。若火焰检测器视线通过或接近遮盖区,则当该燃烧器停用而炉膛里的其他燃烧器继续燃烧时,信号强度反而比原来增加了。这是用紫外线光敏管检测器监视煤粉燃烧器的一个大问题。

因此,燃煤或燃油锅炉推荐采用检测火焰闪烁高频成分的可见光检测器或红外线检测器。由于气体火焰不具有煤和油所具有的高频(200～400 Hz)脉动特性,因而红外监视系统对气体火焰是不起作用的,对气体燃料推荐采用紫外线检测器。

概括地说,炉膛火焰发出的辐射能以不同的频率闪烁着,不同燃料、不同燃烧区的闪烁频率是不同的。炉内燃烧的好坏不同,火焰的平均光强度也是不同的。火焰检测器就是利用火焰的闪烁频率和光强度来鉴别火焰有无及强弱的。

14.5.2　火焰检测器类型与选用

火焰检测器担负着检测炉膛火焰的任务,是炉膛安全监控系统中至关重要的部件。火焰检测器的种类较多,有热膨胀式火焰检测器、热电式火焰检测器、声电式火焰检测器、压力式火焰检测器、光电式火焰检测器、数字图像式火焰检测器等。其中,光电式火焰检测器在火电厂锅炉火焰检测中最为常用。光电式火焰检测器又分紫外线式、可见光式和红外线式等几种形式。

1. 紫外线火焰检测器

这是一种利用火焰本身特有的紫外线强度来判别火焰有无的检测装置。由于紫外线波长范围较狭小(为 $2 \times 10^{-7} \sim 3 \times 10^{-7}$ m),因此,采用的检测探头是对可见光和红外线不敏感的紫外光敏管。它是一种固态脉冲器件,发出的信号是与火焰辐射强度成正比例的随机脉冲。紫外光敏管有两个电极,一般加交流高压。当辐射到电极上的紫外线足够强时,电极间就产生"雪崩"脉冲电流,其频率与紫外线强度有关,最高达几千赫兹,熄火时脉冲消失。

2. 可见光火焰检测器

它是利用火焰中存在的大量可见光来检测火焰有无的装置。可见光敏感元件有光敏电阻、光电二极管、硅光电池等,能产生与火焰强度成正比的模拟信号,其感受区在 $3 \times 10^{-7} \sim 8 \times 10^{-7}$ m(可见光的蓝绿区)。可见光的强度和火焰的闪烁频率经检测和逻辑处理后,可鉴别相应燃烧器火焰的有和无。

3. 红外线火焰检测器

它是利用红外线探测器件的火焰检测装置。采用硫化铅光敏电阻为敏感元件,可检测燃烧火焰中大量存在的、不易被煤尘和其他燃烧产物吸收的可见光和 9×10^{-7} m 以上的红外线,是一种可靠性高、应用范围广、单只燃烧器监视效果好的火焰检测器。

电厂燃煤锅炉的火焰检测中具有下列特点。

(1)正常启(停)时,从给煤机启动到燃烧器火焰建立(或给煤机停止到火焰熄灭)的过程存在迟滞时间。

(2)检测探头工作条件恶劣(受辐射热、煤尘、飞灰与腐蚀性气体的影响)。目前大型锅炉较多采用四角切圆燃烧方式,特别是当采用摆动式燃烧器时,探头只能安装在风盒里,这样的布置使探头工作条件更为恶劣。

(3)喷嘴出口处有脱火区。这是因为火焰向喷嘴方向的传播速度低于燃料的喷出速度。

(4)紫外线辐射强度低。

(5)煤喷嘴周围有大片浓密的未燃煤粉遮盖。

20 世纪 60 年代和 70 年代,广泛采用的是紫外线火焰检测器。由于紫外线火焰检测器对天然气和透明无遮盖的轻油火焰检测效果较好,能有效地监视单只燃烧器的着火情况,故在油、气炉上被广泛采用。但是,紫外线辐射易被油雾、水蒸气、煤尘及燃烧产物吸收,因此在风量失调工况下的重油燃烧或煤粉燃烧中,采用紫外线光敏管检测是不可靠的。尤其是在锅炉低负荷运行或燃用劣质煤时,紫外线的辐射会大量减少,紫外线光敏管检测煤火焰的灵敏度会很低。故一般认为紫外线检测适用于气体燃烧而不适宜用于煤粉燃烧。

鉴于上述燃煤锅炉火焰检测的特点,目前国内外燃煤锅炉(特别是新建的大型电厂锅炉)已普遍采用以探测红外线和可见光为基础的新型火焰检测器。

14.5.3　典型火焰检测器

1. 可见光火焰检测器

检测火焰在可见光谱段闪烁的煤粉火焰监视产品有多种,如 Bailey 公司的火焰闪烁检测器、CE 公司的 Safe Scan Ⅰ 型和 Ⅱ 型检测器、黑龙江省中能控制工程公司的 ZFDT-T1HQV-L 型火焰检测器等。Bailey 公司的光敏元件采用硅光电池;CE 公司的光敏元件采用带红外滤波器的硅光电二极管;中能公司的光敏元件采用固态可见光硅光电传感器,对光电信号一般都采用对数放大器进行预处理。检测器同时能一定程度地检测火焰的闪烁频率和亮度信号,可正确判断火焰的有无。ZFDT-T1HQV-L 型火焰检测器属于智能型火焰检测器,能通过上位机联网调试,十分方便,并且中能公司提供的油火焰检测器、煤火焰检测器型号一致,均为 ZFDT-T1HQV-L,互换性好。下面以中能公司的产品为例,介绍可见光火焰检测器。

1) 可见光火焰检测器工作原理

调整火焰检测探头的视角调整机构或者准确布置探头安装位置,将探头调整至最佳视野,使探头对准燃烧器的初始燃烧区;探头将采集到的可见光信号,经由凸透镜、光导纤维等组成的传光系统送至探头放大器;探头放大器的光敏元件将光信号变为电信号,再经对数放大器变为稳定的 0～20 mA 的电流信号。采用对数放大方式,既可保证火焰亮度与信号强度的线性增益关系,又可防止电流信号发生饱和现象。火焰检测探头对数放大器一般公式为

$$V_{\text{OUT}} = -K\lg(I_{\text{in}}/I_{\text{ref}})$$

式中:V_{OUT} 为电压信号;K 为系数;I_{in} 为输入电流;I_{ref} 为参考电流。

再将火焰信号以电流方式通过四芯屏蔽柔性电缆传输至火焰检测处理仪,火焰检测处理仪经 1 kΩ 检测电阻把来自探头的火焰电流信号变为电压信号。电压信号通过火焰检测处理仪的强度处理回路和频率处理回路,分成两路信号——强度信号和频率信号。强度信号代表火焰的亮度,频率信号代表火焰的脉动或闪烁频率。当强度和频率实时值均高于强度阈值和频率阈值时,发出有火信号,任一条件不满足,发出无火信号。信号采集、转换、放大、传输、处理、判断、输出过程如图 14-31 所示。

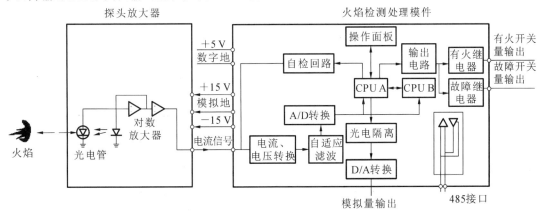

图 14-31　可见光火焰检测器工作原理

处理强度信号只需将火焰强度与强度阈值进行比较即可。频率信号的处理要复杂一些。这是因为频率信号包含信号的频谱、带宽、峰值等参数,所以要对这部分信号进行滤波、变换,从中提取火焰的燃烧特征。火焰的频带宽度一般为 1～200 Hz,而炉膛内的灰分等发光频率不超过 2 Hz,可通过频谱分析确定火焰存在与否。

火焰检测探头的输入光信号与输出电流信号间、火焰检测处理仪的输入电流与输出实时百分比值间均为反比关系,也就是输入光信号越强,输出电流信号越弱,输入电流信号越小则输出实时百分比值越大,如图 14-32 所示。

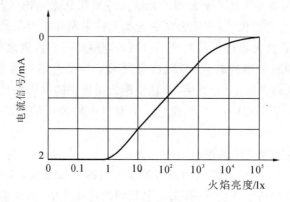

图 14-32　输出电流与火焰亮度

2) ZFDT 型探头结构

该型探头由外导管组件、内芯组件、探头放大器三部分组成。外导管组件主要包括冷却风口、外导管两部分,作用是完成与锅炉的连接,保护内芯组件,对内芯组件进行冷却并清洁透镜。内芯组件包括探头头、内导管、光纤、接线端子等,作用是实现光信号的传输、电缆连接、探头放大器保护等功能。探头结构如图 14-33 所示。

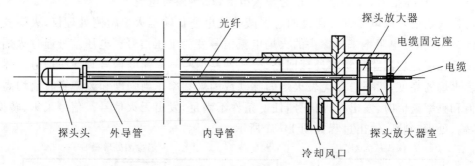

图 14-33　ZFDT 型探头结构

2. 红外线火焰检测器

Forney 公司的 IDD-Ⅱ型火焰检测器是一种典型的红外动态检测器,它在燃烧不同煤种(包括褐煤、无烟煤)的锅炉上,取得了良好的单只燃烧器监视效果。该检测器被设计成仅对煤火焰一次燃烧区的动态特性产生反应,而对其他火焰、炉墙等背景的红外辐射没有反应。IDD-Ⅱ型火焰检测器的探头主要包括平镜、平凸镜、光导纤维、光电二极管及放大电路。探头的示意图如图 14-34 所示。

检测探头用铸铜外壳密封电子线路,探头体积小型化以降低来自炉膛的受热。密封冷却空气的入口连接处与安装管道出口间的压差为 1.2 kPa。探头的透镜接收到火焰中的红

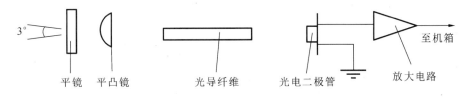

图 14-34　IDD-Ⅱ型火焰检测器探头的示意图

外线后,由经过特殊处理、可减少红外线传输损失的光导纤维传送,经光电器件转换成电信号送到远程安装的电子线路板上。电子线路板以集成电路为主,可对送来的电信号进行处理;输入有高/低两个信号通道,以适应不同工况或不同燃料对信号灵敏度的需要,且有助于对单只燃烧器火焰的鉴别。IDD-Ⅱ型装置可对时间迟滞量进行调整,并有自检回路,可对探头和线路进行自检。

红外元件的可靠性大大优于紫外光敏管。紫外光敏管往往会自激,其故障形式表现为在无火时指示有火,因而必须采用带机械快门的自检系统,还需周期性检查管子与线路是否正常。而红外元件的故障形式,多表现为有火时指示无火(不灵敏)。从保护设备角度看,红外元件比较安全,它没有虚假指示火焰闪烁的缺陷。

IDD-Ⅱ型火焰检测器探头布置于四角切圆燃烧炉膛各角燃烧器的二次风口内,在同一水平高度(同一层)的四个探头与同一机箱相连。当鉴别单根油枪的火焰时,通常将探头安装在油枪旁边(上游、下游均可);当检测全炉膛火焰时,通常将探头置于两个相邻煤粉燃烧器层中间的二次风口内,视角为 3°。许多锅炉上的实际使用情况已证明 IDD-Ⅱ型火焰检测器在鉴别能力、抗干扰能力、可靠性、冷却及吹扫等方面能够满足使用要求。

火焰检测的原理是表征火焰检测器性能的重要条件之一,但火焰检测器性能的优劣还需从多方面综合考虑,譬如探头定位的难易程度、维护方便与否、电子线路的设计技巧及其可靠性等,最终应视现场应用的成功与否而定。

燃煤锅炉火焰检测技术的关键,是提高单只燃烧器火焰检测的可靠性,以及对所监视的燃烧器与相邻或相对燃烧器火焰的有效识别。

14.5.4　660 MW 超超临界机组火焰检测系统实例

某电厂 660 MW 超超临界机组,每台锅炉提供一套完整的分体式智能型火焰检测系统及火焰检测器冷却风系统。每只煤和油燃烧器都分别装设火焰检测器,即采用"一对一"的火焰检测方式。火焰检测器应能够清晰辨别出煤和油燃烧的火焰,并有可靠的防止"偷看"的措施。

1. 火焰检测器布置方案

火焰检测器在 6 层燃烧层共布置煤火焰检测探头和油火焰检测探头各 36 个,该机组火焰检测器布置方案如图 14-35 所示。

火焰检测屏按照三层布置方案,每层火焰检测屏对应两层煤燃烧器和油燃烧器,采用厂用电和 UPS 不间断电源提供 220 V/16 A 双路冗余交流电源,分别向两块独立的火焰检测电源供电,并经二极管耦合后,冗余向每个火焰检测探头供电,供电原理如图 14-36 所示。

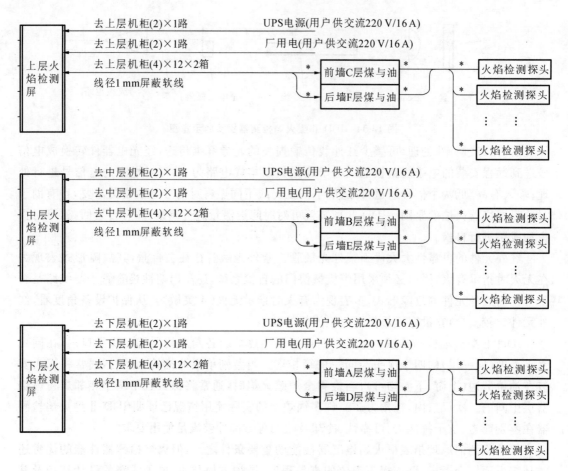

图 14-35　某电厂火焰检测器布置方案

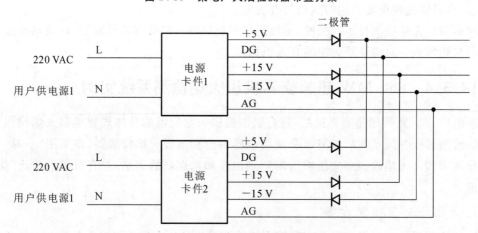

图 14-36　某电厂火焰检测器供电方案

2.冷却风机布置方案

火焰检测冷却风机含 Y 形管、隔离阀、空气过滤装置等,配西门子电动机。同时该冷却风系统配备一台压力变送器和一台差压变送器(带数字式液晶显示表头),压力变送器用于监视火焰检测冷却风压,差压变送器用于监视火焰检测冷却风母管/炉膛差压。

冷却风机布置如图 14-37 所示。

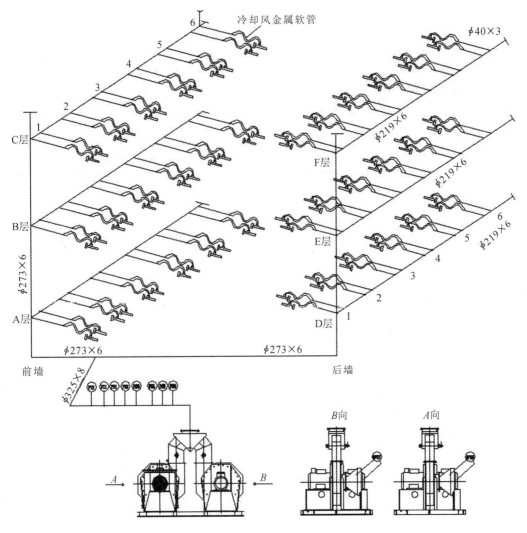

图 14-37　某电厂火焰检测器冷却风机布置

3. 火焰检测冷却风机控制

某电厂超超临界机组火焰检测器的探头安装于炉膛燃烧器的周围,对火焰检测器探头的冷却和清洁非常重要,这直接影响火焰检测器的稳定性和寿命。火焰检测冷却风机为每个火焰检测器提供足够压力的冷却风,以保证火焰检测器的正常运行。该机组配置两台火焰检测冷却风机,正常情况下只要单台火焰检测冷却风机运行即可以提供足够的冷却风压,另一台火焰检测冷却风机处于热备用状态。当正在运行的火焰检测冷却风机事故跳闸或出力不够时,联锁启动备用的火焰检测冷却风机。两台冷却风机的控制逻辑类似,以火焰检测冷却风机 A 为例介绍火焰冷却风机的控制系统。

(1) 投备用。

当火焰检测冷却风机 A 未运行时,运行人员通过操作界面上的备用按钮,可以使火焰检测冷却风机 A 处于备用状态。

(2) 切备用。

通过以下几种操作可以切除火焰检测冷却风机 A 的备用状态。即运行人员进行解除火焰检测冷却风机 A 备用操作;火焰检测冷却风机 B 进入遥控备用状态;火焰检测冷却风机 A 运行。

（3）手动启动。

通过操作界面上的启动按钮,可以启动火焰检测冷却风机 A。

（4）联锁启动。

① 当火焰检测冷却风机 A 在备用状态并且火焰检测冷却风机 B 跳闸时,联锁启动火焰检测冷却风机 A;

② 当火焰检测冷却风机 A 在备用状态并且火焰检测冷却风机 B 运行且火焰检测冷却风母管压力低于定值时(无火焰检测冷却风压正常信号),联锁启动火焰检测冷却风机 A。其逻辑组态如图 14-38 所示。

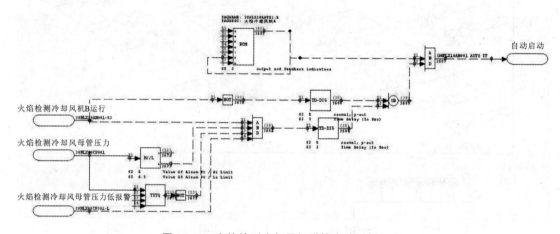

图 14-38　火焰检测冷却风机联锁启动逻辑组态

（5）启动允许条件。

① 火焰检测冷却风机 A 在遥控状态;

② 手动启动或者自动启动,都必须满足允许条件。

（6）手动停运。

当主燃料跳闸且火焰检测冷却风机 A 在遥控状态时,通过操作界面上的停止按钮,可以停运火焰检测冷却风机 A。需注意,在发生主燃料跳闸后要检测炉膛烟气温度,当烟气温度低于 100 ℃时,可允许停运,否则不允许。其逻辑组态如图 14-39 所示。

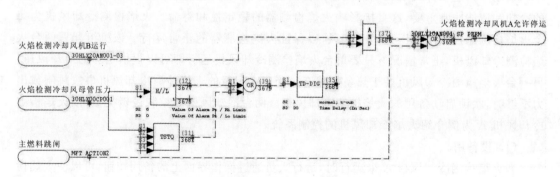

图 14-39　火焰检测冷却风机停运允许逻辑组态

第 15 章　顺序控制系统概述

在生产过程控制中,有两种类型的控制,一种称为模拟量控制,另一种称为开关量控制。

在模拟量控制系统中,被控制量、设定值、控制器的输入及输出均为模拟量。这种系统将被控制量反馈值与设定值进行比较,然后根据比较的结果,改变控制量,最终使被控制量维持在设定值,例如水位调节系统、蒸汽温度调节系统。在模拟量控制系统中,由于控制器、被控制对象以及反馈通道构成了一个闭合回路,所以这种系统又称为闭环控制系统(closed control system,CCS)。

在开关量控制系统中,检查、运算和控制信息全部是"存在"或"不存在"两种信息。系统输入的往往是设备状态信号,如设备的运行或停止、阀门的开或关,系统输出的是启停命令或开关命令,例如引风机的启动、停止控制系统。在这类控制系统中,为了使设备 A 启动,往往要检测多个其他设备如 B、C、D 等的状态,判断它们的状态是否满足设备 A 启动的要求。若不满足,要由相应的命令控制 B、C、D 等设备的开关或启停,直到所有条件满足后,再发出命令使设备 A 启动。这种控制系统的特点是按照预先规定的顺序进行检查、判断(逻辑运算)、控制、再检查、再判断、再控制。所以开关控制系统又称为顺序控制(顺控)系统(sequence control system,SCS)。

顺序控制,有时也称为程序控制或开关量控制,主要用于开关量的自动控制。顺序控制很早就在生产过程中为人们所利用,它在生产现场中是能与反馈控制相媲美的重要控制技术。随着科学技术的发展,顺序控制广泛应用于各种生产工艺过程,以提高生产的自动化水平,实现生产的现代化。在大型火电厂控制系统中,顺序控制主要用于主、辅机的自动启停操作以及全厂辅助系统的运行操作,以保证火电机组的安全、经济运行。

15.1　顺序控制的基本概念

15.1.1　顺序控制系统发展进程

1. 国外的应用和发展

国外火电厂应用顺控(程控)技术始于 20 世纪 50 年代中期,欧洲进展较快。英国从1958 年开始在 South Denes 电厂试用给水系统顺序控制系统,并在试验室用模拟方式试验汽轮机自启动装置。1959 年这套装置安装在 Agecroft 电厂的 4 号机(120 MW)上,并于1961 年投入运行。该装置可控制汽轮机由盘车至冲转、升速直到达到调速器工作速度,而汽轮机启动准备、发电机同期和带负荷等工作仍由人工完成。在 1966 年前法国所有 125MW 和 250 MW 机组上均采用了顺序控制装置,主要用于吹灰器启停、风机启停、局部燃料准备和沉淀器启停(煤场用)。1963 年在圣·乌恩(St-Oven)电厂的 I 号机上试验并实现了全套机组自启动,启动顺序共 8 个阶段,可控制从锅炉点火准备至机组带负荷的全过程。美国于 20 世纪 60 年代初期在小吉普赛电厂试用计算机实现电厂全盘自动化失败后,也开始研制和应用顺控装置,如在 Edge-Water 电厂采用燃烧器控制和管理顺控装置。

20 世纪 50 至 70 年代初期,顺控装置的硬件主要由继电器和固态元器件构成。由继电器组成的顺控装置比较庞大,一般一套子功能组级装置(如风机启动)需 200~300 个继电器,而一套机组自启动顺控装置需 3000~5000 个继电器。随着电子工业的发展,固态元器件逐渐成为顺控装置的主要硬件之一。70 年代初后,美国、联邦德国和日本大多采用固态元器件组成顺控装置,而英、法及美国的 GE 公司多采用继电器组成顺控装置,但汽轮机自启动顺控装置则采用固态元器件较多。

在研制顺控装置的同时,探讨和研究设计顺控系统的原则、控制方式及系统结构等技术问题也有进展。欧洲提出控制系统功能分级原则,并经实践验证具有很多优点。20 世纪 70 年代中期,国外火电机组自动控制系统绝大多数都按分级控制原则设计,之后问世的分散控制系统也采用分级控制原则。

随着电子和计算机工业的发展,20 世纪 60 年代末期 PLC 进入工业控制设备市场,引起顺控技术和装置的革命性飞跃。PLC 的可靠性、分散性和柔性编程等优点是继电器和固态元器件无法比拟的,因而 PLC 很快取代了上述两类硬件。

1975 年分散控制系统产品进入工业控制领域,将分散控制和集中管理集于一个系统。不仅容量大,而且人机界面友好,使应用软件开发、组态及运行、监视和操作都呈现全新面貌。随着分散控制系统产品不断改进、升级换代及广泛应用,机组主、辅机设备和系统顺控逐渐全部被纳入分散控制系统,单独的顺控装置真正成为顺控系统。

2. 国内研究和应用的初期阶段

国内火电行业正式开始研究顺控技术可追溯到 1964 年,由国家科学技术委员会下达课题,在上海南市发电厂进行电厂综合自动化研究和试点,顺控(当时称程控)技术的研究和应用占有重要地位。该项目由电力科学研究院电力自动化研究所牵头,一机部科研单位参加,分别利用继电器和固态元器件对锅炉吹灰、定期排污及高压加热器启停等系统实现顺控。20 世纪 60~70 年代初,国内电力行业的科研所、设计院尚未设置部门从事顺控技术和装置的研究、开发,进展不明显。1974 年西安热工所自动化室根据国外电厂控制技术发展趋势,正式组建专门从事顺控技术、装置和系统研究及应用的专业组——控制组,使得我国在顺控领域中有了正规的工业应用科研建制。此后,其他科研所、设计院及电厂也建立了类似的专业机构。

20 世纪 60~70 年代是国内顺控技术应用的初期阶段,一方面顺控技术研究刚起步,主要是消化吸收、仿制国外的顺控装置,实际应用并不广泛;另一方面研制的顺控装置均采用继电器,相当于国外初级阶段水平。如 1974 年由华北电力设计院设计,西安热工所、河北电力勘测设计院、马头电厂进行改进和调试的涉县电厂锅炉补给水处理一级除盐顺控装置,由时间程序发讯器和中间继电器组成,只完成一级除盐系统再生过程顺控。1979 年,电力工业部和一机部组织两部 200 MW 机组自动化试点,由西南电力设计院和西安热工所承担,试点是在首阳山电厂(由福溪电厂改成)一期新建 2×200 MW 国产机组上实施。联动控制系统的研究和应用是该试点中一个重要组成部分,经研究和试验,以继电器组成的控制装置实现了送风机、给水泵、循环水泵及制粉等 20 多台(套)设备和系统的顺控。这是国内首次实现大型单元机组辅机设备和系统的顺序控制。虽然当时该装置居国内领先地位,并获电力工业部科技成果奖,但实现的功能只达到驱动级联动、联锁和部分子功能组级。在这个初期阶段,主要是对国外顺控技术和装置进行了大量研究、分析和介绍,使国内电力行业各方面人员认识到发展该技术和装置的必要性、途径和方法,这为以后顺控系统在电厂大规模应用打下良好的思想和技术基础。

在研究开发过程中研究人员认为,顺控技术的应用必须抓基础,而阀门电动装置是最基础的部分。在深入调查研究的基础上,西安热工所向水利电力部申报后,于 1976 年组成以西安热工所为负责单位的部级攻关组,经努力,在吸取英、美、德、捷克、意大利和波兰等国的先进技术的基础上,研制出我国第一个具有完整系列的阀门电动装置,解决了电站长期以来的难题,为顺控技术发展扫除了一大障碍。该系列产品和国内类似产品已基本覆盖了全部国产机组。

3. 采用以 PLC 为核心硬件的中期阶段

从 20 世纪 80 年代开始,我国陆续引进国外先进的大型火电机组,同时引进了其自动控制系统,PLC 组成的顺控系统就是其中之一。1985 年投产的元宝山电厂 600 MW 进口机组,以 SIEMENS SIMATIC-S5-110F 型 PLC(当时称微机顺控器)构成锅炉保护和油燃烧器顺控系统,实现保护、驱动级和子功能组级顺控,采用 TURBODEM 型 PLC 和 REC-70 型组件仪表结合组成的汽轮机控制系统,实现汽轮机自启动。

PLC 随火电机组进入国内后,一些生产厂也引进了 PLC 生产技术或销售 PLC,为国内研制以 PLC 为核心硬件的顺控系统提供了物质基础。1984 年西安热工所控制组采用美国 MODICON M-84 型 PLC 研制锅炉补给水处理顺控系统,并于 1987 年初在首阳山电厂一期 2×200 MW 机组上投运成功;西北电力设计院和航天工业部 210 所合作研制的输煤顺控系统(采用美国 MODICON 584 型 PLC)也在石横电厂投运成功。此后 10 多年时间,PLC 占领了电厂几乎所有辅助系统和设备的顺控系统,如汽轮机旁路、吹灰、除渣、除灰、捞渣、石子煤排放和煤场堆取等。1987—1989 年,华能福州电厂、大连电厂引进了日本三菱重工的 350 MW 机组,锅炉、汽轮机辅机顺控系统由 PLC 和小型计算机 PDP-11/73(上位机)组成(DSEQC)。锅炉和汽轮机侧各占用 1 台 OMRON C2000 型 PLC(冗余 CPU 配置),设计了驱动级和功能组级,机组协调级功能设计在机组管理级的一台 1PDP-11/73 中,拟自动控制机组从烟风系统启动至机组带 50% 负荷及机组降负荷至锅炉、汽轮机停运的全过程,设置 12 个断点分段投运或操作一个按钮全自动运行。

PLC 占领国内电厂顺控领域时期,一方面是产品逐渐成熟和广泛应用时期;另一方面也是国内电厂主辅机和辅助系统、设备控制由手动操作向自动控制(顺控)过渡的时期,这个时期的顺控系统多数设计了手动和自动双重手段和功能,如华能福州电厂、大连电厂不仅在主控室控制台上设计了顺控功能组、机组协调级功能启停按钮,而且还设计了大幅模拟屏,屏上每个重要设备都有手动、自动切换开关和手动启停按钮。PLC 顺控系统的人机界面在操作监视方面与传统控制盘、台相似,即通过按钮、开关发出控制指令,通过模拟屏、指示灯、光字牌监视设备状态和工艺过程。应用软件开发(系统组态)方面也有很大进步,可使用编程器,以图形或语句方式编程。编程器还提供在线监视、修改和模拟等功能,使顺控功能开发、调试和维护都达到一个新高度,相对于由继电器、固态元器件组成的装置是一次革命性的飞跃。

4. 辅机顺控系统融入 DCS 的阶段

20 世纪 80 年代末至 90 年代是 DCS 在国内电厂逐渐推广和广泛应用的时期,此期间新建的 300 MW 及以上机组基本采用 DCS 作为主控制和监视系统,且近几年来 200 MW 老机组、从东欧进口和国产的 300 MW 及以上老机组也开始以 DCS 对控制监视系统进行改造。

由于 DCS 的设计思想是面向系统,PLC 的设计面向对象,所以 DCS 更适合大型机组主辅机和系统的控制及管理。另外,DCS 利用当时最先进的计算机、控制技术、通信技术和 CRT 显示技术("4C"技术),人机界面友好,特别是运行操作和监视界面采用 CRT 画面、键盘和鼠标(CRT 终端),电厂主辅机及其系统就没有必要另外配置由 PLC 或其他硬件组成的顺控装置,而自然地融入 DCS 中。

1989—1990 年,华能上安、南通、岳阳电厂 300 MW 及以上机组引进美国 Bailey 公司 Network-90 系统,电厂锅炉、汽轮机主辅机系统顺控均纳入 Network-90 控制范围。此后 10 年内,国外 10 余种牌号的 DCS 进入中国电厂,包括美国 INF1-90、WDPF、MAX-1000、I/A Series、MOD-300,日本 HIACS-3000、CENTUM,德国 Teleperm-ME,ABB 公司的 Procontrol-P 等。在这些 DCS 组成的电厂控制监视系统中,均包含机、炉辅机顺控系统(SCS、BMS 或 FSSS),有的 DCS 还包括汽轮机自启停功能,目前电气顺控也开始纳入 DCS。尽管不同 DCS、不同的设计者在实现机组顺控时采取不同配置、结构和方法,但都采用分级层次结构。

在 DCS 得到广泛应用的同时,PLC 仍占据电厂辅助设备和系统的控制领地,如锅炉补给水处理、凝结水精处理、锅炉除灰除渣、吹灰及输煤等系统的顺控。这不仅因为 PLC 的设计和开发是为了适应中小型系统(200～1000 个 I/O 点)的控制,价格较 DCS 低,硬件耐恶劣环境能力较好,而且电厂各系统独力性较强,所处地域分散,采用 PLC 组成各辅助系统的顺控系统具有更高的性价比。特别是近几年来,PLC 生产厂商为争夺 DCS 市场,也开发了 PLC 通信、联网硬件和软件及 CRT 监控软件。目前,电厂辅助设备和系统的顺控系统也开始抛弃传统模拟屏和控制盘、台,代之以 CRT 终端作为人机界面。这样,PLC 和上位工控机组成的顺控系统(PLC/上位机)在人机界面上向 DCS 靠拢,巩固了它在电厂辅助设备和系统控制领域中的地位。

15.1.2 顺序控制的基本概念

所谓控制就是为了满足某种目的,在对象上施以必要的操作。所谓满足某种目的,在反馈控制中就是输出要与设定值一致,而在顺序控制中就是使控制动作按预先设定好的顺序进行。为此这样定义顺序控制:按预先设定好的顺序或按一定逻辑设定的顺序使控制动作逐次进行的控制。

图 15-1 所示是反馈控制与顺序控制系统的基本构成。顺序控制没有设定值的概念,而是用作业命令代替设定值。作业命令、检测信号及命令处理的输出主要是数字量,命令处理的主要部分由数字电路构成。

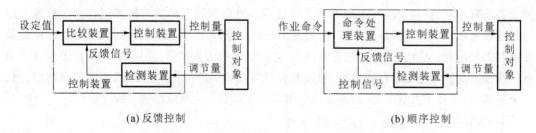

(a) 反馈控制   (b) 顺序控制

图 15-1 反馈控制与顺序控制系统的基本构成

图 15-2 是顺序控制系统的构成示意图。图 15-1 中命令处理装置的功能由图 15-2 中的控制装置来实现。

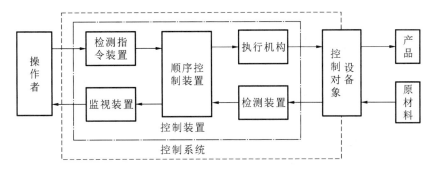

图 15-2　顺序控制系统的构成示意图

控制装置的分类和主要的控制部件如下。

检测指令装置:按压式开关、纽扣式开关、旋转式开关等。

控制操作装置:电磁开关、伺服电动机、电磁阀等。

检测装置:限制开关、电位器、光电开关、温度开关、测速发电机、译码器、编码器等。

监视装置:指示灯、蜂鸣器、指示计、显示器。

顺序控制装置:继电器、计数器、PLC(可编程控制器)、计时器等。

复合功能装置:保护继电器等。

15.1.3　顺序控制系统分类

1.按控制系统的构成分

(1)开环系统。开环系统按照预先编排好的程序进行规定的操作,并控制执行部件的动作(一般是开关量)。程序的进行并不需要被控对象动作后的回报信号作为反馈信息,程序自动进行下去(操作发生故障时例外),回报信号作为运行人员的监视量,送到控制盘上。

(2)闭环系统。被控设备按照逻辑回路的输出指令进行动作,操作以后,利用信号反馈元件,将执行结果的回报信号反馈到逻辑控制回路。只有当这些必要的回报信号都具备之后,程序才能往下进行,即构成一个闭环动作控制系统。

2.按程序步转移条件分

(1)时序控制系统。在热力过程的程控系统中,一般来说按时序控制的系统是开环的,只要按时间要求使程序进行下去就可以,即程序的转换完全依时间而定。在某一程序(时间间隔)内,可以使控制指令去操作一个被控部件,也可以同时操作数个被控部件。

(2)条件控制系统。按条件控制的系统必须要做成闭环系统。对某一程序来说,事先应准备充分的条件,称为一次判据,判据满足,则允许执行操作。程序动作结果的条件则称为二次判据,它是下一步程序能否动作的依据。这对下一步程序来说,可认为是一次判据,也就是说,在程序步的转换中,上一步二次判据作为下一步的一次判据,成为转步条件。当下一步事先应准备好的其他条件已经满足,在有了这个转步条件后,程序就能发生转换而不断进行下去。如这些判据中有一个条件不满足,程序就不能正常进行。由此可见,按条件进行控制的系统,一定要有程序动作结果的回报信号作为下一步程序的判据,构成闭环工作状态。

(3)混合控制系统。在一个程序控制系统中既有时序控制方式,又有条件控制方式,所组成的控制系统为混合控制系统。

15.2 顺序控制语言梯形图概述

顺序控制的特点可归纳为以下两点。

（1）状态迁移是并行同步进行的。

（2）基本功能有逻辑运算、存储、计时、计数等（顺序控制由逻辑运算和存储构成）。

所谓并行同步就是多个序列相互独立或相互关联地进行状态迁移，即使外部设备有很大的变化，序列控制的执行时间（即由外部变化到顺序控制器输出控制结果的响应时间）也不变。并且，同一个控制内容不论在前还是在后，没有位置上的差异。基本功能是指顺序控制所必需的功能。顺序控制语言，则是指利用控制装置实行顺序控制时给予控制装置的指令，同时也是设计者根据设计要求设计的语言，也可以说是人与控制装置的界面。为此，从人的立场来看，希望能有把设计书原封不动地表现出来的语言。从控制装置的立场来看，希望能有控制装置容易理解、容易执行的简单语言。

顺序控制语言，有一直被使用的继电器电路图。在继电器电路中，可实现多种继电器的组合和自由连接。顺序控制技术人员首先要考虑经济性，即如何充分有效地利用有限的继电器触点，用最少的继电器来完成期望的控制任务。继电器是利用电气驱动来实现机械移动，最终完成电气信号切换的电气机械器件，因此，设计时必须综合考虑驱动电压、电流、动作时间、切换时间的过渡特性、触点故障时的对策等。不言而喻，继电器电路的设计十分困难。

可编程控制器（PLC）把继电器电路的多样性进行统一化，并加以限制，给出了动作顺序、动作时间的规律性。PLC既容易设计，又容易变更，再加之其具有经济性和小型化特点，因此获得了广阔的市场。因此，现在所说的顺序控制，是指基于PLC的控制。目前，这种系统已经超越了顺序控制的范围，可以进行高性能的运算和数据处理。本节主要介绍顺序控制基本环节的梯形图（即 ladder，IEC 规范中称梯形图为 LD）。

梯形图本来是指继电器电路图，但由于PLC的诞生，梯形图就成了PLC使用的继电器电路图。梯形图把触点和线圈按一定规则连接和配置，信号的流动和处理也按一定的规则来设定（见图15-3）。

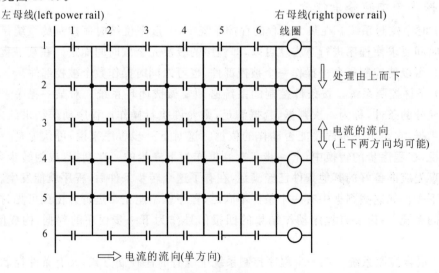

图 15-3　梯形图规则

梯形图的构成规则如下。

(1) 触点和线圈配置在行列状的交叉点上,线圈只配置在右侧的列上。

(2) 左端和右端的垂直线为母线,前者表示起点,连接着第一列上的触点。梯形图的电源(IEC 规范中为 power)与继电器电路的电源(electric power)相同,以左母线为起点,右母线为终点。

(3) 触点与线圈由水平线相互联结,各行只有一条水平线。水平线由垂直线相互联结,各列间也只允许一条垂直线。

梯形图的信号流动和处理规则如下。

(1) 电流沿水平线自左向右流动,电流的通断取决于触点的开闭状态,也就是进行逻辑与(AND)运算。

(2) 电流沿垂直线上下两个方向流动,连接在垂直线左侧的水平线上触点的状态的逻辑或(OR),就是垂直线及联结在其右侧的水平线的状态。左侧有一条水平线为 ON(逻辑值为 1),垂直线及其右侧的水平线也是 ON。

(3) 线圈的电源由联结在该线圈左侧的水平线的状态来决定。

(4) 梯形图的处理白上而下。

15.2.1　梯形图的基本要求

1. 触点

触点分为 a 触点(闭合触点)、b 触点(断开触点)及变化检测触点,触点上附有输入变量、输出变量或者存储的逻辑变量。a 触点和 b 触点具有如下性质:①同一触点使用的接点数无限制;②线圈 X 随给定的状态变化时,触点 X 的变化无时间迟延,而一般的继电器有时间迟延,即触点有不稳定区间;③触点根据所指定的变量有种类上的区别,但不像继电器触点那样,有延时触点、继电保持触点、辅助触点等多种。

变化检测触点的功能是,当触点的输入信号有变化时,PLC 在该控制周期中将 ON 状态向右方向输出。变化检测触点有正方向和负方向两种(见图 15-4)。

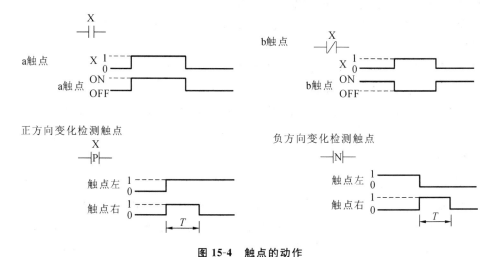

图 15-4　触点的动作

T—1 个控制周期;X—变化检测触点,用于记忆触点左侧的状态

2. 线圈

线圈附有逻辑变量,线圈种类不同,动作也不同。线圈的状态随给定的电压而变化,所以线圈的触点状态也会发生相应的变化。各种线圈的动作如表 15-1 所示。

表 15-1　线圈的动作

线圈的种类	线圈的触点状态	线圈的种类	线圈的触点状态
线圈 　X	通常的线圈 线圈左端 线圈X	记忆置位线圈 X —(SM)— 记忆复位线圈 X —(RM)—	记忆电源断电前的置位与复位的线圈 线圈X 电源通 电源断 电源通
逆线圈 X —(/)—	通常的逆线圈 线圈左端 线圈X		
置位线圈 X —(S)— 复位线圈 X —(R)—	利用置位与复位线圈进行 ON 和 OFF 操作 置位线圈左侧 复位线圈左侧 线圈X	正向变化检测线圈 X —(P)—	检测正向变化,每一控制周期 ON 线圈左端 线圈X T
记忆线圈 X —(M)—	记忆电源断电前状态的线圈 线圈X 电源通 电源断 电源通	负向变化检测线圈 X —(N)—	检测负向变化,每一控制周期 ON 线圈左端 线圈X T

(1) 线圈。指通常的线圈。

(2) 逆线圈。指在线圈的 b 触点上,当电压给定时,变量值为 0。

(3) 置位线圈、复位线圈。在置位线圈上给定电压时,变量值为 1,在复位线圈上给定电压时,变量值为 0。

(4) 记忆线圈。当电源被切断时,记忆线圈可以把当时的状态记忆下来,当电源恢复时,返回原来的状态。不用记忆线圈,可以采用变量记忆状态的方法。

(5) 变化检测线圈。与变化检测触点相对应的线圈,当电压变化时,变量值只在一个控制周期内变为 1,有正负两种。

3. 计时

实际的顺序控制,根据触点的不同组合,可分逻辑 AND、OR,自保持,记忆等。此外,为了使信号有时延功能,往往需要计时。传统的继电器使用电动机计时器或利用电容充放电的 CR 计时器,而 PLC 则利用内部信号发生器发出的脉冲数,通过微处理软件来实现多种计时。

计时具有输入、输出、设定值、当前值四个部分。所谓设定值,是计时时间的设定值,通常以 1 s、0.1 s 或 0.01 s 为单位。当前值表示现在经过的时间。计时的表示方式如表 15-2 所示,根据输入、输出关系,可以分为以下几种计时方式。

（1）闭合延迟计时器。来自左侧的电源（输入）进入 ON 状态经过设定时间后，右侧的电源（输出）也为 ON，通常的计时器就是这种。

（2）断开延迟计时器。输入为 ON 时，输出立即为 ON，而输入为 OFF 时，经过设定时间后，输出才为 OFF。

（3）脉冲。输入为 ON 时，只在设定时间上输出为 ON。变化检测触点也能发出脉冲，但脉冲的时间可以设定。

表 15-2　计时种类

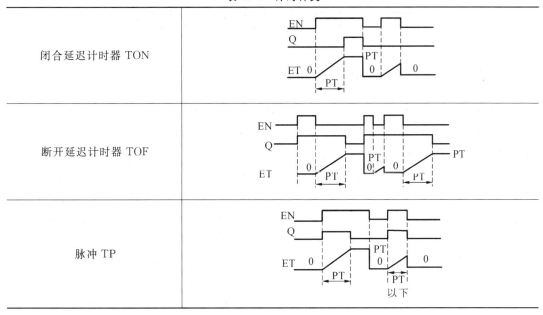

闭合延迟计时器 TON	
断开延迟计时器 TOF	
脉冲 TP	

15.2.2　顺序控制的基本功能与梯形图

1.逻辑运算

梯形图就是逻辑与（AND）、逻辑或（OR）、逻辑非（NOT）以及它们的组合。由于行列状（矩阵形）的配置，极易读懂。AND 由横方向的串联触点表示，OR 由纵方向的并联触点表示，根据梯形图的行和列的数目，可以同时表示的逻辑是有限的。

2.记忆

AND 或 OR 运算的输出，由该时间点的输入状态所决定，而记忆则由该时间点以前和现在的输入来决定输出。通常由线圈实现记忆的方法，称作自保持回路法。

3.顺序控制

所谓顺序控制，就是按预先确定好（包含多种状态）的顺序，根据内部或外部状态的变化，依次地选择运算步骤进行运算。运算步骤有分支、合流或跳跃。运算步骤通过记忆功能来完成，它的变化通过逻辑运算和计时来实现。顺序控制用梯形图表示显得非常复杂，这是梯形图的不足之处。尽管如此，利用梯形图可以实现顺序控制的基本功能。

4.梯形图的缺点

梯形图有以下不足之处。

（1）顺序的动作在梯形图中被埋没。顺序控制、联锁等都用触点和线圈来表示，除了设计人员以外，其他人不易读懂，维护困难。

（2）规则与顺序的对应困难。

（3）顺序不能结构化，不能自上而下地进行程序设计。

（4）虽能把简单的算术运算和数据处理作为功能块在梯形图上表现出来，但今后所必需的更高级的数据处理工作相当困难。

15.3　顺序控制概述及策略

15.3.1　火电厂顺序控制简介

随着大型火电机组的发展，顺序控制在火电厂中获得越来越广泛的应用。水质处理、燃料输送及大量的各种辅助设备、机炉主设备的启停和运行等，都需要采用顺序控制技术来提高它们的自动操作水平。

在火电厂中，不同顺序控制系统的控制范围差别是很大的，小型的顺序控制系统只有几个被控对象，操作步只有四五步，大型顺序控制系统的被控对象则可达到一两百个，操作步有几十步，甚至上百步。总的来说，目前火电厂中主要的顺序控制一般有化学水处理系统的顺序控制、输煤系统的顺序控制、锅炉燃烧系统的顺序控制、汽轮机启停（或升速）的顺序控制。此外，还有引风机、空气预热器、送风机、电动给水泵、汽动给水泵、射水泵、循环水泵、凝结水泵等大型机械的顺序控制。这些设备的顺序控制有些可以采用联动控制方式实现被控对象的自动操作，但是复杂的系统必须采用专门的顺序控制装置来实现自动操作。

顺序控制可以是开环的，也可以是闭环的。开环控制时，顺序的转换与动作将取决于输入信号，而与动作结果无关。闭环控制时，顺序的转换与动作不仅取决于输入信号，而且受生产现场的反馈信号的控制，即与动作的结果有关。大型火电机组都采用单元机组运行方式，炉、机、电在生产中组成一个有机的整体，其中某些环节出现故障时，必然会不同程度地影响整个机组的正常运行。例如，当锅炉灭火、送风机或引风机全停、炉膛压力过高或过低时，必须紧急停炉。停炉后蒸汽停止供应，迫使汽轮机和发电机紧急跳闸。又如，当汽轮机超速、轴向位移过大、真空度过低、润滑油压力低等情况发生时，汽轮机必须紧急停机，同时联锁控制发电机跳闸。此时，必须使锅炉转入最低负荷运行，投入旁路系统或停炉。当电网故障或发电机故障时，机组也必须采取相应的保护措施，以保障有关设备不受损坏。这是机组的容量不断增大，系统越来越复杂的缘故。运行中，特别是机组启停及事故处理中，需要根据许多参数及运行条件的综合判断进行复杂的操作。随着单机容量的提高，所需监视和操作的项目越来越多，每一套设备中又有许多操作项目。可以设想，如此繁多的辅机、阀门和挡板，由运行人员手操，是难以完成的，不仅会增加体力劳动和脑力劳动，而且会引起运行人员心理紧张，造成误操作。而采用顺序控制，运行人员只需通过一个或几个操作按钮，用尽量少的步骤去完成某一个辅机系统或辅机设备，甚至整个机组的启停任务。

15.3.2　顺序控制系统的功能

大型火电机组顺序控制系统的功能是对大型火电机组热力系统和辅机，包括电动机、阀门、挡板的启停和开关进行自动控制。热工自动控制技术的发展,特别是 PLC 和分散控制系统的出现,为实现完善的热力系统和辅机顺序控制创造了条件。

PLC 具有可靠性高、逻辑组态和修改方便、维护工作量小等优点,广泛地用于顺序控制系统。分散控制系统不仅具有可编程控制器的所有优点,而且可与数据采集系统、模拟量控制系统有机地结合起来,实现数据共享,从而节省大量的检测元件和信号转换装置。目前国内大部分采用分散控制系统的机组,顺序控制系统都直接采用分散控制系统来实现。

顺序控制系统采用的顺序控制策略是机组运行客观规律的要求,也是长期运行经验的结晶,它相当于把热力系统和辅机运行规程均由顺序控制系统来实现。

采用顺序控制后,操作员只需按一个按钮,则该热力系统的辅机和相关设备按安全启停规定的顺序和时间间隔自动动作,运行人员只需监视各程序步执行的情况,从而减少了大量烦琐的操作。同时,又由于在顺序控制系统设计中,各个设备的动作都设置了严密的安全联锁条件,无论自动顺序操作,还是单台设备手动,只要设备动作条件不满足,设备将被闭锁,从而避免了操作人员的误操作,保证了设备安全。

顺序控制系统的控制范围包括与机、炉、电主设备运行关系密切的所有辅机,以及阀门、挡板等。顺序控制系统按热力系统将辅机划分为若干功能组(function group),功能组就是将属于同一系统的相关联的设备组合在一起,一般以某一台重要辅机为中心。如引风机功能组,就包括引风机及其轴承冷却风机、风机和马达的润滑油泵、引风机进出口烟道挡板、除尘器进口烟道挡板等。一些相对独立的顺序控制系统,如输煤、除灰、化学补给水处理、凝结水处理、锅炉吹灰、锅炉定期排污等系统,一般为独立的顺序控制系统,用 PLC 来实现,不在本章的讨论范围之内。

15.3.3　常用术语简介

(1)顺序控制。顺序控制是按一定的顺序、条件和时间要求,对工艺系统中各有关对象进行自动控制的一种技术。采用顺序控制就是将生产过程划分为若干个局部的可控系统,利用适当的顺序控制装置,通过指令机构发出综合指令,使某个局部系统的有关被控对象按预定的顺序和要求自动完成操作。

(2)顺序控制装置。为执行顺序控制过程而设计的自动化装置,称为顺序控制装置。它由三部分构成:输入部分、逻辑控制部分和输出部分。

(3)顺序控制系统。用于完成顺序控制过程的所有装置和部件总称为顺序控制系统。一个顺序控制系统应具备两种基本功能:一是按顺序执行所规定的操作项目和操作量;二是在一个程序步完成后,进行程序步的转换。

(4)功能组。对整个热力系统而言,按局部功能将其分为若干功能组,每一个功能组内的许多被控制的设备,其操作应是关系密切的。具体到发电厂的热力过程来说,就是将机组的热力系统中关系密切的某一部分操作项目联系在一起,按照机组启停和运行的操作规律,自动依次进行全部操作。组合在一起的关系密切的这一部分操作项目就称为一个功能组。

(5)功能子组。大的功能组可以分为若干个小的功能组,称为功能子组。

(6)步序。工业生产过程都是根据一定的操作规律,有步骤地进行的,生产过程中的每一操作要求和步骤称为步序,有时也称为工步。

(7)控制过程。按照生产过程的操作规律,将一系列程序步骤加以组合并使之不断转换,即构成一个完整的控制过程。

（8）程序步。与执行元件工作状态相对应的控制回路的一种组合工作状态称为控制回路的一个程序步。

（9）控制范围。控制范围指功能组的大小。程序控制功能组的大小差别很大。就是说，在将机组热力系统中关系密切的某些操作项目联系在一起时，需确定这种联系应达到何种程度。这就要求在设计一个顺序控制系统时，必须首先确定它的控制范围。

（10）联锁条件。在控制对象的控制电路中可以接入联锁条件，它是被控对象进行操作的条件，当被控对象的联锁条件出现时，应立即操作控制对象。

（11）闭锁条件。在控制对象的控制回路中可以接入闭锁条件，它是不允许被控对象进行操作的条件。当闭锁条件存在时，不能操作被控对象，反过来说，只有当闭锁条件不存在时，才具有操作被控对象的可能。

（12）联动控制。根据控制对象之间的简单逻辑关系，利用联锁条件和闭锁条件，将被控对象的控制电路按要求相互联系在一起，形成某些特定的逻辑关系，从而实现自动操作的一种控制方式。

（13）操作信号或一次判据。指某一程序动作之前应具备的各种先决条件，当操作信号满足时，程序控制装置就发出控制指令，进行预定的操作。

（14）回报信号或二次判据。指某程序步动作时，被控对象完成该项目操作之后，返回给程序控制装置的回报信号，用于检查控制指令的执行情况。在程序步的转换中，这个二次判据也可能作为下一程序步的一次判据，用于参加判断下一程序步是否被执行。

15.3.4　顺序控制系统的组成

顺序控制系统由三部分构成：状态检测设备、控制设备、驱动设备。

（1）状态检测设备：检测被控设备的状态，如设备是否运行，是否全开或全关。这些检测设备包括继电器触点、位置开关、压力开关、温度开关等。

（2）控制设备：用来实现状态检查、逻辑判断（即进行逻辑运算），产生控制命令。控制设备有下列几种。

① 机电型：机械凸轮式时序控制器。

② 继电器型：由继电器构成。

③ 固态逻辑型：由半导体分立元件和集成电路构成。

④ 矩阵电路型：由二极管矩阵电路组成。

⑤ PLC 型：由可编程控制器组成。

⑥ DCS 型：由分散控制系统构成。

在这六种类型中，目前在电厂顺序控制中用得最多的是继电器型、PLC 型和 DCS 型。

继电器型控制设备由于是由一个个继电器组成的装置，因此接线较复杂，适用于简单、独立、小规模的顺序控制系统。继电器型控制设备的触点较多，可靠性低，逻辑修改困难，维护工作量大，目前大型的、复杂的顺序控制系统中已很少采用。

PLC 型控制设备具有可靠性高、逻辑修改方便、维护工作量小等优点，大小规模的顺序控制系统均可使用。例如，井冈山电厂 660 MW 超超临界机组输煤、除灰、化水等顺序控制系统均采用 PLC 实现。

当电厂采用分散控制系统时，顺序控制系统可以直接采用分散控制系统实现，作为整个分散控制系统的一部分。分散控制系统不仅具备可编程控制器的所有优点，而且可以与数据采集系统、模拟量控制系统有机结合起来,实现数据共享,从而节省大量的检测元件和信号转换装置。目前在国内大部分采用分散控制系统的机组上,顺序控制都直接采用分散控制系统实现。

(3)驱动设备。如马达的驱动及控制电路,电动头驱动的阀门、挡板的驱动及控制电路,电磁阀。

15.3.5　单元机组顺序控制的分级

火电机组的顺序控制系统需要控制的范围非常广泛,使得控制系统非常复杂,为了便于分析和设计,绝大多数火电机组的顺序控制系统都按照分级控制的原则设计。一般可将大型火电机组的顺序控制系统分为三级:机组级、功能组级以及设备级。在有些设计中又将功能组级分为两级:子组级和子回路级。在顺序控制系统的控制分级设计中,三级划分较流行和合理,故本章在进行控制分级说明时,按照三级结构进行叙述。火电机组的顺序控制系统的分级示意图如图 15-5 所示。

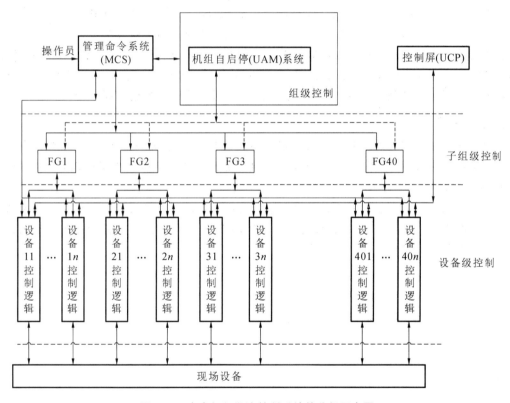

图 15-5　火电机组顺序控制系统的分级示意图

1.机组级控制

机组级控制为最高一级的控制。它在最少人工干预下完成整套机组的启动和停运。当顺序控制系统接收到启动指令后,将机组从起始状态逐步启动到某一负荷。它只需设置少量断点,由运行人员确认并按下按钮后,程序就继续进行。当功能执行完毕后,发出"完成"信号反馈给主控制系统,表示这一控制功能已结束。机组级控制并不等于机组启停全部自动控制,它需要必要的人工干预。机组级控制也叫功能组自动方式控制,而功能组手动方式也叫功能组级控制。

2.功能组级控制

功能组级控制是将相关联的一些设备相对集中地进行启动或停止的顺序控制。它以某一台重要的辅机为中心进行顺序控制。如某台引风机的功能组级顺序控制,该功能组就包括了引风机及其相对应的冷却风机、风机油站和电动机油站、烟风道挡板等设备,并按预先设计好的程序,在启动或停止时,自动地完成整个启动或停止过程。又如电动泵的功能组级顺序控制,就包括电动泵、辅助润滑油泵、电动泵出口门、电动泵进口门和电动泵再循环截止门等的控制。

一个完整的功能组,可包含三种操作。第一种操作是功能组启停和自动/手动切换,在用功能组级控制时,应先将开关切换到手动位置,然后再进行启停操作。第二种操作是中止和开放操作。当将控制顺序置于开放状态时,可对功能组随意进行启停操作。当功能组在执行启停指令时,若将控制方式置于中止状态,则控制程序停止执行。第三种操作是有两台以上的冗余设备时,选择某一台设备作为启动操作的首台设备,并设置自动/手动切换开关。一般说来,当选择好首台设备之后,应将开关切换到自动位置。这样,当第一台设备启动完成之后,便会自动选择第二台设备作为首台设备,为备用设备启动做好准备。

使用功能组启停的优点是操作员的操作项目大大减少,提高了自动化水平和启停效率。不过功能组控制要求有关设备的性能良好、工作正常。如果其中一个环节出现故障,则功能组就进行不下去了,因此,在设备选型、安装和调试阶段,都应该严格保证质量。

3.设备级控制

设备级控制是顺控系统的基础级。它不用功能组,而对同属于一功能组的若干设备分别进行操作。它可以在计算机键盘上进行操作,通过CRT屏幕监视现场设备,也可以在BTG盘上进行遥控硬操作。

我国近几年成套引进的采用分散控制系统的机组,大多设计有机组级顺序控制,但实际投入运行的不多,使用较少。因此针对机组可控性水平实际情况,顺序控制系统一般只设计功能组级控制和设备级控制两种模式。

参 考 文 献

[1]　高伟.计算机控制系统(第四分册)[M].北京:中国电力出版社,2000.

[2]　刘久斌.热工控制系统[M].北京:中国电力出版社,2017.

[3]　王建国,孙灵芳,张利辉.电厂热工过程自动控制[M].北京:中国电力出版社,2009.

[4]　潘笑,潘维加.热工自动控制系统[M].北京:中国电力出版社,2011.

[5]　许继刚.大型火电厂分散控制系统设计新进展[J].中国电力,2006,39(10):84-87.

[6]　陈荣超.火力发电厂DCS维修决策优化及风险分析研究[D].杭州:浙江大学,2011.

[7]　广东电网公司电力科学研究院.热工自动化[M].北京:中国电力出版社,2011.

[8]　张华,孙奎明.热工自动化[M].北京:中国电力出版社,2010.

[9]　刘一福.分散控制系统安全可靠性分析及建议[J].中国电力,2006(5):75-78.

[10]　张琦,王建中.爱默生新版DCS控制系统OVATION-XP的可靠性分析和故障预防[J].山西电力,2006(6):55-57.

[11]　张鹏.火电厂DCS系统安全性和可靠性的分析[J].自动化应用,2018(7):128-129.

[12]　董立南,梁士民.火电厂DCS系统的运行维护与故障处理[J].工程技术研究,2017(5):134-135.

[13]　陈胜利,刘冰,张兴,等.分散控制系统改造现状及展望[J].自动化仪表,2018,39(7):29-33.

[14]　端木清滢.阳城电厂脱硝工程分散控制系统设计与效益评价[D].北京:华北电力大学,2017.

[15]　巨林仓.电厂热工过程控制系统[M].西安:西安交通大学出版社,2009.

[16]　吴迪.提高电厂DCS系统可靠性的措施与方法[J].广东水利水电,2006(3):76-77,81.

[17]　罗颖坚.西门子TELEPERM XP分散控制系统在台山电厂的设计应用[J].广东电力,2006,19(4):49-52.

[18]　王小春.国产DCS系统在火电600 MW机组上的首次应用设计[D].西安:西安石油大学,2014.

[19]　华东六省一市电机工程(电力)学会.热工自动化[M].北京:中国电力出版社,1999.

[20]　王锦标.计算机控制系统[M].北京:清华大学出版社,2004.

[21]　丁轲轲.热工过程自动调节[M].北京:中国电力出版社,2011.